支配的動物

ヒトの進化と環境

ポール・エーリック＆アン・エーリック［著］
鈴木光太郎［訳］

新曜社

いまは亡き
ルース・エーリック、ウィリアム・エーリック、
ヴァージニア・ハウランド、ウィンストン・ハウランドに。
そして愛を込めて
サリー、ペニー、リーザに。

THE DOMINANT ANIMAL
Human Evolution and the Environment
by Paul R. Ehrlich and Anne H. Ehrlich

目次

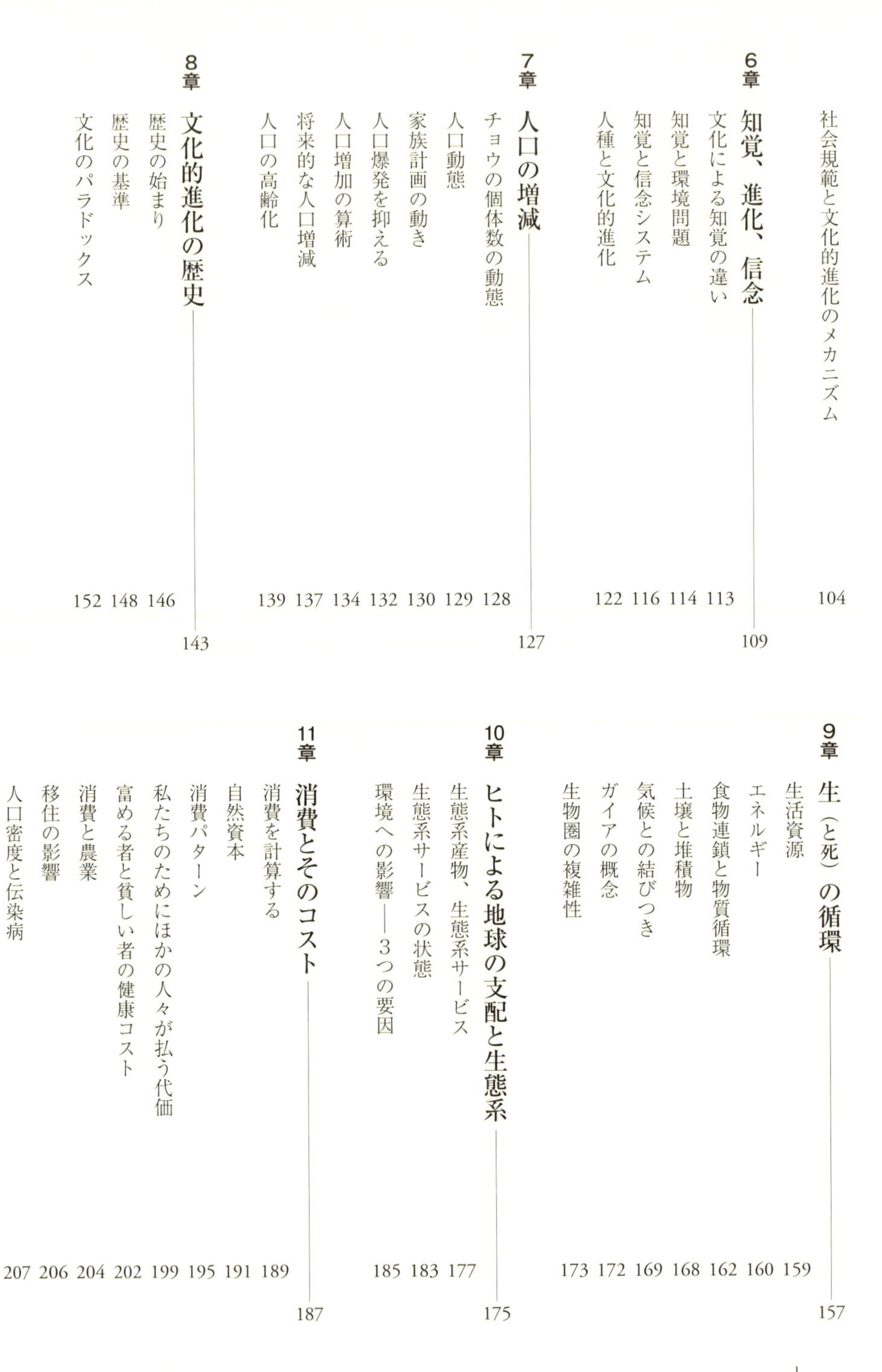

装幀＝新曜社デザイン室

プロローグ

ヒトは、たえず変化しつつある世界のなかで生きてきたし、いまも生きている。ところが、この数十年で、世界はこれまでにないほどの速さで変化するようになった。そのおもな原因は、ヒトが自らの住む星を変えつつあることによるものだ。しかも変化は加速しつつある。これらの変化は、少なくとも一時的には、10億人ほどの力と消費パターンを驚異的に高め、20億人ほどの生活を楽にしたが、一方で、残りの数十億人を貧困にし、時には絶望的な状態においている。この変化の加速化は、第二次世界大戦後に人口が急激に増加したことと、科学と科学技術の爆発的開花によって資源や自然を操作する能力が格段に高められたことによっている。

現代の科学技術によってなしとげられたことは、意図しなかったにせよ、不幸な結果をもたらしている。私たちがお互いを遇するやり方と環境をあつかうやり方には大きな前進があったものの、それらの不幸な結果は、そうした前進ではとても埋め合わせられないほど大きい。その結果、空前の技術的能力と相まって人口の重みは、いまや地球文明となったものを地球が支え切れないところまできている。意図せざるこれらの結果、すなわち文明が自らの持続可能性を脅かしている状況は、「人類の苦境」と呼ばれる。

どのようにして、ホモ・サピエンスという種がこれほど力をもつようになり、ヒトを含む生命の多くを支える地球環境の力を大きく蝕むまでになったのか。これが本書のメインテーマだ。ヒトが支配的存在になったのは、遺伝的進化と文化的進化の両方の結果である。この2つが科学の進歩をもたらし、きわめて強力な科学技術を生み出した。遺伝的進化と文化的進化は、環境の変化への反応として大規模に起こったが、逆に、その2つは環境の劇的な変化も生じさせてきた。こうした進化と環境の間の相互作用を知ることは、きわめて重要な意味をもつ。というのは、その知識にもとづいて賢明な決定をすることができれば、ヒトという種の長期の成功にも、そしてヒトが全面的に依存する生態系の維持にも影響をおよぼせるからである。

科学と技術は、地球の表面の大部分を変える手段や、海洋生物を撹乱し大気を大きく変える手段をもたらしただけではない。その一方で、この世界がどうはたらいているかについての理解も大いに深めてくれた。科学者は、コンピュータ、人工衛星、薬品、電子顕微鏡、双眼鏡、捕虫網を用いて、そして理論の助けを借りて、地球とそこに住む無数の生き物——私たち自身も含まれる——がどのように相互作用し、どのように変化してきたのかについて、かなり包括的な理解を得ることができた。これだけのレベルの知識をもつということは、ヒトのこれまでの（10万年以上の）歴史にはなかった。理論的には、私たちはこの知識を用いて、持続可能な文明――ヒトが幸せで生産的な一生を送り、無限の未来が開けている文明――を作り上げることができるだろう。実際問題としてそれが可能かどうかはわからないにしても。

比較的最近まで、世界についての理解は、いまとはまったく異なっていた。17世紀のイギリスの教養人は、人間も含め、天地は序列をもって創造され、「神の玉座の足元からもっとも卑しい無生物まで」伸びた「存在の大いなる連鎖」をなしていると信じていた[1]。すべてのものは、生きとし生けるものも、それ以外のものも、不変の順序でその位置を割り振られていた。天使は神と王の間に位置し、王は庶民の上にいて、動物よりヒトが上で、ネズミよりはライオンが上で、植物よりはネズミが上で、岩よりは植物が上というように。それは鎖をなしていて、階段のように昇ったり降りたりはできなかった。人間の基本的特性が変化するとは考えられていなかったし、社会における地位も通常は変化しなかった。チョウは同じチョウのままで、山々も変化せず、人間が吸う空気も変わることなく、貧しい娘が王様と結婚することもなかった。確かに、ジェイムズ・アッシャー大主教が１６５０年に計算したように、世界は、紀元前４００４年の10月23日に創造されて以来、基本的にはなにものも変わっていないと考えられていた。現代から見れば、17世紀の学者は、世界のもっとも基本的な側面について無知であった。

しかし皮肉なことに、アッシャー大主教の時代には、変化がすでに起ころうとしていた。イギリスのチャールズ１世は、（理論的には）神から王権を授けられていたにもかかわらず、１６４９年1月30日に「反逆」罪で人間によって処刑された。千年間の慣習と説教を無視した国王殺しというこの行為は、連綿と続いてきた信仰の衰えを示していた。実際、それは、根本的な変化の到来を告げていた。それ以前には、西洋のほとんどの学者は、書物に書かれている知恵だけに頼っていた。それらには、聖書だけでなく、学者の古典的な著作も含まれる。とりわけ、キリストが登場する３世紀半前に書かれた物理学・哲学・博物誌・論理学・心理学に関するアリストテレスの浩瀚な著作、13世紀後半に書かれた神の存在を示す５つの証拠についてのトマス・アクィナスの著作がそうである。アリストテレスもアクィナスも、彼ら自身は経験主義的な傾向をもっていた。このことは、現代のほとんどの科学者のように、彼らが観察と経験（実験ではないが）を通して自然界を理解しようとしていたことを意味する。しかし中世には、大多数の人間は、自然から新たな知識を得ようと試みることはなかった。彼らは、優れているとされている人の言うことを信じるように、そして言われたことだけをするように教え込まれていた。

アッシャー大主教の時代以降、西洋では、授けられた知恵への依存はしだいに、それとは独立した問いと発見の新しい精神におきかわっていった。ガリレオ（１５６４－１６４２）は、重力について研究し、傾斜面で小石を転がし厳密な測定を重ねることによって、個々の物体はそれなりの「自然な場所」を求めるといったアリストテレス的な曖昧な概念を転覆させ始めた。科学が生まれようとしていた。学問を「仮説と検証」と考える一派は、旧来の「信じ従う」一派を弱体化させつつあった。それに続く啓蒙主義の時代には、科学的進歩と君主政治の圧政に対する不満の高まりに刺激されて、ヨーロッパのいたるところに、宇宙を説明し人々の運命をよくするために理性の力を信頼するとともに、変化と進歩の考え方が姿を現わしつつあった。部分的には、この立場が優勢になったのには、驚異的な数学者で物理学者であったアイザック・ニュートン（１６４３‐１７２７）の功績が大きい。なかでも重要なのは、地上の物体の運動を記述する数学的法則が天体の運動も支配しているということを示したことである。それから1世紀半後、そのニュートンを受け継いだのは、偉大な生物学者、チャールズ・ダーウィン（１８０９‐８２）だった。ダーウィンは、これだけ多様な生き物がどのようにして生み出されたのかを説明した。その考えは、世界が不変だという、広く行き渡っていた見方にとどめの一撃を加えた。彼は、別々のことのように見えるもろもろの事実が変化という統一的な法則によって説明できるということを示して、生物学を「ニュートン化」した。

物理科学の理解の進歩が産業革命の下準備をし、この革命によってその後、ピストルから自動車、ジェット機、コンピュータ、核ミサイルまで、驚くべきものが大量生産されることになった。同時に、生物科学における発見は、伝染病を終息させ健康を改善して死亡率を下げ始め、それによって、これまでにない規模で人口の増加を後押しした。それらの発見はまた、ヒトはどこからきたのか、どのようにして自然に適応したのか、そしてどのようにして科学を作り上げ応用し、そしてこの地球で支配的な生き物となり、自らの将来を考えるまでになったのかを説明し始めた。

産業革命と人口爆発は、環境を変えるというヒトの能力を著しく高めることによって、19世紀と20世紀にそれまで夢想だにしなかったスケールで人間による自然の征服のための土台を用意した。世界中のいたるところの社会が、広大な森林を切り開いて、作物を育て都市を築き、鉄道や次には高速道路を張りめぐらし、空をジェット機で満たし、自然界にはなかった膨大な量のプラスチックをはじめとする化学製品を生み出した。これは最初は勝利の行進であるかのように見えたが、20世紀の半ばにはすでに、科学者など一部の人々は、こうした「征服」が地球環境の大規模な破壊をもたらし、それが人類の未来にきわめて重大な意味をもつことに気づき始めていた。

ヒトはどこから来たのか――すなわち、いかにして私たちの祖先は６０００万年ほど前のネズミに似た小さな生き物から徐々に変化をとげ、この地球を支配するまでになったのか？　いかにして私たちは、一方で生物物理的環境を変え、他方ではそれらの環境の影響を受けてきたのか？　この2つの疑問は、解きほぐせないほど絡み合っている。本書では、ヒトの起源について科学者はなにを見出してきたのか、私たちの多様な文化についてなにがわかっているか、どのように環境が私たちの起源と文化とを形作り、人類の未来を形作るのかという問題をあつかう。そして、それと同じく重要なコインのもう一方の側——どのように私たちが地球環境を作り変えつつあるのか——を説明することで、ヒトという種のたどる航路の舵取りを助けたいと思う。本書は、ヒトが行なってきたことについての科学的発見の物語である。科学者が私たち自身について、環境について、そして私たちの活動がもたらす劇的な結果についてなにを見出してきたか、そして私たちの生み出した苦境をはっきりと理解し、それによって最悪の結果を避けるために、科学——地球を支配する力を私たちに与えてくれたもの——がどのように私たちを助けるかの両方について述べてみたい。

このように、本書では、ヒトどうしの相互作用や進化における生物物理的環境とヒトとの相互作用について、そしてどのようにして大地と水、大気、微生物（そうあってほしいが）、植物、動物を支配するようになったのかについて、簡略な説明を試みたい。私たちが社会的・生物物理的環境のなかでどのような役割をはたしているかを理解するためには、気候変動、遺伝子、性、宗教、伝染病、道徳、教育、政治や核戦争といった一見共通点がなさそうに見えるトピックスについて、科学はなにが言えるのかを見る必要がある。本書では、ヒトの支配が地球のはたらきに、そして私たちの未来にどんな意味をもつのかも説明しようと思う。環境への意識が高まりつつある現在にあって、驚くべきことに、このストーリーの全体が語られることはめったにない。

進化的視点を採用している伝統的な本では、焦点は、生物の遺伝的資質の変化である**遺伝的進化**におかれている。そのアプローチでは、環境、すなわち各個体が日々相互作用するまわりの生物物理的環境は、通常は背景要因とみなされる。環境は第一には、遺伝的変化の原因として——すなわち、生き物の個体群が、その遺伝的資質が変化することで多くの世代をかけて「適応」してゆくものとして——論じられる。しかし、実際には、遺伝子-環境の相互作用のこの2つの側面は、一緒に見る必要がある。私たちにとって重要なのは、ヒトによって環境に加えられた抗生物質に対して細菌が耐性を高めるように遺伝的に進化しうる、ということを知ることである。同様に重要なのは、私たちがどのように細菌の環境を変えているのかを理解することである。加えられる抗生物質の種類と量についての決定は、抗生物質の効果の持続時間と健康増進に大きく影響する。したがって、遺伝的進化の基本的メカニズム——これが生命科学全体にとっての基本的背景を与える——を理解することと、農薬の使用、抗生物質に対する耐性、それによって新たに生み出される病気の脅威といった問題について、人々に知らしめることが重要になる。

進化をテーマにした本のほとんどは、**文化的進化**——遺伝子中にはない情報の変化——はとりあげない。しかし、いま起こっている出来事の原因を理解する上で、文化的進化は遺伝的進化よりもはるかに重要である。行動が柔軟で、高度な社会性をもつ優秀な霊長類の一種、すなわち私たちを生み出したのは、遺伝的進化であり、一方、環境を改変する行動の大部分の側面を決定づけたのは、遺伝的進化の達成を基礎にした文化的進化である。抗生物質の発見と、私たちにもっとも役立つような形でそれを用いる方法の発見は、そうした文化的進化の一例であり、大きな例をあげれば、科学と科学技術の発展と普及もそうである。

もし進化についての本がより多くの注意を環境や文化的進化に向けるべきなら、環境科学についての本も、遺伝的進化と文化的進化にもっと注意を向けるべきだろう。遺伝と進化の相互作用の理解は、伝染病を防いだり、最適な漁獲方略を決めるといった課題において決定的に重要である。たとえば、大きな魚を集中的に獲ってしまうと、それより小さな体で繁殖を可能にする遺伝子をもった魚がすぐに優勢になり、大きな魚の場合よりも少ない数の子しか産まなくなるだろう。こうした遺伝の知識をもたずに魚を獲り続けたなら、網にかかる魚がますます小さく、かつ少なくなってゆくという事態に陥ることになるだろう。

しかし、文化的進化もきわめて重要だ。どのように文化的進化がはたらくかに目を向けなければ、明快な答えが得られるはずの遺伝的 - 進化的問題でさえ、解くことはできないかもしれない。たとえば、適切な介入を行なって、一定範囲の大きさの魚は獲るが、それ以上の大きさの魚は海や川に戻すというように、漁民の文化を方向づけることができるかもしれない。これにも増して、文化的進化についての疑問は、環境を圧迫するヒトの力の起源——たとえば、どのように部族の政治組織から国家が進化し、国家が社会を組織し特殊化するのが可能になり、地球の環境を脅かすまでになったのか、そして破局に至ることなく、持続可能性の達成を実現できるようにするには、どのように政治システムを変えればよいのか——の理解にとっても決定的に重要である。

進化とヒトの起源について知ることは、なにが私たちをヒトたらしめているのかを理解させ、私たちがとりうる運命——私たちがお互いを、そして私たちのこの地球をどうあつかうかによってほぼ左右される運命の選択——についても教えてくれる。私たちは、種として成功したのはよいが、たとえば食糧や水を提供し満足のゆく気候を与えてくれるシステムを脅かすことによって、この成功を維持する能力を危険にさらしている。大部分の人が自分たちと自然界——人類の生命を支える生態系——との関係について基本的な知識を欠いていることこそ、人類の苦境を深刻なものにしている大きな要因である。

本書では、広く見られるこうした認識の欠如に焦点をあて、とくにどうしてヒトの社会が進化における連続的変化の産物なのかを示そうと思う。この連続的変化は、３つの進化――ヒトやほかの生物集団の遺伝的進化、社会内・社会間の文化的進化、そして地球の進化（自然の力とヒトが生み出した力に対する地球の物理的・化学的特性の変化）――が混じり合ったものである。それは、注目すべき進行中のストーリーだ。私たちの進化の過去を知り、いまある私たちを形作ってきた力を理解し始めてこそ、持続可能な未来に向けてよい位置取りが可能になる。

1章　ダーウィンの遺産とメンデルのメカニズム

「生物学においては、進化に照らさなければ、なにごとも意味をなさない。」

シオドシウス・ドブジャンスキー、1973［1］

ハリケーン・カトリーナは、ほとんどのアメリカ人にとって新しい種類の体験だった。2005年に起きたこの大規模な自然災害は、米国が自然災害に対していかに脆いかを露呈した。もうひとつ明らかになったことは、カトリーナの破壊力そのものはハリケーンの規模や進路から言ってかなり珍しいものだったには違いないが、気象になにかおかしなことが起こりつつあるということである。日々テレビを見たり、新聞を読んだり、あるいはインターネットのニュースを見たりしている人なら、つねに異常気象の情報に接しているに違いない。地球規模で気温が上昇している、氷河が溶けつつある、大規模な強風や旱魃が増えている、海面が徐々に上昇しつつある、などなど。

ほかの動植物も、なんらかのレベルでこれらの変化に気づいている。シロクマは、アザラシを狩る際に足場になる海氷がなくなったため、生きてゆくのが難しくなりつつある。海水の温度が上昇したため、サンゴ礁の生物が死に、サンゴ礁が失われつつある。バードウォッチャーなら、中南米からの渡り鳥の一部が春先に北アメリカの繁殖地に飛来する時期が年々早まっているということに気づいているかもしれない。カナダのユーコン川流域にいるアカリスは、気候の温暖化のせいで手に入るトウヒの種の量が激増し、そのことによって出産の年齢が早まりつつある。ヨーロッパでは、1975年と比べると、春の花の開花が1週間ほど早くなっており、2006年には、モスクワでは春の花が11月に開花した。

進化する個体群

環境の変化に直面すると、生物の集団は変化せずにはいない。これは、自然界について繰り返し研究されてきたテーマである。今日、ヒトが引き起こした気候の変化――気温や降水量の年間の推移――に反応して、たくさんの動植物がその生態を変えつつある。地球の平均気温の上昇はこの50年で1度に満たない。にもかかわらず、私たちが1960年から50年にわたって通い続けている研究所のあるコロラドの高地では、高地の春の雪解けが早まったためか、それまで目にすることのなかったカササギが低地から飛来するようになり、多くの花々も開花の時期を早めつつある。

食虫植物に依存するカの一種も、気候に関係したこうした変化を示す例である。このカは、北アメリカ東部に生息し、成虫までの段階（卵、幼虫、サナギ）を食虫植物のサラセニアの「捕虫袋」に溜まった水のなかですごす。サラセニアはおもに、窒素の乏しい土壌で生育し、アリやハエなどの昆虫を消化することで、その「栄養」を補っている。アリやハエは、筒状になった葉の内部に入ると、そこの下向きに生えた毛が邪魔して身動きがとれなくなり、死んでしまうが、カは体が小さいため、ホヴァリングして、この毛を容易に避けることができる。南に生息するこのカの個体群は1年に5世代以上が交替するが、北の個体群は交替が1世代だけだ。

このカの幼虫（ボウフラ）は、宿主のサラセニアの筒状葉のなかで冬眠する。いつ冬眠の状態に入り、いつ活動を再開するかは、日の長さによって決まる。どれぐらいの日長の時にこれらの行動を開始するかは、彼らの遺伝子によって制御されている。しかし、過去30年にわたって、北に生息する個体群の遺伝的に制御されている時計が反応をシフトさせてきたため、冬眠は、日の長さがはるかに短くなっても始まらなくなった。その結果、いまや、北の個体群は、南の個体群のように行動し、冬眠に入るのが秋の遅い時期にまでずれ込んでいる。このようなシフトがなかったなら、温暖な気候のなかで、幼虫はあまりに早くに冬眠してしまうことになる。その場合には、貯めておいた脂肪を使って生き延びる――以前のように冬を生き延びるだけでなく、夏の終わりの暖かい時期も食べずに生き延びる――必要がある。これは、春に暖かさが戻った時まで生きている確率を低めてしまう。シフトがあることで、必要な冬眠はより短くて済み、これが食べずに生存するのを助ける。

ほかの動物は、気候の温暖化に直面しても、自分たちの行動を変えることができずにいる。ヨーロッパに生息するマダラヒタキ――昆虫を食べる茶・黒・白の色をした魅力的な鳥だ――のいくつかの個体群は、その個体数が90％も減ってしまった。これは、環境が暖かくなったことにともない、昆虫の数のピークの時期が早まり、マダラヒタキの繁殖の時期がそれに間に合わず、孵化したヒナたちは、十分な量の食料にありつけなくなってしまったからである。彼らは、気候の変化の脅威にうまく適応できず、個体数も激変してしまっている。適応が遅いほかの動物と同様、彼らも姿を消しつつある。

ダーウィンとウォレスの偉大な考え

なぜ環境の変化にうまく適応する生き物もいれば、そうでない生き物もいるのだろうか？　生物学者にとって、これは、もっとも基本的で興味をそそる疑問だが、これには明快な答えがある。その答えの科学的土台の多くは、２人のヴィクトリア朝時代のイギリス人が用意してくれた。１８５８年、チャールズ・ダーウィン（1809‐82）と、博識で聡明なアルフレッド・ラッセル・ウォレス（1823‐1913）は、カの冬眠の場合のようにシフトを生じさせるメカニズムについての最初の基本的に正しいモデルを提案した。歴史的には、世界を変えてしまうほどのこの考えのほとんどは、ダーウィンが出したとされてきた。これは当然だ。というのは、ダーウィンは、『種の起源』のなかで自分の推測を豊富な証拠で裏づけてみせたからである。その考えの多くは、イギリス海軍の調査船ビーグル号に博物学者として乗り込んで5年をかけて世界を1周した時の体験と思索にもとづいており、航海から帰った後は、多くの知己とそれらの考えについて手紙で意見を交換していた。

1858年、ダーウィンのもとに、基本的には彼と同じ考えを記した論文がウォレスから送られてきた。これは、ダーウィンにとって青天の霹靂だった。友人たちの勧めもあって、ダーウィンは、自分とウォレスの考えを学会の席上で発表する。これに引き続いて、翌1859年、ダーウィンは『種の起源』を出版した。この本は発売当日に完売し、もっとも優れた生物学者という彼の評判は不動のものとなった。多くの偉大な考えがそうであるように、その後「自然淘汰」という名で呼ばれるようになるダーウィンとウォレスの進化論も、拍子抜けするぐらいに単純なものだった。基本的に、その説が認めたのは、自然の集団内における個体間には変異が存在し、その結果それらの個体と環境との相互作用も異なるということである。それまでも、家畜や栽培種の性質における変異についてはよく知られていた。たとえば、収穫しやすい（あるいはしにくい）種類のコムギ、乳の出の多い（あるいは少ない）ウシ、ヒツジの群れを統率できる（あるいはできない）イヌ、肥えた（あるいは痩せた）ブタといったように。農民（コムギとウシから見れば、環境の一部だ）は、望ましい特性をもった個体を選び、その繁殖を強化し、その結果時間を経るうちに、収穫しやすいコムギの系統や、乳のたくさん出るウシの系統ができあがった。最終的には、茎がやっと持ちこたえられる程度に重い穂をつけるコムギができたし、毎日60リットルもの乳が出るウシができた。ダーウィン自身も、家畜を選んで交配させた結果——たとえばハト愛好家が作り出した風変わりな羽のハト——を観察して、自然淘汰の考えの多くを導き出した。

ダーウィンもウォレスも、先駆的な政治経済学者、トマス・マルサス——人口が増加し続ければ、やがて食糧の供給量を超える時が来るという警告をしたことでいまはよく知られている——が述べたことが念頭にあった。マルサスが気づいたのは、動物は生き延びることができるよりも多くの子を産むということだった。ダーウィンとウォレスは、環境をもっともよく利用できた個体こそ生き延びる可能性がもっとも高く、その生き残りと繁殖の結果によって、それらの個体は自然によって「選択（淘汰）され」、次の世代の親になる——そして次の世代に自分の生物学的特性を受け渡す——と結論した。自伝のなかで、ダーウィンは次のように記している。「1838年10月、組織的な研究を始めて15ヵ月が経っていた。気晴らしにマルサスの『人口論』を読んでいた時のこと。私は、動植物の習性について長く観察を続けてきて、いたるところで起こっている生存競争の重大さがよくわかっていたので、ただちに、これらの条件下では有利な変異は保持され、不利な変異は失われるということを理解した。……そう、この時ついに、決定的な理論を手にしていたのだ」[2]。もちろん、この「有利な変異」とは、生き延びて多くの子孫を残す可能性がもっとも高い動植物のことを意味している。

このようにして自然淘汰の考えが生まれ、生物学の世界にパラダイム転換が起こった。生きとし生けるものは神によって一度に創造され、その後も同じままだという、その当時一般的であった概念的世界観は、新たな種類の生物は自然淘汰という漸進的なプロセスによってたえず生み出され続けているという考えにその道を譲った。さらに、この理論は、新たな生物種が生まれるだけでなく、いまいる生物種が絶滅することもあるということも示していた（当時はこれも革命的な考えだった）。

ここでの目的から言えば、自然淘汰は、同一の個体群のメンバー——ある地域に同時に生息する同一種の個体——の遺伝的資質の違いによって繁殖の程度が異なることとして考えることができる[3]。生き物に世代から世代へ変化を引き起こすプロセスは自然淘汰だけではないが、自然淘汰は、生き物がある環境下で生き残り繁栄するために「デザインされている」ように見せる唯一のプロセスである。強調したいのは、実際にはそこにデザインなどない（ナイーヴな観察者にはそうは見えないかもしれないが）ということである。注意してほしいのは、これらの「ある環境」の特性も、時間的・空間的に変化するということである。たとえば、宅地計画によって新たに建てられた建築物が、草地、農地、森林など、動植物の環境を劇的に変化させるかもしれない。場所による気候の違い——熱帯の暑さから極地の寒さまで——も、特定の種がどこで繁殖しうるかに影響をおよぼす。淘汰は、個々の生物集団をその環境に適応するように変えるが、環境は場所と時によってさまざまに異なる。したがって、同一種でも集団が異なれば、あるいは同一の集団であっても時が異なれば、淘汰圧は大きく異なることがある。あとで見るように、生物の多様性を生み出す上で、この違いが自然淘汰においてきわめて重要な役割をはたす。

島と自然淘汰

自然淘汰の作用を研究するなら、島は恰好の場所だ。そこでは、時に驚くべき結果を目にすることができる。ダーウィンの場合、1831年から36年にかけてビーグル号の歴史的航海において島々の動植物を観察したことが、その後（最初は少しずつであったが、やがては日増しに）自然淘汰の結果を実感させ、生物を分岐させる自然淘汰の力がどのようなものかを理解させることになった。ダーウィンは『種の起源』の初版のなかで、私たちが今日「進化」と呼ぶものを、「変化をともなう継承」と「大規模な絶滅」の組み合わせと呼んでいる。彼はたとえば、島に生息する異なる動物種どうしが通常は、それぞれの種をそこでの生活にとくに適したものにしている特性を共有しておらず、互いによく似ているわけでも、また全体として本土の種と大きく異なるわけでもないことに気づいた。代わりに、それらの種は通常は、その島にもっとも近い大陸に生息する類似の種から分かれてきたように見えた。

しかし、島の多くの生物には、ある興味深い共通点がある。島に移り住んだ生物は、もとは移動能力がきわめて高かったと予想される。というのは、第一に島にたどり着かねばならなかったからである。しかし、島に移って来てから時間が経つにつれて、移動のための身体的能力は、大陸にいる近縁種よりも弱まる傾向にある。移動能力のこの喪失は、離島の条件に遺伝的に順応した（進化学者のことばでは、適応した）ということを意味している。進化学者は、この定住性の傾向を、長距離の移動を促進する特性が自然淘汰によって除かれた結果として解釈する。100マイルを移動する能力は、本土から300マイルも離れた5平方マイルの広さの島にいる鳥にとっては、なんの繁殖上の利点ももたらさない。たとえその鳥が島から本土に向かって飛んだとしても、力尽きて海に落ち、溺れ死んで終わりだ。

かつては太平洋の多くの島々に生息していた鳥、クイナは、飛ぶ能力を失っていた。これに対して、大陸に生息するクイナ――島々に最初の頃に移り住んだ種類――はよく飛ぶことができる。島に住み始めたクイナは、キツネやネコといった天敵に襲われることがなくなり、飛んで逃げる必要がなくなった。島のクイナは、羽を大きくして筋肉を発達させるのにエネルギーを使わなくてもよくなり、それを子孫をたくさん残すのにあてた。こうして、より羽の小さなクイナが「自然淘汰によって選ばれた」――別の言い方をすると、そのようなクイナのほうが、ふつうの大きさの羽をもったクイナよりも多くの子孫を残した。島にあっては、飛べないクイナは、数千年前に環境を激変させるある出来事が起きるまでは、生き残りに大きな成功をおさめていた。その出来事とは、人間が島にやって来たことである。その後クイナは、適応が遅いマダラヒタキと同じ運命をたどった。空腹の人間たちと、人間について世界のいたるところに運ばれたネズミが、飛べないクイナを簡単につかまえ、しかもそれが美味であることを発見し、そのほとんどを絶滅させた。

最近明らかになったのは、移動能力を弱めるような淘汰が驚くほど短期間で起こりうるということである。生物学者たちは、ブリティッシュ・コロンビアの太平洋岸のヴァンクーヴァー島近くにある200ほどの小さな島々の1年生のヒマワリの種類を調べた。個体群はしばしば消滅したが、すると島には拡散能力の高い本土のヒマワリがやってきた。これらのヒマワリの種子は、ふわふわした「パラシュート」（タンポポのそれに似ている）に付いて、風に吹かれて海を渡る。これらのヒマワリが自生するようになってから10年のうちに、2種類のヒマワリは、パラシュートが世代を追うごとに小さくなり、1種類のヒマワリは種子の重さが増し、その結果どれも拡散能力が低下した。

このように淘汰は強力に起こることがあり、時には短期間で劇的な結果が観察できる。これは、気候の人為的変動や有害物質の放出といった要因による環境の変化が地球上の多くの生き物を絶滅させるおそれがある場合には、生き物にとっては朗報と言える。しかし残念ながら、ヒトから見れば、この朗報には裏側がある。今日急速に進化しうる生き物の多くは、私たちに寄生しようとする（そして私たちに病気を引き起こす）生き物であったり、病原体や寄生体を運ぶ病害虫であったり、作物に被害を与える病害虫であったりするからである。

病原体ほどではないにしても、鳥も急速に進化することがある。進化学者、ピーター・グラントとローズメアリー・グラントの研究によれば、ダーウィンフィンチ——ダーウィンが1835年にビーグル号でガラパゴス諸島を訪れてから有名になった鳥——では、気候の急速な変化が食べ物の変化を余儀なくさせると、その嘴の大きさと強さが進化する。たとえば、1977年の旱魃の際には、ダフネ島では、ダーウィンフィンチとしては中程度の大きさのガラパゴスフィンチの個体群に強力な淘汰圧がかかり、大きな体の大きな嘴の個体が生き残った。旱魃は、小さな果実や種子の量を減少させたため、減少しなかった大きく硬い果実を割ることができたのは、大きな嘴のフィンチだけだった。メスも大きなオスと交尾する傾向があり、その結果たった1世代で、違いが見てわかるほど嘴が大きくなった。

1982年、オオガラパゴスフィンチの個体群——ガラパゴスフィンチのほぼ2倍の大きさがある——は、ダフネ島に進出した。両者が競合することはほとんどなかったが、2003年に起きた旱魃は食料の熾烈な競争を招いた。大きな嘴のオオガラパゴスフィンチは、大きく硬い果実を3倍のスピードで食べることができたため、ガラパゴスフィンチは、これらの果実のある場所から物理的に締め出されることになった。ガラパゴスフィンチのなかで生き延びる確率が高かったのは、大きな嘴のフィンチではなく、それとは逆に、小さな果実や種子をあつかうのがうまい、もっと小さな嘴のフィンチだった。その結果、ガラパゴスフィンチの嘴は平均的に小さくなった（図1・1）。このように、グラント夫妻は、大規模な旱魃による「自然の実験」のおかげで、フィンチがどのように進化したのかを明らかにすることができた。

淘汰圧へのもっと急速な反応の一例が最近、生態学者のジョナサン・ロソスのグループによって報告されている。彼らは、バハマの小さな6つの島でアノールトカゲを調べる過程で、環境のなかのひとつの要素を操作して「フィールド実験」を行なった。天敵となる別種のトカゲをこれらの島に導入したのだ。すると、アノールトカゲは長い脚を進化させた。短い四肢をもつアノールトカゲは歩くのが遅く、食べられてしまうことが多かった。そこでアノールトカゲは、捕食者を避けるために茂みを登り始めた。今度は、淘汰が逆になった。というのは、短い脚のほうが登るのに都合よく、次の6ヵ月で、脚はもとの長さに戻った！

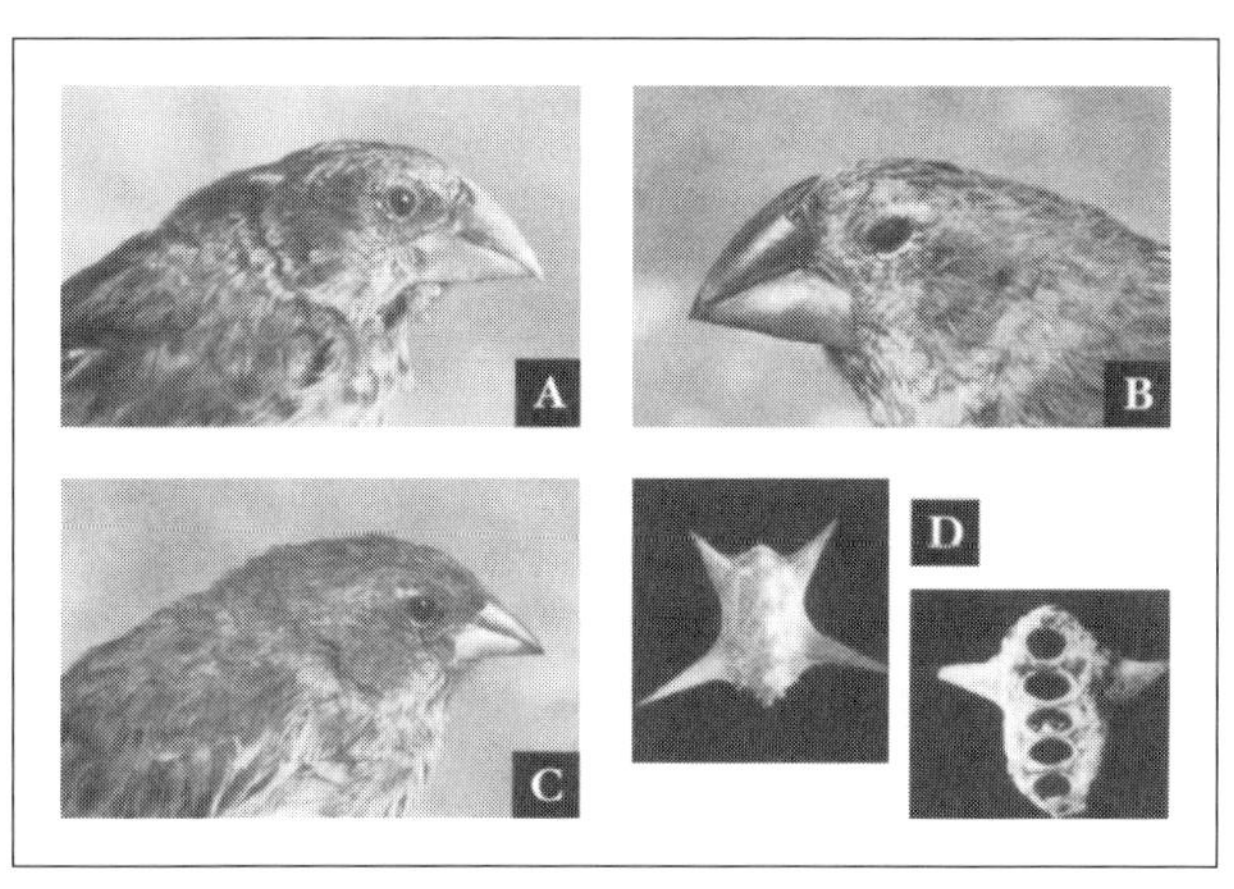

図1・1　自然淘汰によって、ダーウィンフィンチ（ガラパゴスフィンチ）の嘴の大きさは急速に変化する。大きな嘴の *Geospiza fortis*（A）と *Geospiza magnirostris*（B）は、大きく硬い果実の木質組織を砕いたり裂いたりできるのに対し、小さな嘴の *Geospiza fortis*（C）はそれができない。Dの右側に示してあるのは、フィンチが開けた果実で、5つの穴から種子がとられているのがわかる。左側に示してあるのは開けられていない果実（右側とは別の角度から見たもの）。果実は、フィンチの場合の2倍の倍率で示している。写真はB. R. Grant & P. R. Grant 提供。

もちろん、急速な進化は小さな島だけで起こるのではない。自然のなかで発見された急速な進化のもっとも有名な例は、イギリスに生息するオオシモフリエダシャクとして知られるガの変化である。半世紀前に解明されたこのケースは、生物学者にとって、進行中の進化をとらえた貴重な例であり、実験室の外でダーウィンの進化のメカニズムがはたらいている現場を目に見える形で示したものであった。この発見は、ダーウィン以後ほぼ1世紀の研究と論争ののち、生物学者が進化の「現代的総合」――生物はどう変化するかについての統一的見解――を生み出したちょうどその時になされた。オオシモフリエダシャクは、見るからに理想的な例であった。

現代的総合

ダーウィンは、自分の観察した変異が遺伝するに違いないということに気づいていた。しかし、『種の起源』の刊行後の数十年の間、遺伝の実際のメカニズムがどういうものかについて考えた者はほとんどいなかった。実際、遺伝学の領域そのものは、修道士であったグレゴール・メンデルによって1865年に始められたが、その研究は、ダーウィンの亡くなったあと、20世紀の初めまで陽の目を見ることはなかった。メンデルは、遺伝の単位（その後これは遺伝子と呼ばれるようになる）が基本的に粒子のようなものだということを示した。メンデル以前には、遺伝は、黒い水と白い水を混ぜると灰色の水ができるのと同じように、混ぜ合わせのプロセスと考えられていた。したがって、生まれてくる子どもは、父親と母親の属性を足して２で割ったものになる。これとは違い、メンデルの考える遺伝子には、異なる特性を生じさせる異なる型（その後対立遺伝子と呼ばれるようになる）があり、これらの遺伝子が、世代から世代へと個々の属性を保つ。メンデルが示したのは、それらが独立に受け渡され、それらの組み合わせが個体ごとに異なるということであった。「混ぜ合わせ」の遺伝から予想されるのとは違って、子どもは、親にはないが祖父や祖母にある遺伝子の組み合わせによって生じる形質――１世代を飛び越した形質――をもつことがある。たとえば、青い眼をした人から茶色の眼の子が生まれ、その子から青い眼の子が生まれるといったように。

　オオシモフリエダシャクの例が現代的総合の看板になったのは、急速な遺伝的変化が、実験室内や家畜のブタにおいてではなく、自然界で環境条件の変化に対する反応として観察されたからだった。オオシモフリエダシャクには２つのタイプがある。ひとつは、小さな斑点（白地に黒のまだら）のあるタイプで、地衣類でおおわれた木の幹に止まると見つかりにくくなり、もうひとつは、「黒い」（すすけた）タイプで、地衣類の生えていないすすけた幹に止まると見つかりにくくなる（図１・２）。１８４８年、イギリスのマンチェスター周辺では、オオシモフリエダシャクの個体群の99％以上は、まだら模様のタイプによって占められていた。しかしその50年後、99％以上が黒いタイプに変わってしまった。遺伝的研究からわかったのは、その違いが、ある遺伝子が個体群内で一方のタイプからもう一方のタイプへと置き換わることによって引き起こされたということである。それぞれのオオシモフリエダシャクは、大量の遺伝情報――遺伝子に書き込まれた指令――を所有していて、この遺伝情報が環境条件と相互作用して、私たちが目にするオオシモフリエダシャクを生み出す。マンチェスターのオオシモフリエダシャクの個体群のすべての個体が保有している遺伝子全体が、それらの個体群の「遺伝子プール」――生物学者はこう呼ぶ――である。オオシモフリエダシャクの遺伝子プールは、自然淘汰によって個体群が環境内の変化しつつある条件に適応するにつれて、黒いタイプのガに関して劇的な変化を見せた。

　黒いタイプに関与する遺伝子の広まりは、マンチェスター地域の工業化によって引き起こされた煤煙による汚染と密接に関係している。それゆえ、この現象は「工業暗化」と呼ばれる。木の幹が煤煙ですすけるようになって、地衣類が死に、それまでは目立たなかったまだら模様が目立つようになり、オオシモフリエダシャクは、視覚を頼りに捕食する鳥やほかの動物に大量に食べられてしまった。こうしてまだら模様を生じさせる遺伝子は、その個体群での頻度が少なくなって、まだら模様のオオシモフリエダシャクは珍しくなり、逆に、目立たない黒いタイプが増えた。進化の点から言えば、暗化は汚染された環境への適応だった。

汚染されていない地域では、明らかに、黒いタイプの個体は、これまでもつねにそうであったように、鳥に大量に食べられてしまう。というのは、木の幹に生える地衣類の灰色のまだらの背景の上に止まるので、簡単に見つかってしまうからである。まだら模様を生み出す遺伝子は、汚染されていない森ではその遺伝子をもつ個体に利点を与えており、まだら模様のガは、そうした生息地の個体群では優勢である。この説明は、汚染と暗化が地理的に重なるという事実と、鳥がどのようなガを捕食するかを示す研究によって支持されている。それらの研究のな

図1・2　上の図では、「まだら模様の」オオシモフリエダシャク（中央）は、地衣類でおおわれた木の幹にとまっていると、見つけにくくなる。一方、その左側の「黒色の」オオシモフリエダシャクは、はっきりとわかる。下の図はその逆で、黒色のオオシモフリエダシャクは、地衣類でおおわれていない、煤で汚れた木の幹にとまると、姿を隠すことができるが、その右側にいるまだら模様のオオシモフリエダシャクは、目立ってしまう。H. B. D. Kettlewell の写真をもとに Anne H. Ehrlich が描く。

かで撮影された映像では、鳥は、容易に見分けられるガを食べるのに対し、同じ木の幹に止まっている幹と同じような模様をしたガは見逃してしまうことが示されている。そして最近では、大気汚染が減少した結果、地衣類も復活するようになって、黒っぽいオオシモフリエダシャクの割合が減少したことも、これを強く支持している。

　もし人間が環境の変化を引き起こさなかったなら、まだら模様の個体を残す強い淘汰は、鍵となる遺伝子の偶然のランダムな変化（突然変異）によって生じた黒い模様を、珍しいものにし続けただろう。ガの遺伝物質のほんの小さな変化が、鳥に見つかりやすい個体、すなわち繁殖するまで生き延びる確率の低い個体をもたらす。しかし、多くの証拠はまた、自然淘汰が、急速な工業化など、環境内の急激な（あるいは劇的な）変化がないところでも――地球上では漸進的な変化はいたるところで起こっている――作用していることを示している。

　カの例、島の生物の例、そしてオオシモフリエダシャクの例では、進化の基本的プロセスは、遺伝子の特定の組み合わせをもった個体がほかの組み合わせをもった個体よりもより多くの子孫を残すことからなっていた。これが、個体群内のいくつかの遺伝子の頻度を高め、そうするなかで現在の個体の種類を変えたのである。今日、集まりつつある証拠は、気候の変化が工業暗化の出来事と似た遺伝的変化を引き起こしつつあり、それが私たちの住む世界を変えてしまうということを示している。

　生物が進化する時、その生物はほかの生物の環境も変える。マンチェスター周辺の煤煙で汚れた森にいた鳥は、たとえば、ガが黒い体色をもつように進化した結果、食料となるガを見つけるのが困難になった。最近の人間の活動――ホモ・サピエンスが大きな脳（世界を変えてしまうほどの科学技術を発明するような脳）を進化させた結果だ――は、ほとんどすべての動植物（ヒト自身も含まれる）の環境を変えてきている。環境の変化は生物を変え、逆に生物の変化が環境を変えつつある。これがこの地球上の生命に起こっている中心的ストーリーである。しかし、環境の急速な変化に追いつけない生物もいる――春のかなり早い時期に繁殖する必要性に迫られているマダラヒタキの場合がそうだし、６５００万年前に地球に衝突した彗星によって生じた凄まじい気象条件の変化に適応できなかった恐竜がそうだった。ダーウィンが記している「大絶滅」は、環境の変化に対応して生物が進化できないことによってもたらされる。

人為淘汰

　淘汰は、自然の状況下だけでなく、入念に統制された人工的な環境下でも（すなわち実験室でも）観察できるし、研究できる。私（ポール）は、大学院生の頃、著名な進化学者、ロバート・ソーカルの研究室で実験を行なっていた。私たちは、ショウジョウバエ（図１・３）をＤＤＴで汚染したガラス瓶のなかで飼育した。ほとんどのショウジョウバエは死んだが、たまたまＤＤＴに多少の耐性をもつようにさせる遺伝子をもつ個体は生き延び、多くの場合、そのような利点をもたない個体よりも多くの子孫を残した。ほんの数世代（1世代は12日程度）で、この殺虫剤に耐性をもつハエの系統を作ることができた。そこでは、人間による淘汰がはたらいていた。つまり、実験者が自然に代わって、新しい環境を作り、その系統を進化させる、いわゆる「人為淘汰」を行なったのである。ポールが観察したように、進化はほんの数ヵ月で起こった。ソーカルの研究室で進化した耐性をもったハエは、ＤＤＴに弱いハエよりも、生物学者の業界用語で言えば「高い適応度」をもっていた、あるいはより「適応していた」（ダーウィンなら、耐性のあるショウジョウバエが「より有利な」変異をもっていたと言っただろう）。

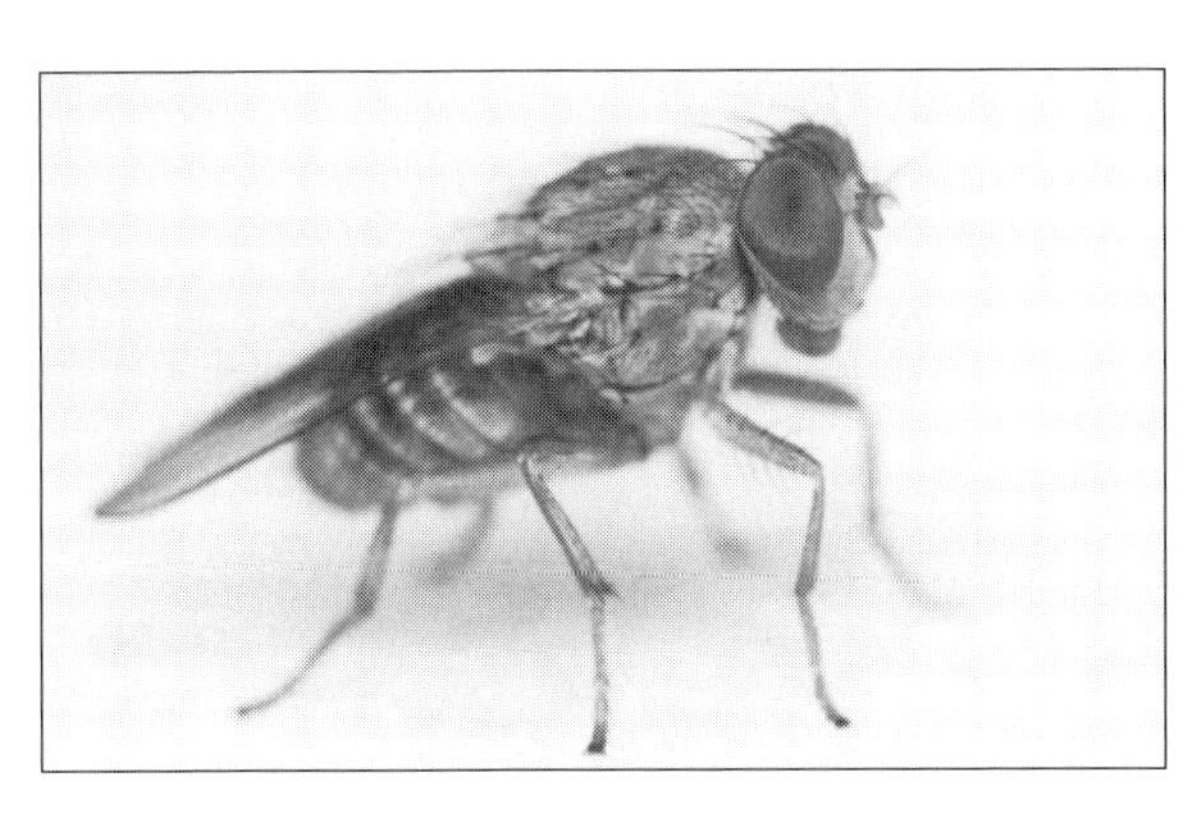

図1・3　遺伝の理解において、この小さなショウジョウバエ（体長は3mm以下）がはたしてきた役割はきわめて大きい。写真はiStockphoto提供。

進化的な意味での「適応度」（あるいは「有利さ」）は、必ずしも、ショウジョウバエの眼がよいとか、よく飛翔できるとかいった身体的特性を指すわけではない。進化的適応度は、相対的な繁殖への寄与の程度だけを指している。つまり、この意味では、見かけのさえない、体重40キロの病弱で、35歳で亡くなったけれど、10人の子どもを産ませた男性は、ハンサムで長身で筋肉質で、１００歳まで生きたけれど、子どもを残さなかった男性よりもはるかに適応度が高い。このことが示すように、適応度は必ずしも、古いキャッチフレーズ「適者生存」にあるような、生き永らえる能力を指すわけではない。繁殖するまえに死んでしまったなら、まったく適応的でないことは自明だろう。

ＤＤＴに遺伝的に弱いハエの適応度を高くすることは可能だろうか？　これは一見不可能なように見える。というのは、どうしたところで、ＤＤＴに弱いハエの集団を作るために、もっとも簡単に死んでしまうハエを交配させることなどできないからだ！　ところがソーカルの研究室は、実に簡単にこれをやってのけた。ハエのオスとメスのそれぞれのペアから生まれた子たちを2つの群に分けて、別々のガラス瓶のなかで育てたのだ。ＤＤＴは一方のガラス瓶に入れたが、もう一方には入れなかった。次に、各世代での交配用には、ＤＤＴのガラス瓶でもっとも致死率の高かったハエのきょうだいたちの群を使った。こうして、ＤＤＴのビンを見ただけで卒倒してしまうハエ（もちろん、ほんの少量のＤＤＴで死んでしまうハエのことだが）を作り出すことができた。この実験の成功のカギは、きょうだいたちが、平均すると遺伝子の半分を共有していることにある。淘汰は、こちらが望む特性をもった親から生まれたきょうだいどうしを交配させることによっているが、この淘汰は直接の淘汰よりもゆっくり起こる。ここでは、直接の淘汰では達成できないような変化を生み出すために、生物学者が血縁淘汰と呼ぶものが使われている。

　ソーカルらの研究室は、進化のプロセスのもうひとつの重要な側面を、ショウジョウバエを用いて鮮やかに示している。遺伝学者ならよく知っていることだが、ひとつの形質に対して作用する淘汰は、ほかの形質も変化させる（ヒトの進化について遺伝学者でない人が書いたものでは、この点が抜けていることが多い）。ショウジョウバエのサナギ（イモ虫ふうの幼虫――「ウジ虫」――が成虫へと変身するまでの間にある休止状態）は、通常は、ねばねばした栄養物の表面の上にランダムに散らばる。しかし、ＤＤＴに対する耐性の点で淘汰されたショウジョウバエは、これとは違う行動をとった。食べる時には、正常な系統と同じく、ガラス瓶の底にあるねばねばした栄養物の表面を歩き回った。しかしサナギになる時には、この栄養物の縁（へり）の周辺、すなわちその上のガラス瓶の壁でだけ蛹化するようになった。ショウジョウバエは、ＤＤＴへの耐性についてだけ淘汰されていたが、おまけとして、異なる行動パターン（周辺での蛹化）も獲得した。

　ソーカルのグループは、逆方向の実験をしてみることで、この結果を確認している。彼らは、正常なハエを用いて実験を開始し、ＤＤＴ耐性に対する淘汰圧を設けるのではなく（すなわち、栄養物にＤＤＴを混入するのではなく）、代わりに、栄養物の縁近くでサナギになった個体をそれぞれの世代の親に選んだ。予想された通り縁でサナギになる系統が進化したが、それはＤＤＴに対する耐性ももっていた。ソーカルの研究室のショウジョウバエで発見されたことはその後、多くのほかの生物を用いた淘汰実験で確認された。ひとつの特性だけを淘汰するのは、ふつうはきわめて難しい。

ヒトの進化

遺伝的進化――生物集団の遺伝的構成の変化――は、いたるところで起こってきたし、いまも起こり続けている。世代を重ねるうちに、病原菌からオーク、チョウ、カエル、グッピーにいたるまで、ほとんどすべての生き物は、その遺伝的構成が変化し続けている。私たちのまわりではつねに進化が起こりつつあり、ほかのあらゆる生き物と同じく、私たちも進化している。ダーウィンがその古典『人間の由来』（1871）のなかで述べているように、ヒトは環境を変えるだけでなく、そのようにして進化の多くの側面を操ってもいるのであって、ヒト自体も変化してきたのである。ダーウィンは、進化の点から、今日も私たちをとらえて放さない疑問を問うことを始めた。すなわち、ヒトはなにから生じたのか？　私たちの起源は？　これらの疑問に対する答えを得るには、カ、ショウジョウバエ、オオシモフリエダシャク、ヒマワリ、クイナ、ダーウィンフィンチを変えるその進化のプロセスが、どのように私たちを変えるのかを理解することから始めなければならない。

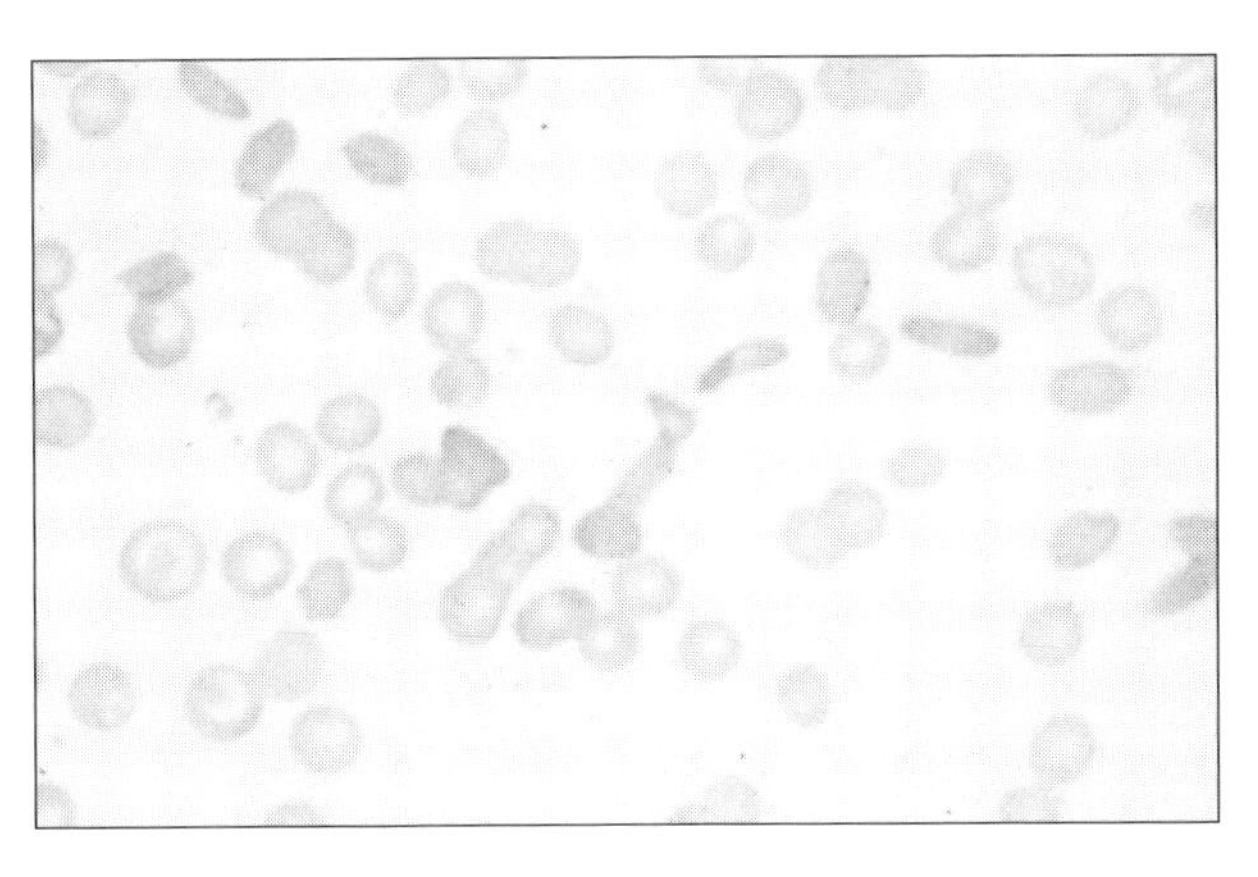

図1・4　正常な赤血球と鎌状赤血球の顕微鏡写真。正常な赤血球は円形をしている。細長い細胞が鎌状赤血球である。写真は J. H. Crookston, R. Hasselback, & the University of Toronto 提供。

異なる遺伝的資質（遺伝子型）をもった人間の繁殖の差異について現在よく知られている例は、赤血球の変異である。アフリカ人と、アフリカ以外で暮らすアフリカ人の子孫には、特殊な形のヘモグロビン分子（ヘモグロビンは赤血球を赤くし、酸素をほかの細胞に送り届けるのに重要な役目をはたす）の生成を引き起こす異常な遺伝子をもつ人がいる。対立遺伝子対として、この異常な遺伝子ひとつと正常な遺伝子ひとつをもっている人は、正常・異常のどちらのヘモグロビンも生成し、通常はふつうに生活できる（もちろん、高地やほかの特殊な状況――酸素が薄かったり、気圧が低かったりする状況――では、貧血になったり、場合によっては死に至ることもある）。鎌状赤血球を作る対立遺伝子を2つもつ人は、顕微鏡で見ると、正常な円形の赤血球が三日月形（「鎌状」。図1・4）へと変形する遺伝病をもつ。これらの人々は、この特別な種類のヘモグロビンだけしか生成せず、鎌状赤血球貧血症によって生命の危険にさらされている。

なぜ、淘汰はアフリカの人々から「鎌状赤血球遺伝子」を排除するようにはたらかないのだろうか？　実は、2種類のヘモグロビンの赤血球をもつ人は、マラリア原虫――ヒトの体内に入り込むと、生活環の一時期を赤血球のなかですごす――のなかでももっとも危険な種（*Plasmodium falciparum*）に対して、かなりの耐性をもつのだ。アフリカの人々は、おそらくは4000年か5000年前に農業が導入されて以降、数百世代にわたって重いマラリアに苦しめられてきた。農業は、その土地のカにとって理想的な生息地――新たに定住したヒトの大きな集団の近くに、繁殖にもってこいの小さな水溜りがそちこちにあるような生息地――を提供した。この時に、2種類の対立遺伝子をもっていた人々は、淘汰において有利だったろう。これらの人々は、ほとんどの場合に、貧血症にならず、マラリアにもかかりにくく、その結果、どちらか一方の対立遺伝子だけを2つもつ人々よりも多くの子孫を残した。どちらか一方の対立遺伝子だけをもつ人は、正常なヘモグロビン（マラリアに対する耐性がない）だけをもつか、赤血球を鎌状にするヘモグロビン（貧血症で死亡する危険性が高い）だけをもつ。この場合に、淘汰は、集団の遺伝子構成を変化させるのではなく、両方の種類のヘモグロビンを一定に保つようにはたらいた。

鎌状赤血球の形質はいまも、およそ250万人のアフリカ系アメリカ人に見られる。しかし米国にはマラリアという病気はないので、その形質は、世代を重ねてゆくにつれて消滅してゆくだろう。人々がマラリア原虫のいない地域に移住した場合にはつねに、淘汰は、鎌状ヘモグロビンを生み出す遺伝子を排除するようにはたらく。奴隷貿易が最終的に停止された時から比較的少ない世代のうちに、鎌状赤血球遺伝子の頻度は、たとえば、マラリアのないカリブ海のキュラソー島に住む、祖先がアフリカ出自の人々では、マラリアのあるアフリカのスリナム付近に住む人々よりも、はるかに少なくなっている。

鎌状赤血球の例に示されるように、自然淘汰では、ひとつのことだけに影響が出るということはまずありえない。マラリア原虫に対する耐性は、一部の人々には死という、またほかの一部の人々には貧血症という犠牲ももたらす。とりわけ、このことは、自然淘汰の直接的結果だとされるヒトの多くの行動特性（たとえば、レイプといった行動、伴侶に大金持ちを求めるといった行動）がいかにありえないかを示している。たとえば、大きな鼻の配偶相手を好む傾向を生じさせる遺伝子が私たちの祖先の集団に生じたとしよう。より大きな鼻は匂いで食物や敵の存在を嗅ぎわけるのがよくできるとしても、それが両眼視の視野を部分的に遮ってしまう（それによって、死角に入った捕食者に気づかずに食べられてしまうという危険性が増す）という別の影響ももつなら、そのような遺伝子の頻度が増すことはないだろう。脇がよく見えることの利点のほうが、大きな鼻の配偶相手を好むことによる利点よりも大きいだろう。

たとえ淘汰がひとつのことだけをするのが難しいとしても、

このことは、ヒトがいまは自然淘汰の力の及ばないところにいるということなのではない。最近の分子遺伝学的研究は、ホモ・サピエンスにおいても、肌の色や医学的条件に関与する広範囲の遺伝子が繁殖の差異をこれまで（おそらく現在も）もたらしてきたことを示している。たとえば、かつてはきわめて効率のよい消化（食料不足の際に少量の食べ物で生き延びることができるようにする）が淘汰によって選ばれていたが、現在は食糧が豊富な地域では、それが逆方向に作用している。かつては飢餓に耐えられることは利点をもっていたのに対し、現在は、豊かな社会に蔓延する肥満と糖尿病の確率を高めており、逆に欠点になっている。現在、私たちは、環境をいままでにないほどの速さで変化させ、気候を変え、大気・食物・水のなかに新たな化学物質を加え、そして子どもたちを、私たちが子どもの頃にはなかった電子回路でできたゲーム機やテレビ番組にさらしている。予見可能な未来に関して言えば、これらの変化のいくつかには自然淘汰がはたらくだろう（たとえば、ある種の食べ物や環境有害物質が、あるいはテレビを見ることさえもが、多産性や生殖行動に関係しないとは言い切れない）。科学技術は、本来なら強力であったはずの淘汰圧を大幅に減らしうるが（近視は昔なら致命的な欠点だったが、いまはメガネがそれを矯正してくれ、淘汰圧を減少させているように）、多くの淘汰圧を除去してしまうことはないだろうし、場合によっては強めることもあるかもしれない。

遺伝子がすること

ひとつの属性だけに焦点の合った淘汰がどのようにしてほかの属性にも影響を与えるのだろうか？　これについての研究は、人間行動への遺伝子と環境の影響を理解する上で、さらに進化のプロセス全体を理解する上で、きわめて重要である。淘汰がこういったほかの属性に影響を与えることがあるのには、２つの理由がある。第一に、細胞核のなかの染色体上で距離が近い遺伝子どうしは、一緒に子孫へと受け渡される傾向がある。このようにして、ひとつの遺伝子に関係した形質を選ぶ淘汰はしばしば、ほかの遺伝子に関係したひとつの（あるいはいくつもの）形質を一緒に次の世代に伝える。この傾向は、専門的には「連鎖」と呼ばれる。さらに、ひとつの遺伝子の作用はしばしば、別の遺伝子（同一の染色体上にあることも、別の染色体上にあることもある）の作用によって変えられたり、抑制されたりする。第二に、同一の遺伝子が複数の形質に頻繁に（断言はできないが、おそらくほぼつねに）影響をおよぼすことがある。こうした例のいくつかについては、すでに紹介した。ショウジョウバエの例では、ＤＤＴに対する耐性がたとえば蛹化の場所の選択にも影響を与えるし、ヒトの例では、鎌状赤血球の形質である鎌状化を生じさせる単一遺伝子の変化は、ある程度マラリアから守ってくれるが、一連のほかの変化ももたらす——

脾腫や肺炎などにかかりやすくなる――ことがある。

環境と遺伝子の相互作用は、観察可能な複雑な表現型（生物の外見、構造、行動として定義される）を生み出す。表現型とは、個体の観察可能な特性――青い眼か茶色の眼か、肥るか痩せるか、冬眠するのが早いか遅いか、黒っぽいかまだらか、おとなしいか粗暴か、美しいか醜いか――のことを指す。このような言い回しがどの生物に用いられても、それは表現型を記述している。

表現型の違いの多くは、もっぱら環境要因だけによって生み出され、遺伝的変異を反映していない。一卵性双生児（子宮内の同一の受精卵が分裂することで生じる双生児で、同一の遺伝的資質を共有している）の皮膚の色の違い――一方はサヴァンナにいて強い日射のもとで暮らし、もう一方は寒冷なノースダコタ州のファーゴで暮らしている――は、そうした例である。一方、2人がそれぞれ異なる遺伝子型をもっていたとしても、表現型では区別できない場合もある。たとえば、異なる2つの遺伝子型が、茶色の眼を持った人を生じさせうる。これは、2つの対立遺伝子が茶色をコードしている場合もあるし、対立遺伝子のひとつが茶色を、もうひとつが青をコードしているが、青の対立遺伝子は発現しないという場合（青い眼になるには、2つの対立遺伝子がどちらも「青」をコードしている必要がある）もあるからである。これが、なぜ両親が茶色の眼なのに、子どもが青い眼だったり、茶色の眼だったりするのかという理由である。すなわち、遺伝子型が違っていても、眼の色の表現型としては発現しない場合があるからである。

ほとんどの生物では、個々の遺伝子は表現型のほんの一部にしか影響を与えないのに、表現型には、それらの遺伝子の数よりもはるかに多くの特徴がある。たとえば、かつて私（ポール）を死に至らしめそうになったマラリア原虫は、5000を少し超える数の遺伝子をもつ。一方、私たちはおよそ2万5000の遺伝子をもっている。これはショウジョウバエの遺伝子の数とほぼ同じだ。イネは、ショウジョウバエやヒトの2倍の遺伝子をもっている。つまり、遺伝子の総数は必ずしも、生き物の複雑さと直接結びついているわけではない。しかし、イネに脳はないけれども、光合成――植物が光エネルギーを用いて新陳代謝をするプロセス――のためのきわめて複雑なしくみをもっている。いずれにしても、あなたとポール、そしてイネも、2万5000をはるかに超える数の表現型の特性をもっている（たとえば、あなたとポールの場合には、脳のなかの神経細胞の間には膨大な数の異なる連絡があり、それもまたあなたの表現型だ）。このように、影響が複数の表現型の特性にわたることは、ほとんどの遺伝子の必然的な性質なのである。

以上述べてきた説明の背後にあるのは、遺伝子それ自体の微細なはたらきで、そのメカニズムについては、ほとんど毎日のようにテレビや新聞やインターネットで（直接的、あるいは間接的に）見たり聞いたりしているものだ。科学者は、メンデルの研究が知られるようになって以来ずっと、とりわけこの半世紀は精力的に、遺伝の詳細なメカニズム——とくに、進化が分子レベルでどのように起こるのか、生命はどのように自らを永続させるのか——を明らかにすべく、研究を重ねてきた。彼らは、たとえば、どのようにして小さな精子と卵子が親から子へと大量の情報を伝達できるのかを突き止めることができた。その研究の多くは、50年ほどまえにソーカルの研究室や、それよりさらに50年ほど前に先駆的な遺伝学者たちによって用いられたのと同じショウジョウバエを用いて行なわれてきたし、いまも現在も行なわれている。そして進化の詳細なメカニズムについてわかっていることの多くは、ヒトの腸のなかにいる細菌である大腸菌の研究に負っている。大腸菌は、ショウジョウバエに比べても繁殖のスピードがはるかに速い。その世代時間は20分以下になることもある。

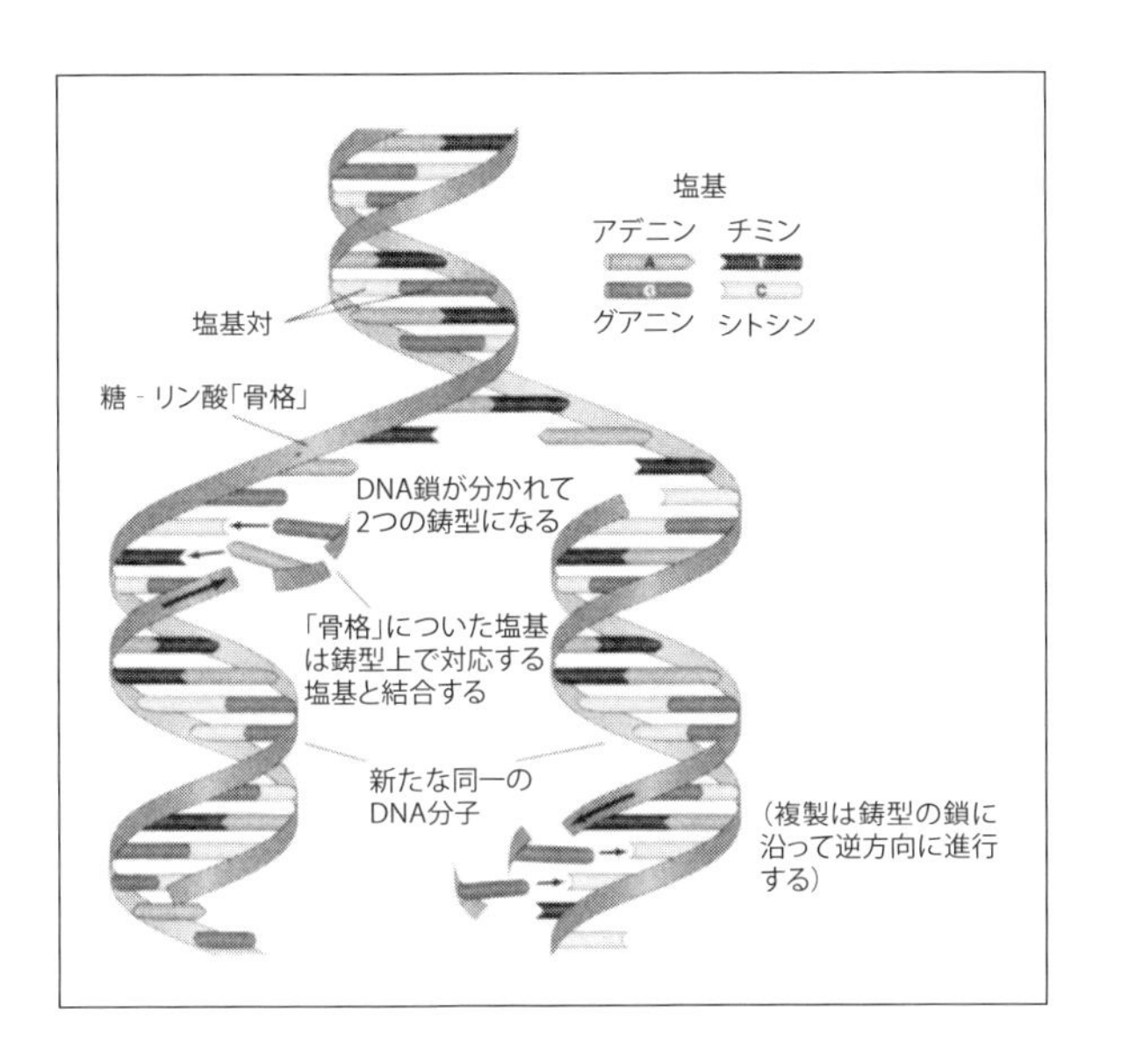

図1・5 DNAが複製される時、「桟」が分かれて2本の「骨格」鋳型になり、この鋳型に合うように対応する塩基が2本の新たな骨格を形成する。次にそれらが結合して、新たなDNA分子になる。これが、「桟」の配列としてコードされた遺伝情報が複製され伝えられてゆく基本的な生化学的メカニズムである。

生物学者は、巧妙な実験をして、遺伝情報の物理的表現である遺伝子がデオキシリボ核酸（いわゆるDNA）分子の配列だということを示してきた。動植物の染色体のなかの遺伝子を構成するDNA分子は、よく知られた「二重らせん」構造をしている（図1・5）。これらは、化学的な梯子のようなもので、相補的な2本の鎖が互いに巻き合っている。それぞれの鎖の構成単位はヌクレオチドと呼ばれ、4つの異なる種類の化学的「桟」で結ばれている。これらの桟は、ヌクレオチドの4つの異なる化学的構成要素（塩基と呼ばれる）——A（アデニン）、T（チミン）、C（シトシン）、G（グアニン）と略記される——のうちの2つが対をなしているが、AとT、CとGといったように、塩基はつねに同じほかの塩基と対になる。情報をコードしているのは、これらのヌクレオチドの塩基対配列である。

遺伝子は、異なる塩基をもったヌクレオチドの連続からなり、これらの連続が化学的サブユニット（アミノ酸）の配列を決定し、これらのアミノ酸がつながって、タンパク質と呼ばれる単一の巨大な化学分子を作り上げる。タンパク質は、すべての有機体の基本部分であり、すべての生命活動に関わる。細胞内の複雑なしくみ――DNAとは分子的に近縁のRNA（リボ核酸）が部分的役割をはたす――は、DNAの「指令」に従って適切なアミノ酸を集め、それらをつなげて正しい配列にする。これらの配列のほんの一部の違いで、フィンチが大きな嘴をもつかどうか、ショウジョウバエがDDTに対する耐性をもつかどうか、あるいは（極端に言えば）チンパンジーになるかヒトになるかが決まる。こういった複雑なしくみがDNAの複製を可能にし、DNAにコードされている遺伝情報を細胞から細胞、そして親から子へと受け渡すことを可能にする[4]。

タンパク質には、いくつもの役割がある。体の物理的構造の一部になり、体の防衛的な免疫システムのなかではたらき、しばしば触媒として作用して化学反応を速めたり（まれではあるが、遅めたり）する。触媒として作用するタンパク質は、有機体の発生と活動を制御する。遺伝システムにおいては、ひとつの遺伝子によって組み立てられたタンパク質が、ほかの遺伝子に指示してタンパク質を合成させたり、逆にその合成を止めたりする。遺伝子はこのように、ほかの遺伝子の作用も制御できる。また、自らの生成を抑制するタンパク質を生成することもある。これらの複雑な制御の相互作用は、環境内の刺激への反応として起こることが多い。現在、科学者は、制御プロセスが10年まえに考えられていたよりもはるかに複雑だということを発見しつつある。

ゲノム進化（有機体のなかのDNA全体の進化）の研究領域には、いま刺激的な変化が起こりつつある。とりわけ、タンパク質をコードしていない相当な量のDNAについてはそうである。それはかつては「屑DNA」と呼ばれていたが、現在では、その多くが発生に関わっている――環境と相互作用し、遺伝子のオン・オフを切り替えたり、どれぐらいの頻度で遺伝子が変わるか（突然変異速度）を決めたり、表現型を作り上げるためにどのように遺伝子型の情報を使うかを指示したりする――ことがわかっている。確かに、ゲノムのはたらきがかなり複雑だということがわかってくるにつれて、「遺伝子」の概念そのものも問題視されつつある。というのも、遺伝子は、典型的にそれらのものとされてきた構成をもっておらず、必ずしもかつて考えられたような独立したものではないからである。自然淘汰の作用のしかたについて一度は確立されたかに見えたイメージは、いま再検討を迫られているように見える。その焦点は、淘汰がひとつの特性の進化だけに影響を与えるのはどんな状況かという問題におかれている。

したがって、ショウジョウバエの自然淘汰について述べた時、実際には、分子レベルでの複雑なプロセスについて述べていたことになる。つまり、繁殖においてハエには個体差があり、この個体差のもとには、細胞内で異なるタンパク質の生成をコードしているDNAヌクレオチドの配列の違いがあった。同様に、私たちの遠い祖先においては、直立姿勢を採用する、あるいは鮮明な像を形成する眼を採用する自然淘汰が複雑なプロセスとして起こった。それはショウジョウバエでの私たちの淘汰実験で起こったのと基本的には同じプロセスだが、ただ、それよりもはるかに多い数の世代をかけて起こったのである。

環境——遺伝子の進化的パートナー

進化における遺伝子の重要性はきわめて明確である。遺伝的進化そのものは、個体群における遺伝子の変化、現時点でのより正確な言い方を用いるなら、個体群におけるゲノムの変化として定義できる。しかし、遺伝的進化がとる方向は、私たちの祖先の霊長類であれ、ほかの動物であれ、植物であれ、第一には環境によって決まる。したがって、進化を理解するにはまず、環境のこの役割を理解し、それが表現型——環境は淘汰の作用因として表現型に作用する——にどう影響するのかを理解する必要がある。大気汚染がオオシモフリエダシャクの黒っぽい表現型の遺伝子を選んだように、多くの生き物における農薬や抗生剤への耐性の頻繁な進化も、同じパターンをたどる。ヒトは、病害虫や細菌を駆除するために、意図的にそれらを毒にさらしてその環境を「汚染」する。最初はそれらの病害虫や細菌の多く（あるいはほとんど）が死滅する。これが彼らの環境を変化させ、その毒を解毒したり排出したりして死を回避することのできる表現型を生み出す遺伝子を選択する。こうした困った事態については、私たちのまわりにたくさんの例がある。毒に恒常的にさらされ続けることは、ガラス壜のなかのショウジョウバエやほかの実験室内の淘汰実験で起こったのと同じ効果を実際の農地においてももつ。というわけで、ひとつか、あるいはそれ以上の農薬に耐性をもってしまった病害虫は、いまや500種になろうとしている。

同様に、抗生剤の乱用は、逆に抗生剤に対する耐性を細菌に持たせることになる。それゆえ多くの研究者は、それらの有害な小さな敵に対抗する武器がいまは最強であったとしても、たちまちにして効き目がなくなってしまうと考えている。たとえば、クロストリジウム・ディフィシレ（ボツリヌス中毒症を引き起こす細菌の親類）の強い毒性をもつ新たな系統が急速に広まりつつあり、これは以前使用されていた抗生剤の多くに耐性をもつ。この新たな細菌の脅威を強めているひとつの要因は、消化管内の正常な環境への抗生剤の乱用の影響である。抗生剤は、ある種の制酸剤と一緒に使用されると、腸内の無害あるいは有益な細菌も殺してしまい、その結果競合相手のいなくなったクロストリジウム・ディフィシレは容易に増殖し、大集団になってしまうのである。また、ペニシリンやそれに類した薬剤の乱用も、メチシリン耐性黄色ブドウ球菌（MRSA）の進化を招く。ＭＲＳＡは、病院、高齢者介護施設、そして最近ではそれ以外のところでも、感染者を死に至らしめ、大きな問題になっている。病害虫や病原菌を毒で殺すために一種類あるいは数種類の殺生剤を使い続けると、淘汰実験を行なった場合とほぼ同じ結果になる。すなわち、耐性が進化し、殺虫剤や抗生剤が効かなくなるのだ。

環境は、ほかのやり方でも進化に影響をおよぼす。たとえば、環境は、たんに偶然によって、個体群内の遺伝子の割合を変えることがある。ある男性が家族のなかでひとりだけ青い眼の持ち主で、運悪く、子どもを残すまえに落雷に遭って死んでしまったなら、彼の家族が次の世代へと受け渡す眼の色の遺伝子の比率は変わってしまう。さらに、生殖のプロセスそのものが、特定の卵子を受精させた精子のなかにどのタイプの遺伝子があるかという偶然によって、それらの遺伝子の割合にランダムな変化を引き起こす。この現象は遺伝的浮動と呼ばれる。ここで重要なのは、遺伝的浮動が（ほかの条件は同じとすると）大きな集団より小さな集団において進化に大きな影響をおよぼすということである。落雷は彼の４人の家族の眼の色の遺伝子の割合に大きな影響をおよぼすが、一方、３億人の米国の国民におけるその遺伝子の割合への影響は、ないに等しい。

別の種類の環境の変化、たとえば移住も、個体群内の遺伝子の割合を変えることがある。もし、ある町から青い眼の人たち全員がよそに引っ越してしまったなら、その町の住民全体の遺伝子プールが変化してしまう。淘汰や遺伝的浮動と同様、移住も進化的な力のひとつである。さらに、遺伝子内のひとつの（あるいはいくつもの）ＤＮＡ配列を変化させてその遺伝子を別のものにしてしまう（すなわち突然変異を生じさせる）要因も、そうである。突然変異は、たとえば、ＤＮＡのヌクレオチドを壊す放射線によっても、ＤＮＡをコピーする複雑なメカニズムにエラーが生じることによっても、起こりうる。どちらの場合も、ＤＮＡ配列の変化によって、遺伝子のはたらきが変わってしまう。突然変異によって変わるのがひとつの遺伝子のはたらきだけであっても、それが発生において影響が次々と増幅していくカスケード効果をもち、表現型の劇的な変化をもたらすことがある。しかし、先ほども指摘したように、ここで重要なことは、多少の例外はあるものの、突然変異はランダムに起こるということである。それは通常は、生き物の環境の条件や「必要性」とは無関係に起こる。

遺伝子移動、突然変異、そして生殖のプロセスで起こる遺伝子組み換えは、集団内の個体間の遺伝的変異を生じさせる進化的な力である。この遺伝的変異は進化のもとになる原材料であり、それによってもたらされた遺伝子に対して環境を通じて自然淘汰が作用する。進化を方向づけ、その環境のなかにいる個体の繁殖能力を何世代にもわたって高めるのは、自然淘汰だけである。自然淘汰は、進化における創造的で、システマティックな力である。

しかし、もし自然淘汰がそれほど創造的であるのなら、地球温暖化によって、食料となる昆虫が豊富な時期が早まったために、生まれてくるヒナたちに十分な食料のない時に繁殖することになったマダラヒタキの場合をどう説明したらよいだろうか？　説明は簡単だ。自然淘汰は強力ではあるが、それができることと、それが作用する速さとは、環境とその生き物の遺伝子型の両方の特性に依存するのである。場合によっては、ある変化に対する淘汰は、無関係の属性に影響することによって適応度を下げることもある——淘汰は一時にひとつの特性だけに影響を与えることはないということを思い出してほしい。結果として、絶滅は、多くの個体群や生物種の宿命なのである。確かに、環境の特定の変化についてゆけるほど速く進化できなかった生物たちの遺骸が、化石記録のなかにいくつも見つかる。

この変化が急に起こる時には（たとえば巨大な隕石の衝突が破局的な結果を引き起こす場合などは）、とりわけそうである。このような衝突のひとつが、6500万年前に起こった。その影響で塵が長期にわたって地球をおおって太陽光をさえぎり、恐竜をはじめ数知れない種類の生き物のほとんどが死滅した。もうひとつの突然の変化は、約1万年前に狩猟を行なう人間たちが南北アメリカ大陸に入ったことだった。この大陸を徘徊していたマンモス、ラクダ、巨大な地上性のナマケモノ、大型のビーヴァー、そしてそのほかの「更新世の巨型動物類」は急激に絶滅してしまうが、その主要な（おそらくは唯一の）原因は、それらの人間たちにあった。そして人類はいま、世界全体の環境を急激に変えていることで、もうひとつの大量絶滅を引き起こしつつあるように見える。先にあげたマダラヒタキは、そうした犠牲者の例かもしれない。

進化研究の爆発

20世紀の半ばにオオシモフリエダシャクやほかの数種の生物について行なわれた先駆的な研究以来、自然淘汰や進化のほかの作用についての研究が爆発的に増えた。その爆発は、1世代がごく短い微生物を用いた研究が実験室で行なわれるようになったことと、新たな分子遺伝学の技術が用いられるようになったことによっている

なかでも、分子レベルでの研究によって、どのようにして淘汰がきわめて複雑なメカニズムを「生み出す」のかを明確に示すことが可能になった。たとえば、一部の研究者は、淘汰によっては細胞過程に見られる生化学的複雑さが生み出せなかったはずだと主張してきた。彼らの主張によると、とりわけ難しいのは、ホルモン（テストステロンのような化学的メッセンジャー）とそのホルモンの受容体の関係のような「鍵と鍵穴」メカニズムである。結局のところ、もし鍵穴に変化があれば、このシステムが機能するためには、鍵のほうにもそれに対応する変化が起こらなければならない。しかし、分子進化学者

のジョー・ソーントンのチームが最近明らかにしているように、複雑な鍵と鍵穴システムは、自然淘汰の作用を通して進化しうる。彼らは、ステロイドホルモンとそれを受けとる受容体の間の機能的相互作用が自然淘汰を通して一連の段階を経ながら進化したことを再現できた[5]。こうした研究は、複雑なメカニズムが自然淘汰によって生み出されうるかどうかの論争に決着をつけるのに寄与した。

進化の理解における最近の進展には目覚ましいものがある。2005年には、米国の権威ある科学雑誌『サイエンス』が、この年の画期的研究として「進化の解明の進展」（進化のプロセスがどうはたらくかについての理解が進んだこと）を選んだ。『サイエンス』はそのなかで、「今日、進化はすべての生物学の基本である。あまりに基本的で、なんにでも関係しているため、科学者は時に、その重要性を過小評価しがちである」と述べている[6]。この点で、状況はいまも、20世紀の偉大な進化遺伝学者、シオドシウス・ドブジャンスキーが1973年にこの章の冒頭に引いたことばを述べた時とほとんど変わっていない。

このような認識があるのに、科学者は、なぜ進化「論」という言い方をするのだろうか？　進化は「事実」ではないのか？そう、事実ではない。科学においては、たんなる事実は、一堂に会した人々の集団が合意できるものごと（たとえば、その教授の眼は鼻を境にして左右それぞれの側にひとつずつあるとか）のことをいう。では、進化はたんなる仮説――検証可能な仮定（たとえば、その教授はカツラをつけている）――でしかないのか？　いや、「たんなる」仮説ではない。なぜなら、進化は徹底的に検証されてきているからである。科学においては、このことがその仮説を理論――説明の枠組みとして、これまでに検証し尽くされていて、予測に使うことのできるもの――にする。確かに、科学理論は、一般に言う、推測を意味する理論（「ぼくはどうして彼女に振られたかについて理論をもっている」）とはほぼ逆の関係にある。進化論は、地球が太陽のまわりを回っているという「理論（地動説）」と同様、科学においてもっとも完璧に探究されている理論である。しかし、ニコラウス・コペルニクスが地動説を唱えてから500年後も宇宙のメカニズムが詳しく研究されているのと同様、進化の詳細なメカニズムについても依然として研究が盛んに続けられている。

チャールズ・ダーウィンは『種の起源』の初版では「進化」ということばは使っていなかったが、いまから150年前に（遺伝子やDNAが発見される以前に）、その本の最後の段落のよく引用される美しい文章のなかで、この1章と次の2章の基本的テーマをとらえていた。

多種多様な植物におおわれ、繁みでは鳥が歌い、チョウや虫たちが飛び交い、湿った土中をミミズが這いまわる。そういう土手の雑踏に目を凝らし、互いにこれほど異なり、互いにこれほど複雑に依存し合った、これらの精妙に造られた生き物たちがすべて、私たちのまわりで作用している法則によって生み出されたと考えると、不思議な思いにとらわれる。これらの法則とは、もっとも広い意味にとれば、「成長」ののちの「生殖」、ほとんど生殖のなかに含まれる「遺伝」、生活の外的条件の間接もしくは直接の作用によって生じる、また用不用によって生じる「変異」、「生存競争」を生じさせまたその結果として「自然淘汰」を生じさせる高い「増加率」、そしてそれらにともなう「形質の分岐」と、改良のない生物種の「絶滅」である。このようにして、自然の闘いから、すなわち飢餓と死から、私たちの考えうる最上のもの、つまり高等動物の誕生が、直接もたらされるのである。この見方には、壮大なものがある。生命は、そのあまたの力とともに、最初わずかのものか、あるいはただ1個のものに吹き込まれ、この地球が一定の重力法則に従って回転する間に、これほど単純な端緒からきわめて美しくきわめて驚嘆すべき無限の形態が生じたのであり、そしていまも生じつつあるのだ[7]。

2章　土手の雑踏

「いまこの世にいるすべての生き物は、その祖先をさかのぼると、38億年ほど前の生命の起源へと行き着く。その時から現在までの間に、個体群が分かれて別の種になるという出来事が、（数十億回とは言えないまでも）数百万回以上は起こってきたのである。」

スコット・フリーマンとジョン・C・ヘロン、2001[1]

「かつて、共進化は永劫の時間にわたって種を形作る長期の厳かなプロセスだと考えられていたが、現在では、きわめて動的な場面を通して相互作用し合う種どうしをたえず作り変えるプロセスだという見方に変わってきている。」

ジョン・N・トンプソン、2005[2]

ダーウィンの土手の雑踏には、さまざまな植物、昆虫、鳥など、多種多様な生き物がいた。種の個体群が時間を通してどのように進化しうるのかについてはすでに見たが、ダーウィンは、どのように異なる種が新たに出現するか――もちろん、それにはヒトという種の誕生も含まれる――にも興味を抱いていた。そのため、彼の歴史的名著は『種の起源』という書名になった。

では、なぜイヌとオオカミ、ウマとシマウマ、カタアカノスリとアカオノスリ、ブラウントラウトとレインボートラウト（ニジマス）とカットスロートトラウト、トラフアゲハとアメリカクロアゲハがともにいるのだろう？　どのようにして、異なる種類の生き物が生じるのか？　そしてどのように、それらの生き物がお互いに関係し合って、あの土手の雑踏に見られるような多様性が生まれるのか？　これらの疑問に答え始めると、なぜ科学者がそれほどまでに次のような問題――ほかの生物種になにが起こるか、私たちヒトはそれらの生物種とともにどう進化するのか、そしてヒトという種の台頭と地球の支配がそれらの生物種の運命にどのような役割をはたすのか――に関心を抱くのかがわかってくる。

進化についての現在の見方からの「種分化」の疑問への簡単な答えは、生物学におけるもっとも一般的な現象のひとつが示している。それは、生き物の特徴が地理的に異なるということである。地理的変異とはたんに、ひとつの場所に生息する同じ種の個体群が、ほかの場所に生息する同じ種の個体群とは違っていることをいう。

バードウォッチャーなら、何度も地理的変異を目にしているだろう。例として、現在キヅタアメリカムシクイとして知られ

図2・1　進行中の種分化。キヅタアメリカムシクイは、見かけの異なる、そして歌も多少異なるオーデュボンアメリカムシクイ（左）とマートルアメリカムシクイ（右）とがそれぞれ北アメリカの西部と北部に生息している。地図に示すように、カナディアンロッキーでは、個体群が重なっており、中間型（中央）も見られる。これらを単一の種とみなすか、2つの姉妹種とみなすかは、好みの問題と言ってよい。というのも、個体群の分化は連続するプロセスだからである。Sibley, D. 2000. *The Sibley Guide to Birds*. Knopf, New York, pp.436-437 から描き直す。

る鳥をとりあげてみよう。北アメリカ北部にいるこの鳥の個体群では、オスは喉が白く、羽をたたむと2本の白い筋が現われる。北アメリカ西部では、オスは喉が黄色で、羽をたたむと大きな白の模様が現われる（図2・1）。両者は、見かけがあまりに違うため、異なる2つの種――北はマートルアメリカムシクイ、西はオーデュボンアメリカムシクイと呼ばれる――だと長い間考えられていた。しかし、ロッキー山脈北部のアルバータやブリティッシュ・コロンビアにいる個体群は、それらの中間の特徴を示し、分類学者（生物の公式的分類を担当している研究者）は現在は、マートルアメリカムシクイとオーデュボンアメリカムシクイを同じ種に属するものとみなしている。同じ種の鳥が地理的変異を示すのは、体色だけに限らない。サンフランシスコ湾岸地方の異なる地域に生息するミヤマシトドの9つの個体群はそれぞれ、はっきりと異なる歌を歌う。また、同じ種の鳥でも、個体群によって、まったく異なる渡りのパターンを示すことがある。

　地理的変異は、見ただけではわからないような特徴にも広く起こる。たとえば、分子生物学的手法によって分析された遺伝子頻度は、個体群ごとに違い、そのような違いは、これまでに調べられている数百種の動植物のほぼどれにも見られる。このような地理的変異は、ダーウィンのその名著の書名でもある「種の起源」の謎を解く、重要な手がかりになる。

　個体群内の進化的変化を引き起こすその同じプロセス――突然変異、遺伝子組み換え、移動や遺伝的浮動の結果に作用する自然淘汰――が、個体群を異ならせ、さまざまな生物種を作り上げる。地理的な距離にともなう環境条件の違いは、分岐の最強の淘汰圧だという点で、そして多くの場合個体群間の交雑を妨げる障壁を提供するという点で、分化において重要な役割をはたす。個体群の分化がはるかに進んだものが、種分化である。一般的に、有性生殖をする動植物種においては、異なる種とみなされるほど違っていれば、2つの似たような個体群が同じ地域に自然に生息することがありえる。しかし、一方の個体群の個体は他方の個体群の個体とふつうは交雑することはなく、かりにそれがあったとしても、生まれた子は、成長も難しく、繁殖力ももたない。コリー、ラブラドール、ピットブルテリア、雑種の犬はみな、イヌという同一の種（ラテン語の学名では *Canis familiaris*）のメンバーとみなされる。しかし、オオカミとコヨーテは別々の種とみなせるだけ違っている。というのは、自然界で両者が出会っても、交雑することはないからである。

種内での進化的変化とともに、種分化のメカニズムが、数百万年にわたって脊椎動物の魚類、爬虫類、鳥類、哺乳類への多様化のような大きな進化パターンを生み出した。こうして、その中間の化石は、はるか昔の両生類が魚類から分岐しつつあったことや、その後爬虫類から鳥類が分岐したということを物語る。その背後にあったすべての原動力は、自然淘汰であった。

生命のこの壮大な多様性を生み出す驚くべきプロセスは、30億年以上前の地球の初期の海か、あるいはその深い岩の割れ目で原始的生命が誕生した時にさかのぼる。その多様化のプロセスは、環境の違いから始まった。海洋の深みで最初にごく単純な生命が誕生した（あるいは、一部の研究者が考えているように、土中深くで誕生して、その後で海に達した）時でさえ、同じ環境は2つとなかった。潮の干満や海流、塩分濃度、海洋底の成分、温度、深さなどの要因が、場所によって異なっていたし、現在でも同じ環境は2つとない。環境は変わらないことはなかったし、いまも変わり続けている。天候は季節によって変わり、気候も変化する。地形も、風化作用、浸食作用、（大陸が少しずつ地球表面を動くことにともなう）海底の拡張、造山運動、氷河作用、そして河川の流路変化を通して変化する。これらは、環境の変化を促す物理的プロセスのほんのいくつかだ。それに応じて、自然淘汰がそれぞれの個体群をその土地固有の、しかも変化してゆく環境に適応させるにつれて、さまざまな種が進化した。逆に、個々の種や個体群における変化も通常は、同じ場所で彼らと相互作用するほかの種——彼らが捕食する種、彼らを捕食する種、隠れる場所を提供してくれる種、食物をめぐって競合する種など——の環境を変えてしまう。

ひとつの種類の生き物の個体群の変化がほかの種類の生き物に変化を引き起こすといった例も多い。ＤＤＴは、ダニを獲物とする昆虫にはとりわけ有害である。ＤＤＴが農地に散布された時、それによってダニを食べる昆虫が激減し、その結果ダニが大量発生した。これが今度は、動植物のほかの多くの個体群の環境を変えた。たとえばハダニは、第二次世界大戦前には、作物を荒らす害虫として目立った存在ではなかった。DDTやほかの有機合成殺虫剤が広く使われるようになったあと、ハダニの天敵の多くが激減し、ある研究者グループのことばを借りると、ハダニは「世界中の農業にもっとも深刻な影響を与える害虫」になった[3]。

同様に、リョコウバトは乱獲によって1世紀ほど前に絶滅したが、ライム病の発生は、このリョコウバトの絶滅の主要な原因だった可能性がある。ライム病が最初に特定されたのは1975年のことで、コネティカット州のライム付近の患者の症例からだった。この病気は、マダニが媒介する細菌感染で、リョコウバトは、数十億羽ほどの群れをなし、ドングリやブナなどの木の実――「マスト」と総称される――を食べていた。リョコウバトの絶滅とともに、これらのマストの多くは、シカネズミの食べるところとなり、このネズミの数が激増した。これが今度は、ライム病をもたらすバクテリア（螺旋の形をした梅毒スピロヘータの近縁種）を媒介するマダニ（ネズミにつく）にとって生きやすい環境を作り出した。リョコウバトを乱獲した人々は、この鳥を絶滅に追いやることで、はからずも、ネズミ、マダニ、スピロヘータに都合のよい状態を作り出し、その結果ヒトにとっては好ましくない環境を作り出してしまった。

生物環境のこうした変化は、生物の多様性にとって――新しい種を生み出すプロセスにとって――物理環境の変化と同程度に重要なものである。ヒトであれ、ほかの動植物であれ、どんな個体群も、異なる降雨パターンや地形などが課す淘汰圧だけでなく、まわりにいる動植物の種類や、隣接する動植物種の個体群の変化など、さまざまな淘汰圧の組み合わせにさらされている。

地理的種分化

どのように新しい種が生じるのかについて、現在標準的になっている多様化のプロセスについての考え――「地理的種分化」と呼ばれる――を最初に明確に述べたのは、いまは亡き偉大な進化学者、エルンスト・マイヤー（1904-2005）だった。それは、なぜ2種類の似た生物種が交雑することなく同じ地域に生息することがあるのかという基本的な疑問に答えており、（すべてとまではいかないが）大部分の種の起源を説明するように思える。

コロラドのロッキー山脈生物研究所（RMBL（ランブル））付近に生息するオリーヴチャツグミとチャイロコツグミは、互いに似ているが、同じ地域に交雑せずに生息している個体群の例である。これら2種類のツグミは交雑はしないが、見かけはよく似ている（もっとも簡単な見分け方は、オスの歌う歌が違うことだ）。

おそらく共通のツグミを祖先としているのだろうが、2つの異なる種へのこうした分化はどのようにして起こりえたのだろうか?

マイヤーの考えは、ダーウィンの考えとは違って、隔離による分化を強調する。マイヤーの地理的種分化モデルでは、祖先を同じにする2つの個体群が、過去のある時点で、空間的に互いに隔離されるようになった。おそらく、乾燥した時期が長く続いて、祖先のツグミにとって、それまでは住みやすかった森林地帯の広がりが草原に姿を変え、移動の障壁になってしまったのかもしれない。あるいは、一群のツグミがたまたま嵐で吹き飛ばされて山脈の障壁を越え、それまでツグミのいなかったところに住み着くようになったのかもしれない。どのようにしてかははっきりわからないが、ともかく2つの個体群は隔離状態になった。それぞれの環境は違っていたため、淘汰圧も（ほんのわずかかもしれないが）違っていただろう。長い時間のなかで、淘汰のかかり方の違いや、偶然の突然変異と遺伝的浮動のランダムな効果も、2つの個体群に違ったように作用しただろう。

その結果、2つのツグミの個体群は分岐し始め、それぞれ別の進化の歩みをたどった。その数千年後とか数百万年後とかに、環境条件が変化し、この2つの個体群の一方（あるいは両方かもしれないが）が分布域を広げ、もとの祖先を同じにするこれら2つの子孫の系統がふたたび近接して住むようになった。もし十分な分岐が起こっていれば、2つの系統が同じ地域に住むようになっても、互いに交雑することはなく、別の種のままだろう。おそらく、オスは異なる歌を進化させ、2つの集団のオスはそれぞれ違った歌を歌うようになるので、一方の集団のオスの歌は他方の集団のメスの関心を引くことはない。2つの集団間の交雑が起こったとしても、2つの集団の遺伝的特質が違うため、生まれた子どもは不妊となるだろう。いずれにせよ、種分化がかつて起こり、いま、私たちの山小屋のまわりにはオリーヴチャツグミとチャイロコツグミの両方がいる。これに対して、もし2つの個体群が再会した時点で、分化が十分に起こっていなかったら、私たちの山小屋のまわりには1種類のツグミしかいなかったろう。部分的に分化した個体群は、おそらく頻繁に交雑して、分離していたことがあったという痕跡をほとんど（あるいはまったく）とどめないはずである。

マイヤー・モデルのこの記述は、当然ながらここでは単純化して記している。重要なのは、そのモデルから予測されるように、生物における個体群の分化はその時点その時点で程度がさまざまだということである。すなわち、個体群はつねに分化し、消滅し、融合している。それぞれの場合に、個体群間の差異の量は、それぞれの個体群がともに生息し相互作用し合うほかの生き物と、そしてその個体群が占める地理的勾配全体にわたる物理的・化学的環境の差異の力と相関し、これらみなが淘汰圧の違いを生じさせる。

個体群がたえず分化しつつあるのなら、なにが、いくつもの個体群からなる種をひとつの単位としてまとめているのだろうか？　多くの科学者は、いくつもの個体群をひとつの種へと束ねる進化的な力が遺伝子流動——「遺伝子拡散」と表現されることもある——だと考えている。遺伝子流動はたんに、移動して交配する個体によって運ばれるＤＮＡの、個体群から個体群への動きのことをいう。私たちの考えは、この一般に受け入れられている考えとは多少違っている。遺伝子流動は確かに役割をはたしうるが、私たちは、似たような淘汰圧がしばしばある程度隔絶した個体群どうしを遺伝的に似たままにすると考えている。ある一定の生物環境において成功する表現型——言うならば「勝利を占める」遺伝子の組み合わせ——を生み出す遺伝子型は、両者の環境が生物にとってきわめて重要で劇的なやり方で違うようにならないかぎり、持続する傾向がある。

種の誕生そのものは複雑であるにもかかわらず、生物学者はおおむね、マイヤーの単純化された説明を受け入れている。ひとつの理由は、それが現在観察されることに合っているからである。今日目にする生き物の多様性の「スナップショット」は、地理的種分化の様態とよく合致しており、考えうるあらゆるレベルの多様化を示している。この多様性の一方の端では、地理的に隔離されているのに、統計学的に区別するのが困難なほどよく似た個体群がたくさん存在する。もう一方の端では、オオカミとコヨーテ、マガモとオナガガモ、あるいはトラフアゲハとアメリカクロアゲハのように、交雑せずに同じ地域に生息している、明らかに違いはあるが似た種（ただし、どちらの種かは見ただけですぐにわかる）もたくさんいる。そしてその中間として、ダーウィンフィンチの嘴の大きさの変化や、オオシモフリエダシャクの個体群内の黒っぽいタイプの頻度の変化に、個体群の分化を引き起こすプロセスを見ることができる。

多くの場合、私たちが目にする証拠は、ある生き物の祖先となるひとつの種が新しい地域に入り込み、分散して互いに隔離した個体群を形成し、それぞれ異なる淘汰圧を受け、多様化していくつもの種になった、というものである。これらの種のそれぞれはしばしば、資源を得る異なるやり方を進化させ、異なる生態学的ニッチを占めるようになった。これらのニッチと生息地はそれぞれ、その生き物の「職業」と「住所」として考えることができる。ある生物の系統が淘汰を通してさまざまな条件に適応してゆくにつれて、一連のニッチに広がってゆくことを適応放散というが、ダーウィンフィンチはこの典型例である。フィンチの祖先の種は、過去のある時点でガラパゴス諸島に飛来し、互いに離れたさまざまな島々で多様化した。そのように多様化したフィンチは、何度か新しい島に侵入することがあった。ちょうどオオガラパゴスフィンチがダフネ島でしたようにである。オオガラパゴスフィンチとガラパゴスフィンチは、そこでは生息地を同じにした（住所が同じ）が、大きさの異なる実を食べる（職業が違う）ので、ニッチが違っていた。

種形成が起こるためには、地理的隔離は必ずしも必要なわけではない。このことを示す報告は増えつつある。ある場合には、昆虫ごとの好んで食べる植物の違いや、小さな湖で異なる食性をもつ魚にかかる淘汰圧が、個体群どうしをますます違わせ、最終的には繁殖の点で分離した種を生じさせることがある。すでに分化した種の間での交雑（異種交配）の結果として新たな種が形成されることも、植物ではかなり一般的に見られるし、動物でのそうした証拠も増えつつある。動物でのそうした一例は、ロングウィングバタフライ属の2つの異なる種の個体間に生まれた雑種である。この雑種の個体は、配偶相手を選ぶ際には、親と同じ種の個体よりも同じ雑種の個体を選ぶ傾向がある。植物での例としてヒマワリで示されてきたのは、同一の親の種の交雑から「同一の」新種が生じうるということであった。すなわち、種Aと種Bの交雑は、一度ならず種Cを生み出すことがある。したがって、地理的な種分化は、とりわけ動物においては主要なメカニズムではあるが、種分化のメカニズムはそれだけではない。

個体群内の遺伝的変化は観察できるけれども、新しい種の形成が観察されることはなく、それは特別な創造の結果に違いないという主張が時折なされることがある。実際には、いま紹介したドクチョウやヒマワリのような例を除いたにしても、種分化のプロセスは数万もの例で観察されてきている。それを否定することは、セコイアの巨木が種子から生長するというのを否定するようなものだ。というのは、小さな種子から100メートルの巨木へと変化してゆく様子を見た人間はだれもいないからである。しかし、その生育の速さは測ることができるし、月という時間的単位でも生育がわかり、それにさまざまな大きさのセコイアもあるので、種子が最終的にセコイアの巨木になると結論できる。同様に右に示したように、種分化の過程の中間のステップの証拠も豊富にある。

バード・ウォッチャーにとっては、種分化の中間段階はおなじみのものだ。オーデュボンアメリカムシクイとマートルアメリカムシクイをひとまとめにして北アメリカ大陸に広く生息するキヅタアメリカムシクイとして分類すべきなのかどうか、あるいはレッド・シャフテッド・ハシボソキツツキ、イエロー・シャフテッド・ハシボソキツツキ、そしてギルデッド・ハシボソキツツキを別々の種とみなすべきか、それとも分類学上は一緒にしてノーザン・ハシボソキツツキに含めるべきか。こういった問題を解決しようと、分類学者は進化的分化の連続体上に線引きして、そのたびごとに鳥の呼び名を変えてしまうが、バード・ウォッチャーにとってはこれが悩みの種になる。分類学者は、分化の連続体をどこで切るかというルールを作ることに厖大な時間をかける（私たちの偏見かもしれないが）。「種」は（「山」、「青」、「宗教」や「幸福」ということばと同様）使い勝手のあることばだ。しかし、それらのことばと同様、種は連続体の部分を表現しているが、みなが合意する明確な定義があるわけではない（「はっきり異なる種類」ということなのだが、ほかによいことばがない）。

種はひとつの島のようなものではない――共進化

個体群にかかる淘汰圧を生み出すものは、環境の物理的変化だけではない。その個体群が相互作用するほかの生き物の群――この章のはじめのところで生物環境と呼んだもの――も、淘汰圧を生み出す。ダーウィンの土手の雑踏にいる鳥を、彼らの餌となる昆虫に淘汰圧をかける存在として考えてみよう。昆虫を目立たなくさせる、あるいはまずい味にする、あるいは鳥の食卓にのぼらなくさせるほかの特徴を発達させるような淘汰圧である。一方、これらの鳥は、獲物となる昆虫を見つけ捕食することができるかどうか、そして全般的にはこの美味な6本足の生き物を自らも食べヒナにも食べさせるというその能力を保持することができるかどうかという淘汰圧の下にいる。植物、動物、微生物にとって、ほかの生き物もほぼつねに重要な淘汰圧の源となる。確かに、生き物はみな、まわりで生きているほかの生き物やその物理環境――自らもその一員として入っている複合体――の影響をつねに受けている。私たちを含め、すべての生き物は、これらの複合体――すなわち、地球上の生命を理解する上でもっとも重要な概念である生態系――の一員である。

今日、ほとんどの生き物にとって、ヒトは淘汰の点で地上でもっとも強力な作用因である。ヒトはたとえば、ほとんどありとあらゆる生命の化学的環境を変えてきた。ヒトが作り出した数万種類もの化学物質と、核兵器による数々の新たな放射性物質はいまや、北極から南極、そして深海にいたるまで、地球を汚染している。ヒトは、地球のほぼ表面全体を変え、森林を破壊し、陸地の大部分を農地に変え（あるいは舗装し）、川を堰き止め流れを変え、底引き網漁で魚を乱獲し海底を傷つけてきた。これによって数知れぬ生き物の生息地を変化させ、そこを住めないものにしてきた。また、選択交配を行なうことで、多くの種類の家畜の遺伝子プールを意図的に変えてきた。さらに、意図せずに、もっとも大きな魚を獲るとかもっとも大きな牙をもったゾウを撃つとかすることによって、多くの生物種の遺伝子プールも変えてきた。その結果、魚はより小さくなり、ゾウの牙もより小さくなった。

そして現在、ヒトは、地球の気候を変えつつある。気候は、もっとも重要な淘汰圧のひとつ（地理的変異のひとつ）である。まえに紹介した例で、気候の変化による淘汰が食虫植物に寄生する力のライフサイクルのタイミングをシフトさせたことを思い出してほしい。同様に、ヒマラヤの氷河が融け出せば、アジアの多くの河川やその流域では淘汰圧が劇的に変わることになるだろう。

私たちは、外来種の動植物を（不注意で、あるいは作物や観賞用植物として、あるいは家畜として）持ち込み、これらは時としてほかの動植物種に大きな影響をおよぼしてきた。たとえば、カリフォルニア中部でどこにも見かける草は、もとはヨーロッパ原産の雑草だった。これは、スペインからの入植者によってウマの飼料に紛れて大量に持ち込まれた。これらの雑草は、自動車の排出ガスの窒素施肥で生長し、サンフランシスコ湾岸地方の窒素の乏しかった蛇紋岩の土壌で育つ土着の動植物を脅かしている。もっと劇的なケースは、東アジアから米国に輸入されたマメ科のクズで、「アメリカ南東部を食い尽くした雑草」と言われている。それは、地面、建物、送電線など、ほとんどありとあらゆる表面をおおって伸び、在来種の草をおおいつくし、成木を枯らし、1日に30センチも伸びる。それを除去するには、年間数百万ドルの費用がかかる。ヒトが地表面の動植物の分布を変えるということは、多くの生き物の進化の未来を変えることでもあるのだ。

草食動物と草、捕食者と被食者、寄生者と宿主、協力者どうし、競合者どうしのように、2つの種が生態学的に緊密な関係にあり、お互いの生に緊密な影響をおよぼす場合、通常は、お互いがお互いに対して作用する淘汰の主要な源になる。草を食べるバイソンは、大型動物が食べられないような背の低い草に有利な淘汰圧になる。草にとって、ほかの防衛手段も有効である。草は、葉にシリカ結晶を貯め込む能力を進化させ、これによって硬くて食べにくくなった。タンザニアのセレンゲッティ平原では、その生態系のなかで動物が大量の草を食む地域の草は、そうでない地域の草よりも、葉に大量のシリカを蓄積する。逆に、シリカは、耐摩耗性の大きな歯をもったバイソンのような大型草食動物の成長と繁殖を有利にする傾向にある。

シュノーケリングやスクーバ・ダイヴィングを楽しむ人は多いが、もし共進化ということを知っているなら、サンゴ礁で、その進化の結果――種の違う生き物どうし（専門的には「共生種」と呼ばれる）が協力し合っているところ――を目にすることができる。小さなソウジウオは、ユカタハタのような大きな捕食者の皮膚や顎から寄生虫をとる。捕食者のほうも、ソウジウオの認知を進化させ、ソウジウオが口のなかに入ってはたらけるように――オードブルとして食べてしまわないように――口を開けておくようになった。

草と草食動物や掃除役と捕食者の関係は、生態学的に緊密な生物どうしの進化的相互作用、すなわち共進化の例である。ヒトも、ひとつの動物種として、ほかの多くの生物――ウシや作物の病害虫から、アニサキスやマラリア原虫にいたるまで――と生態学的に緊密な関係にあり、それらとの共進化は、多くの点で私たちにも彼らにも影響をおよぼす。たとえば、ヒトは、ウシを家畜化し、牛乳を多く出すウシができるように淘汰した。逆に、牛乳がヒトに淘汰圧をかけた。牛乳を飲まない人間集団では、乳糖を消化する能力は乳幼児期に限られている。しかし、酪農を営む人間集団では、おとなになっても、牛乳を消化できる能力が選ばれてきた。これは、「乳糖分解酵素持続」（この酵素が乳糖を分解して吸収できるようにする）として知られる現象である。北欧の人々はこうした能力をこの７０００年ほどの間に進化させてきたように見える。というのは、酪農がそこで始まったからである。タンパク質やカルシウムが豊富で、寄生虫のいない食べ物を利用できることへの淘汰圧は強力であって、乳幼児期を過ぎてもそうした食べ物を許容する人間を格段に有利にしたに違いない[4]。そして鎌状赤血球の例で見たように、マラリア原虫がかける淘汰圧は、ヒトの赤血球における耐性の進化を引き起こし、逆に、クロロキンのような抗マラリア薬は、マラリア原虫に耐性の進化を引き起こした。これはヒト－マラリア原虫の共進化の例である。

共進化の最初の研究は、植物と、それを食べる動物集団との間の相互作用についてのものだった。１９６０年代はじめに植物進化学者のピーター・レイヴンとポール・エーリックが研究したのは、バイソンと草の関係ではなくて、チョウと、そのチョウの幼虫が食べる植物との間の関係だった。ガゼルはライオンから走って逃げることができるが、植物は草食動物から逃げることができないので、動かずに防御するやり方を進化させた。サボテンが伸ばすトゲはその典型例だ。それよりは目立たない例は、草の葉に含まれるシリカ結晶である。見た目ではさらにわからないものの、全体的にもっとも重要な例は化学的防衛である。植物は、それを食べようとする生物を中毒させ、方向感覚を失わせ、酔わせ、飢えさせ、あるいは（ねばねばした松脂（まつやに）で）捕えるように進化してきた。

これはいまなら当然のことのように思えるが、半世紀前には、植物が生産する数々の不思議な化学物質はたんなる「排出物」だと考えられていた。どういうわけか、研究者たちは、なぜ進化が、エネルギーに富む排出物——排出するというよりは、葉や茎や花に貯め込んでいるのだが——を作り出すようにさせたのかを問うこともなかった。しかし、さまざまな植物の間でのそれら物質の分布が、それらの植物を食べる、あるいは食べないチョウの種類をほぼ決めているということがわかってくると、それらの大部分の物質のおもな役割が明らかになった。これらのパターンは、植物がチョウの幼虫に食べるのを思いとどまらせる特定の化学物質を進化させることがあるということを示唆していた。これに対して、この物質を解毒する酵素を進化させたチョウもいた。これによって、それらのチョウは、その植物を独占して食べることができたが、それも、植物がさらなる防衛策を生み出すまでのことだった。いわば「軍拡レース」が繰り広げられていた。この競争は長きにわたって続く場合もあるし、共進化の相互作用の相手方が十分に速く進化することができなければ、そこで競争に敗れて消滅してしまう場合もある。

植物学者は、最初は、小さな昆虫が防衛的な物質を進化させるような淘汰圧を植物にかけるということを疑っていた。しかし、１９６８年に行なわれたフィールド実験は、それがかなり強い淘汰圧だということを示していた。羽の長さが半インチもないチョウ、アメリカカバイロシジミは、約90センチの高さのルピナスの花柄(かへい)に産卵する。植物生物学者デニス・ブリードラヴとポール・エーリックは、花柄の上に産みつけられた卵をとり去る「実験条件」と、花柄の上の卵をそのままにしておく「対照条件」とを比較することによって、小型の草食動物が大型の植物にどの程度の影響をおよぼすかを測定した。影響は顕著だった。アメリカカバイロシジミのせいで、最終的な種子の数は半減してしまったのだ。これは強力な淘汰圧である。多くの研究者によるこれ以降の実験や観察は、草食動物が植物に強力な淘汰圧をかけることはないという考えをくつがえした。

　このように見てくると、すべては単純なように見える。植物は、自衛のために数々の種類の毒を進化させることによって、草食動物からの数百万世代にわたる攻撃に対抗してきた。しかし共進化は、基本的に双方向だ。植物が化学的防衛を進化させつつある時、その相手方――ウイルスから哺乳動物まで――は、その化学物質を回避する方法や解毒する方法を進化させつつあった。これらの植物の防衛用の物質のいくつかを解毒できるようになった昆虫のなかには、自分自身を守るためにこの物質を用いるようになったものもいた。オオカバマダラはよく知られた例である。この美しいチョウは、捕食者の鳥に、食べられるのを防ぐために、自分が毒（心臓毒）をもっていることを黒とオレンジの色模様で警告する（このチョウを食べようと口に入れてしまって吐き出す経験をした鳥は、以後はこうした色の模様を避けるようになる）。

　無害の昆虫が毒をもった昆虫に外見を似せ、捕食者をあざむくという例もある。そこでは、毒をもった昆虫のように見せることで、捕食者が危険な（あるいはまずい）食べ物を避けることを学習するという、共進化の利点が利用されている。アブの仲間には、カリバチに見えるように進化したアブがいる。これらのアブは、嫌な針をもっているように見え、それによって利益を得ている。実験によれば、カリバチを食べようとして舌を刺されたカエルは、その後カリバチのように見える無害のアブがいても、食べようとはしなくなった。これがうまくゆくなら、この無害のアブは、毒を作るためにエネルギーを使う必要もなく、しかも身を守る術(すべ)や刺す針を発達させなくてもよく、捕食者に食べられずに済むという利点を得ることになる。この擬態という進化的戦略は、いわばポーカーゲームで強い札をもっているように見せかけるようなものだ。経済学の用語で言えば、「ただ乗り」をしている。しかし、アブが自分が刺すことができると捕食者に思わせることには明らかに利点があるが、ハチにとっては、刺さないアブが自分たちのまねをすることは、不利になる（まだ痛い目に遭っていないカエルは、ハチの模様をしたアブを食べておいしかったので、次に飛んできたハチも食べようとするからである）。しかしおそらく、ハチの側には、アブとは違って見えるようにする淘汰圧がかかる。こうして、一見単純に見える共進化は、軍拡レースの様相を呈する。すなわち、アブの側は、自分の体をハチに似せ「ようと」し、ハチの側は、そのアブのように見えないようにしようとし続ける。

ほかの例では、毒をもったいくつかのチョウの種は、似たような体色のパターンを進化させ、捕食者の鳥にそのようなチョウを避けるという学習を容易にさせた。たとえば、オオカバマダラとカバイロイチモンジがそうである（図2・2）。毒のある生き物や危険な生き物の間の擬態は、共進化のもっとも一般的な産物のひとつである。別の種類の擬態に、捕食しない鳥のように見せかけて相手を急襲するワシのように、攻撃のための擬態と考えられるものもある。ほかの種の鳥の巣に托卵するカッコウでは、卵は、育て親の鳥の種の卵に見えるように進化し、育て親に自分のものではないこれらの卵を巣から排除させないようにしている。

ヒトはまた、これらの植物の防衛的な化学物質を、スパイス、薬、殺虫剤、そして気晴らしのためのドラッグとして、自分たちの目的に用いてきた。いくつかの植物が作る物質は、動物を狂わすよう作用する。たとえば、もしあるシマウマが幻覚を起こさせる物質を含んだ植物を食べ、ふらっと歩いていってライオンに求愛でもしたら、そのシマウマはその植物を二度と悩ますことはないだろう。人間がこの同じ化学物質を適量服用した場合には、人によっては快感として感じられる「朦朧」状態を生じさせることがある。

植物と草食動物の間の共進化の軍拡レースは、ヒトにとってひとつの厄介な問題を引き起こしてきた。草食動物が何百万世代にもわたって進化の過程で植物毒を経験してきたことが、それらの病害虫にとって、それらを殺そうと人間が発明した毒に対する耐性を進化させるのをより容易にしているのは、ほぼ間違いない。作物にとっての病害虫の多くは、特定の植物の防衛用の毒を解毒するメカニズム——なんらかの進化的変化によって、DDTのような農薬の影響を軽減するシステム——を発達させてきた。これに対して、肉食動物は、植物毒の経験がほとんどないため、ハダニの天敵である肉食昆虫の消滅で見たように、通常は農薬の影響を強く受けやすい。多くの肉食動物は、獲物となる草食動物が植物のように毒をもっていることが少ないため、解毒のシステムを進化させてきていないし、しかも個体数で言うと、肉食動物は草食動物よりも少ないのがふつうである。

私たちが共進化から学ぶべき教訓を忘れていたことが、作物への病害虫の影響力を抑える上で、化学合成農薬が期待されたほどの成果をあげなかった理由のひとつである。毒が病害虫そのものより、その天敵の捕食者のほうにより重大な影響をもたらすことがあるので、農薬が病害虫の問題をさらに悪化さ
せることのないように、注意が払われるべきであった（農薬の使用によって病害虫の問題が逆に悪化することはそれまでもよくあることだった）。まえに述べたハダニの異常発生のように、農

薬が作り出した異常発生の例は、枚挙にいとまがない。たとえば、1950年代初め、ペルーのカニェーテ渓谷で、まったく新しい病害虫が作り出された。綿花にDDTやそれに類する農薬を大量散布した結果、綿花を食べる昆虫を食べてくれる昆虫――それほどの個体数ではなかったので、経済的な問題は生じてはいなかった――も死んでしまった。新たな病害虫と、もとの病害虫で農薬に対する耐性をすぐに進化させた系統は、綿花の収穫量を減らし、8年後には収穫量が、農薬を使う以前の量を下回ってしまった。

しかししだいに、世界中の農家は、農薬を乱用しなくなりつ

図2・2 オオカバマダラ（左上）は「モデル」種である。というのは、黒とオレンジの体色が味のまずさを警告している（心臓毒をもっていて、それを食べた鳥はそれを吐き出してしまう）からである。北アメリカでは、カバイロイチモンジ（右上）が「共モデル」種――通常はこれも毒をもっている――である。これら2つの種は、捕食者に対して、自分たちが不快なものだと警告するために似たような黒とオレンジのパターンを共進化させた――どちらか一方を経験した捕食者は、両方を避けるようになる［訳註　通説とは異なるが、これについては文献案内中の2章の Ritland and Brower, 1991 を参照］。なお、擬態は細部が完璧なものではないのがふつうだが、ニューギニアに生息するチョウ（左中と左下）とガ（右中と右下）の例のように、見分けるのが難しい場合もある。中央と下の図は、Punnett, R. C. 1915. *Mimicry in Butterflies.* Cambridge University Press, New York より。Anne H. Ehrlich が描き直す。

つあり、その代わりに「総合的病害虫管理（ＩＰＭ）」を採用しつつある。ＩＰＭでは、農薬が棍棒というよりは外科用メスのようなものとして、（問題があるなしにかかわらず定期的に散布されるのではなく）明確な問題がある時だけに使われ、耐性ができるのを遅らすためにほかの手段も使われる。ＩＰＭは、病害虫をコントロールするために、もっぱら非化学的方法に頼る。たとえば、病害虫が越冬する場所を破壊する、病害虫の遺伝子を操作する、捕食者が生きやすい環境にする、新たな捕食者を導入するなどである。考え方の基本は、病害虫を根絶する（これはほぼ不可能に近いことだ）のではなしに、被害を経済的に許容される程度に抑えることにある。その一方で、毒物を撒き散らすことによる環境や健康への危険は除去されているか、少なくとも最小限に抑えられている。

抗生物質に対する耐性のストーリーも、これと似ている。私たちヒトは、ほかの脊椎動物と同様、ウイルス、細菌、ほかのさまざまな寄生体のような小さな敵から自分を守る免疫システムを進化させてきた。抗生物質の発見は、細菌に対する私たちの共進化の戦いにおいてきわめて有効な武器を提供し、数百万人の命を救った。しかし細菌は、抗菌性の毒（抗生物質）――その多くは、競合するほかの細菌によって生み出されたものだ――にさらされてきたという長い歴史をもっている。細菌は、抗生物質を解毒するやり方を急速に発展させるだけではない。それらはまた、プラスミド――増殖して、異なる細菌の種の間で遺伝子を渡すことのできる環状二本鎖ＤＮＡ――によって、進化の点で新しいものを共有する方法を進化させてきた。これは、たとえば抗生物質に対する耐性が広まるための重要な方法である。残念ながら、医学の世界にも一般市民にも生物進化の理解が欠けていることが、これらのその名も「特効薬」の乱用を招き、その乱用がそれらの薬に対する耐性を広く進化させ、その効果を弱めるという結果になってしまっている。１９８０年代後半以降、ある種の細菌は、最後の頼みの綱であるもっとも強力な抗生物質、ヴァンコマイシンに対してさえ耐性を進化させてきている。

共進化は、植物と草食動物の間、寄生生物と宿主の間、捕食者と被食者の間、競合者（食料となる同一の動植物をめぐって競争し合う種）間、そして共生種（お互いの連携から利益を得ている種）間のように、生物種間の多くの種類の相互作用をともなっている。共進化の理解は、この数十年間、生物学者にとって研究の主な焦点であり、きわめて大きな進展があった。

たとえば、現在わかっているのは、多くの個々の生物が実際には、遠い昔の共生関係――２つ（場合によってはそれ以上）の種がそれぞれの利益になるように相互作用し合うといった状態――によってもたらされているということである。たとえば、かつては独立して生きていた、エネルギーを生産するバクテリア細胞が、より大きなバクテリア細胞に取り込まれ、この大きいほうの細胞がすべての動植物の祖先となった。エネルギーを生産するこれらの細胞は進化して、ミトコンドリアと呼ばれる、エネルギーを獲得する小器官になった。このミトコンドリアは、私たちの細胞のなかに、そして現在のすべての動植物の細胞のなかに存在する。ミトコンドリアは独自のゲノムをもっているが、このゲノムはバクテリアのゲノムとよく似ている。植物の細胞のなかで光合成を行なう葉緑体のようなほかの細胞小器官（オルガネラ）も、もとは自由生活性のバクテリアとして進化したものと考えられている。なんらかの淘汰圧（想像するしかないが）のもとで、おそらく、独立した生物であることを止め、ほかの生物のなかに入り込み、細胞小器官になったのだろう。多くの昆虫は（そしてほかの無脊椎動物も）、世代間で受け継がれるバクテリアのパートナーをもっている。これらのバクテリアは、昆虫の食料に欠けている栄養分を提供する。これが、昆虫類の大きな多様性と進化的成功を説明する助けになる。そして、あなたのまわりにある植物のほとんども、その内部に菌類を宿している。ある種の菌類は、植物にとって生命維持に必要な養分を土から摂取するために必要であり、また別の種類の菌類は、草食動物から植物を守るために有毒物質を生成することさえする。そしてほかのものは、徹底した寄生体である。

進化の歴史を再構成するための新しい方法は、長い時間にわたるこうした共進化の相互作用の重要性を明らかにし始めている。たとえば、この問題を最初にあつかった論文（１９６９年のエーリックとレイヴンの論文）のなかで推測したように、植物と草食動物の共進化がこの数千万年の顕花植物と昆虫双方の多様化の重要な要因だという証拠は、増えつつある。バクテリアとバクテリアを攻撃するウイルス（バクテリオファージ）を用いた実験——植物と草食動物というシステムのミクロ版だ——は、環境内の物理的・化学的変化に反応しての進化と同様、共進化もきわめて急速に起こりうるということを示している。さらに明らかになりつつあるのは、無数の共進化のネットワークが計り知れないほど長い年月にわたって地球の生物多様性——多種多様な個体群、種、生態系——の誕生・構成・維持において中心的な役割をはたしてきたということである。この世はいまも、実にダイナミックな共進化のワンダーランドであり、これまでもずっとそうだったのだ。

したがって、ホモ・サピエンスが共進化のネットワークのなかに深く埋め込まれているということがわかっても、驚くにはあたらない。たとえば、ヒトジラミは、住むところも生きるのに必要なものも、ほとんどヒトに依存している。ヒトジラミはチフスのような病気を媒介し、ヒトにかける淘汰圧は時にはきわめて大きなものになりえる。逆に、ヒトは、大部分の体毛を失うことによって、シラミ（アタマジラミではない）を体でなく衣服に住みつくように淘汰した。一方で、ヒトは、ほかのさまざまな生き物——ヒトに食料のほとんどを提供するコメ、ムギ、トウモロコシといった植物——に依存している。しかし、私たちは、程度はさまざまだが、ほかのたくさんの生物——作物の受粉を助ける種類のハチ（両者は共生関係にある）、海産物となる魚、抗生物質を作る菌類、木材を提供してくれる樹木など——と結びついている。ほとんどの場合（とりわけ作物栽培、家畜やミツバチの交配や飼育、植林などにおいて）、人間は、これらの生物に強い淘汰圧をかけるし、逆にこれらの生き物も、私たちの食糧、住居やエネルギー利用に影響を与えることによって私たちに淘汰圧をかける。たとえば、セイヨウミツバチは、（アフリカの「殺し屋」ミツバチの系統とは違って）従順さの点で淘汰されてきたし、私たちの一部の集団も、乳糖分解酵素の持続の点や、セリアック病——コムギに含まれるグルテン（タンパク質とデンプンの混合物）に対する免疫反応——に対する抵抗力を与える遺伝子の点で淘汰されてきた。

共進化の最初の定義はその後、生物にとどまらず、2つの進化するシステム間の相互作用も含むように拡張され、そのなかには拡張がきわめて有益だったものもある。そうした拡張のなかで本書のテーマに関係のある重要なもののひとつは、地球の生物相（植物、動物、微生物）と気候の相互作用であり、これは生物の共進化と多くの性質を共有している。生物は、地球表面の反射率を変えることで、気候に影響をおよぼす。森林地帯は、太陽エネルギーを宇宙にはね返す砂漠に比べ、多量の太陽エネルギーを吸収する。生物は、大気に温室効果ガス（地球表面の温度に影響する）を排出したり吸収したりすることによっても、気候に影響をおよぼす。緑の植物は、成長する時に、大気から二酸化炭素を取り込み、酸素を放出する。動物も植物も、生命プロセスのなかで、あるいは死んで腐敗する時に、二酸化炭素を放出する。生物はまた水循環も変える。たとえば、植物は、根で土を支え、水の流れを遅くし、土から水分を採って生命活動に使い、葉を通してそれを放出する。

一方、気候の変化のほうも、ほぼすべての生き物にかかる淘汰圧を変える。たとえば、気候の変化は、チンパンジーの系統から私たちの系統が分かれる上で決定的に重要な役割をはたしたのかもしれない。私たちとチンパンジーとの最後の共通の祖先は、乾燥化しつつあった森林地帯に住んでいたようだが、その後、チンパンジーの祖先は後退する森林について行き、私たちの祖先は広がりつつあったサヴァンナに乗り出して行ったのである。

私たちがいまここに存在し、自分たちの進化的起源に思いをめぐらすことができるのも、過去の地球の条件が生命の進化を可能にしたからにほかならない。この宇宙が知的生命を発達させる上でとくに適していたという証拠はない。適していたと考えることは、科学者が人間原理と呼ぶものである。いまは亡き作家のダグラス・アダムスは、『銀河ヒッチハイク・ガイド』というSFのなかで、考える水溜りのたとえ話を用いて、この原理を端的に表現している。「ある朝、水溜りが目を覚まして、こう思ったとさ。『オレがいる世界はおもしろい世界かも。オレが入る穴のことだけど。ぴったし合うしさ。驚くぐらいぴったしなんだから、オレに合わせて作られたに決まっている！』」。

ダーウィンの土手の雑踏は、それが「デザイン」されたものではないとしても、以上で見てきたように、複雑な関係に満ちている。言うならば、環境の変化に反応する個体群の遺伝的変化のプロセス（種分化と共進化のプロセス）を通して、そして逆に個体群がそれらの環境を変化させることを通して、土手の生き物の共同体は進化してきた。変化する生き物と変化する環境、変化する人間と変化するその環境は、ヒトという種が続くかぎり問われ続けるテーマである。

3章　はるか昔

「このことからわかるのは、ヒトが、旧世界に住んでいた、尾と突き出た耳をもった、おそらくは樹上生活をしていた毛むくじゃらの四つ足の生き物の子孫だということである。」

チャールズ・ダーウィン、1871[1]

1861年、バヴァリアのゾルンホーフェン近郊の採石場で石を切り出していた人々がどれほど驚いたかを想像してみよう。彼らは、リトグラフや挿絵入りの本の印刷に使う石版用の石灰石を切り出しているところだった。その時、一枚の石板が割れて2つになり、みごとな化石が現われ出た。それは、(あとになってわかるのだが)1億5000万年ほどまえに生きていた、カササギほどの大きさの生き物の硬化した化石だった。化石は頭部が失われていたが、羽をもち、体の部分が爬虫類だった。化石は、アルケオプテリクス(原義は古代の翼)、「始祖鳥」と名づけられた。これがその後発見される10ほどの標本の一番最初のものだった。最初の標本は羽だけだったが、1875年に完全な化石が見つかった。それは、始祖鳥が、歯のある口をもった爬虫類の頭をしていることを示していた(図3・1)。最初に見つかった「ミッシング・リンク」がこの始祖鳥だった。明らかに、その化石は、現在からするとまったく異なる2種類の生き物の中間の特性を示していた。鳥の羽と翼をトカゲの体につなぎ合わせたかのようだったからだ。その発見は、化石の記録が進化を物語るという一連の出来事の幕開けを示していた。現在、こうした化石の記録から、分類学上たくさんの種類の生物の集団内や集団間での変化などについて、かなり詳細な進化の軌跡が明らかになっている。

ホモ・サピエンスの場合も、事情はこれとよく似ている。6500万年前に地球に巨大隕石が衝突してほとんどの種類の恐竜が絶滅したのち、卵を盗んで食べる動物や大型の草食動物といった多くの生態学的ニッチに空きができ、哺乳類がそこに入り込んで進化をとげた。恐竜の絶滅の直後に台頭した哺乳類の1グループは、手でものをつかみ、両眼視による奥行き知覚にすぐれ、複雑な社会的関係をあつかえる複雑な脳をもち、通常は1回に1頭の子どもを産み、母親が子育てにかける時間が長いという特徴をもっていた。このグループ、すなわち霊長類は、およそ5000万年前に適応放散を始めた。ヒトは、こうした適応放散を通して分かれた枝のひとつである。

ヒト科の木は、かつてはかなり単純な進化の道筋をたどった

図3・1　19世紀半ばに発見された鳥類と爬虫類をつなぐ「ミッシング・リンク」、始祖鳥。この凝った絵は、石のなかにきれいに残っていた化石から始祖鳥が飛び出てくるところを描いたもの。Hermann Jaeger の写真をもとにした鉛筆画。© Darryl Wheye, Science Art-Birds.

と考えられていたが、いくつもの「ミッシング・リンク」の発見によって、実際には過去に多くの種分化をともなった複雑な進化の「藪」をなしていたということがわかってきた。そして近年、これらの出来事の伝統的な化石の証拠は、新たな分子技術の使用によって、みごとなまでに裏づけられている。これらの技術は、遺伝的変化のまさに基盤を突き止め、現生人類と化石人類との間の遺伝的差異を特定することさえも可能にしつつある。

生命の起源

私たちの進化についてもっともよく問題にされるのが、初期の霊長類からヒトに至る道筋だとしても、祖先ということで言えば、それよりはるかに古い時代がある。私たちの最初期の祖先、すなわち最初の生命は、それより30億年以上も前に出現した。遺伝的進化のプロセスそのものの基本はかなり単純だ。それは、膜によってとり囲まれ環境から隔てられた遺伝システム（なんらかの変異をもち、それ自体を複製し、相互作用し合う生命体）と、自然淘汰のメカニズム――ほかよりもより多くの子孫を複製する生命体を生じさせる――の組み合わせからなる。異なる環境にさらされるこうした閉じられた遺伝システムは、最初の生命の誕生以来、生命が進化し続けて驚くほど多様になること（生物多様性）を可能にし、最終的にはこの地球を支配するヒトという種の出現を可能にした。

しかし、このストーリーの一部はそう単純ではない。生命がどこでどのように始まったのかという根本的問題は、未解決のまま残されている。どのようにして、生命のない世界で、生命を構成する分子ができたのかについては、そう問題はない。科学者は、実験室で、初期の地球の状態を模した条件を設定することで、それらの分子の多くを作り出してきたからである。しかし、どのようにして、これらの分子が寄り集まって、代謝し自己を複製し環境から自らを隔てる膜をもった存在になったのかは、いまだ明らかにされていない。生化学者、地質学者、そしてほかの科学者たちが、このジグソーパズルのピースについて研究してきたが、生命が火星起源の隕石にのって地球にやってきた可能性すら排除できない。現在、基本的には、2つの考え方がある。ひとつは、生命が宇宙のどこかの地球のような惑星で自然に進化したというものである。もうひとつは、38億年ほど前に、かなり珍しい出来事がたまたまこの地球に起こったというものだ。生命は最初、岩の表面で原始的な化学的サイクルとして始まり、複製のメカニズムを発達させ、淘汰の結果、物理環境から自らを隔てる膜をもった細胞へと発展したのかもしれない。あるいは、生命は、DNAの親類で1本鎖の構造をもつRNAのような自己複製分子の出現によって始まったのかもしれない。RNAは、いまも依然として細胞のなかで機能し、情報の運び手の役割も、また触媒の役割（現在の生命において はタンパク質が触媒の役割をはたしている）もはたしているからである。あるいは、生命は、これら2つが組み合わさって始まったのかもしれない。

これだけのことがわかっているのに、まだ「進化が起こったと信じる」と言わねばならないのだろうか？　ここでの「信じる」は、一般的な意味の「「信じる」――信仰にもとづく確信――ではない。究極的な科学的結論は、最後になっても出ることはない。しかし、私たちは、これまでに得られている厖大な量の証拠にもとづけば、現在の進化理論が私たちのまわりにある生物の多様性を説明する上で現時点で最良のものだと信じる、と言うことができる。心にとめてほしいのは、理論というものが科学の究極の産物だということである。それは、世界を理解するのを助ける説明の枠組みであり、観察や実験による検証を可能にし、さらにこれからの発見や出来事について確かな予測を可能にする。

1章の終わりで述べたように、地動説と同様、進化論もこの最高の栄誉を受けるにふさわしい。ほかの科学理論と同様、進化論は、通常の一般に使われる意味での「理論」――「推理」や「推測」――よりも「事実」に近い。とは言え、もし私たち2人が生き物の豊かで変化しつつある多様性についてもっとよい説明を考えつくことができたなら、それを即座に公表するだろう。科学とは相手あっての競技である。科学が機能するのは、科学者たちが一般にほかの人々よりもより「客観的」だからではなく（客観的であるように努めはするにしても）、ほかの科学者の標準的な見方が誤っているということを示して先を行くことができるからである。アインシュタインがニュートンに対して――ニュートンの物理法則がいかに限定的かを示すことによって――はたした役割を、私たちがダーウィンに対してはたせるなら、これは喜ばしいことだろう。生物学者にとって、自然淘汰が進化の原動力ではなかったということ、あるいは淘汰には目標があったといったことを示したとしたら、興奮を呼ぶはずだ。とは言え、私たちはハラハラドキドキなどしていない。生命が進化したことを疑問視するような観察は得られていないし、生命が一瞬の「神業（みわざ）」によってできあがったのではないことを示す無数の観察があるからである。

進化が確かに起こってきたこと、そしてこうした進化によって生命の多様性が説明できることを示すもっとも強力な証拠群は、文字通り磐石の、多種多様な証拠からなっている。

化石の記録

大部分の科学者が進化が起こったことを示すと考える主要な証拠、化石の記録は、いまは豊富にあり、それを記述するだけで何冊もの本が必要になる（もちろん、そういった本はたくさん書かれている）。その記録の科学的解釈の妥当性は、多くの点で支持されているが、おそらくもっとも興味深いのは、それまで化石標本にもとづいて記述されてきた動植物が、いまも生き残っていることが判明し、しかも太古の化石とそう変わらない姿で生きている場合だろう。

たとえば、シーラカンスはかつては８０００万年前の化石として知られていたが、１９３８年にその生きた標本が南東アフリカのコモロ諸島沖で漁師によって捕獲された。最近では、１９９４年に、「生きた化石」の樹木、ウォレマイ・パイン（別名ジュラシック・ツリー）の群落が、オーストラリアのシドニー西方、ブルーマウンテンの渓谷に自生しているのが発見された。ウォレマイ・パインは、1億７５００万年前から５０００万年前に繁茂していた樹木の近縁種で、唯一現存が確認されているものである。その時代、恐竜たちは、ウォレマイ・パインの林に身を隠していた。この植物は、気の遠くなるほどの時間を生き続け、広く分布していた。残っているなかでもっとも最近の化石は２００万年前のもので、その後絶滅してしまったと考えられていた。ウォレマイ・パインは、いまは観賞用植物として商用に栽培されており、私たちの友人もクリスマス・ツリーに使うために育てている。

進化の科学的研究が始まった頃には、関心の的は「ミッシング・リンク」の問題にあった。もしヒトの祖先をさかのぼっていくとほんとうにサルにたどり着くのなら、その中間の形態をした化石はいったいどこにあるのか？　鳥類が爬虫類から誕生したのなら、その2つをつなぐ痕跡が見つかってもよいのではないか？　チャールズ・ダーウィン以降1世紀半の間に、科学者はいくつかの答えを手にしてきた。生き物のなかには化石になりにくいものがあり、なかでも鳥はそうである。生息地も保存に適さない場所があり、鳥の多くもそうした生息地で暮らしている。また、研究者がそれを探すのにこれまであまり熱心でないからでもあった。しかしいま、彼らはそれを懸命に探している。ダーウィンが『種の起源』を出版してすぐに、羽毛をもった有名な爬虫類、始祖鳥の化石が発見され、それ以外にも、恐竜と鳥とをつなぐたくさんの化石が発見されてきた。そして一般には、化石の重要な空白——たとえば、魚類と両生類、爬虫類と哺乳類、そしてチンパンジーとヒトの間の空白——はいまや、2つの中間の特性を示す生物の化石によって埋められている。

長い間、陸生哺乳類とクジラをつなぐ化石は見つかっていなかった。現在、その移行を示す保存状態のよい化石がいくつか見つかっており、4本脚をもった動物から、前脚が足ひれに、後脚が痕跡をとどめる程度になってしまった動物へと、そして痕跡として残っていた後脚が消失して、魚のような形態になってしまった動物へと、その系統をたどることができる。ここには、水中を速く移動する必要性によって、似たような淘汰圧にさらされると、まったく異なる種類の生物——クジラと魚——が似るという収斂進化の例を見ることができる。

進化のプロセスを疑う者は、途中段階の化石がまったく見つからないのだから、現在の生命形態が最初のごく単純な有機体から進化したはずがないと主張する。天地創造論者の多くのウェブサイトにも、化石の記録は、形態が連続して変化していることを示しておらず、ミッシング・リンクは空白だらけだといった主張を見かける。2007年の暮にも、「部分的にひれで部分的に脚の化石が発見された試しは一度もない」といった発言がなされている[2]。ところが、2006年の4月に、まさにこうしたミッシング・リンクの化石が報告された。これは、3億7500万年前の魚の化石で、魚の子孫で私たちの遠い祖先でもある両生類へと移行しつつあったことを示す形態をしていた。カナダ北極圏で新たに発見された化石、ティクターリク（イヌイットのことばで「浅瀬にいる大きな魚」を意味する）は、部分的に脚の形をした前ひれをもっていた。それらは、脚へと進化する途上にあり、指、手首、肘、肩の形跡を示していた。これは、形態学的に多くの点で、四足の動物へと進化しつつある特徴をもつ多数の魚の化石と実際の四足動物の間にほぼぴったりはまる（図3・2）。実際、遠い過去にかなり単純でしかなかった生物が、今日は驚くほどさまざまな生物——はるかに複雑な形態の生物も含め——へと進化し続けてきたということは、化石の記録によって十分に示されている。おそらくもっともわかりやすい例は、5億年前のカンブリア紀の岩石のなかに、三葉虫（昆虫の太古の親類）の化石に混じってたとえばウサギの化石がないことだろう。ウサギは、約6500万年前の恐竜の絶滅以降に進化したが、もし5億年前のウサギの化石が見つかったとしたら、現在の進化理論にとって重大な挑戦となるだろう。しかし化石の記録のなかに、そのような「逆転」が見つかった試しはない。（恐竜とヒトの足跡の化石が同じところから出土したという、天地創造論者のウェブサイトによく載っている創作（ずいぶん前に捏造だということが証明されている）に惑わされないように。そのような化石が見つかったことはない[3]。）

ヒトへの道

私たちヒトの歴史においても、多くのミッシング・リンクが発見されている。ダーウィンは、『人間の由来』のなかで、ヒトと大型類人猿がよく似ていることから、「姿形が人間に似たサブグループ［大型類人猿］のうちどれかの先祖からヒトが誕生したと推測できる」と記した[4]。

ヒトにもっともよく似ている類人猿であるチンパンジーは、脳容量が４００cc ある。現代人の脳容量は平均して１３５０cc ほどである。この９５０cc強の「ミッシング・リンク」にはなにがあるのだろう？　ダーウィンが『種の起源』を出版する直前の１８５６年、ドイツのネアンデル渓谷（タール）で、ヒトとは異なる種類の化石が発見された。この「ネアンデルタール人」の化石は、確かにヒトとは違う特徴を備えていたが、大きく違っているわけではなかった。その脳は現代人とほぼ同じ大きさだった（実際、化石標本がさらに発見されると、平均的には、ネアンデルタール人のほうが現代人より脳がわずかに大きかったということが判明した）。興味深いことに、ダーウィンがネアンデルタール人にとりわけ注目したのは、この古代のヒトが巨大な脳をもっていたからだった。私たちの直近の祖先のように見えたのだ。彼らは、チンパンジーにではなく私たちによく似ていたため、彼らこそほんとうのミッシング・リンクであるように見えた。しかし彼らは、ホモ・サピエンスが地上に出現した唯一の「ヒト」ではなかったことを示す、最初の明白な証拠となった。

そして１８９１年アジアで、ヒトへのミッシング・リンクとしてもっとも有名な最初の発見があった。ピテカントロプス・エレクトゥス（現在はホモ・エレクトゥスと呼ばれる）、いわゆる「ジャワ原人」である。ジャワ原人は、およそ１００万年前からおそらくは30万年前まで生きていた。脚の化石から明白だったのは、彼らが完全に直立していたということであり、脳は平均すると９００から１０００ccの容量があった（私たちの脳の大きさほどではないが、それにしてもかなり大きい）。もしホモ・エレクトゥスがふつうに着飾り、おしゃれしていたら（とりわけヘアスタイルか帽子で引っ込んだ額を隠していたなら）、私たちは街角で出会っても、とくに変には感じないだろう。

次の、おそらくもっとも驚くべきミッシング・リンクは、１９２０年代に見つかった。最初の標本は、南アフリカのタウングの石灰岩の石切り場で発見された子どもの化石で、「タウング・チャイルド」の名で知られる。この種は、アウストラロピテクス・アフリカヌス（アフリカの南の類人猿）と名づけら

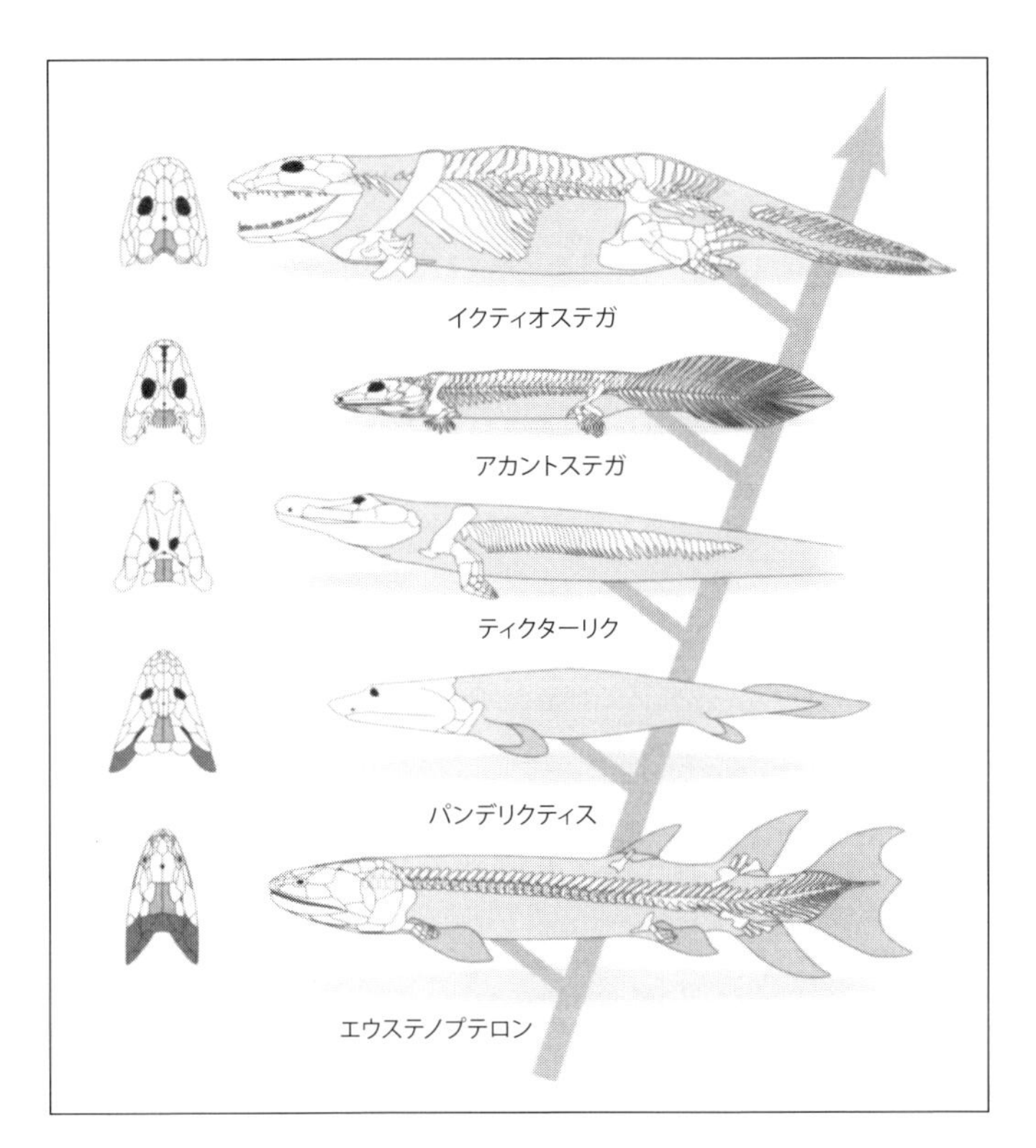

図3・2　新たに発見された化石、ティクターリク。葉状のひれをもった2種類の魚類、2種類の初期の両生類とともに、進化の文脈で示してある。ティクターリクは、前肢が脚のような特性を備えており、四足動物（この場合は両生類）への進化の徴候を示している。頭の後ろのえら蓋（濃い灰色の部分）が消失し、頭蓋骨も変化している。Daeschler, E. B., Shubin, N. H., & Jenkins, F. A., Jr. 2006. A Devonian tetrapod-like fish and the evolution of the tetrapod body plan. *Nature* 440: 757-763 から描き直す。

れ、その後の数十年間で、南アフリカと東アフリカで、アウストラロピテクスの別の種が見つかった。アウストラロピテクスは、410万年前から100万年前の時代に生きていた。これまでに100体を超える化石人骨が発見されている。完全に直立してはいたが、脳は小さく（400~580cc）、腰から上は類人猿のようであり、さしずめしっかり二足歩行するチンパンジーといったところである。もしいま街中を闊歩するのを見たなら、私たちは驚いて立ち尽くすかもしれない。彼らは、明らかに祖先の類人猿とヒトとをつなぐものだった。彼らは、ヒトがチンパンジーやゴリラに似ているということだけにもとづいたダーウィンの最初の推測、「われわれの初期の祖先はおそらくほかではなくアフリカ大陸に住んでいた」を裏づけた[5]。実は私たち（ポールとアン）は、個人的にタウング・チャイルドに愛着がある。数年前、南アフリカでその頭蓋の化石を手にとる機会に恵まれたからだ。

50年ほど前に描かれたヒトの系統樹は、単純そのもので、直線的だった（樹というより「科を示す1本の柱」に近かった）。その柱は、チンパンジーに似た類人猿→アウストラロピテクス→ホモ・エレクトゥス→ネアンデルタール人→ホモ・サピエンスというように伸びていた。もちろん、反進化論者に言わせれば、これらの発見は、ミッシング・リンクから構成されるより多くの空白を作り出しただけだった。たとえば、彼らは、アウストラロピテクスとホモ・エレクトゥスの間の中間的な形態はどこにあるのか、と問うた。その後、その空白に入る少なくとも2つが見つかった。ホモ・ハビリスとホモ・エルガステルで、脳容量は600〜900ccの範囲にあった。図3・3からわかるように、ヒト科――ホミニン（ヒトがチンパンジーの系統から分かれた以後のヒトとヒトの祖先を示す用語）[6]――の柱は、この50年で「科の藪」になった。同じ時代に何種類かのヒト（ホミニン）の種が生きていたこともあった。

その後発見されたアウストラロピテクスのなかで、有名な「ルーシー」に代表されるアウストラロピテクス・アファレンシスは、とりわけ多くを物語っていた。ルーシーは、1973年にエチオピアで発見され、ビートルズの『ルーシー・イン・ザ・スカイ・ウィズ・ダイアモンズ』（発見された時、発掘隊のキャンプではちょうどこの曲が流れていた）に因んで名づけられた。ルーシーは、私たちの初期の親類の時間的地平を330万年前へと押し広げた。ほかのアウストラロピテクスと同様、ルーシーも完全に直立していた（四肢には樹上生活に適した特徴がまだ残っていると考えている研究者も多いが）。彼女は、小さな脳をもち、顔面と歯が突き出ており（突出したあごと相対的に大きな糸切り歯をもつ）、類人猿を思わせるような頭蓋の特徴を有していた。ルーシーの属すアウストラロピテクス・アファレンシスは、実際に私たちにつながる祖先の系統の線上にあった可能性が高いが、パラントロプス属のほかのアウストラロピテクスは明らかにそうではなかった（図3・3）。彼らの頭蓋と顎の特徴からわかるのは、とくに彼らが硬い植物を食べていたということだ。彼らは、私たちの直系の祖先が出現した後も、おそらく100万年前まで、生き続けていた。

チンパンジーと共通の（もっとも最近の）祖先とホミニンとの間の空白を埋めるのを助けてくれるさらに古い化石も見つかっている。現時点で、一般に受け入れられている最古のホミニンは、580万年前から520万年前に生きていたチンパンジーに似たアルディピテクス・カダバである。この子孫とされているのがアルディピテクス・ラミドゥスで、440万年前まで生きており、二足歩行をしていたと考えられる。チンパンジーとヒトの系統がなぜ分岐したのか、とくに、気候の変化によってもたらされた生息地の変更――分岐の原因となった有力な環境要因――がどのような役割をはたしたのかについては、答えが出ていない。科学者たちは、海洋底の堆積物のなかの単細胞生物（有孔虫）の殻の化学的分析をはじめとするさまざまな方法を用い、およそ1000万年前に地球の気候が寒冷化し、アフリカの森林はまばらになり、面積が縮小したと結論している。私たちの祖先は、広がりつつあったサヴァンナ、あるいは森と開けた草地の入り混じった場所をうまく利用するようになったのかもしれない。そしてそれに関連して、開けた場所で長時間活動する時に有利だった二足直立の姿勢が選ばれたのかもしれない（最近、二足歩行が、しなる枝の上を歩くという適応として樹上で進化したという示唆もなされている）。いず

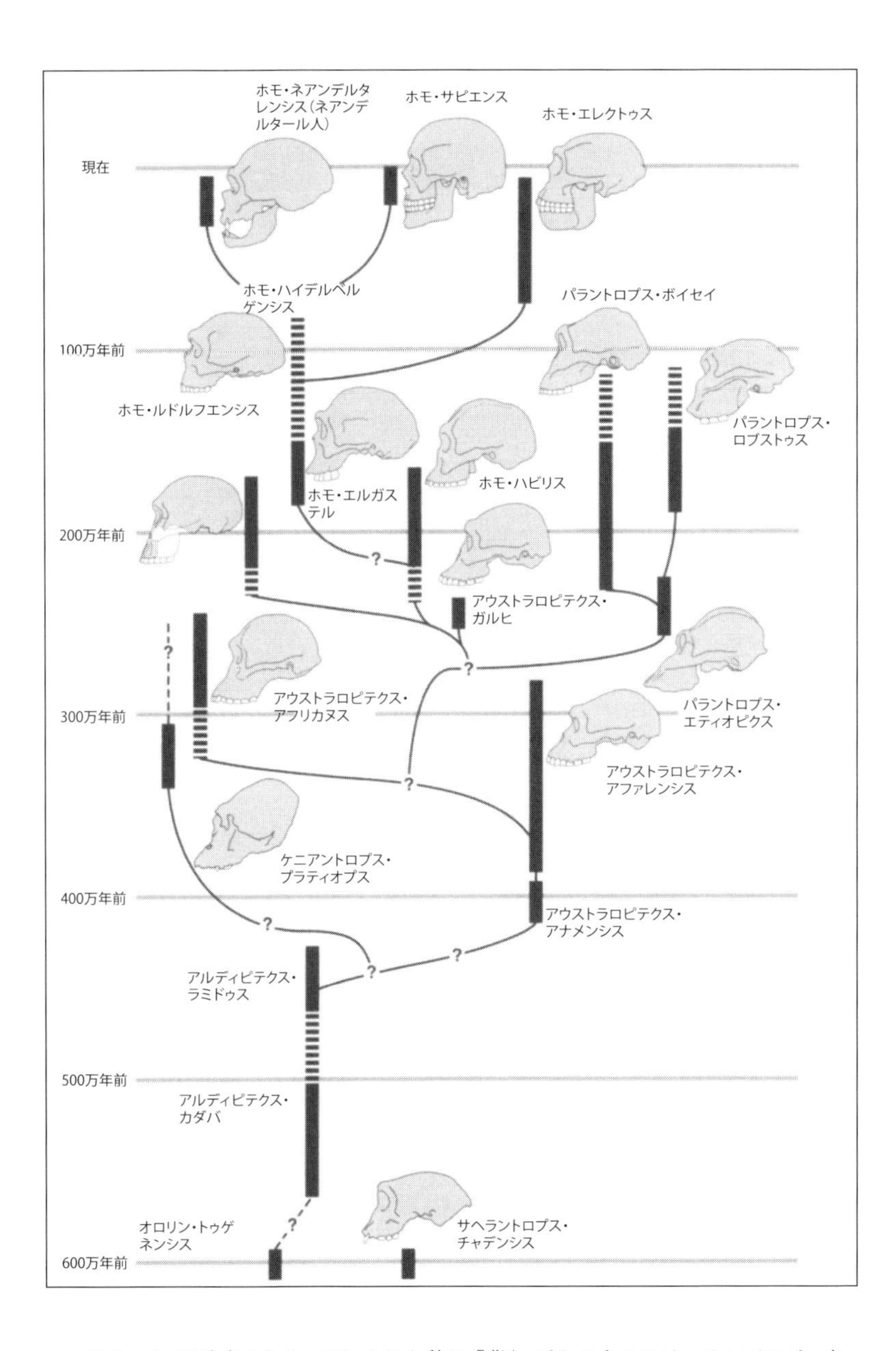

図３・３　現時点でわかっているヒト科の「藪」。示してあるのは、チンパンジーと共通の祖先から分岐して以降の、現在知られている種類のホミニン。かつて「ミッシング・リンク」とされていたものも発見されている。おそらく、アフリカに同じ時期に複数のホミニンの種が生きていた。図は Richard Klein 提供。

れにしても、最近の証拠は、直立したアルディピテクスの系統からアウストラロピテクスが誕生した――アウストラロピテクス・アナメンシスに始まり、その後アウストラロピテクス・アファレンシス（ルーシー）になった――ということを示している。

発見された何種類かのホミニン、とりわけ３００万年から７００万年前に生きていたホミニンが互いにどのような関係にあるか、そしてそれらを正確にどう位置づければよいか（時間的な位置と、私たちの祖先の系統との位置関係）についても、さまざまな議論がある。問題は、化石化が気まぐれに起こることと、分子遺伝学的証拠から引き出される関係を解釈することの難しさから生じる。年代が不確かで、出土している標本数が少ない化石人類の骨の場合、とりわけそれらの人骨が部分的なものだったり、変形している場合には、科学的解釈に問題が生じる。最近のこうした例は、インドネシアのフローレス島で発見された小人のホミニンが「新しい種」だとする解釈である。発見されたのは、きわめて小さな頭蓋（脳容量が４００cc）と大腿骨だった。その大腿骨は、立つと90センチをやや超えるぐらいの身長だということを示していた。ホモ・フロレシエンシスは、ほかの小型化した動物たちとともに、フローレス島に１万８０００年前まで住んでいたと考えられる。いまのところ、おもな標本が背の低い現代人の集団からのものであって、発達異常のある小頭症の人間であった可能性も残されている。

化石人類として最初に見つかったもっとも有名な私たちの親戚の地位も、この半世紀で変化してきた。化石の証拠と遺伝学的証拠が示しているのは、ネアンデルタール人がホモ・サピエンスの直接の祖先ではなく、私たちの祖先の系統から50万年以上前に分岐して進化したということである。ネアンデルタール人の発話は現代のホモ・サピエンスの発話とどの程度似ていたか、彼らはなぜ滅び去ったのか、とりわけ私たちの祖先が彼らとどの程度争ったのか、あるいはどの程度交雑することがあったのかなど、ネアンデルタール人について多くの疑問が解かれないまま残されている。最近の証拠は、ネアンデルタール人が、少なくとも道具の質の点では、私たちの祖先と大差なかったことを示している（両者の間にかなりの交雑があったと考えている古生物学者はまずいない［訳註　最新の研究では、交雑がある程度あったことが示されつつある］）。最近、ネアンデルタール人の骨からＤＮＡの一部が抽出され、３万５０００年前に生きていたネアンデルタール人のゲノム全体の配列を特定する試みが進行中である。これが、いまあげた質問のいくつかに答えてくれるだろう。

現在わかっているヒトの進化の全体像は、私たちの（そしてほかの類人猿やサルの）もっとも重要な特性のいくつかのもとをたどれば、密林に住むメガネザルやキツネザルに似た下等な霊長類に行き着くということを示している。彼らが主食としていたのは昆虫で、跳びながら、あるいは枝の上で、ヒトに似た手で昆虫を捕まえていた。したがって、両眼視（正確な奥行き知覚を与える）と目と手の協応は、昆虫のたくさんいる繁みの環境に対する適応として生じたのかもしれない。類人猿につながる系統とアフリカとユーラシア大陸のサルにつながる系統とは、約３０００万年前に分かれた。ゴリラ、チンパンジー、ヒトにつながる系統は、オランウータンにつながる系統と約１８００万年前に分かれた。この分岐は、樹上ですごす時間を少なくする傾向をスタートさせた。この傾向は、ヒトから見ればよいことだった。というのは、樹上生活をしていたのでは、ヒトが支配的動物になることはなかった——なかでも、農業を発展させることなどできなかった——だろうからである。

チンパンジーとヒトの系統が分かれたのは、６００万年から７００万年前のことだ。一部の研究者は、遺伝学的証拠から、チンパンジーの祖先とヒトの祖先の間には最初はかなり交雑が起こったと解釈している。チンパンジーの系統では、およそ２５０万年ほど前に、チンパンジーとボノボ（ピグミーチンパンジーと呼ばれることもある）が分岐した。これらの進化的変化のいくつかは、気候の変化が関係しており、気候の変化が生息地の分布を変えたと考えられる。すなわち、最初にゴリラの祖先、次にチンパンジーの祖先からヒトの祖先が分かれ、彼らが森の奥地に留まったのに対し、ヒトの祖先は直立して、隠れるところのない乾燥したサヴァンナに出て行った。

ヒトの進化をめぐる謎のひとつは、私たちの初期の祖先は、チンパンジーとほぼ同じ脳をもちながら、チンパンジーから分岐したあと、なぜ直立姿勢を進化させたのかという問題である。もし彼らが開けた地域に出つつあったなら、サヴァンナの、あるいは森林がまばらな環境のなかのなにが、二足歩行の淘汰圧を作り出したのだろうか？　そしてなにが、過去２５０万年の間、ヒトの脳のその後の（地質年代から見ると）急速な巨大化を引き起こしたのだろうか？　直立姿勢については、数多くの説明が出されてきた。それによって移動効率が高まった、手が自由になって道具や武器をもつことができるようになった、灼熱のサヴァンナで陽の光のあたる身体の部分を少なくすることができた、直立姿勢での誇示行動が可能になり、見通しのきく、しかし資源の乏しい新たな生息地での競争を抑えることができた、などなど。また、直立姿勢によって目の位置が高くなって、忍び寄る捕食者を見つけるのも容易になっただろう。「なぜ直立姿勢になったか」という疑問には、これといった決定的な答えはないのかもしれない。

脳がおよそ４００ccから１３５０ccへと急激に大きくなったことはおそらく、人間の社会行動の複雑化にともなって生じた淘汰圧への反応だった。進化の速度がこのように変化することはよくある。すなわち、ホミニンの脳の大きさが数百万年間ほぼ一定のままであり続け、その後の２００万年で3倍の大きさになったというのは、進化においてはそう珍しい現象ではない。変化をもたらす強い淘汰圧がかかっていなければ、種のもつ特徴はずっと一定のままであり続けるが、環境の淘汰圧の変化に直面したとたんに、一気に遺伝的に適応する。進化速度の変化のこうした一般的パターンは以前から知られていた。進化において相対的に停滞の状態が続き、そのあと急速に変化する現象は、１９７０年代初期に、「断続平衡」という特別な名前で呼ばれるようになった（新しい種類の進化プロセスだと誤解している人もまだ多くいるが）。

文化の化石記録

大部分の古生物学者は、ホモ・ハビリスの遺跡から出土する単純な打製石器がおよそ２５０万年前の道具製作の始まりを示している、と考えている。それは、記録として残されている私たちの祖先が用いていた技術の最初のものであり、そして支配的地位に通じる道の出発点であり、その後書籍、料理用ミキサー、ＳＵＶ車、抗生物質、そして核兵器といったさまざまな技術的「子孫」を生み出すことになった。この最初の石の技術は、人類学者のメアリー・リーキーとルイス・リーキーがこれらの打製石器の遺跡を発見した場所、タンザニアのオルドヴァイ渓谷に因んで、オルドワン式と呼ばれる。証拠が示すところでは、私たちの祖先が道具を製作し始めて以後、技術の向上とあいまって生息地域を拡大するようになるのには、１００万年以上の時間を要した。一般には、ヒトの「出アフリカ」――人類誕生の地から遠く離れた土地への移動――は2度あったと考えられている。最初の出アフリカは（１００万年以上前）おそらくは１７０万年から１８０万年前のことで、移住したのはホモ・エルガステルか、私たちの直接の祖先のホモ・エレクトゥスだった。

2度目の出アフリカは、ホモ・サピエンスがアフリカで――約20万年前に――進化をとげたあと５０００世代以上の時間が経ってから起こった。ホモ・サピエンスの一部は、その生まれ故郷のアフリカを離れ、まず12万年ほど前に中東（レヴァント地方）に広がり、その後6万５０００年前から4万年前にユーラシア大陸の大部分に広がっていった。彼らはその後、地球の残りの土地を占めるようになり、最終的には、その時まで生存していたほかのすべてのホミニンの種にとってかわった。彼らの地域的拡散に気候がどのような役割をはたしたか、そして進出していった現代のホモ・サピエンスがそのホミニンのいとこたちの絶滅にどのような役割をはたしたのかについては、いまも議論が続いている。たとえば、ヨーロッパではこの10万年の間に大きな気候変動が繰り返され、気候の変化の激しさが獲物を減少させ、それに適応できなかったネアンデルタール人を絶滅へと――同じ地域に住んでいた現代のホモ・サピエンスと競合したにせよ、しなかったにせよ――追いやったのかもしれない。

興味深いことに、石器を作る能力とことばをしゃべる能力との間には結びつきがある。チンパンジーは、小さな脳をもつが、道具の使い方がわかる。石をコンクリートの床にぶつけて砕き、鋭利な破片を選んでひもを切り、箱に入った食物をとることもできる。しかし、石核を叩いて鋭利な道具を作る（現代人にとっても習得するのが難しい作業だ）ほどの精密な視覚‐運動協応の能力はもっていない。石器の製作に必要とされる同じ種類の神経‐筋肉の協応はまた、言語音を生み出すのに必要な私たちの舌の信じられないような動きの能力の基本にある。しかし、この能力が過去のいつの時代に生じたのかは定かではない。文法規則をもったほんとうの言語はホモ・サピエンスになって突然出現したと推測する研究者もいるし、言語が最初は身振りやうなり声として出発し、ホモ・ハビリスも多少はことばで意思を伝え合っていたと考えている研究者もいる。

これから見てゆくように、これらの進化に関連したひとつの謎が、「大いなる飛躍」として知られるようになった出来事である。それは、5万年前（あるいはもう少し早かったかもしれない）に起こり、一種の文化的「革命」として、私たちの支配を大きく加速させたように見える。それは、どのような飛躍で、どのようにして起こったのだろうか？

4章　遺伝子と文化

「もし私たちが［遺伝子によって］配線されている――すなわちすべては遺伝子で決まる――としたら、私たちには山ほど特性があるのだから、それに見合った山ほどの数の遺伝子がなくてはならないはずである。これは、研究者である私を笑わせも、泣かせもする。こうした考えのバカさ加減を笑う一方で、それが社会の大部分に受け入れられていることを思うと泣きたくなる。」

（ヒトゲノムの解読を主導した）J・クレイグ・ヴェンター、２００１［1］

つい最近まで、私たち人類をほかのあらゆる動物から分け隔てるものは、文化――たとえば道具の製作や使用――を生み出す能力だと言われることが多かった。しかし現在、世代から世代へと、そして同世代のメンバーの間で、遺伝的でない情報（文化）を受け渡す能力は、ホモ・サピエンスに限られるわけではないことが明らかになっている。最近、アンドリュー・ホワイトンら、動物行動の研究者は、チンパンジーが模倣によって文化を伝達することを実験室で鮮やかに示している。２つのグループのなかのそれぞれの優位チンパンジーが、食べ物の出るパイプを塞いでいる障害物を取り除くための異なるテクニック――止め金を押すか上げるか――をこっそり教え込まれ、自分のグループに戻された。仲間のチンパンジーは、優位チンパンジーがパイプを通るようにして食べ物を取るところを観察した。それぞれのグループのチンパンジーは、食べ物を供給するパイプに近づくことを許されると、優位チンパンジーのテクニックをまね、２ヵ月後には、食物獲得の２つの異なる文化ができあがった。もうひとつの実験では、こうした行動が世代から世代へと受け継がれることが示された。テクニックは、何頭ものチンパンジーを通して受け継がれ、連鎖の最後のチンパンジーは最初のチンパンジーが覚えたのと同じテクニックを用いていた。このように、チンパンジーは、環境を操作する方法を、時間を通して、変化した遺伝情報の伝達によって（自然淘汰によって）だけでなく、文化的情報の変化によっても伝えることができる。

ほかの多くの動物と同様、チンパンジーやオランウータンにも、文化――すなわち、彼らが共有し交換し合い、時間とともに変化しうる、遺伝によらない情報の貯蔵――がある。ヒトと同様、チンパンジーも、生物物理的・社会的環境にどう対処すればよいかをほかの個体から学び、ほかの個体に教える。野生チンパンジーのいくつかの社会では、若い個体が硬いナッツの殻の割り方をこのようにして身につけるし、シロアリを「釣る」ためのテクニック（きわめて複雑なものになることもある）や「銛（もり）」（あるいは探り針）――日中は木のうろのなかにいるブッシュベイビーのような夜行性の小型哺乳類をこれで突いて、うろから出したり、殺したりする――の作り方を学習する。ヒト以外の動物にも、社会的に受け継がれる伝統が見られる。たとえば、ミヤコドリでは、若鳥は、親がするのをまねることによって、カキの殻を開けるための伝統的方法を学習し、地域が異なると、この方法もまったく異なる。

文化の進化

チンパンジーの文化（そしてミヤコドリの文化）は、現代のヒトの複雑な文化とは大きく異なる。厖大な量の文化的情報を伝え変えることができることは、ホモ・サピエンスが支配的存在として台頭する上で鍵となった（チンパンジーが世界を支配していない理由でもある）。なかでも、チンパンジーの世代間で伝えられる非遺伝的情報は、私たちの知るかぎりでは考えや概念ではなく、行動の形態をとっている。しかも彼らの行動は、特別な目的のために自分たちで作った人工物ではなく、周囲に転がっている棒や石のような道具をともなっていることが多い。（模倣による）彼らの文化的伝達が途絶したとしても、ある決まった行動が出現することは容易に想像できる。というのは、その行動の単純さゆえ、ほかの個体が試行錯誤をするうちにふたたびそれを発明して、それをまたほかの個体が模倣するからである。しかし、ヒトの場合には、（現代の文化は言うにおよばず）プラトンの時代の文化でさえ完全に失われてしまったら、試行錯誤で行動の多く――たとえば、二輪馬車（チャリオット）を作る、戦いで大軍を率いる、すぐれた戯曲を書く――を再現することなどできないだろう。かりにこれまでと同じような環境条件の下で再現がうまくゆくことがありえたとしても、それには、たくさんの人間と数百あるいは数千もの世代が必要になる。

ヒトほど大規模に文化を伝える動物はいない。比類のなさは、その規模だけでなく、世界の津々浦々まで伝えるというその広がりにおいても、また文化を維持し連続させるためにホモ・サピエンスが発展させた装置においても、そうである。そして、これだけ文化に依存しきっている動物もほかにいない。仮定の話をすれば、チンパンジーが自分たちの技術を文化的に伝達しなかったとしても、彼らはそれなりにうまくやってゆけるだろう。だが、古人類学者のリチャード・クラインが言っているように（私たちもその通りだと思うが）、ホモ・ハビリスの集団ですら、彼らから単純な石器をとりあげてしまったら、生きてゆくのが難しくなってしまうだろう。というのは、彼らは、食用の獲物の解体処理のために、これらの道具に全面的に頼っていたように見えるからである。

過去200万年間に私たちの祖先が進化させた巨大な脳は、ヒトが進化のまったく新しい領域、すなわち大規模な文化的進化の領域に入ることを可能にした。その変化とは、ヒトの脳に貯蔵された未曾有の量の非遺伝的情報と、それらの脳が発明した数々の人工物である。考えを伝えるのを可能にする発話と、そうした伝達の概念的・地理的範囲を拡大する文字は、ホモ・サピエンスとほかの霊長類を分ける、埋めることのできない隔たりを生み出した。それらは、発話もしないし文字も使えない類人猿では考えられないスケールの文化的進化を可能にした。類人猿が使えるのは木の棒と石だけであり、したがって彼らの進化は、おもに自分たちの所有する相対的に少量の遺伝情報が変わることだけである。

「情報」がなにを意味するかを定義するのは難しいが、ここでは、一般な意味での情報として、すなわち伝え合い理解できる知識のことだとしておこう。それは、DNA配列に貯蔵された（そして細胞の装置によって「解読される」）情報、脳やコンピュータ・メモリのなかの情報から、人工物の構造――ハンドアックスからギザの巨大ピラミッドまで、ポリネシアの島々の先史時代の灌漑設備の遺跡からタブレット端末やボーイング747まで多種多様だ――として具体化された情報にいたるまで、さまざまな知識の形態をとりうる。情報とは、事実、データ、そしてそれらの情報のコードの規則がわかる脳をもった生き物（ヒトということになるが）が解釈し、理解し、教えることのできるパターンを指している。古代エジプトの歴史について知っている人なら、ピラミッドを見ただけでたくさんのことがわかるし、パイロットなら、ボーイング747の翼の形や操縦席の計器を見ただけで、大量の情報を得ることができる。

ここでは人間の文化を非遺伝的情報の貯蔵と定義するが、それは、「ナヴァホ文化」や「フランス文化」と言う時に意味しているような、さまざまな一般的な人類学的定義とは正確には対応していない。人類学者は、1世紀以上もの間、この意味において文化を定義づけようと腐心してきた。たとえば、1871年、エドワード・B・タイラーは、その古典『原始文化』のなかで、文化を「知識・信仰・芸術・道徳・法律・慣習、そして人間が社会の成員として獲得した能力と習慣を含む複合的な全体」と定義した[2]。それからほぼ1世紀後、ラルフ・リントンは、『文化の木』のなかで、より限定的に「特定の社会に特有の、学習された反応の組織化された集合」と定義し、社会を単純に「人間の組織化された集団」と定義している[3]。

本書では、基本的にリントンの文化の定義を採用し、ある社会集団の、世代を越えて持続する、しかし本質的に社会的文脈から切り離せない行動の集合と定義しよう（たとえば、鼻をかむのは通常は文化の一部とはみなされない行動である）。一部の人々は、この定義が、文化を行動の集合以上のものにする一連の最重要な考えや信念を含む必要があると感じている。その社会を特徴づける習慣をおもに決定するのは、その社会集団が共有する大量の非遺伝的情報である。たとえば、アメリカ文化の特徴として、野球が大好きなことと信心深いことをあげることができる。あるいは、フランス文化の特徴として、昼食にワインを飲むこと、高価なデザイナーブランドを着ること、フランス語を誇りに思うことを、ニューギニアの南岸のアスマット文化の特徴として、先祖に捧げるための精密な彫りの入った柱を作ること、（男性の場合には）首狩りの腕前を自慢することをあげることができる。米国では、一般に、アメリカの特別さと個性が最重要視され、フランスでは国家と言語に対するプライドが、アスマット族では、そこここにいる先祖の霊の存在と、首を狩った者が狩られた者の生命力を吸収できることが重要視される。

しかし、こうした最重要の概念を定義するのは難しい。「種」という用語（あとで見るように「生態系」も）がそうだったように、ある「文化」の境界や特徴を、その用語から使い勝手を奪わずに正確に定義するのは、難しいことが多い（「宗教」にも同じ問題がある）。同様に、たとえばアメリカ文化では、しだいにワインを飲み、サッカーをするようになったり、喫煙の習慣がなくなりつつあったりするように、明らかに文化は進化する――時間とともに変化する。私たちの非遺伝的情報は、つねに流動的な状態にあり、基本的に世代間の変化に限られる遺伝的情報に比べ、ごく短い時間のスケールで変化する。

ヒトの初期の文化

ヒトの文化の最初の痕跡は、２５０万年前にさかのぼる（おそらくホモ・ハビリスのものだ）。３章で述べたオルドワン式の簡単な石器である。興味深いことに、そしておそらく偶然ではないだろうが、この年代は、私たちにつながる系統における脳の巨大化の始まりの時期でもあった。

ヒトの先史文化の記録のもっとも興味深い側面のひとつは、5万年前ぐらいまでの石器にほぼ共通して言えることだが、ヒトの初期の文化的進化の進み方がきわめてのろかったように見えることである（図４・１）。旧石器時代（２５０万年前から1万２０００年前）では、最初の文化的ツールキット（オルドワン式）――石核石器や石核から作った鋭利な剥片――が70万年から80万年続いた。第二のツールキット（アシュール式）は、ハンドアックス（握斧）、クリーヴァー、ピックといったより複雑な石器が加わり、ほぼホモ・エルガステルとともに出現し、１５０万年続いた。石に残された文化は、手の込んだ加工がほんの70万年～60万年前に始まったということを示している。アフリカにいた人々が、巧妙に加工された、横や上から見ると驚くほど対称的な形をしたハンドアックスを作り始めたのである。彼らは、多様な剥片石器を製作し始め、そのなかの多くはさらに加工されて、スクレイパー（掻器）やナイフといった道具に

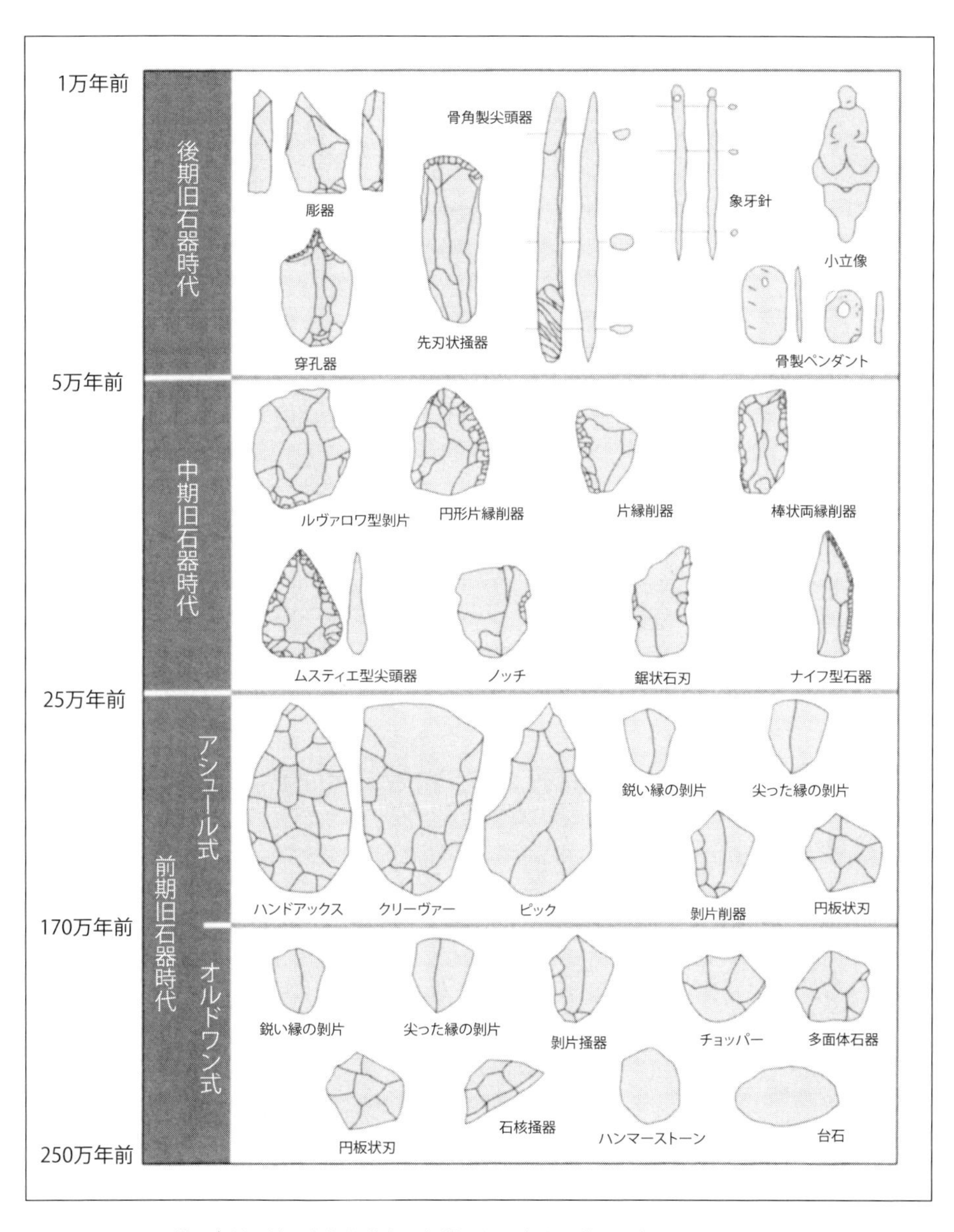

図4・1　石器の変遷に見る文化的進化。初期人類の文化的進化の歩みはのろく、最初の文化的ツールキットであった石核石器と石核を叩いて作った鋭利な剥片が、70万から80万年続いた。その後、ツールキットにはハンドアックス、クリーヴァーやピックのようなより複雑な石器が加わり、それが150万年続いた。図はRichard Klein提供。

なった。

もちろん、ヒトの初期の文化がすべて石器として残されているわけではない。たとえば、チンパンジーは木の道具や武器を使うし、私たちの初期の祖先もそうしたものを使っていたのかもしれないが、残ることはなかったということも十分に考えられる。見つかっている最古の木製の武器は、ドイツで出土した槍で、これは40万年ほどまえのものだ（これを作ったのがホモ・エレクトゥスかネアンデルタール人かをめぐっては論争が続いている）。私たちの祖先は、最初に石を成形し始めてしばらくすると、火も使うようになった（火を完全にコントロールするようになるのは、石器の発明後１００万年以上経ってからのことだ）。ヒトが計画的に火を使っていたという確かな証拠は、80万年ほど前にさかのぼる。

25万年ほどまえ、（初期のホモ・サピエンスによってその時まで生み出されていた）アシュール文化は、アフリカでは中石器時代、ヨーロッパでは中期旧石器時代と呼ばれる移行期に入った。この技術から見てとれるのは、石核を叩くまえに、鋭利な縁の剥片をどのような大きさと形にするかをあらかじめ決めていたということである。多くの場合、剥片は、さらに使いやすいものにするために、巧妙に手が加えられた。中石器・中期旧石器時代以降では、石の剥片を作る技巧で、だれも彼らに勝ることはなかった。

大いなる飛躍

５万年ほどまえ、アフリカの後石器時代（ヨーロッパの後期旧石器時代）に、技術は爆発的発展を見せ、考古学的記録には、ヒトの活動に新たな次元が出現し始めた。この変化は、先史時代の記録のなかでもっとも劇的で、かつ突然の出来事のひとつであり、私たちヒトの歴史にとってもっとも重要なものであった。それは、「文化革命」と呼ばれ、ジャレド・ダイアモンドによって「大いなる飛躍」としてよく知られるようになったが、新たな洗練された技術の発展を含んでいた。それは、より多様で定型化した石器をともない、はじめて骨、象牙、貝殻も登場し、それらは入念に成形され、尖頭器、針、錐などに加工された。これらに加えて、多様な精密石器の出現、洞窟壁画や彫刻や身体装飾の開花、（埋葬など）儀式の兆候が見られるようになり、それと同時に人口が急増した。（一部の研究者が考えているように）言語能力も大きな進展を見せただろう。ここでおそらくもっと重要なのは、飛躍後のホモ・サピエンスがユーラシアにいたほかのホミニンに急速におきかわったことである（互いの間の交配や文化的交流があったという形跡はほとんど、あるいはまったく見つかっていない）。

リチャード・クラインは、私たちの祖先の脳の急速な進化がこの大いなる飛躍を引き起こしたと考えている。彼は、脳の

「ウェットウエア」(神経組織のことで、コンピュータのハードウエアにあたる)が変化したと考えている。一方、古くからの同じ脳が新たな文化的「ソフトウエア」を発展させたと考える研究者もいる。確かなことはだれにもわからないが、私たちは、クラインの考え方のほうが正しいように思う傾向にある。一方、ソフトウエアの見方を支持する主張は、たとえば2500年前のプラトンの時代の馬車から現代のジェット機や宇宙ステーションまで、その間にはきわめて大きな技術的変化があったのに、ヒトの脳構造にはそれに対応するような変化の証拠がない、というものだ。

しかし、このことは、そのような変化が9万から5万年ほど前に実際に起こったという可能性を排除しない。クラインが指摘しているように、大いなる飛躍の時期にほぼ一致するウェットウエアのそうした変化がなかったのなら、後世に残るような芸術をだれも生み出さない時期が長く続き、その後突然の文化的変化があってそのような芸術が開花したと考えねばならない。頭蓋の内腔の容積や形からわかるように、明らかに、ホモ・ハビリスから私たちまで、200万年を超える時間の間に、急激な脳の増大が起こり、たくさんのウェットウエアの変化が生じていた。きわめてありそうに思えるのは、大いなる飛躍が、現在までの線にほぼ沿う形で脳が再組織化されたことによっており、その再組織化は芸術の扉を開いただけでなく、一連の文化的進化へとつながる扉も開いて、ほかのすべてのホミニンにとって代わり始め、最終的には本、コンピュータ、そして(公衆衛生と医療の進歩にも助けられた)人口爆発をもたらすことにもなったということだ。要するに、証拠は、人間の脳のウェットウエアが、大いなる飛躍以前に、自然淘汰によって急速に変化したということを示しているわけではないにしても、それが起こった可能性は十分にあるように思われる。あなたの脳がプラトンの脳よりもなんらかの点で構造的により進歩していないということを証明することはできないが、しかしあなたはそのことをあえて主張したりはしないだろう。

原因はどうあれ、大いなる飛躍ののち、文化はそれまでなかったほど急速に変化するようになった。私たちの祖先は、洞窟の壁や岩の面を絵や彫刻で飾り、生存の手段を改良し、驚くほど巧みな狩猟民になった。その結果、その地域の食糧を食べ尽くし、大陸の動物相(そして植物相も)を変えてしまうまでになった。彼らは、ほかの地域にも広がってゆき、地球のいたるところに洗練された技術を広め、最終的には南北アメリカ大陸も占拠してしまった。

言語と大いなる飛躍

大いなる飛躍をめぐる疑問に密接に関係するのが、複雑な文法を備えた言語(文のなかの単語間の関係によって意味を表現する)の発達である。言語は、今日のホモ・サピエンスをほかのすべての動物から分け隔てるもっとも重要な特性である。それはまた、これまで論じてきたヒトのもうひとつの顕著な特徴――遺伝によらない厖大な量の情報の所有と操作、すなわち豊かな文化――の根底にある。

複雑で大きな脳、口や喉の器官（舌、喉頭、声帯）など、言語に必要な身体の基本構造は、現在の言語コミュニケーションと言語の文化的進化が起こる以前に遺伝的進化をとげたのに違いない。発話に必要な舌の複雑な動きを可能にする神経‐筋肉のシステムの発達は、とりわけ重要だったに違いない。運動を制御する脳領域のうち、桁はずれに広い部分が唇と舌の制御にあてられている。

言語の前提となるこれらの身体的条件が整えば、遺伝的進化の点から言語の出現をそれ以上説明する必要はほとんどない。結局のところ、エビやセミからマネシツグミ、サル、そしてチンパンジーにいたるまで、多くの動物は情報を音声で伝える。ある社会的動物の脳が大きくなるにつれて、淘汰が舌における神経‐筋肉の高度な協応を促したというのは、驚くことではない。実際、私たちは、脳の大きさや構造が言語能力と手をたずさえて共進化したのではないか――ヒトが文化を作り上げるにつれて、それを伝え利用する機会も大幅に増えていった――と考えている。

言語と文化の間には、もっと緊密な関係があるかもしれない。1930年代、エドワード・サピアとベンジャミン・リー・ウォーフは、言語がそれを話す人間の（すなわち文化の）世界観を形作るのだという考えを提唱した。この考え方の極端なもの――言語が世界観を作り出す――は、現在では誤りであることが示されているが、言語が、ものごとの知覚のしかたに影響をおよぼしうることを示す確かな証拠がある。

気分や危険の存在を示す吠え声や唸り声から単語のシンボルの発達――現実世界におけるモノを示すための、あるいはモノの間の関係を示すための、あるいはほかの単語間や概念間の関係を示すための純粋に恣意的な音声――への進化的移行については、言語学者は推測に頼らなければならない。ヴェルヴェットモンキーの警戒コールのシステムは、恣意的なシンボルによる言語表現がヒトに限られるわけではないことを示している。ヴェルヴェットモンキーは、タカの危険を知らせるために1種類の音声だけを発するが、これは、ヘビを示すために発する音声とは容易に区別される。どちらの音声もはっきり区別できるが、それらは捕食者と直接的な結びつきはない（たとえば、タカを示す音声は、タカの鳴き声に似ているわけではない）。ヴェルヴェットモンキーは、これらの音声と情報とを結びつけるある種の文化（ある意味では原始的言語の要素）を発達させた。

ヒトの場合、もともとは音声やジェスチャー（とりわけ指差し）が話し手と聞き手を結びつけたと想像できる。ものや行為を示す恣意的な音がいったん使われ出すと――言語学者、ガイ・ドイッチャーがそのすぐれた著書『言語を解明する』のなかで「オレ、ターザン」段階と呼んだ段階に入ると――、どの人間集団でも話されているような複雑な言語への道が開かれた。ドイッチャーが示すように、それ以降の言語の進化の道筋は説明することが可能である。

文化と脳の進化

ヒトの大きく複雑な脳の進化は、文法を備えた言語と厖大な量の情報の貯蔵を可能にし、いわゆる「人間性」と「文化」をもたらした。（大型類人猿や私たちの祖先のホミニンの脳に比べて）現代人の大きな脳は、もっとも重要な私たちの身体的特徴である。私たちの脳は、直立姿勢といったほかの身体的特徴の発達ののち、過去250万年ほどの間に印象的な大きさへと急速な進化をとげた。ちょうどこの期間に、私たちの祖先は、その文化を知る上で手がかりになる石器を残した。

ヒトの脳（ほかの動物の脳もそうだが）は、神経細胞（ニューロン）のネットワークからなり、個々のニューロンは、シナプスとして知られる化学的な連結インターフェイスを介してほかの数千のニューロンと情報を伝達し合う。ニューロンのネットワークは、血液成分のバランスの維持や身体の動きの制御から思考にいたるまで、動物の生理機能や行動の制御センターとしてはたらいている。電気化学的インパルスは、ニューロンからニューロンへ、シナプスを介して伝達される。シナプスは、実際にはほんのわずかに開いた隙間であり、神経伝達物質と呼ばれる200種類ほどの物質がこの隙間の間の橋渡しをする。ニューロンからシナプスへと分泌された神経伝達物質は、インパルスを次のニューロンに伝えたり、あるいはそれを抑制したりする。

神経細胞のネットワーク、シナプス、そして神経伝達物質が情報を脳へと伝達し、その情報を処理し貯蔵し、ホルモン（血流を介して作用する化学的メッセンジャーで、その一部は脳で作られる）の協力を得て、どう行動せよという指令を身体に出す。ヒトは、動物のなかでもっとも複雑でもっとも柔軟性に富んだ脳をもっているが、ほかの動物と（たとえばチンパンジーとも）大きく違うのは、脳の大きさと、ニューロンやシナプスの数である。

脳が全体的に大きければ、その動物は環境の変化に適応してゆける。そうした脳は、その持ち主に、どんな環境にあってもいくつもの選択肢を与えるからである。もしクマがイチゴを食べていて、茂みに隠れている子ジカを見つけたなら、食べるものを即座に変更することができる。もし子ジカが逃げ、イチゴも食べてなくなったら、川に下りて行って、魚をつかまえてみることができる。小さな脳をもった昆虫の場合は、おそらくこんな選択はできない（時に、一般に考えられているよりも柔軟に行動することが知られてはいるが）。

なぜヒトが大きな脳を進化させたのかについて現段階で私たちがベストだと思う説明は、高度に社会的な霊長類である私たちの種においては、集団内のほかのメンバーの頭のなかにある考えがわかり、想像し、予測する能力が高まったことに関係している。言い換えると、ヒトは、高度に発達した「心の理論」をもつようになった。なぜヒトでは、心の理論の能力が進化したのだろうか？　淘汰におけるその利点とはなんだったのだろう？　一言で答えるなら、緊密な社会集団の生活のなかでますます賢くなりつつあった自分たちの複雑さをあつかう必要があったからである。ヒトの進化の過程においては、脳は、自分の行動を調整し、企み、計画し、操るために進化しただけでなく、他者――同じく、企み、計画し、操り、信号を発する他者――の行動に合わせるためにも進化した。すなわち、他者に共感したり、協力（あるいは競争）したりできるようになり、その心の内をたえず読むようになった。そして共感の進化につれて、私たちの祖先の脳は、私たちに道徳を発達させる能力を与えた。

私たちの親類の類人猿も、未発達ながら、心の理論をもっているように見える。動物のなかには、少なくとも自己の原始的感覚をもつものもいる。こうした感覚は、他者の感覚をもつための最初のステップである。というのは、他者の考えていることを推測することは、明らかに、自分自身の体験を拡張することだからである。たとえば、視覚に頼る多くの動物では、鏡と対面させると、そこに映った自分の姿をほかの個体だと思って攻撃する。しかし、チンパンジー、ボノボ、オランウータン、そしてゾウは、鏡に映ったのが自分だとわかる（サルはわからず、おそらくゴリラもわからないようだ）。類人猿は、鏡を使って、自分の頭の後ろ側を見たり、あるいは直接は見えない体の部分に塗られた（麻酔で眠っている時につけられた）絵の具を手でこすって落とす。一連の実験で、チンパンジーは、人間の演技者が問題を解決しようとしている場面――たとえば、手の届かない距離にあるバナナをとろうとしている、あるいはコンセントを差し込んでいないレコードプレイヤーをかけようと必死になっている――を示された。2枚の写真――一方が問題の解決法（たとえば、棒を使ってバナナを引き寄せる、レコードプレイヤーのプラグをコンセントに差し込む）を示している――を提示されると、チンパンジーは一貫して正解の写真を選択した。このことは、写真のなかの人間を、問題に直面して困っている存在とみなしていることを示している。こうした結果と、集まりつつあるほかの証拠は、類人猿が他者の意図をある程度理解している、あるいは少なくとも理解しているかのように行動するということを示している。ただし、この問題は、どうも一筋縄ではいかないようだ[4]。

心の理論の身体的基盤の可能性について、最近わかってきたことがある。ヒトもほかの霊長類も、脳のなかに「ミラーニューロン」（サルで最初に発見された）と呼ばれるものをもっている。このニューロンは、自分自身の行為に反応するだけでなく、他者が同じような行為をしているのを見ても反応する。私たちが食べ物に手を伸ばす時も、ほかの人がそうする時も、脳のなかのまったく同じニューロンが発火する。一部の研究者は、身振りの模倣に関与するミラーニューロンのシステムが数千万年前に進化したものであり、それが最終的に言語をもたらしたのかもしれないという示唆も行なっている。手の動作と口の動作の間には関係があり、仲間の抽象的な身振り（たとえば肩をすくめる）の理解は、他者の出す抽象的な音声の理解の先駆けだったのかもしれない。確かに、親は、子どもが話されたことばをはっきり理解するようになるまえに、象徴的な身振りを用いて、子どもとコミュニケーションをとることがある。現在、ミラーニューロンと心の理論（あるいは明らかに心の理論が前提となる共感）を関係づける試みが進行中である。

ミラーニューロンのような神経システムを調べている研究者は、非遺伝的情報を貯蔵し処理する脳メカニズムを理解し始めたばかりだが、彼らや彼ら以前の研究者による知見は、すでに多くの興味深い結論や洞察に富む推測を生み出している。ヒトの脳について進化の点から一般に言えるのは、以下のことである。

1　ほかの器官と同様、脳も、たとえば消化を制御することから、問題を解いたり、意識を生み出したりすることまで、さまざまな機能をもった器官として進化してきた。心と身体というかつての二分法も、ヒトの脳の想像力の産物だった。脳はまた大量にエネルギーを食う器官でもある。平均的なおとなの脳は、体重の約2％しかないが、消費するエネルギーは、体全体の20％ほどにもなる。頭で考えることは、安くはつかない。

2　脳は、部分が損傷しても、それを補なうことが可能で、時には以前通りの思考を続けることもできる。特定の機能を担当する領野を損傷したとしても、場合によっては、ほかの領野がその機能を（部分的にだが）肩代わりしてくれることがある。

3　脳は、数百万年間で自然淘汰と社会的環境からの入力によって形作られた「プログラム」――ニューロン集団の連絡――をもっている。たとえば、大脳の前頭皮質はあらゆる種類の行動を調整する。ここが大きく壊れてしまった場合には、不適切な行為（教会で不敬なことばを吐いたり、ふつうはしないような口説き方をしたりする）が行動を支配してしまう。興味深いことに、前頭皮質の「配線」の完了は20歳代半ばまでかかり、このことは、部分的ながら、思春期や青年期に見られる抑制の欠如（時には犯罪行動も含まれる）を説明する。

4　脳は、多くのホルモンの放出を制御するが、一方、ホルモンも脳の機能を制御する。ホルモンは、情動状態や主観的な意識状態に影響をおよぼして、通常は物事の望ましさ（自分から見てよいか悪いか）の決定を生じさせる。逆に、情動は、脳のプログラムのはたらきに大きな役割をはたしている。これは、近年「ＥＱ（情動知能）」――自分の感情やほかの人々の感情を読みとり、その情報を使って自分の思考、意思決定、行為をガイドする能力――の名称で広く知られるようになった。言い換えると、この能力が、私たちのもっている心の理論を実際に使えるようにする。もちろん情動も、私たちをヒトたらしめ、生活に意味を与えてくれる。喜び、悲しみ、同情、怒り、軽蔑、あるいは愛を感じることができなければ、私たちはどんな社会的動物になっているだろうか？

５　脳は、ニューロンに化学的変化を起こし、シナプスを増強することで記憶する。それは、ほとんどの場合、新たな神経ネットワークの形成によっている。

６　ヒトの能力とヒト以外の霊長類の能力との間には、一般に考えられているよりも連続性があるけれども、ヒトでより最近に進化した脳内のプログラムは、ほかの動物には解決できない（あるいは解決の難しい）関係や因果の問題をあつかうのを可能にしている。もし知能を特定の種類の問題の解決能力と定義するなら、領域によっては、ヒトとほかの動物の間に「知能のギャップ」が示されないこともある（ほかに、大きなギャップのある心的領域があるにしても）。

たとえば、大きなトレイに食べ物を入れる穴が２つあって、一方の穴の上には円形のカバーが、もう一方の穴の上には三角形のカバーがおいてあるとしよう。魚、ハト、イヌ、類人猿、ヒトは、食べ物の報酬がつねに三角形のカバーの下にあれば、三角形がどの位置にあっても、三角形のほうを選択することを学習して、この課題に正解する。この課題をもっと複雑にして、３つの穴があり、２つは同じ形のカバーで、ひとつだけが別のカバーで、その下だけに食べ物をおくとしよう。ハト、ラット、イヌは、そして幼児も、この課題を解決できない。トレイの色が、食べ物の報酬が２つの同じモノのどちらか一方の下にあるか、ひとつだけのモノの下にあるかを示すようにすると、さらにもうひとつのレベルの複雑さが加わる。霊長類以外はこの問題を解決できないが、ある種のサルや類人猿は容易に解決し、これに似たもっと複雑な問題も解決できる。これらのテストはもとは人間の問題解決能力を測るために考案されたものであり、多くの人が、これらのテストを解けない。

このような結果は、動物とヒトとの間には問題解決能力を生み出す脳のプログラムに種類の違いはない――解決できる問題の複雑さに違いはあるにしても――ということを示している。成績の大きな差は、もとをたどれば、私たちが動物のなかでユニークな２つの特性を生み出す神経システムをもつようになったことから生じている。その２つとは、意識と、そして文法をもった言語である。この２つこそが、厖大で複雑な文化を生み出すのを可能にし、私たちの小さな知的勝利を、ほかのいかなる生き物もまねできないほど広い範囲まで拡張することを可能にしている。これらの特性のおかげで、私たちは、高度な数学を使いこなし、階層をなす政治組織をもち、超高層ビルを設計し建てることができる。
7　自然淘汰は、特定の知覚や行動を強めるように、軍事戦略から創世神話にいたるまでありとあらゆるものに対する信念をたえず発展させるように、そして（理性はそれらの信念を改めるべきだと示唆しているにもかかわらず）それらの信念を維持させるようにプログラムする脳を形作ってきた。
8　遺伝コードは、考えられうるあらゆる行動的状況に——対処するための個別の指示を脳のなかに作り上げることはできない。その代わりに、脳の構造は、私たちを賢く柔軟にし、必要な時に問題への対処方法を考え出せるようにする。確かに、人間が誕生後もしばらくは世話が必要な状態にあることは、脳が成長することと、そして視覚的学習から言語学習まで、あらゆることをするように環境が大脳をプログラムすることに関係している。

とくに記憶と意識について詳しく見ることは、どのように脳が文化に関連した大量の情報を生み出し、あつかえるように進化したのかを考える土台を与えてくれる。より強力な（あるいは新しい）シナプスがどのように記憶痕跡をもたらすのか——文化的伝達（覚えることができなければ、それを次に伝えることができない）にとって不可欠である——は、いまだに謎である。しかし、記憶のいくつかの特徴についてはかなりのことがわかっており、それらを知ることは、私たちの生活において大きな実用的重要性をもっている。第一に、お気づきのように、通常はものごとを符号化して長期記憶に入れるには、なんらかの努力（たとえば反復、劇的出来事や痛みをともなう出来事との連合など）が必要である。これは進化の点では明らかな意味をもつ。私たちの脳のニューロンは、恒久的記憶の形成能力に限界がある。こうした理由から、脳には要点を貯蔵し、詳細を捨てる傾向がある。さらに、要点も、貯蔵された詳細も、強められないかぎり、時間とともに弱まり消えてゆく。詳細を捨てていることについては、次のような実験を自分でしてみるとよい。あなたの車のダッシュボードの計器の位置を思い出して紙に描いてみて、それを実際の位置と比べてみよう。うまくできなくて結構。いつもそこにあるのなら、その位置を覚えておく必要はないのだから。

記憶は薄れるだけでなく、混同することもあり、自分で正確だと思っている過去の記憶が実際にはまったくの誤りのことがある。（あなたは、大晦日のパーティでサムに会ったと思っているが、そうではなかった。サムはその時は中国にいて、あなたがパーティで会ったと記憶違いしているのは実はジョージだ、といったように。）被暗示性も、記憶を誤らせる。ほかの人（あるいはメディア）は、私たちが覚えていないことを覚えているかのように思わせることができる。これは驚くほどのことではない。というのは、私たちの視覚システムがつねにそうしているように、私たちの脳は、はじめは保持されていなかった出来事の詳細を補充して、その一部始終を生み出すことがあるからである。記憶現象を研究している心理学者は、記憶が薄れることと被暗示性があるため、法廷では目撃証言だけを証拠として用いるのではなく、それがほかの証拠で補われる必要があると結論している。

もうひとつ、ステレオタイプ化も、私たちの脳が効率的にはたらくための重要な方法である。私たちは、入ってくる情報を、可能な時にはつねに、既存のカテゴリーに割り振る。たとえば、どの社会も、連続する色のスペクトルをいくつかのカテゴリーに分けるが、すべての社会が同じ色カテゴリーを用いているわけではない。実験によると、文化的に確立された色カテゴリーの中心にある色（たとえば消防車の赤）のほうが、カテゴリーの境界付近にある色（黄色っぽい緑）よりも記憶しやすい。別の例をあげれば、部屋の隅を見た時に網膜で発火する一連の細胞からの信号を脳が受けとる時、脳は、直線だということが「わかって」いるので、一連の点の信号をつなげて直線にする。私たち2人は飛行機を見れば、そういうものとして記憶にファイルする（実際、どちらもかつては飛行機を操縦したし、幾度となく飛行機で旅してきた）。ところが、ニューギニアの人々はそうではなかった。1966年、私たちは、彼らが、オーストラリア空軍の輸送機の後部の搬出口から積み荷が出てくるのを見て、「そこが生殖器官なのかどうか」を見極めようと熱心に調べているところを目撃した。彼らは、飛行機を「鳥」というカテゴリーに入れていた。

私たちの脳に組み込まれているステレオタイプ化とカテゴリー化の欲求は、それらをもたない場合に比べ、私たちヒトの心の内容をより単純なものにするが、一方でそれがマイナスの効果をもつこともある。世界を理解しようとする時に私たちが直面する問題のひとつは、「誤った具体性の付与」による混乱――すなわち、有益なこともある抽象（たとえば遺伝子、個体群、生物種、文化、山脈、宗教や人種）が明確な実体として存在すると考えること――を避ける必要があるということである。たとえば、かつて遺伝子は糸の上に並ぶビーズ玉のようなものとしてステレオタイプ化されたが、このメタファーは、遺伝情報を運ぶDNA配列の多様性と構造的複雑性を隠してしまった。そして、人類には大きな多様性があるのに、「アフリカ系アメリカ人」のような「人種」を指すことばでまとめられると、それがひとつの単位として実体化されてしまう。一部の科学者は、これが病気の診断において使えることがあると主張している。事実、世界の集団における差異のある遺伝子の分布と環境条件（社会的に構成された「人種」とともに変化する場合が多い）を調べることは、病気の発生率の地理的差異を説明する上で実りある方法である。

意識の謎

私たち（ポールとアン）は（もちろんあなたもそうだと思うが）、目覚めている時には、自分に気づいている。頭のなかでたえずなにかを語っており、現在の感覚入力、出来事や思考を、自分自身や過去の感覚入力、思考、出来事に関係づけ、未来において起こりうることを予測している。別の言い方をすると、私たちは「意識」をもっている。アンのする話はポールのする話とは違うが、話すことができるものについては、両者の話は――とくに価値観については――多くの類似点をもつ。私たちは、見方を互いに、そして私たちの娘とも共有し、したがって家族の文化をもっている。私たちは友人や同僚とも見方を共有している。もっと広くとらえればアメリカ文化とも、究極的にはヒトの文化とも共有するものをもっている。文化的進化について別の見方をするなら、集団内の変化しつつある遺伝子プールが遺伝的進化を構成しているように、文化的進化は、集団内の人間たちの脳のなかで語られる話の変化しつつあるプールのようなものだ。

私たちの脳についてもっとも大きな謎は、いかにして、神経伝達物質に浸ったニューロン間の数兆もの連絡が、私たちが「意識」と呼ぶこれらの語りを生み出すのかにある。イギリスの心理学者、ニコラス・ハンフリーは、意識の進化について興味深い考察を展開している。多くの神経生物学者と同様、彼も、意識を身体感覚に結びつける。すなわち、「いまここで私に起こりつつあること」についての、豊かな「感情」をともなった心的表象の存在である。知覚は、「自分の外で起こっていること」についての、情動的内容をともなわない情報だが、感覚はこうした知覚とは対照をなす。両者の違いは微妙である。たとえば、バラの花の発する化学物質は、甘い香りとして知覚されるが、それは、自分がやさしく刺激されているという感覚も与え、さらにたとえば愛する人と一緒にいるといったような感覚も引き起こすかもしれない。ハンフリーの仮説では、感覚が有機体と環境の境界で起こり、一般にヒトでは、光景、触感、音、匂い、味として記録される。直接的な感覚入力がない時、心的表象は感覚を想起させるものをともなう。たとえば、ある種の思考は、頭のなかでささやく声として「聞こえ」、感覚のこの要素がなくなると消え去ってしまう。

意識を説明するために、ハンフリーは、感覚フィードバック・ループ――神経反応が神経刺激作用の部位へと戻る――にもとづいた仮説的な生理的メカニズムを想定した。この考え方は、神経システムのさまざまな観察から支持されている。しかし、彼の主張の多くは、主観的にしかテストできず、主観的テストは、実際に起こっていることとの信頼に足るガイドにはなりえない。あなたには、自分の思考の一部が聞こえるだろうか？私たちは、自分の思考の多くを聞いていると思っている。さらに思考の多くを見ている――夢の場合のように、それらを視覚化している――とも思っている（とは言え、もっとも鮮明な視覚表象でも、そのまわりには言語が潜んでいるが）。どんより曇った空を見ながら、たとえば森が燃えているのをイメージし続けるのは難しいかもしれない。熱や色の感覚がないと、火のイメージを意識的に保つことは、なかなかできない。

意識についてのハンフリーの考えを一言で表現するなら、デカルトの有名な「我思う、ゆえに我あり」ではなく、「我感ず、ゆえに我あり」ということになる。ハンフリーは、作家ミラン・クンデラの警句、「『我思う、ゆえに我あり』は歯の痛みを過小評価している哲学者のことばだ」を引用して、この見方を補強している。ハンフリーによると、意識の漸進的な進化は、感覚フィードバックの回路の短絡を通して起こった。最初、私たちのはるか遠い祖先――たとえば単純なミミズ――では、有機体と環境の間の境界面からの感覚入力は、この体表面の刺激された部分に対する神経反応を引き起こした。その後、進化の時間を通してしだいに、この回路は短絡し、反応の標的は、内側に向かい、ゆっくりと進化しつつあった神経中枢の表面の代理領域へと移動し、これが最終的には脳になった。こうして、脳に届く神経インパルスが意識体験を生じさせた。これは、ありそうな進化のストーリーではあるが、意識がどのように進化したかを考える上での出発点を与えるにすぎない。

少なくとも哺乳類や鳥類には、なんらかの自覚的意識が広く見られると考えるだけの理由がある。たとえば、カラスやワタリガラスなどは、直面した問題を解決するかなりの能力を示す。水浴び用の水溜りを作るために、どのようにすれば排水管をふさげるかがわかる。それは、問題に直面した彼らが意識的に解決策を思い描き、そして実際にそれをしてみて、その結果に満足しているように見える。そしてチンパンジーは、自己の感覚をもち、お互いから学び合う能力をもっており、「ポチを見ろ、ポチが走るのを見ろ、ポチがボールを追っかけるのを見ろ」といった内容程度の意識もおそらくもっているだろう。しかし、ポール・エーリックの言う「強烈な意識」をもっているのはおそらくヒトだけだ。「私たちは、まわりの物理的・社会的状況を分析し、過去の出来事を思い出し、それらの分析結果や、過去の出来事が未来にもつ意味を自分に『語る』。私たちは『自己』――私たちの両耳の間に住まうこびと――の連続した感覚をもち、そしておそらくそれと同程度に重要だが、死の脅威――個々の人間、すなわち自己が存在を止めてしまう可能性――の感覚をもっている」[5]。

ハンフリーが説明しようとしているこの強烈な意識は、科学者が創発的特性と呼ぶものである。創発性は研究が始まったばかりの現象だ。創発性とは、明確な原因がなくて起こる交通渋滞のように、予期せざるパターンの出現を言う。こうした現象は、たくさんの相対的に小さな単位――砂粒、自動車、神経細胞――が（しばしば規則的に変動する）エネルギーの流れの影響によって規則的なやり方で（たとえば交通規則にしたがって）相互作用する時に生じる。創発的特性は、個々の単位の特性からは予測できない。ニューロンは考えないし、（私たちの知るかぎりでは）意識ももたない。しかし脳のなかでは、数十億のニューロンが、自己組織化された複雑なシステム（外部のものによって方向づけされるのではないシステム）を構成しており、それらが一緒になってはたらくと、どのようにしてかはわからないが、私たちが意識と呼ぶものが生み出される。

　おそらく、ヒトが考えてきたもっとも基本的な倫理的問題は、（脳が作り上げる概念にではなく）意識と呼ばれる脳の状態の出現に関係している。これが自由意志という昔からの問題である。自由意志についての問題はこれまで数千年にわたって論じられてきたが、いまも十分に理解できたとは言い難い。それは次のような疑問だ。もし脳が有機的な「機械」であって、自然法則に従い、そして遺伝物質と複雑な物理的・化学的・社会的環境との間の相互作用を通して構築されるのなら、人間のするすべての行動はたんに、これらの要因に対してプログラムされた反応とは言えないだろうか？　つまり、それらはすべて、宇宙が誕生した瞬間からあらかじめ決まっていることになりはしないか？　だとすると、だれも自分のとる行動を褒められたり、非難されたりする謂れはないのではないか？

　ここでは、この古くからの問題には的確な答えがあるとは言わないでおこう。とは言え、私たち2人の見解はかなり単純だ。心とは脳のはたらきであり、その脳は、受け継いだ遺伝的「指示」が、子宮内と生後の生活の両方を通して、環境内の情報と相互作用してできあがる。これはつねに進行中のプロセスであり、このことは、社会的文脈において、他者との不断の対話と、出来事の間断ない観察とを意味する。これらが、過去についての私たちの見方、未来の出来事の確率、他者についての見方、そして私たちの倫理観といったものをたえず更新させる。私たちは、自分の属する社会集団の変化し続ける社会規範を学習し、多種多様な状況下でなにをして、そして（おそらくそれよりも重要なことだが）なにをしないかについての自分の考えを調整する。

　私たちの脳と相互作用する世界は、まったく完全に決まっているわけでもなく（たとえば、ある任意の放射性原子がいつ崩壊するかを言うことはできない）、私たちの社会行動もすべてあらかじめ決まっているわけではない。私たちの活動のどれぐらいがある意味で自動的にプログラムされている（最新の脳機能画像技術を用いて得られている証拠は、私たちが行為の決定に気づくまえに、脳はその決定をしている場合があることを示している）か、もしくは「制約されている」か、あるいはどれぐらいが「自由」なのかという疑問は、哲学的問題として残されている。しかし、ほとんどとは言えないにしても多くの場合は、明らかに私たちは自動的な決定に従わずに、時には「責任をもって」行為できる。神経科学者のマイケル・ガザニガは、「脳は決定論に従うが、人は自由だ」と述べた[6]。このことばは興味深いが、自由意志について述べたほかの多くのことばと同様、あまり助けにはならない。私たちの脳は、遺伝的進化の産物であり、私たちの複雑な文化が進化する上での鍵であり、私たちが地球を支配する存在になるのに貢献した器官である。しかし、科学者にとって、そしておそらくは哲学者にとっても、それらの十分な理解に近づくのにはまだまだ遠い道のりがある。

遺伝子と文化の共進化

大いなる飛躍とヒトの文化の爆発は、ヒトでは文化的進化が遺伝的進化に優越するということを意味するのだろうか？　この問題は、個人の行動の原因が「遺伝」か「環境」（重要な環境の多くは文化的なものだが）かという問題に多少似ている。このよく見かける問題は誤解を生むもとである。遺伝子は、環境がなければ機能しないのだし、遺伝子なしの環境もありえないからである。環境は、生物と相互作用する外的要因すべてであり、したがって環境はこれらの生物との関係において存在する。遺伝子と環境が一緒にはたらいて表現型――個人において実際に観察される構造的・行動的特性――が生み出され、そして今度はその個人が周囲の環境に影響を与える。長方形の面積には縦と横の2つの辺が必要であるように、遺伝的情報と非遺伝的（環境的）情報は、文化や文化的進化を生み出す上で分離できないものである。

遺伝的進化と文化的進化は、分離できないけれども、作用する情報の量の点で大きな違いがある。ヒトの遺伝的進化は、たかだか2万から2万５０００の遺伝子――タンパク質の構造をコードしている、およそ30億のヌクレオチドの塩基対（1章で紹介したＤＮＡの「梯子」の「桟」）――の変化のストーリーである。３つの塩基対をひとつの単語のようなものと考えるなら、本書と同じ大きさの本５０００冊分の情報になる。スタンフォード大学の図書館の蔵書数（多くは英語で書かれたものだが）は約８００万冊であり、これは、ヒトゲノムの１６００倍の情報に相当する。もし、ノートルダム大聖堂、ペルセポリスの遺跡、ニューメキシコの土のなかの土器の破片といった人工物から抽出可能な情報は言うにおよばず、世界中の図書館にある本の内容、倉庫に保管されている文書、コンピュータに記録されているデータ、放送番組の内容、私たちが互いに共有している経験や知識まで含めて考えたなら、スタンフォード大学の図書館にあるのは、利用可能な文化情報のほんの一部でしかないということがわかる。

文化的情報が遺伝的情報に比べいかに量的に厖大かは、約2万５０００の遺伝子（各遺伝子は平均で12万の塩基対をもつ）とヒトの脳の情報貯蔵容量（能力）を比べてみると、よくわかる。脳は、神経細胞間に数百兆もの連絡をもつ。したがってかりに控えめながら、ひとつのシナプス接続の情報貯蔵容量が3つの塩基対と同等だと仮定すると、脳のシナプス接続は、10億の3塩基対の数十万倍に相当し、それぞれの遺伝子は10億以上のシナプスをプログラムする必要があることになる。

1章で紹介した鎌状赤血球の頻度分布は、遺伝的進化と文化的進化とがどのように相互作用しうるかを示す例である。結局のところ、奴隷貿易も、マラリアのコントロールも、文化現象であり、両方が鎌状赤血球遺伝子の広まりの変化に影響している。さらに、その社会が採用している農業形態がマラリア感染のリスクとマラリアが課す淘汰に影響を与える。たとえば、水田での稲作は、マラリアを媒介するカの繁殖の場を提供するので、そうした地域には鎌状赤血球遺伝子が高頻度で見られることになる。もしある文化が家畜を飼わずに生活したなら、あるいはカの好む血を与える動物を排除したなら、それもまた鎌状赤血球の頻度に影響することになる。したがって、ほかの文化的進化——たとえば家に網戸をとりつけること、カを調節する方法を知るためにその習性をよく知ること、マラリア原虫に対して化学的予防策を講じることなど——も、同じような影響をおよぼすはずである。これらすべてが、人間のマラリアにかかるリスクを決定する要因であり、世代を重ねるにつれて、彼らが所有する鎌状ヘモグロビン遺伝子とそうでないヘモグロビン遺伝子の割合の決定に寄与する。

ヒトのもっとも顕著な特徴の多く——血球の形よりももっと明白で、生物として生存に欠かせないもの——は、間違いなく、自然淘汰によって私たちの遺伝子にプログラムされており、通常の状況下の正常な個人においては環境によって変えられることはそうない。生き物が主要な表現型の特性（たとえば頭、脚、眼、触角、葉、花）を生み出すことができなければ、ほとんどどんな環境であろうが、その生き物の繁殖の可能性は低くなる。羽のないチョウ、葉緑素をもたない植物、脳のない人間や血の凝固しない人間を生み出す遺伝子には、強い淘汰圧がかかる。しかし、私たちの性質のもっとも興味深い側面の多く——性的指向性、宗教、言語、攻撃性、知能、ユーモアのセンスなど——が、主として自然淘汰の結果だと考えるだけの根拠はごく限られている。

「進化心理学」と呼ばれる領域そのものは、自然淘汰の長いプロセスを経てきたように見える遺伝子が私たちの日常的行動や性格も決定しているという誤解から出発している。こうした考え方を端的に表わしているのは、『ニューヨーク・タイムズ』に載ったニコラス・ウェイドの次のようなことばである。「ヒトゲノムが完全に翻訳されたら、それが究極のスリラーだということがわかるだろう。それが、ヒトの本性の優美さとおぞましさ、ヒトの心の創造性と残虐性、そしてヒトという存在の光と影を確実に導くものだからである」[7]。

多くの人々がこうした見解を受け入れているのは、別々に育てられた一卵性双生児についての研究が、遺伝子が日常行動における変異の少なくとも50％を決定する――すなわち、遺伝率は少なくとも50％である――ことを「証明した」とされてきたからである。ここで「遺伝子が」ある行動の「50％を決定する」とか、「50％に寄与する」といった表現は、人間行動への遺伝的寄与と環境の寄与を実際に分離できるという誤った印象を与える。しかし、そうではない。

遺伝率の概念が初めて導入されたのは１９３０年代のことで、環境が育種家によって制御可能であるような農業において、選択交配の効果の指標としてであった。この指標は、ある形質において、互いに独立にはたらく遺伝子にのみ帰すことのできる変異の割合であり（全体的効果はそれら個々の効果の総和になる）、現在は「狭義の遺伝率」と呼ばれることがある。遺伝率を測るわかりやすい方法は、1世代の選択実験をして――分布の端（たとえばブタの集団のなかで体重の重いほうの10％）に位置する個体どうしを交配させて――、次の世代のブタをまえの世代と同じ環境で育てて、平均体重がどれぐらい増えるかを見ればよい。増えなければ、遺伝率はゼロである。特別な統計モデルが、これらの統制された環境条件下で、選択交配がどれだけ効果的かを評価するために用いられる。したがって、「遺伝率」という統計量はたんにこの効果の指標にすぎない。

１９６０年代、遺伝率という用語は、行動の個人差（個体差）がおもに遺伝的差異によるのか、それとも環境の差異によるのかに関心を寄せる一部の人間行動研究者によって採用された。しかしここで、遺伝率は、遺伝的決定の程度の指標として解釈された。しかし人間の実験や観察では、被験者の環境を統制することが不可能なため、この新しい遺伝率は環境の影響を含んでいる。それは、遺伝子と環境間の相互作用による変異の形をとる（たとえば、同じ遺伝子であっても、その人がどのような環境にさらされるかによって、遺伝子の作用のしかたが異なる）。この新しい遺伝率の計算法は、遺伝的伝達と環境とが無関係であるという仮定に立っていたが、この仮定そのものが多くの場合間違っている。たとえば、両親のＩＱスコアは、子の生育環境の一部に影響を与えうる両親の特性（たとえば家にある本の数や夕食時の会話の内容）を示しているかもしれない。ＩＱへの遺伝的影響は、存在するとしても、両親の環境から独立してはいないのだ。

この独立性の欠如は、遺伝子と環境の相関と呼ばれる。狭義の遺伝率を推定する農業での実験は、この相関を排除するように計画されている。しかし人間の行動の場合には、そうした実験は不可能である（だれとだれが配偶するかを決め、彼らの間に生まれた子どもを特別な均質な条件下で育てることなど、倫理的にできるわけがない）。したがって、人間行動についてこの「広義の」遺伝率という正確さに欠ける概念を用いた場合に、遺伝子と環境の相互作用と相関の効果がこのなかに含まれることになり、遺伝子によって決定されるものとして解釈される変異の部分が膨らむことになる。

人間の行動特性についての遺伝率の推定値が多くの場合大きいこと、そしてそれが強い遺伝的決定を示すものだという解釈は、一卵性と二卵性の双生児の比較にもとづいている（一卵性双生児は、ひとつの受精卵から発生するので、遺伝的に受け継がれるものは同一であり、これに対して、二卵性双生児は、2つの受精卵から発生するので、遺伝子は平均すると50％が同一である）。多くの仮定が、双生児研究にもとづく広義の遺伝率の推定値を引き上げうる。ひとつは、「等しい環境」――一卵性双生児も二卵性双生児も、さらされる環境の変異は同じである――という明らかに誤った仮定である。

双生児研究にともなう問題のいくつかは、もし調べられる双生児が離れ離れになって、つまり別々の家庭で育てられたならば、克服できると思う人もいるかもしれない。この種の完璧な実験ができるとすれば、離別して育った一卵性双生児どうしの間の違いはすべて環境によるものであって、両者の間に高い類似性が見られれば、それは、両者に共通の遺伝子によるもののはずである。しかし、ことはそう単純ではない。第一に、双生児のペアが離別することはまれで、離別した場合も、その理由がわからないことが多い。第二に、離別した場合にも、それが生後すぐということはまずない。したがって、共有する環境の影響が遺伝的なものと誤って解釈されるかもしれない。第三に、双生児が別々の家庭で育てられる時には、それらの家族は（たとえば親類の家庭といったように）、調べている特性にとって重要であるような側面において似ている。したがって、その環境は、ありうるあらゆる環境からのランダムなサンプルではない。これらの影響のすべては、遺伝的影響として解釈される変異の成分につけ加わり、その結果、別々の家庭で育てられた一卵性双生児の遺伝率の推定値が上方に引き上げられる。これらやほかの考察から言えるのは、集団のメンバーについて知能や性的行動のようなものを推測あるいは予測するために、その集団におけるある特性の遺伝率を用いるというロジックは、医者がこれまで診断したことのない個人の治療のために集団データを用いて薬を処方するようなものだということである。

社会的・経済的地位の異なる双生児での知能についての最近の研究は、その適切な設定を越えて遺伝率を一般化すべきでないことを強く示唆している。たとえば、良好な社会環境で育った個人のＩＱの遺伝率の推定値は、劣悪な社会環境で育った個人よりも有意に高い。これがそうなのは、良好な環境ほどＩＱの分散が大きくなるのを可能にするからである――天才の素質があったとしても、学校のないスラム街でアインシュタインのようになることは難しいだろう。これがどうはたらくかは、標準的な人間集団における身長の遺伝率が、飢餓状況にある人間集団のそれよりも大きい――飢餓状況では、どの人間の成長も阻害されるため、身長の分散が小さくなる――ことを考えてもらうとよい。

行動の特性を決定する上で環境がはたす決定的な役割は、既知の遺伝的異常をもった人々についての研究から明らかになる。第21染色体がひとつ多いトリソミーによって引き起こされるダウン症では、特別な治療を行なわないと、重度の知的障害になる。しかし、これらの人々がどの程度の障害になるかは、成育環境に大きく左右されることがわかっている。したがって、IQのような特性の個人差を遺伝的影響と非遺伝的影響とに分けることはできない。

こうした複雑な特性への遺伝的「寄与」について言うことは、とりわけ不適切である。まえのところで指摘したように、長方形の面積が一方の辺よりも他方の辺の長さによって大きく影響されると言うのが適切でないように、たとえば、Aという特性が環境よりも遺伝の影響を大きく受けると言うのも適切でない。しかし、注意してほしいのは、面積の変化は、一方の辺の長さの変化にも、両方の辺の長さの変化にも帰すことができるということである。この点からトリソミーを考えてみよう。トリソミーの遺伝的異常が個人の能力の長方形における遺伝の「辺」の長さを半分にするとして仮定してみよう。これによって、能力の「面積」は半分になる。ここで環境の辺の長さを倍にすることができれば、本来の能力の面積は取り戻せる。どちらの場合も、どちらの辺が面積（能力）により寄与するかを言うことはできないが、どちらが面積（能力）の変化により寄与するのかを言うことはできる。

以上のことは、遺伝子が行動に影響を与えないということなのではない。ある意味では、遺伝子は、すべての人間の基本的なハードウエアを最小限作ることによって、すべての行動に影響を与える。たとえば、もし、発生・発達の過程で出生前や出生後の環境と相互作用して脳を形成する遺伝子がなければ、私たちの着目する人間行動はまったく起こらないだろう。これに対して、私たちの祖先が狩猟採集民だった間に淘汰によって選ばれた遺伝子が現在の大部分の個人の特性や行為を大きくコントロールしている（一部の行動心理学者はそう主張しているが）ことを示すものは、なにもない。

行動特性の多く——とりわけ重い精神病——については、特定の環境における遺伝子の役割が明らかにされている。一例として、セロトニン輸送体——特定の神経経路上の信号伝達に関与する物質——に関わる単一遺伝子のタイプの違いがどう影響するかについての、心理学者のアヴシャロム・カスピのチームによる研究をあげておこう。この研究から、その遺伝子のタイプの違いは、ストレスフルな環境にさらされた時にのみ違いを生じさせるということがわかった。遺伝子と環境の相互作用を示すよい例である。

いくつかの特殊な例が、遺伝子は行動をコントロールできないということを示してくれる。ひとつは、元祖シャム双生児［訳注　シャム双生児という名称は見世物としての彼らの興行名に由来する］、チャンとエンの例である。彼らは、互いの胸部が結合していて、生涯つながったままだった。彼らの遺伝子は同一だったが、その性格は大きく異なった。たとえば、チャンは短気で、支配的で、エンは従順だった。またチャンは大酒飲みだったが、エンはそうではなかった。同様に興味深いのは、1930年代にある心理学者の監督下で基本的に研究施設で育てられたディオンヌ家の一卵性（遺伝的に同一）の五つ子である。彼女たちが5歳の時に、この心理学者は、彼女たちが互いにいかに異なるかについて自分の驚きを表明する本を著した。彼女たちのその後の人生も、ひじょうに異なる軌跡をたどった。ひとりはてんかんの病気をもっていたが、ほかはそうではなかった。若くして亡くなった者もいれば、長生きした者もいた。結婚した者もいたし、独身を通した者もいた、などなど。

ヒトの一般的な行動の多くが遺伝的に決定されているのではないという証拠は、豊富にある。おそらくもっとも印象的な証拠は、ある文化の子どもが幼少時から別の文化の養父母のもとで育てられるという、数千もの文化間の里子の養育「実験」である。子どもはつねに、養父母の文化の言語と態度を身につけて成長した。同様に印象的なのは、どの人のDNAのなかにもある（と思われている）唯一の「傾向」を、文化が容易に凌駕してしまうということである。この傾向とは、あなたのもっている遺伝子が次の世代にたくさん受け継がれるようにすることと――あなた自身がそうしてもいいし、あなたの近親者（したがってあなたと同じ遺伝子を多くもつ者）がそうするのをあなたが助けることによってでもいいが――である。遺伝的に異なる個人間の繁殖の程度の違いが自然淘汰であり、進化における創造的な力である。もし私たちの祖先が自分たちの遺伝子を次の世代へ効果的に受け渡さなかったら、すなわち彼らの「適応度」が高くなかったなら、私たちはこの世にいないだろう。

しかし、ヒトは、文化によって自分たちの生殖を調節してきた。これは歴史的にもそうであり、古くは古代エジプトの女性がワニの糞を避妊器具（ペッサリー）として用いていた（ひょっとするとすごい効き目があったのかもしれないが）。確かに、一部の進化心理学者は、レイプをおかす人間が自分の繁殖のために――すなわち、適応度を高めるために――女性を襲うようにプログラムされていると考えるのを好むが、それを支持する証拠はない。もしそのようにプログラムされているなら、ほとんどの男性は、その「遺伝的」欲望を文化的に抑えつけているということになるだろう。

遺伝子が大部分の一般的な行動を決定するのではないというおそらくもっとも強力な証拠は、すでに述べた議論のなかで紹介した。それは、私たちが「遺伝子の不足」と呼ぶ問題である。2万5000ほどの私たちの遺伝子が、ヒトゲノムのなかに個々の日常的な行動のすべてをコードしているはずはない。結局のところ、私たちのもつ遺伝子は、ショウジョウバエを作るのに必要な遺伝子数の2倍にも満たず、単純な線虫の基本設計をレイアウトしている遺伝子の数よりもほんの少し多いだけである。たとえヒトの脳が可塑性をもたないように進化し、定型的行動のためにプログラムされていたとしても、私たちの遺伝子では、それをなしとげるだけの情報を保持することはできない。

遺伝子は、「ゲイになれ」といった指示の書き込まれた小さなビーズなのではない。遺伝子の指示は、1章で見たように、さまざまなやり方でコードされうるし、それは、アミノ酸を集めてつなげてタンパク質へと組み立てるためにきわめて複雑なメカニズムを必要とする。これらのタンパク質がお互いに作用し合い、さまざまな物理的・生理的・社会的環境のなかではたらき、そしてほかのタンパク質の生成の調節を助け、それによって結果的に正常に機能するヒトの体――筋肉、血液、皮膚や骨だけでなく、自己を守る驚くほど複雑な免疫システムや、１０００億以上の神経細胞（それらどうしは数百兆ものシナプスを介して連絡し合っている）をもつ脳の基本構造までも――を生み出せるというのは、奇跡としか言いようがない。平均すると、個々の遺伝子はかなりの数の形質に影響を与えなければならない。明らかに、観察されるあらゆる人間行動を生み出せる脳を発生させるだけの十分な数の遺伝子があり、それらの遺伝子はあらゆるスケールでほかの遺伝子と作用し合い、さまざまな環境と相互作用する。

しかし、これは、一部の観察者を困らせ、次のように考えさせた。すなわち、まえのところで指摘したように、ひとつの遺伝子がしばしば多くの機能に影響を与えるのだから、遺伝子が足りないということはないのではないか。実際のところ、このことこそ、遺伝子が少ない理由なのである。つまり、ある行動をコードするように作用する自然淘汰は、ほとんどではないにしても多くのケースにおいて、ほかのものも変化させる（たとえば、四肢の筋線維の収縮を速めさせる淘汰は、舌の動きの速さも変化させる可能性がきわめて高い）。ヒトゲノムでは遺伝子の数が少ないこと、最近発見されているように、ひとつのタンパク質の構造を決めるコードがゲノムの多くの部分にわたって散らばっていること、そしてそれらに加えて、いたるところに見られる相互作用――遺伝子間の相互作用（ある遺伝子がほかの遺伝子の発現を制御すること）、タンパク質内や間の相互作用、そしてタンパク質と環境間の相互作用――などから、ひとつの表現型の特性に作用する自然淘汰はたいていほかの表現型の形質もさまざまに変化させる。自然淘汰は、発生において大幅に「増幅」されたゲノムに作用するが、その増幅は、単一遺伝子によって生成されるタンパク質が多様に使用されることを通して、タンパク質の集められ方を通して、小さなＲＮＡ分子によるいくつもの遺伝子の発現の制御を通して、個々の遺伝子のコピー数の違いを通して、そして後成的現象（遺伝子のはたらきが変化して、表現型の変化を生じさせる）――この変化は細胞が生成される間は持続するが、ＤＮＡ配列自体の変化によるものではない――を通して行なわれる。化学的メカニズムの後者の遺伝は時には、遺伝子のはたらきを調節する環境要因によって引き起こされ、同一の遺伝子型であっても異なる影響をおよぼすことがある。再度強調しよう。自然淘汰はひとつのことだけをすることがなかなかできない。つまり、遺伝子の「無料ランチ」［訳註　代償なしで貰えるもの］のようなものはないのだ。

このように単一の遺伝的変化がいくつもの結果を引き起こす可能性があることは、なぜ、チンパンジーと現在のように行動するヒトの間の違いが生じる上で、自然淘汰が少数の遺伝子以上のものに作用したことを証明するのがこれまで難しかったかという理由である。それはまた、大部分の集団遺伝学者が理論的パラダイムとして進化心理学を却下する大きな理由でもある。進化心理学の予測は、淘汰が生物のひとつの属性だけに作用するには、遺伝子間の、そして遺伝子と環境間の相互作用があまりに複雑であることを考えに入れていない。かりに私たちが大部分は独立してはたらく遺伝子を数兆もっていたとしたら、淘汰が、私たちをレイプするように、正直になるように、嘘をついている相手を即座に見抜けるように、計算がよくできるように、あるいは共和党に投票するようにプログラムすることも可能かもしれない（淘汰が強く作用し、相当数の世代を経れば、という条件付きだが）。しかし何度も言うように、私たちは2万5000足らずの遺伝子しかもっていない。この数こそ、なぜ、ごく少数の遺伝子に作用する自然淘汰で、ヒトとチンパンジーを分ける重要な違いを作り出すのに必要な遺伝子－環境の相互作用を生み出すのに十分だったのかという理由かもしれない。ほんのいくつかの遺伝子が変わるだけでも、遺伝子がそう多くあるわけではないゲノムのかなりの部分が変化することになるだけでなく、ほかの多くの遺伝子の産物との相互作用も変化することになるからである。

「生まれと育ち」のどちらが行動をコントロールするのかについておそらくもっとも興味深いことは、同一のゲノムをもった個体どうしがしばしばまったく異なるように行動することではなく、ひじょうによく似た環境で育っても、しばしばまったく異なるように行動することである。これは、マウスを用いた実験ではっきり示されている。遺伝的に均一な系統のマウスを、異なる実験室でできるだけ同じにした実験環境で育てても、異なるように行動する[8]。ヒトもしばしば、微妙な環境の差異に同じような感受性を示す。先ほど紹介したディオンヌ家の五つ子のことを思い出していただきたい。確かに、遺伝子の半数を共有し、ほぼ似た環境と同じ両親を共有するきょうだいどうしが、彼らの属する集団のなかの血縁関係にない人々よりも違って見えることはよくある。ジョニー家のふたご、ジョニーとサミーが「あんなにも違っているなんてね」と言うことのほうが、「あんなにも似ているなんてね」と言う場合よりもはるかに多いように思える。

もし遺伝子が私たちの行動を「決定」しないのなら、どうして、私たちの（あるいはマウスの）環境の明白な側面も、行動を決定しないのだろう？　確信をもっては言えないが、しかし推測してみることはできる。ひとつは、研究者が、彼らにとっては微妙だが、行動する生き物――アルコール好きにさせる遺伝子をもったマウスであれ、サミーとうまくやろうとするジョニーであれ――にとって重要であるような環境の変数を、まだ特定していないという可能性である。

もうひとつは、出生前の影響が、その人をまったく異なる行動上の軌道におくことがあるという点である。多くの人は、受精という出来事があって、それから９ヵ月経てば、赤ちゃんがぽんと出てくると考えがちである。しかしもちろん、この９ヵ月の間には、信じがたいほど複雑な一連の出来事が起こっている。細胞間、組織間、そして器官間の相互作用があり、各種のホルモンの周期的な分泌があり、快や不快な刺激に対する反応があり、子宮壁を通して聞こえる母親やほかの人々の声があり、場合によっては、同じ子宮内でほかの胎児と相互作用することもある。出生前の環境がどのような劇的効果をもちうるのかは、すでに多くの研究によって示されている。たとえば、第二次世界大戦のオランダ飢饉では、妊娠中に栄養状態の極度に悪かった母親から生まれた女の子は、成長すると、栄養状態のよかった母親から生まれた女の子よりも、肥満になりやすく、「悪玉」コレステロールのレベルも高かった。きょうだい間に見られる個人差の起源の多くも、このように出生前にある可能性がある。心理学者は、母親（あるいは養育者）が赤ちゃんをどのようにあつかうかがその後のその子の行動に劇的な影響をおよぼすことを示してきたし、双生児は、互いに違った生き方をしようとすることで互いの違いを強めようとするかもしれない。

以上のように、ヒトゲノムについてよく知るようになると、「行動の遺伝子」（文化的特性の遺伝子ということに等しい）という考えは値引きして聞くべきものだということがわかる。通常の行動のような複雑な形質の場合、その形質の違いに大きく影響するひとつの（あるいはいくつかの）特別な遺伝子が見つかるケースはほとんどない。いま明らかになりつつあるのは、遺伝子が形質に影響をおよぼし、それがとくに行動にあてはまる時、それらの遺伝子は、環境によって強く仲介される形で影響をおよぼすのだということである。一生のどの局面でも、まわりの環境は、個人の遺伝子のその時点とそれ以降のはたらき方を変えることがある。環境に対するこうした反応性は、ヒトの行動と文化的進化にとりわけあてはまる。というのは、ヒトの脳には驚くべき可塑性があるからである。この脳の可塑性こそが、文化的進化の中心であり、私たちが文化的に繁栄し支配的動物になったことの源なのである。次の章では、行動の可塑性についての重要ないくつかの問題と、文化的進化のありうるメカニズムについて考えてみることにしよう。

5章　文化的進化
――お互いをどのように関係づけるか

ヴェイスはちょっとためらってから、次のように言った。

「ごめんよ、クリスタ。だけど、きみと友だちがしていることがなにもかも変えてしまうんだ。」

「どうしてそんなこと言えるの？　私にわかっているのは、なにもしないでいたら、私が変わってしまうということなの。」

彼は反論しかけたが、そうしたところでどうにもならないことがわかった。彼女は決意を変えそうになかった。彼にわかったのは、危険が大きければ大きいほど、彼女はそこから逃げそうにないということだった。


アラン・ファースト『海外特派員』2007[1]

右に引用したのは、ある秀逸な小説のなかの会話の一部である。一方の登場人物がもう一方の登場人物の頭のなかで起こっていることについて考えているという点で、「心の理論」を示すよい例と言えるかもしれない。私たちみながそうしているように、この小説も、お互いを考える存在だと思うこと、すなわち、すべての人間は心の理論をもっている――自己の感覚をもち、ほかの人が考え、目標、信念、意図をもっているということがわかり、それらの多くが自分のとは違うということもわかっている――ことを前提にしている。この能力は、ゲームでずるをしたと言って相手を責める子どもから、一族がみなこうであってほしいと遺言を残す家長にいたるまで、人間の社会行動のほとんどすべての重要な側面の背後にある。それは、たんにほかの人々とうまくやることから、子育てをする、道徳心をもつ、侮辱されたのがわかる、敵国の支配者の意図を見抜く、あるいは株を買うことにまで関係している。

すべての人々は、これに関係する重要な心の特性ももっている。それは想像力であり、これこそが文化的進化の原動力である。たとえば、想像力がなければ、そして相手があなたの心を意識できる心をもっていて、あなたと恋に落ちることができるとあなたが思うことがなければ、恋に落ちるのは難しい。考古学者のスティーヴン・マイズンは、想像力を3つのタイプに分類している。ひとつめは、おそらく私たちの祖先とチンパンジーの祖先とが分かれる以前からある想像力で、たんに、なにかの選択にあたって未来の行為の結果を思い描く能力である。ゴミ捨て場を漁っているネズミでさえ、さまざまな行為――この匂いのほうに行くべきか、ネコや競合する相手にどう対処すべきか――の結果を、なんらかの形で思い浮かべなければならない。

第二のタイプの想像力は、自然の法則がもはやあてはまらない空想の世界――たとえば空飛ぶドラゴンや全知全能の神々の世界――を思い描けるというもので、おそらくヒトだけのものだ。そして第三のタイプは「想像力の飛躍」であり、世界について私たちが知覚するものと、それについての新たな考えとを結びつける。マイズンは、一例として、19世紀の地質学者、チャールズ・ライエルの例をあげている。ライエルは、岩、谷、浸食作用といった日々の観察にもとづいて、時間的にはるか遠くの世界を想像し、本質的に新たな時間の次元を導入した。ライエルの想像力の飛躍は、ダーウィンの飛躍を可能にした。ダーウィンは、もし時間についてライエルが正しければ、これだけ多様な生命を生み出したのは自然淘汰というメカニズムなのに違いないと想像した。

想像力と「心の理論」のはたらきは、文化的進化のプロセスの中心にあるだけでなく、恋に落ちることから国家を組織することにいたるまで、ヒトのほとんどの複雑な営みに関わっている。狩猟採集の集団から近代国家にいたるまで、社会組織は、組織する側とされる側の双方が、相手側がなにを考え意図しているかを意識することがなければ、ほとんど変わりようがない。そしてほとんどすべての大きな社会的・技術的変化は、想像力の産物である。この章では、ヒトの想像力が時間とともにどのようにして展開してきたのかをとりあげる。それをするには、歴史のなかのさまざまな時点での文化的進化の変化の軌跡の例をとりあげ、変化のメカニズムがどういうものだったのかを論じるのがよい。たとえば、ある種の攻撃行動は、はるかな過去の時代までさかのぼるものだが、戦争は、ほとんどすべての人間社会のひとつの特徴になっている。これは、私たちの焦点をヒトの社会組織に向けさせる。ヒトの社会組織は、明らかにすべての類人猿に共通する社会的相互作用にその起源があるが、その目標指向性と（計画立案、話し合い、協力、強制を通しての）柔軟性の点でほかの類人猿をはるかに凌駕している。それは、どのように私たちの祖先が資源を活用し、種として支配的存在になることができたのかと直接関係する。

戦争の起源

ヒトは高度に発達した「心の理論」をもち、柔軟な社会組織をもち、そして高度な技術的進歩をもったがゆえに、その攻撃行動は、ほかの動物の攻撃行動とはまったく異なる形態をとることがある。たとえば、消極的攻撃（約束をしておいてわざと守らない、嫌いな上司に「仕返し」のためにいい加減な仕事をするなど）はヒトに限られる。それには、かなりの想像力を必要とする。地域集団を越えた攻撃行動を組織し、特別な訓練によって兵士を養成することができるのも、また名も知らない遠方の人々を攻撃する（「テロリスト」がいると疑われる場所を爆撃する）ことができるのも、想像力があってのことである。しかし、直接的で積極的な攻撃──同じ種のほかの個体を脅したり、暴力をふるったりすること（ヒトなら、相手の顔をなぐるといったこと）は、ホモ・サピエンスだけのものではない。集団内の暴力は、類人猿、とりわけチンパンジーの社会ではよく見られる。これは通常、優位をめぐる（したがって間接的にはメスをめぐる）オスどうしの争いであったり、あるいは子殺しであったりする。それは、連携の形──たとえば1頭のオスを殺すために2頭のオスがチームを組む──をとることもある。

チンパンジーの暴力は、集団内に起こるだけでなく、集団間でも起こる。タンザニアのゴンベ・ストリームは、ジェイン・グドールが野生チンパンジーを研究した場所として有名だが、ここで起こった事件はこれを例証している。１９７０年代の初め、ここのチンパンジー集団は、北（カサケラ）と南（カハマ）の集団に分裂した。カサケラの集団には、6頭の壮年のオスと2頭の高齢のオスがいた。一方、カハマの集団にはオスが7頭いたが、そのうち4頭が壮年、1頭が壮年を過ぎたオスで、1頭が高齢、1頭が思春期だった。チンパンジーには集団のなわばりがあり、なわばりをめぐって激しい争いを展開する。ほかのチンパンジー集団がよくするように、カサケラとカハマの集団も自分たちのなわばりを見回っていた。すなわち、オスたち（発情期にあるメスが加わることもある）からなる小グループが、なわばりの周辺地帯を、音をたてずに目的をもって移動していた。１９７１年、分裂した初期の段階では、カハマのオスがカサケラのオスに出会うと、時にカハマのオスが誇示行動をしかけることがあったが、ふつうはそれ以上に発展することはなかった。１９７４年、両グループが出会った時に、攻撃は激しいものになり始めていた。カサケラの集団のオスの連携は、南の地域へと何度も侵略し、カマハの集団のメンバーに対して長く猛烈な攻撃を行なった。１９７７年、カサケラのオスたちはカマハの集団を消滅させた。健康な壮年のオスはみな、殺されるか、姿を消すかした（おそらく死んだのだろう）。

この場合に、殺意についてはなにが言えるだろうか？　グドールは、攻撃する側の残忍な行動からして、彼らが相手を殺すことを意図していたと考えている。「もし彼らがライフルをもち、その使い方を教わっていたなら、それを使って殺していたでしょう」。しかし、こうした攻撃行動が野生のチンパンジーの集団で実際にどの程度広く見られるのかは、明らかではない。チンパンジーの文化は地域ごとに違うかもしれず、ゴンベ・ストリームのチンパンジーは、最近になって、しかもかなり狭い面積の生息地で暮らすようになった。１９６０年、グドールがゴンベでその先駆的な研究を始めた時、森林は、タンガニーカ湖岸から60マイルほど途切れることなく続いていた。その10年後、私たちがそこを訪れた時、森林は湖岸から約2マイル離れた稜線まで延びているだけで、稜線の向こう側の森林だったところは、農作のために切り開かれていた。こうした環境の大きな変化が過密状態と資源不足をもたらしたことは、想像に難くない。この変化は、ゴンベの集団間の抗争を生む一因であった可能性がある。

カサケラとカハマの争いは、必ずしも人間の戦争と同等なわけではない。地域の抗争や自警団による攻撃は、私たちヒトという種の歴史のそこかしこにあるのは確かだが、戦争として通常理解されているものは、怒りの発端がひとりの個人や一部の人間だったかとは関係なく、その攻撃の鉾先が、それらの個人やその親族にではなく、その社会全体（あるいはその社会のなかの成人男性のような特定の階層）に向けられ、指導者の認める集団間の組織化された暴力を含んでいる。ヒトの暴力は、そのもっとも単純なレベルでは死による処罰であり、これは、狩猟採集集団では直接的な1対1の個人間の懲罰の形態をとることもあるし、現代社会の儀式化された処刑の形態をとることもある。抗争でも戦争でも、一種の社会的代理性は明白である。つまり、ある個人を意図的に傷つける報復が、罪を犯したとされる者から集団や国家のほかのメンバーへと一般化されている。

歴史上の人間社会ではなんらかの暴力がほぼ必ず見られることから、ヒトには、攻撃的になるだけの、そして根本的に戦争を生じさせるような、生得的「動因」あるいは「戦いの本能」があるという考えが出されてきた。この考えは部分的には、集団内には頻繁に暴力が見られることと、人間社会には集団間の暴力や戦争がほぼ必ず見られることに由来する。部分的には、戦争が生得的なものだという考えは、ゴンベのチンパンジーだけでなく、ほかの社会的動物も集団内暴力を示すという観察によっている。たとえば、タンザニアのンゴロンゴロ自然保護区に生息するメス主導のブチハイエナの家族は、自分たちの明確ななわばりと自分たちが獲った獲物を防御する。これは、しばしば家族間の熾烈な暴力による争いに発展し、重傷を負ったり、時には殺されたり、場合によっては裂かれて食べられることもある。しかし、ペッカリー〔訳註　南米にいる偶蹄目〕、イルカ、ゾウといった多くの社会的哺乳類は集団内暴力を示さないので、動物界全般において集団内暴力はある程度自然のものだという主張には、無理がある。

私たちにもっとも近縁の類人猿は、私たちが暴力の「本性」をもっている可能性について教えてくれるモデルとして使えるだろうか？　霊長類に見られる暴力のパターンは実にさまざまだ。集団内暴力は、たとえば、チンパンジーに比べるとボノボではかなりまれにしか見られない。ボノボの集団どうしは時折合流することもあり、メスによって集団間での毛づくろいや交尾が始められ、オスがそれに逆らうこともない。興味深いのは、ボノボが、見かけはチンパンジーに似ているが、チンパンジーよりもほっそりしており、チンパンジーと共通の祖先から250万年ほど前に分かれたということである。ボノボのオスは争うことをせず、一般的にメスに対しても支配的ではない。ボノボの集団内・集団間の緊張も通常は、性器のこすり合わせやセックスといった非暴力的で、快をもたらす方法によって緩められる。ボノボでは子殺しは報告されていないが、一方、チンパンジーでは子殺しが起こる。

残念ながら、ボノボの行動については、チンパンジーほどよくわかっているわけではない。研究が進むにつれて、彼らの性質について暗い面が現われてくることも考えられる。ボノボとチンパンジーの間の違いのひとつの要素は、ボノボの環境には栄養価の高い植物――チンパンジーの環境とは違って、毒のタンニンをそれほど含まない植物――が豊富にあることである。したがって、チンパンジーは、ボノボに比べると、食料を得るのがより困難な状況にあり、少ない食料をめぐってお互いに争うのかもしれない。これに対して、ボノボは、ゴリラと生息分布が重なっていないため、食料をめぐって争うことがない。ボノボの環境の変化がより多くの集団間暴力を引き起こしてしまうのかどうかは、彼らが絶滅のおそれのきわめて高い種であるため、わかることはないかもしれないし、必要な研究が行なわれることもないかもしれない。しかし、ほかの霊長類での研究は、環境によって攻撃行動が変化することを示している。ロバート・サポルスキーは、ヒヒの集団では、攻撃の程度が、ヒヒの文化の地域差の影響をはっきり受けるということを示している。たとえば観光客用の山荘のごみを漁って争いを繰り広げていた攻撃的なオスたちが伝染病でみなやられてしまったあとでは、そのヒヒの集団の残りのメンバーははるかに穏やかになった。同様に、攻撃的なオスのいる集団から移ってきたオスは、新たな集団の平和的な文化を踏襲した。

集団内暴力は、チンパンジーでもヒトでも、特定の環境条件によって引き起こされる文化的に進化した特性であって、その環境条件が続くかぎり、世代から世代へと受け継がれていくのだろうか？　思い出してほしいのは、カサケラとカハマのチンパンジーが暮らしていた生息地は、ごく最近になって極度に狭くなってしまったことである。ほかの地域のチンパンジー集団についての最近の研究では、平和的かどうかには地域差があることが示されている。西アフリカのチンパンジーは、東アフリカのチンパンジーよりも集団間暴力が少ない傾向がある。これは、彼らがボノボに似た社会構造をもっているからなのかもしれない。ある研究者によれば、この社会構造には、ボノボと同じく、これらのチンパンジーがゴリラと隣り合って暮らしてはおらず、したがって彼らとは競合しないということが関係しているのかもしれない。

チンパンジーと同様、ヒトでの集団間暴力は、たとえば、なわばり争いや部族間の争い、あるいは女性をめぐる男性どうしの争いのように、資源をめぐる紛争であることが多い。一部の研究者は、このような暴力が基本的に首長制社会や国家のような高度に組織化された社会に特有の病だと考えているが、人類学者のローレンス・キーリイは、この考えをほぼ根底から覆している。（キーリイの言うように）確かに、先史時代のヒトの遺物を仔細に調べてみると、陥没骨折を示すたくさんの頭蓋骨、食べるための肉をそぎ落とされた人骨、矢じりの刺さった椎骨、そして要塞の跡（これは、その時代の狩猟採集民や初期の農民は時には平和を愛したが、そうでないことも多かったということを示している）が見つかる。最近の研究は、水と土地をめぐる流血の争いが先史時代の北アメリカ、とりわけ南西部で何度も繰り返され、そうした争いが起きる背景には資源不足と人口の圧力があったことを示しており、これはまた、戦争が国家以前の集団でも一般的であったという主張を支持している。

もうひとりの人類学者、レイモンド・ケリーは（おもに霊長類学者のリチャード・ランガムの研究に依拠して）、ヒトの歴史において集団間暴力は文化的進化のいくつかの異なる段階を経たと推測している。第一に、ヒトが遠くから殺傷できる武器を発明する以前に、カサケラのチンパンジーで見られたのに似た男性の連携による殺人があった。隣接する集団のおとなの男性が死ねば、なわばりの点で有利になり、これによってより多くの食料を得ることができ、そしておそらく女性を得る機会も増えることになっただろう。

おそらく100万年ほど前のホモ・エレクトゥスの間で、狩猟のパーティが、待ち伏せして投げることのできる槍を持ち始めると、狩猟のパーティどうしの攻撃のコストが大きくなり、なわばりを広げ続けるという機会は減った。ケリーの仮説は、大きな獲物（たとえばマンモス）を狩る際に集団内で協力し合うという利点がいまや利用できるようになり、この利点は、敵対する可能性のある相手側の防衛能力を考慮することと組み合わされることによって、狩猟採集民間の相対的な平和と友好をもたらすことになるというものである。そしてこの協力の精神は、1万年ほど前に農業革命が専門的な軍隊の発展を可能にした時に、戦争を頻繁に生み出した。武器をもった兵士の集団は、一部の人間しか武器をもたず、しかも彼らしかそれを使いこなせないような村を襲うことができた。ここで、攻撃は、自分たちのなわばりの境界付近で見つけた個々の「敵」に対する攻撃から、集団全体を敵とみなしての攻撃へと変貌をとげた。こうした考え方は興味深いものではあるが、いまの時点では仮説の域を出ない。多くの検証が望まれるが、実際問題として、これらの仮説を検証するのはきわめて難しいだろう。

先史時代にも戦争は広く見られたに違いないが、132の文化についての人類学者のグレゴリー・リーヴィットの研究が示唆するところでは[2]、社会が階層に分かれるようになる――職業的兵士の組織が維持され、より複雑な技術が発展する――ほど、戦争をすることが多くなる。ただ、ほんとうはその逆で、頻発する戦争が階層化と技術革新を促した可能性もある。いずれにせよ、血なまぐさい戦争は、大きな都市を築くはるか以前から一般的だったようである。

祖先の好戦的な行動についてのこれらの推測が正しいかどうかはともかく、私たちの見るところでは、霊長類の争いについての最近の研究は、控えめに言っても、人類が暴力行動や戦争をするように遺伝的にプログラムされているという考えをきわめてありそうもないものにしている。攻撃的になる能力が実質的にどの人間にもあるように見える一方で、平和的になる能力もどの人間にもあるように見える。そしてすべての個人（あるいは社会）が攻撃的であるわけでもない。たとえば、バーバラ・エーレンライヒは次のように指摘する。「歴史を通して、個々の人間は、戦争に参加しないようにするために、自殺するということまでしてきた。……祖国を去ったり、長く刑務所に入ったり、脚や腕を折ったり、足や人差し指を銃で吹き飛ばしたり、重病や狂気を装ったり、富裕なら金を払って代わりを頼んだりした」[3]。

図５・１　1917 年 11 月、戦場となったパッセンダールのぬかるみのなかで、タバコの火を分け合う、負傷したカナダ兵とドイツ兵。第一次世界大戦では、互いの間に「自分も生き延び、相手も生き延びさせる」といった合意ができてくると、どちらの側の指揮官も、兵士たちを戦わせるのがかなり困難になった。戦い続けさせるには、指揮官が断固として強制しなければならなかった。写真は Library and Archives Canada 提供。

加えて、大量の資料は、西洋社会では少なくともこの数百年間、戦争において多くの人間に殺人をさせるのは驚くほど困難だということを示している。アメリカ南北戦争、第一次世界大戦と第二次世界大戦では、厖大な数の歩兵――おそらくは、戦闘に加わった半分を超える数の歩兵――は、引き金を引かず、あるいは狙いをはずして引き金を引いた[4]。１９１６年、ソンムでの不運な攻撃でイギリス軍が壊滅した時には、機関銃をもったドイツ兵は、気ままに敵を殺すのではなく、銃を撃つのを止めて、生き残った軽傷のイギリス兵が自分たちの塹壕まで退却するのを許した。ヴェトナム戦争では、アメリカ兵が武器を使う割合を大いに高めるために、人を殺すための特別な訓練をする必要があった。

ここにはパラドックスがある――戦争は正気の人々から見ればまったく望ましからざることなのに、なくならずに続いている。いずれにしても、人間が暴力的であるように遺伝的にプログラムされているのか、「基本的には」平和を好むのかを議論しても、始まらない。この場合、文化的進化はあまりに複雑である。

農耕開始以降の文化

言語の進化と多様化、そして5万年ほど前の大いなる飛躍のあと、文化的進化におけるもっとも重要な出来事は、農業革命によってもたらされた急速な変化であった。この変化によって、厖大な量の非遺伝的情報が蓄積され、ホモ・サピエンスの社会組織も様変わりすることになった。約1万2000年から7000年前に、近東、ニューギニア、中国、中央アメリカ、南アメリカ、北アメリカ東部などの地域で、それまで狩猟採集を行なっていた集団が定住して農業を始めた。おそらくもっとも初期の農耕は、1万1400年前の先史時代、近東のエリコ近くの村で栽培されていたイチジクである。農耕の始まりの理由として考えられるのは、人口が増加したため、集団が狩猟採集だけで食べてゆくのが急速に難しくなったという可能性である。

理由はともかく、ほとんど同時に、いくつもの人間集団が、森や林や草叢のなかで神や精霊が与えてくれるものだけを収穫することに頼るのを止めて、自然に手を加えて、自分たちの望むように食糧の多くを確保し始めた。それまで収穫し続けてきた野生の穀物を、野営地の近くで栽培し始め、動物を家畜化して飼育し始めた。農業の拡大と集約化のプロセスは、今日も進行中である。そして農業は最終的に、相当な数の人々を食糧を得る仕事から解放し、ほかの仕事（たとえば兵士）に専門化することを可能にすることによって、厖大な量の非遺伝的情報が蓄えられ共有される社会——この本を書くことを可能にしている社会である——を生み出した。

およそ1万年前に始まった農業革命は、人間集団間の暴力が新しい段階に入った以上のことを示している。農業革命は、人類を文化的進化のまったく新たな領域へと向かわせた。それは、だれもが自分の社会についての非遺伝的情報のほとんどすべてを持つといった、長きにわたったヒトの状況を永遠になくしてしまった。ヒトは、植物の栽培のしかたを覚える以前には、ほとんどの場合獲物を追って、あるいは実をつけている木々やほかの食べられる植物のある場所を求めて移動しなければならなかった。植物の栽培以前は、携帯できないほど大きな道具を作ったり使ったりすることはできなかったが、以後はそれが可能になった。もっと重要なことは、最初の農耕は、集団が必要とする以上の食糧の生産を可能にし、専門（兵士だけでなく、大工、商人、僧侶、教師など）と階層（農民、役人、王）への道を開いたことであった。前述のように、最初、農業は地理的に世界の各地で開始されたが、いまも、農業への移行をしていない社会がわずかながらある（たとえばイヌイットの社会）。

この150年の間に、遺伝的進化についてのさまざまな知見から首尾一貫した姿を描き出す上で大きな進展が見られたのに対し、人類がもっている非遺伝的情報の変化——文化的進化

――についての理解はほとんど進んでいない。いくつかの重要な最初のステップがあったにもかかわらず、遺伝的進化の理論と同じような強力な説明力をもった文化的進化のプロセスの全体像は、いまだその姿を現わしていない。たとえば、ダーウィンの自然淘汰にあたるような創造的な文化的進化全体を支配する力は、提案されていない。文化についての統一理論を作ることが可能なのかどうかは、いまのところわからない。

　文化的進化の分析にあたっては、遺伝的プロセスと文化的プロセスの間の相互作用――たとえば、カの個体数に影響する農業の営みを変えると、どのような影響が鎌状赤血球の形質やそれに関係したマラリアの防御の遺伝的淘汰におよぶか――におもに焦点があてられてきた。しかし、この焦点は時に誤った見方を与える。現在の一般市民、政策決定者、そして科学者にとって関心のあるヒトという種の行動のほとんどは、文化的進化の産物であり、この進化は、ヒトの遺伝的変化と相互作用し合うだけの時間はないほど急速に起こる。ショウジョウバエは、10世代（2～3ヵ月）でDDTに対する耐性をもつように遺伝的進化をとげることができる。これに対して、ヒトの場合の10世代は200～300年になる。しかし、とても考えられないことではあるが、ヒトの遺伝的進化がショウジョウバエのそれに対抗するには、DDTにさらされたことで95％の人間が死ぬか不妊にならなければならない。実際上は、ヒトにおける大多数の重要な遺伝的進化は数千年を必要とする。ホモ・サピエンスが支配的存在になったこと、そしてヒトという種が地上のあらゆる生物に大きな影響をおよぼしうることは、いまやほとんどの場合、ヒトの遺伝的進化に比べ、ヒトの文化的進化をより重要なものにしている。環境悪化、人口過剰、自然資源をめぐる熾烈な争い、気候変動、そして数千の核兵器の脅威の世界にあって、重要なのは、ヒトの文化的進化のプロセスそのものの理解である。文明の将来の進路に影響をおよぼすよう民主的にかつ人道的にガイドされた努力を導こうとするなら、どのように文化的変化が個人の行為と相互作用し合うかについての理解が必要になる。

　ヒトの文化は、ホモ・サピエンスにいたる系統が現在のチンパンジーやボノボにいたる道から分岐して以降、６００万～７００万年間にわたって進化してきた。この進化が加速するのは、私たちの祖先の脳が増大して、しだいに道具の製作や火の制御ができるようになり、文法を備えた言語を使えるようになった時である。私たちの祖先は、その99％の時間を、おそらく25人から30人が共同で生活する小さな狩猟採集集団として暮らし、社会集団がもっと大きくなった時でも、その集団内で個人どうしがみな顔見知りであることが可能な90人から２２０人――平均すると１５０人――程度の規模であった。この数は、人類学者ロビン・ダンバーが、知覚と思考を担当する大脳新皮質の大きさと霊長類の社会をまとめる要因との間の関係にもとづいてヒトについて推定した値で、いささか議論の余地のある値である。しかし興味深いことに、現代の巨大な社会においても、個人的に親しい知人の数は、150人というこの不思議な数に落ち着く。

この集団規模なら、狩猟採集社会のなかのどの個人もお互いを知っていて、そのほとんどは血縁関係にあった（例外としては、たとえば、部族間の交換によって、あるいは襲撃によってほかから連れて来られた女性の場合があったかもしれない）。被嚢動物（「ホヤ」の近縁種）、トラフサンショウウオ、ジリスといった私たちとは似ていない動物も血縁認知をしていることが確認されているが、その多くは化学的手がかりを用いている。チンパンジーは、自分の血縁者を視覚的に特定するだけでなく、父親と子を（知らない個体の場合でも）写真を見るだけで見分ける能力をもっている。ヒトでは、匂いも手がかりになるが、第一には視覚で血縁関係を判断しているように見える。

血縁認知がどのように行なわれているにせよ、血縁集団で生活することは、遺伝的血縁淘汰が作用する――同一の遺伝子を多くもっているために自分に似ている血縁者を優遇する――可能性を高める。たとえば、血縁淘汰は、ある種の利他行動の進化を説明する。血縁集団のほかのメンバーを助けることによって、自分の遺伝子のコピーの一部（血縁関係の近さに応じて同一である遺伝子の割合は異なるが）が次の世代に受け継がれる程度を高めることができる。これは、包括適応度として知られるもの――1個体が次の世代に受け渡す遺伝子だけでなく、血縁者の繁殖を高めるのを助けることによって次の世代へと受け渡される遺伝子も含んだ適応度――の一例である。しかし、近縁者集団での生活も、社会的学習（試行錯誤によらずに、ほかの人間の行為を観察することによって学習すること）を通して、そして周到な助言と直接的な励ましを通して、文化的伝達の機会を最大にする。このように、血縁集団は、遺伝的進化においても、文化的進化においても、重要な単位とみなすことができる。農業革命は人類がさらに大きな集団を形成する道を開いたが、他方で、これらの大きな集団は、家族、氏族、階級といった細分化された下位集団をそのまま残している。

家族の定義と構造

では、ヒトの家族とは厳密にはどのようなもので、家族の構成には普遍的な（もしくはほぼ普遍的な）原理があるのだろうか？　家族の辞書的定義は、親とその実子あるいは養子――母と父と子ども、すなわち核家族――である。この定義は、同じ世帯に住む親族（2階にいる祖母）や、ほかのところに住む親族（マイアミにいる叔父のレオ）といったようにさまざまに広げることが可能だし、場合によっては、親族として特定されるすべての者とその配偶者（家族の集いの案内状送付者リストになるが――拡大家族と呼ばれることがある）へと広げることもできる。定義のこうした拡張は、人間社会には大きな多様性があることの反映だが、ただし、ほぼどの社会でも、生産においても、出産や育児においても、あかの他人とよりも、遺伝的、あるいは婚姻による親類縁者と互いによく協力し合うのがふつうである。

しかし、この原理に従わない、人間行動の柔軟性を示す顕著な例がある。それは、親族関係と社会構造が詳しく研究されている、中国南部の少数民族、ネイである。ネイの文化には、夫も父親もいない。この社会の大多数は、母系集団（女性を通して出自をたどる）で生活し、それが繁殖の単位である。しかし、繁殖は、ほとんどの場合、男性の複数の女性への密かな「通い」のシステムによって行なわれる。その表立った目的はセックスの愉しみにあるが、男性のほうも、女性に妊娠するのを許すことでその母系集団へ贈り物をしたとみなされる。子どもが生まれるためにはセックスが必要だという認識はあるが、男性の遺伝的寄与があるという認識はない。子どもは、父親と結びつけられず、多くの場合、父親がだれかということもわからない（これは驚くべきことではない。というのは、女性には、数十人の愛人がいることもあるからだ）。女の子は母親と、男の子は母方のおじと結びつけられている。各母系集団内ではインセストの強いタブーがあり、それを破った者は処罰される（死刑のこともある）。

何世紀にもわたって、中国において支配的であった漢文化の圧力は、ネイのシステムを変えようとしてきたが、変えることができたのは、ほんのわずかに限られていた。1956年、共産党政府は、中国全土において家族の基本構成として一夫一妻の婚姻の制度化を試みた。「共産主義的道徳観」の強制という当局の強い思惑のもとには、漢民族のシステム（一夫一妻制）がもっとも進んだ段階だという婚姻形態の進化理論があった。中国共産党の指導者の確信は、同性愛者どうしの結婚を認めず不倫（婚外交渉）を断罪する、米国の宗教的原理主義者の確信とよく似ていた。

太古の時代の狩猟採集のバンドでは、おそらく集団と拡大家族の間にほとんど区別はなかっただろう。だれもが親類だった。もし現在も残る狩猟採集社会を手がかりにして考えると、子どもはしばしば、近親者のだれか、あるいは集団全体によって協力して育てられ、感情的親密さは、両親からだけでなく、集団内のほかのメンバーからも提供されただろう。さらに、おそらくは、家族の食糧を得るのを助けることによって、子どもの生存に重要な役割をはたしたのは、近親者、なかでも祖母であった。（これこそが閉経の進化の理由なのかもしれない。高齢になって子を産んで育てるよりも、祖母として自分の娘を助けたほうが、自分と同じ遺伝子をより多く受け渡すことができたからだ。）おそらく、より重要なのは、集団内のだれもがお互いがわかり、お互いのことを知っているほどに緊密だったということである。

もっとも単純な「分節化していない」狩猟採集社会にあって

は、いくつもの家族が一緒に生活し協力し合うという以上の構造はなかった。しかし、複数の家族を人類学者がクラン――実際の（あるいは架空の）祖先を共有する集団――と呼ぶ血縁集団へと分割することによって、多くのバンドが分節化されるようになった。クランの核となるメンバーは、通常は父親、息子、兄弟であり（クランからクランへと移動するのは通常は女性である）、部族集団における親族関係のカテゴリーは、実際の遺伝的関係ときわめてよく対応している。親族関係――実際のものにせよ、想像上のものにせよ――は、今日のどの社会においても依然として重要である。そのことは、ルワンダのフツ族とツチ族（それぞれが共通の祖先をもつとされるクランだが、もともとは植民したベルギー人たちが分けたものだった）の間や、イラクのシーア派とスンニー派の親族集団間で起こった大量虐殺のような最近の出来事に示されている。

　農業の発展によって生じた余剰分の生産物は、職業のさらなる細分化（専門化）を可能にし、さまざまな形態の家族構造――そのそれぞれは、家族が行なわなければならない仕事に応じてある程度パターン化されていた――の進化ももたらした。家族の構成を環境のなにが生み出しているのかを見つける試みは、人類学におけるひとつのお家芸になっている。たとえば、なぜ、ある社会では妻が夫の家に入り、別の社会では夫が妻の家に入るのだろう？　なぜ、父系で出自をたどる社会もあれば、母系で出自をたどる社会もあるのだろうか？

　これまで仮定されてきたのは、母系制（女性を介して出自をたどる）が、狩猟採集から農耕への変化とともに発展したということである。女性は、狩猟採集のバンドにおいてはおもに採集の役目を担っていたが、土地に密着して作物や家畜の世話をするようになり、女性が移動しないほうが、家族はより多くの生産物を得ることができたのだろう。こうして、女性が結婚しても自分の生まれた土地に留まることが利点をもつようになった。

家族から国家へ

　なぜ、定住して作物を栽培するようになったあと、初期の農耕民のなかには、争いの少なく、ゆったりとした自給自足の農耕生活に満足しなかった者たちがいたのだろうか？　たとえば、どのようにして、ナイルの谷で自足自給をしていた農耕民たちが、５０００年ほど前から変わり始め、ピラミッドを作るほどの国家へと変貌を遂げたのだろうか？　どのようにして、紀元１２００年頃に、チンギス・ハンがウマに乗った遊牧民の集団をひとつにまとめ上げて国家を作り、さらには世界史上まれに見る大帝国を築き上げるまでになったのだろう？　大部分の研究者は、人口増加、環境の悪化、あるいは（指導者や隣人たちによる支配といった）社会的圧力の増大のどれかが、もしくはこれら３つすべてが、多くの地域において、初期の自給自足の農耕民の生活を急速に不安定なものにしたのだと考えている。その傾向は、ほかの集団がそれらの農耕民を襲撃し始めて、余剰物や女性を略奪したり、彼らをその土地から追い出したりするようになって、とくに強まっただろう。定住生活――これによって、女性は移動の際に子どもたちを連れてゆく必要性から解放され、また収穫した穀物を粥状にして離乳食にすることができるようになった――のせいで出生率があがったが、これによる人口増加は、環境を人間と農地で「満たす」ことになった。このことが意味したのは、森のなかで農耕を営む場合、土地の生産力がもとに戻るまで農耕地を頻繁に休閑地にしなければならないということだった。それはまた、農地に適した土地をめぐる争いも意味した。栄養分の枯渇、作物の病気、病害虫の問題、またそうした環境の変化の組み合わせが、収穫量を減らし、土地の必要性を増大させた。食物を道具や花嫁と交換しようとする隣人たちの圧力が、食物の需要を増大させたのかもしれないし、あるいは侵略によって防衛のための団結が必要になったのかもしれない。いずれの場合も、その問題を解決するには、新たに食糧生産を倍増させる必要が生じ、初期に農業を営んでいた多くの集団は、その難題に答えることができた。

農耕民の家族どうしの連帯から国家にいたる文化的進化の道程についての議論には、いくつか共通のテーマがある。人類学者のアレン・ジョンソンとティモシー・アールの定義を用いると、国家とは、複数の地域全体を包含し、異なる民族集団からなる、多様な経済活動に従事する数十万（あるいは数百万）の人々を擁する社会のことをいう。国家と呼べるものは、紀元前4000年前から3000年前に、最初にメソポタミアとエジプトで発展したが、帝国と呼べる最初のもの（ほかのいくつかの国家を征服して支配し、隷属させた国家）は、現在のイラクにあたるアッシリア帝国（紀元前744-612）であった。国家は、親族関係によらないプロの支配階級による中央集権的な政治組織をもち（世襲の君主がいることもあるが）、この政治組織がほぼ独占的に権力を行使する。

国家や帝国は、人類が、もっぱら親族とだけ接触する小さな社会集団で暮らしていた状態を脱して、ポスト農業革命の急速な動きの極致を示している。ヒトの小集団としての経験はいまや、ほとんどすべての人間にとっては過去のものである。100人ほどのバンドに代わって、いまや接触が数千の人々にもなる場合もあり、直接の家族を超えた接触もあるし、逆に近縁の者との接触がめったにないこともある。現代の国家はまた、下層階級を支配して利益を得る明確な上層階級によっても特徴づけられる。親族関係が組織化の原理たるにはあまりに大きくなってしまった社会においては、本当の親族に疑似親族（遺伝的には関係はないが、あたかも親族であるかのようにあつかわれ論じられる人々）を置き換えようとする特徴がある。この拡張された親族関係の傾向は、最初は、親族集団の共通の出自についての伝承（伝説）に反映されていた。それはいまも、国家のことを「祖国（ファザー・ランド）」や「母国（マザー・ランド）」と呼び、指導者のことを「リトル・ファザーズ」、「アンクル・ジョー」スターリン、「アンクル・サム」、「偉大な父〔訳註　金正日のこと〕」と呼んだりすることに表われている。擬似的親族関係を示すことばは、どの国にも豊富にあり、社会的あるいは宗教的集団において親族ではない人々を結束させるために使われる。たとえば、男子大学生クラブの「ブラザー（仲間）」、女子大学生クラブの「シスター」、聖なる「父」〔訳註　ローマ法王のこと〕、「マザー」テレサ、ユダヤの「姉妹会」、そして日本企業からマフィアまであらゆるものを記述するのに用いられる「ファミリー」のように。

国家がどのように発展したかという議論におけるおそらくもっとも興味深いテーマは、**制約**として知られるようになった概念である。この概念は、もとをたどれば、19世紀のイギリスの社会思想家、ハーバート・スペンサーにさかのぼるが、その現代版は、アメリカ自然史博物館の人類学者、ロバート・カルネイロが1970年に著した古典的な論文に負っている。カルネイロの制約についての基本的主張は、次のように単純である。すなわち、国家のシステムが進化するには、それ以前に、将来の支配者から将来の国民が逃げてしまうのを妨げるものがなければならない（辞書では「制約（circumscription）」という語は境界の内側という意味である）。カルネイロの説が出された時、その説は、国家の誕生がある程度「自動的」なものだという、広くもたれていた見方とは大きく異なっていた。この後者の見方では、国家は、社会の進化における一段階であり、たんに農業による余剰の食糧の生産によって可能になり、今度はそれがその社会のなかでの仕事の専門化と分業体制を可能にすると考えられていた。専門化が進むと、今度はそれが農業のさらなる増大を可能にした。たとえば、大規模な灌漑設備の建設と維持は、さらに大きな人口を支えるのを可能にし、その国家（支配者が自分の意のままに行使できる権力と支配力を備えた国家）を維持するために、より大規模な統治機能が必要になった、というように。この見方では、社会が制約されていたかどうかは、関係がなかった。

カルネイロは、3種類の制約——地理的制約、資源の制約、社会的制約——を仮定した。**地理的（環境的）制約**は、海洋、砂漠、山脈といった障壁が農耕民の移住を制約することをいう。典型的な例は、島の社会や、険しい山々に挟まれた谷に住む人々である。ハワイ諸島は面積が限られており、ポリネシア人がかなり昔から——たとえばニュージーランドに到達する以前から——住んでいた。地理的制約の結果、ハワイには、完全に階層化された初期形態の国家——ポリネシアでもっとも複雑な社会組織——が発展した。

資源の制約は、資源や環境の質が地域によってはっきりと異なるために、移住が制限される場合である。たとえば、川床の肥沃な土地で作物を作っている人々は、高台にある貧弱な土地へと広がることができない。資源の制約はハワイでも起こった。

これは、農業用の土地の適性に大きな違いがあったためである。面積ではハワイの30倍もあるニュージーランドへの入植は、ハワイ入植後500年ほどして行なわれたが、この場合も、入植者は資源の制約の問題に直面した。ポリネシア人の入植者は、北島の北部以外に農耕に適した土地を見出せなかった（しかもそこは海産物にも恵まれていた）。ニュージーランドの残りの土地は、彼らがそれまで栽培してきた穀物の大部分を育てるのには寒すぎた。北島には人口が集中し、人口密度の低い南島に比べると、より複雑な社会構造が生み出された。

社会的制約は、その社会が周囲をほかの社会に囲まれていて、拡大できない場合をいう。ニュージーランドの北島の場合には、近隣の敵対する集団が社会的制約を生み出し、資源の豊かな地域に広がるのを妨げていた。古代のパレスティナの場合には、南の海岸平野部にいたペリシテ人によって生じた社会的制約が、ダヴィデによるイスラエル王国の台頭を説明するかもしれない。ペリシテ人は、イスラエル人が自分たちの運命を左右する支配者の重荷から逃れるのを妨げていた。

カルネイロの説に従えば、こういった制約がないところでは、人々は占有されていない土地へと移動してゆくことができる。ある程度は、北アメリカは、自分たちの嫌う政体を避けてヨーロッパを逃げ出した人々によって占められ、アメリカの先住民は社会的制約を適用しようとしたが、それは失敗した。海による制約も、船の構造が改良されて、有効ではなくなった。しかし、ヨーロッパからの移民は、海を越えて国家という組織を――形態は変化したが――持ち込んだ。制約された社会が、利用されていない土地がなくなるところまで成長すると、土地をめぐる諍いが争いに発展し、敗者は多くの場合勝者に従属し、もはやその土地を離れることができなくなる。カルネイロは、これこそが、社会的階層化と政治的進化の原動力であり、社会を、家族中心の共同体組織から部族や首長制社会の段階を経て国家へと変える力であると考えた。興味深いことに、制約は、その力を生み出させる人口増加にも依存する。

これまで見てきたように、国家へと進化するにつれて戦争

図５・２　西洋人が1778年に接触するまで、ハワイの初期の政治体制は、実質的に国家のレベルにまで発展し、カウムアリイ（1778-1824）のような指導者を生み出した。彼は、カウアイとニイハウの人々にとって最後の王になった。1810年、彼の王国はカメハメハ王国の一部になり、彼はカメハメハの家臣になった。© 2008 Herb Kawainui Kane.

も頻繁に起こる傾向がある。それは、それによって少なくなる資源をめぐる争いの結果なのかもしれない。そして激しい戦争は、国家の先駆けだった政治組織と最初は結びついていたように見える。戦争で捕らえられた者は、最初なら花嫁になるか、殺されるか、あるいは場合によっては食べられたりもしたが、そうでなければ最終的には奴隷となり、下層階級の基礎を作った。手柄を立てた戦士や主君に忠義を尽くした者は、褒美として奴隷を与えられ、これによってさらなる階層化の種が播かれた。最終的に、社会は、地位のピラミッドから境界の明確な、ある程度固定化された階層あるいはカーストへと進化した。政治の進化もまた、徴税、徴兵、官僚制度、そして従属させられている人々が反感をもつ国家のほかの特徴を導いた。以上のことが起こるには、下層階級の労働が、彼ら自身の生活に必要な量を超える産物を生産しなければならなかった。少数の上層階級によるこうした余剰物のコントロール——政治経済学者カール・マルクスがとくに注目したことのひとつだったが——は、階級区分（階層化）が生じるのを可能にした。「極度に制約された」惑星（現実的にはだれもそこから逃れることができない）を今日分割している国家が、今後ある種の地球規模の統治体制へと進化するかどうかは、だれにもわからない。

社会規範と文化的進化のメカニズム

戦争形態の変遷、農業の開始、家族構造の多様化、そして国家の発展はどれも、文化的進化の例である。それらはまた、人間集団における行動の典型的パターンやルールである社会規範（ノーム）（ここでは広く因襲や慣習も含む）の変容の例でもある。

社会規範はどのように進化するのだろうか？　この疑問は、文化的進化を理解してヒトの現在の苦境——厖大な人口の重さと前例を見ない技術的能力とが一緒になって課す脅威——を解決するという探求のまさに中心にある。たとえば、この地球の資源を無尽蔵であるかのようにみなし、経済が永遠に成長し続けると仮定したり、あるいはほかの集団の人間を自分の集団の人間ほど重要ではない存在とみなしたりする社会規範は、持続可能なグローバルな社会がいずれ達成されるためには、変わらざるをえない。

社会規範は、文化的「固執」をもたらし、それによって適応的行動を持続させ、社会の有害な変化を遅らせるのに役立つ。狩猟採集社会における獲物の標準的な分配法はその一例であり、狩りの戦利品をめぐる争いを防いでいる。だが反面、固執は、有益な行動の導入と普及を抑えることがある。軍隊で、核兵器を、伝統的な兵器のなかの強力な兵器としてしかみなしていないことは、そういった一例である。社会規範あるいは文化がどのように変化するかという一般法則を発見することは、難しい課題だ。文化的進化を理解しようと最初に試みた科学者たちは、遺伝的進化の分析に使われる集団遺伝学のモデルに相当するものを探し求めた。魅力的で手軽なアナロジーは、文化には遺伝子と似たものがあるということであった。進化学者のリチャード・ドーキンスは、これを「ミーム」と呼んだ。遺伝子が複製可能な遺伝的単位であるように、ミームも、複製可能な文化的単位としてはたらくと仮定されている。ミームは、人から人へと伝えられる、考えや行動、様式などの情報の単位である。一部の科学者は、ミームを遺伝子のように、自然淘汰を受けるものとして、したがって文化的進化のパターンを説明するものとして考えている。しかし、遺伝子とミームの違いからこのアナロジーは不適切であり、「ミーム学（ミメティックス）」が文化的進化の真の理解につながることはなかった。遺伝子は、相対的に安定していて、突然変異がまれにしか起こらず、しかもそれらの変異が起こったとしても、通常は機能しない産物ができるだけである。これに対して、ミームは、きわめて突然変異に富み、多くの場合、伝達されるたびに、かなり変形されて伝えられる。

ヒトの場合、遺伝子は、世代から世代へと生殖によって一方向にのみ（縦方向に）伝えられる。しかし、「ミーム」として仮定されているものは、時間的・空間的にも離れた個人間で、親から子へと世代間で、そして親ではない者から次の世代へと（ななめ方向に）伝えられるだけでなく、世代内でも（横方向にも）、世代間を逆にも（子どもが親や祖父母になにかを教える）伝えられる。マスメディアやインターネットを通せば、ひとりの個人がごく短時間で数百万もの人々に同時に影響を与えることも可能である。加えて、個人は、自分の遺伝的情報の貯蔵のなかにどの遺伝子を含めるかを選択できるわけではないし、貯蔵そのものも恒常不変である。これに対して、人々は、自分が貯蔵している文化的情報になにを加えるかをつねに取捨選択しており、その選択は、その情報がどう提示されるかによっても違って作用する。また、文化的情報は伝達されるだけでなく、（親や教師がよく言うように）吸収されなければならない。さらに、個人が意図的に貯蔵を減らしたり（コンピュータのディスクの記憶を消去するとか、古い本やリプリント版を捨てるとかいった場合）、あるいは、印象の薄い名前や電話番号が記憶から消え去ってしまう時のように、意図せずにそうなることもある。

このような質的差異は、遺伝的進化（「ダーウィン的」進化）とのアナロジーにもとづいた文化的進化の単純なモデルでは、その進化のダイナミックな多くの側面をとらえることができないこと、そして文化的進化という特別な難題をあつかうモデルの枠組みが必要であることを物語っている。しかし、社会規範についてのモデルは、遺伝のアナロジーにもとづいている必要はない。このようなモデルのなかできわめて有益なものが、「囚人のジレンマ」と呼ばれる「ゲーム」にもとづくモデルである。これは、ロバート・アクセルロッドがその古典『協力行動の進化』のなかで述べたものである。ここでは詳細は省くが、このモデルが示しているのは、2人の人間が互いを対戦相手にして自分の利益が最大になるよう「プレイ」する時、直観に反して、それが協力行動の社会規範の進化を導くということである。現在発展しつつあるほかの多くのモデルでは、もっとも基本的な仮定として、社会規範が広がること（あるいは広がらないこと）が伝染病と重要な特性を共有していると仮定されている。とりわけ、伝染病と同様、社会規範は、接触と影響のネットワークを介して感染し、縦方向にも、横方向にも、斜め方向にも広がる。伝染病の流行と衰退と同様、社会規範も、人々の考えや信念が変化するにつれて盛衰する。そして病気への曝露がその病気への罹患を必ずしも意味しないように、考えの伝達も、その考えにもとづく行動の採用や受容を必ずしも意味しない。

明らかに、社会規範の進化の十分な理解には、いくつかの難問がある。もっとも基本的なレベルの難問は、文化的進化ではなにが変化しているのかを正確に定義することである。ポール・エーリックとサイモン・レヴィンは、これを、ドーキンスの先駆的な（残念ながら問題の多い）概念に敬意を表して、「ミームのジレンマ」と呼んでいる。第二の大きな難問は、新たな考えや行動が生み出され広がるメカニズムを発見すること、そして第三の難問は、社会規範を変えるのにもっとも有効な方法の発見である。

これらの難問に取り組むひとつの方法は、社会規範の進化についての仮説を立てて、歴史的データ、モデル、あるいは（場合によっては）実験を用いてテストしてみることである。たとえば、技術的規範の進化は一般に、倫理的規範の進化よりも急速であるように見える。技術の変化は通常は、環境条件に対してただちにテストされる——円形の車輪はつねに六角形の車輪に勝つし、円形の車輪を採用する利点はだれの目にも明らかだ。しかし、「勝ちをおさめる」技術は、淘汰によって維持されるのかもしれない。円形の車輪は長い間使われてきているのに対し、倫理システムが別の倫理システムに対してテストされることはほとんどない。

ポール・エーリックとデボラ・ロジャーズは最近、それより弱いが関係している次のような仮説をテストすることにした。すなわち、技術的規範は、環境によるテストを受けるので、そうしたテストを受けない規範とは異なった速さで進化するという仮説である。彼らはこの問題を、構造的特徴（おそらく環境に対してテストされてきたはずである）と装飾的特徴（テストされてきたとしても、はるかに少なかっただろう）の両方を備えたポリネシアのカヌーで検証した。その結果明らかになったのは、カヌーの装飾的特徴が構造的特徴よりもはるかに速く進化するということだった。災いを回避するのを助けた文化的特徴の維持を優遇する自然淘汰は、構造的特性の分化を遅くしたのに対し、装飾的デザインはそういった淘汰の制約のもとになかった[5]。

これらの結果は、まだ厳密にはテストされていない文化的進化のほかのパターンにもよくあてはまるように見える。ホミニンの進化の歴史の大部分の間、私たちは、「自己」認識や心の理論の能力をもった、小集団で生活する社会的な生き物であった。生物物理的環境の圧力が進化の方向を制約しない時、ヒトの集団は、カヌーの装飾的特性の結果に示されているように、ほかの集団と自分たちを区別する傾向があるように見える。集団を個別化しようとするこのような例は、文化の多くの側面――たとえば宗教における異なる説話や儀礼手順（たとえ同じ神についてのものであっても）――において明確に見られる。宗教集団は、驚くほどの持続性（一例をあげれば、ソヴィエト連邦では、キリスト教が約75年の長きにわたって弾圧を受けたのに、しぶとく生き続けた）と、外部者にとってはほんの小さな違いに見える神話や儀式の違いを重視する下位集団に分裂する傾向とを示す。集団内でも、個人はしばしば自分とほかのメンバーとの差異化を図ろうとする――集団の社会環境（文化）の制約を受けているので、差異の程度はそれほど大きくはないが。こういったパターンは、西洋社会の歴史においては、衣裳、髪型、音楽や芸術の進化のような文化の領域に明瞭に現われているように見える。

文化的進化（そしてどのように私たちの脳がそれを可能にするように進化したか）についての理解は、私たちを引きつけてやまないし、またそれは、ホモ・サピエンスがどのようにして地球を支配するようになることができたのかを理解する上でも不可欠である。これらの領域については満足のゆく総合はまだなされてはいないが、使える材料はすでにあり、脳と文化的進化のいくつかの重要な側面について洞察を与えてくれる。次の章では、文化的進化の中心にあるものに目を向ける。ヒトの脳は、環境をどのように知覚するのだろうか？

6章　知覚、進化、信念

「物理学から得られる知識からわかるように、私たちが感覚情報を得ている世界は私たちの経験する世界とはかなり異なる。」

アーヴィン・ロック、1984［1］

「すべての社会が病に冒されているが、ある社会はほかの社会より病が重い。……ある社会ではほかの社会よりも、人間の健康と幸福を脅かす伝統的な信念と慣習が多く見られる。」

ロバート・B・エジャートン、1992［2］

個々の人間は、変化する環境に反応して文化的に発達する。こう言うと簡単に聞こえるが、実際はかなり複雑である。人ごとに、物理的・生物学的・文化的環境から受け取る情報が違っており、しかもそれらの情報をさまざまなやり方でふるいにかける。これを有名な神経科医、オリヴァー・サックスが紹介している次のような例で考えてみよう。生まれながらに、あるいは生後まもなくから盲目だった人は、おとなになって視覚を得ることができても、通常は喜ばしいことにはならない。実際、彼らは大きな困難を抱え、ふたたび失明して楽になることさえある。これは一見すると奇妙に思えるが、よく考えると、その通りだということがわかる。ひとつには、光景を適切に解釈するには、発達の早期に、脳の視覚皮質をプログラムするための視覚入力が必要だからである。おとなになって初めて網膜から脳への入力があっても、それは明らかに、視覚健常者の視覚経験のような経験をもたらさない。

では、同様に、あなたが突然、可視光と呼ばれる狭い帯域を越える電磁波を感じることができるようになったとしよう。信じられないほどの混乱を招くかもしれないが、赤外線や紫外線も見ることができるといった「視覚」の延長だけではなく、あなたの身体にいまも当たっているラジオやテレビのメッセージといった、気づくことのないすべての電磁波であなたの脳を一杯にする新たな器官が出現したとしよう。突如として、あなたは、あなたの住む地域で電波として受け取ることのできるさまざまな言語のラジオやテレビのチャンネルすべてを直接受け取るようになる。おそらくそれであなたは狂わんばかりになって、どうかこの器官を取り除いてくれと懇願するかもしれない。一方で、もしあなたがこうした入力をもって生まれてきて、それを解釈する術（すべ）や、大部分を無視し少数のものだけに注意を向ける術を徐々に習得してきたなら、環境からそうした入力がなくなってしまうと、まったく物足りなく感じるだろう。

つまり、私たちのゲノムと相互作用して、私たちの行動と文化的進化に影響を与えるのは、環境全体なのではない。私たちは、脳に直接伝えられるか、あるいはホルモンシステムの影響を通して伝えられる環境情報の一部にだけ反応する。ヒトの神経系は、可能な知覚を特別なやり方で取捨選択するよう進化した。その結果、私たちは、「外界に存在する（そこにある）」刺激のうちのほんの一部だけを認識し、それらの影響を受ける。私たちの視知覚は、祖先がとった進化の道筋に沿って――とりわけ潅木のなかを這うようにして進み、昆虫を捕まえていた長い期間にわたって――強力に形成されてきた。この生活様式は、私たちの祖先に、高精度の制御可能な手の動きと触刺激に敏感な手のひらや指と、それに密接に結びついた色覚と両眼立体視をもたらした。私たちは、自分がどこにいるのかを知るために、あるいは世界がどういうものかを形作るために、イヌのように匂いを使うわけでも、多くの種類のコウモリのように反響音を使うわけでも、ある種の魚のように電場の歪みを使うわけでもない（匂いも反響音も電磁波もヒトの環境には豊富に存在するにもかかわらず）。かりに私たちが「視覚的動物」ではなく「嗅覚的動物」で、食品のなかの農薬、飲料水のなかの環境ホルモン、まわりの空気の発がん物質に容易に気づけるとしよう。この場合には、人類が環境内に放出してきた有毒の可能性のある数千種類の化学物質は、現在ヒトの健康に対する知覚された脅威としてリストに挙げられているものの何倍にものぼることになるだろう。あるいは逆に、はじめからそれらの大部分が放出されずに済んだかもしれないが。

明らかに、実際に「そこにある」ものと知覚されるものとの間に1対1の対応関係はない。私たちの知覚は、外的世界とヒトの神経系の進化してきた特性との間の相互作用として生じており、ほかの生き物には感じることのできるもののうち大部分を感じとることができない。もちろん、イヌ、デンキウナギ、コウモリも、私たちの知覚するものの多くを知覚しない。しかし、私たちは、顕微鏡（これによっていまや微生物の世界を見ることができ、その世界の征服を試みることもできる）、望遠鏡、ラジオやテレビ、ＰＥＴスキャン、磁力計、成分分析装置といった、私たちヒトが発明した装置を用いることによって、感覚の限界を部分的に補うことができる。しかし、パターンを探しプランを立てる私たちの大きな脳の進化は、私たちの身体能力と知覚能力の両方を動物のそれらをはるかに超えるまでに拡大し、私たちを支配的動物にし、その地位を保ち続けることを可能にしている（それが続けられればよいのだが）。私たちがどのようにものを知覚しているかを知り、その知覚の限界を知ることは、支配的動物であり続けるためにきわめて重要かもしれない。

簡単な実験をしてみると、進化してきた私たちの脳が、どのように見るものを決定するのを助けているかがよくわかる。頭を左右に振りながらページを見たり、頭を動かさないようにして、眼を左右に動かしてページを見てみよう。なにが書かれているか読めるだろうし、書かれている文字も動いて見えたりはしないだろう。では、一方の眼を閉じ、もう一方の眼の隅を指で軽く押してみよう。文字が動いて見えたはずである。なぜこうした違いが生じるのだろうか？　そのわけは、あなたの脳が、身体の部分の位置と動きを知らせる特別な感覚受容器からの情報を受けとっているからである。脳は、身体が動いていることを知って、その動きを補正し、本のページの心的表象を静止しているものにするようにプログラムされているのだ。あなたが眼を押した時の眼の動きは、首や眼の筋肉によって引き起こされたものではないので、受容器は、その動きを補正するための情報を脳には送らなかったのである。

図6・1　「エイムズの部屋」は、人間の大きさを歪めて見せるように作られている。覗き穴から部屋の内部を見ると、この錯覚が生じる。これが生じるのは、直角成分の豊富な（すなわち四角の）文化のなかで暮らすと、壁や窓を四角だと仮定するからである。写真はSusan Schwartzenberg 提供。© Exploratorium, http://www.exploratorium.edu.

私たちの脳は、見えると期待したものを見るようにもプログラムされている。図6・1は、「エイムズの部屋」のなかに2人の子どもがいる写真である。2人は、同じ空間にいる巨人と小人のように見える。しかし、2人は同じ背の高さであり、この部屋は、この光景を特定の位置から頭を動かさずに片目で見た時にこの大きさの錯覚が生じるように、設計されている（三脚を立ててカメラで撮っても、そのように写る）。私たちは、部屋が変なふうに造られてはおらず、隅は直角で、窓は四角い**は**ずだと期待する。この仮定が、エイムズの部屋を見る人の知覚を形作る。言いかえると、視覚的な感覚刺激（やほかの感覚の刺激）にもとづいて、脳は、現実世界の状態についての仮説を形作る。データから推論される仮説こそが、私たちが知覚と呼ぶもの――たとえば、エイムズの部屋の四隅が直角に作られているという知覚――なのである。

図6・2の盃と顔の絵のような多義図形に対する私たちの反応は、ある種の入力が複数の異なる仮説を導くことがあり、それらの仮説が容易に変わるということを示している。このような図形では、視覚入力――すなわち入ってくるデータ――は同一のままだが、私たちの心が2つの仮説を作り上げ、入力の解釈が変化するたびに、2つの仮説の間で「交替」が起こる。そ

の一方で、異なる入力（入ってくるデータ）や経験にもとづいて、安定したひとつの仮説だけをもつこともできる。たとえば、「A」は、どんなフォントであろうと、イタリック、ローマン、筆記体のいずれで書かれようと、そして大文字でも小文字でも、Aと解釈される。

私たちの脳には、「ゲシュタルト法則」と呼ばれるいくつかの法則にしたがって、入ってくる視覚データを体制化する性質がある。図6・3に示したのはそれらの例である。たとえば、一番上の例では、私たちの脳によって白と黒の円がどのように群化され、列として体制化されて見えるかを示している。これらの法則はおそらく、脳が仮説を生成するための、ある程度遺伝的に決まっている要素である（初期の視覚経験によって機能するようになるとしても）。数億年にわたるヒトやヒト以前の祖先の進化的経験にもとづくこのようなプログラミングがなかったなら、視覚入力を構成する数百万の電気インパルスが集められて、どのようにして世界についての有益な主観的知覚になってゆくのかを想像するのは難しい。

私たちの社会的進化に密接に結びついている特殊な知覚能力は、顔の認知能力である。顔の認知についてはたくさんの研究が行なわれてきたが、そこで明らかになったのは、ものの認知を担当するのとは異なる脳部位がそれを担当しているということである。私たちは、さまざまな顔の違いを知覚するすぐれた能力を生まれながらにもっているので、個々の人間の顔を即座に、しかも自動的に識別し、視覚的な手がかりから彼らの感情

図6・2　盃か2つの顔か？　このような多義図形は異なる仮定を生じさせ、私たちの知覚システムはそれらの仮定の間を行ったり来たりする。

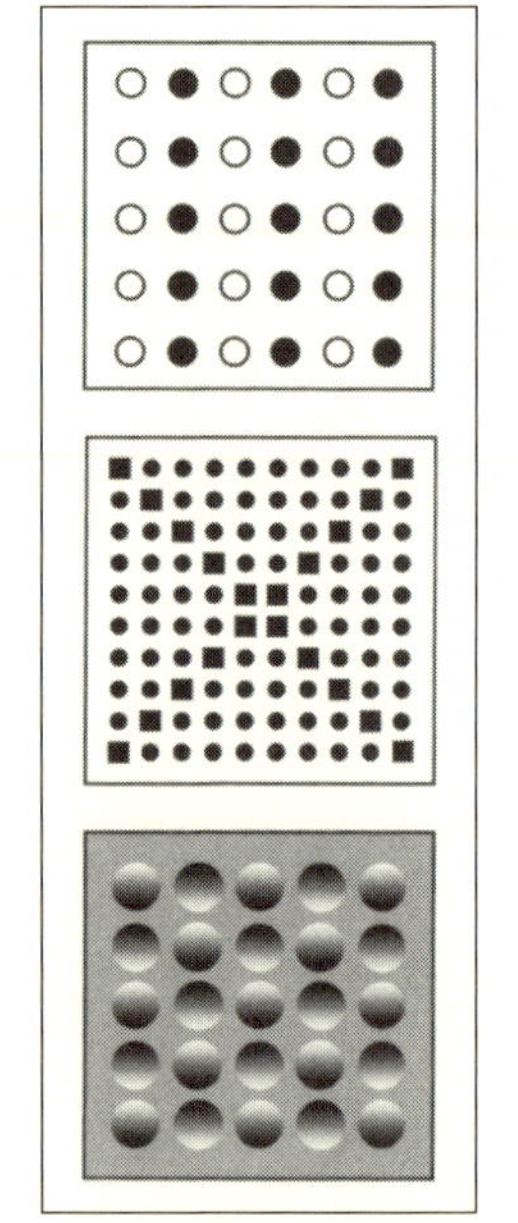

図6・3　私たちは同じ大きさや形の図形を群化して見る。上の図では、横の行の円どうしのほうが近いのに、縦の列を見る。中央の図では、四角と円とが群化する。どちらもゲシュタルト法則の例である。下の図では、私たちは、照明が上からあたっているものとして図形を解釈する。この図を上下逆にして見てみよう。凹凸が逆転して見えるはずである。

を読みとること——高度に社会的なホミニンにとってはきわめて重要なスキルだ——ができる[3]。顔の認知を担当している特別な脳領野についての証拠は、きわめて明確である。その領野を損傷すると、顔がまったくわからなくなる（たとえば知っている人の写真を見ても、だれかがわからない）が、無生物のもの（たとえばコートとかハサミとか）を認識する能力は損なわれない。脳のこれとは別の領域を損傷すると、まったく逆の結果が生じる（顔の認識は損なわれないが、ものの視覚的認識ができなくなる）。

文化による知覚の違い

すべての人間の知覚の特質のいくつかは人類に共通の生物学的進化の遺産から生じるが（ヒトでは、この遺産が、たとえば顔の認知のような能力をほぼ普遍的なものにしている）、文化的環境の違いは、なにが実際に知覚されるかに大きな役割をはたし、それを通じて、文化的進化の進路に影響を与える。あるレベルでは、知覚の文化的変容には学習の要素が入っている。たとえば、科学教育を受けたことのある人は、グラフに描かれた線の意味を即座に「知覚」し、経験を積んだナチュラリストは、鳥やチョウの種類を容易に見分ける。

しかし、もっと一般的でとくに興味深い変容が、文化による知覚の違いを生み出す。たとえば、ある文化では、3次元的光景を2次元上に表現する絵を通常は用いない。これらの文化の人々は、遠近法で描かれた絵を当然のように用いている文化の人々とは異なり、対象の大きさ、重なり（絵のなかで一方の人間がもう一方の人間を部分的に隠していれば、前者のほうが手前にいるように見る）、線遠近法といった手がかりを絵の解釈に用いない。たとえば、そのような文化の人間が図6・4を見ると、バイソンのほうが男性に近いと言う——すなわち、この絵を2次元的に解釈したなら正しいような反応をする——だろう。興味深いことに、3次元の対象の2次元的表現は、人類の歴史においてはかなりあとの時代になって現われた文化的発明である。美術史家の指摘によると、西洋の伝統において建物の透視図法（線遠近法）が現われるのは、15世紀になってからだ。

1960年代に、視知覚における文化差についての興味深い研究が心理学者のマーシャル・シーガル、ドナルド・キャンベルとメルヴィル・ハースコヴィッツによって行なわれた。15の異なる文化の被験者が、西洋文化の人間では錯視が起きる一連の幾何学図形を見せられた。非西洋文化の人々で錯視が起きるかは、それらの文化の建築環境が直線成分からなっている（すなわち、四角い部屋や直角で交わる壁のなかで暮らしている）かどうかと、暮らしているのが視界の開けたところ（平原）か制限されたところ（雨林）かどうかに大きくよっていた。図6・5のミューラー・リヤー錯視では、直角成分の豊富な環境で暮らしている人々は通常、左側の図形の垂直線を右側の図形のそれよりも長く見る。しかし実際には、左側の垂直線も右側の垂直線もまったく同じ長さである。長さが違って見えるのはおそらく、左側の垂直線は部屋の奥まった隅のように解釈され、一方、右側の垂直線は建物のこちらに向かって突き出た角のように解釈されるからである。この例からもわかるように、知覚は、私たちの神経装置がどのように進化してきたかと、環境のなかで乳幼児期からその装置がどのように発達し、はたらいてきたかとが組み合わさったものである。

図６・４　遠近法的な絵に慣れていない文化の人々は、この絵のなかのバイソンが男性に（オオカミより）近くにいて、矢がバイソンを向いていると考える。これは、彼らが、私たちのもっているような、３次元的光景の２次元的表現を解釈するしかたをもっていないからである。

知覚と環境問題

私たちの知覚システムのいくつかの特性は、人類がなぜ環境問題を的確に把握できるようにならないのかについて洞察を与えてくれる。ひとつは、頭の動きの例で示したように、環境という背景が不変だと知覚してしまう傾向である。これに関係するのは、動物に広く見られる馴化の現象である。馴化とは、恒常的な刺激が意識されなくなることをいう（たとえばエアコンの音は、動かし始めた時は聞こえるが、すぐに気がつかなくなる）。馴化はほかの種類の刺激にもあてはまる。たとえば、第二次世界大戦後にスモッグがロサンゼルスの空の特徴になった時、人々の間でも、新聞や雑誌でも、それが大きな論議を呼ん

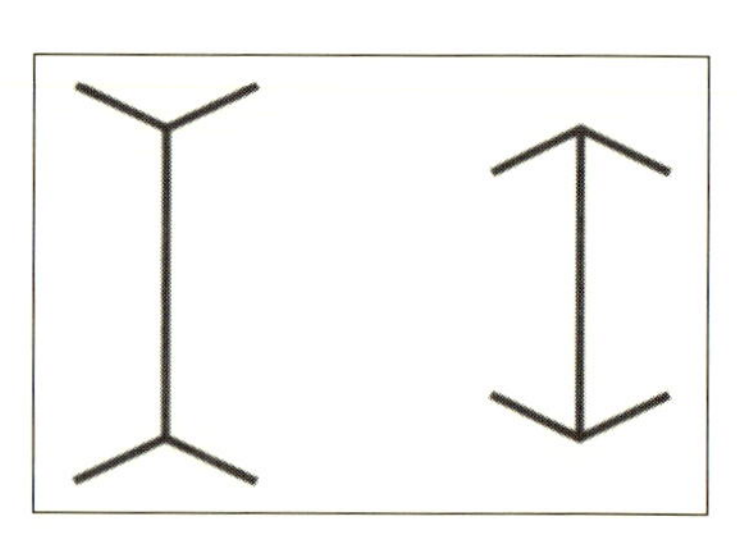

図６・５　直角に交わる角や隅を見慣れている人間には、ミューラー・リヤー図形の左の垂直線のほうが右の垂直線より長く見える。この錯覚では、左の垂直線は部屋の奥まった（より遠い）隅として、右の垂直線は建物の突き出た（より近い）角として解釈されている。すなわち、それぞれの垂直線の長さは見かけの距離に応じて解釈されている。

だ。現在は、市民は通常の大気汚染のレベルならそう気にしておらず（ロサンゼルスでは最悪の状態よりはよくなってきてはいるが）、注意喚起の判断はメディアの天気予報担当者に任されている。核爆弾が最初に使われた時、それに対する恐怖は大きなものだったが、現在、文明を滅亡させるに十分な破壊力をもつ兵器が多くなっているにもかかわらず、それが徐々にであったため、一般市民はほとんど注意を払わなくなってしまっている。私たちの神経系は、環境内のあらゆる刺激が見境なく意識に到達することがないようにするために、一種の「フィルター」と「特徴検出装置」を発達させた。こうして、たえずしている小川のせせらぎはフィルターを通過しないが、真夜中の赤ちゃんの小さな泣き声は、眠っていた母親を目覚めさせる。

馴化によって背景的環境を不変だと感じることは、生態学的変化が起こった時にそれを新たな脅威や好機として感じとるのを容易にする。私たちの祖先は、これが最大の重要性をもつ状況のなかで暮らしていたのであり、私たちも、環境内の突然の変化——隣の車線から車が急に入って来るとか、赤ん坊の泣き声が聞こえて来るとか、彼女から思いがけず大胆な申し出があるとか——にすぐ対処できる。これに対して、私たちの祖先にとって、数年や数十年をかけて起こる背景の変化を検出する能力は、ほとんど、あるいはまったく適応価をもたなかっただろう。しかし、状況は変わった。背景を長期にわたって不変であるように感じることは、遺伝的な進化上の不幸な遺物であるように見える。

私たちの知覚システムは、緩慢な変化を無視するよう進化してきたが、人類がいま直面しているもっとも深刻な脅威は、背景的な環境そのもののゆっくりとした有害な変化である。人口増加、地球温暖化による気候の漸進的変化、生物多様性の喪失、土地の荒廃、環境ホルモンの蓄積など、これらの変化は数十年をかけて起こる。私たちがたとえば地球温暖化を感じとるのが難しいのは、私たちの知覚システムが大気中の温室効果ガスの濃度の上昇を検知できないからだけではない。ガスが目に見えたとしても、その濃度の上昇があまりに緩慢なために、私たちの知覚システムは変化を検出できない。その変化を認識するには、私たちの知覚システムを拡張してその変化を検出できるようデザインされた測定装置が描き出したグラフを解釈する以外にない。これらのグラフは、数十年以上にわたって起こった変化を視覚的に数センチの空間の変化として——私たちの知覚できる変化として——表現する。しかし、ヒトの文化的進化の特筆すべき側面は、このように進化してしまった知覚システムに注目することができるということである。このように、人類は、自分たち自身の文化的進化の進路を慎重かつ前向きに変えようとする時に、それらのシステムの欠点を意識的に補なうことができる。心理学者のロバート・オーンスタインとポール・エーリックは、このプロセスを「意識的進化」と呼んでいる[4]。

知覚と信念システム

世界をどう知覚しているにせよ、人間はだれもが、正しいものとして情緒的に受け入れている考えの体系――世界がどのようにはたらくかについての一連の確信、すなわち信念システム――を築き上げる。私たちはだれもが（多くの動物もかもしれないが）、結果には原因があるというもっとも重要な確信をもっている。確かに、知覚についてのおそらくもっとも興味深い発見は、因果の概念が発達過程のかなり早い時期に心の主要な特徴の遺伝的‐進化的デザインの一部として、脳のなかにプログラムされるようだということである。2歳の子どもでも、因果の結びつきを作ることができる。1個の石が坂を転がっていって、もうひとつの石にぶつかり、今度はこの石が同じ方向に転がり出すのを見たなら、私たちの脳は、原因と結果を自動的に仮定する。

1940年代、心理学者のアルベール・ミショットは、ヒトがどのように因果関係を知覚するかという先駆的な研究を行なった。彼は、静止している赤の四角に向かって黒の四角が動くという映像を被験者に見せた。黒の四角は赤の四角のところまで行って止まり、赤の四角が、それまで黒の四角がとっていた軌道を――それと同じ速さか、あるいはそれよりゆっくりと――動き出す。それを見た人は、2つの四角の間に物理的な関係はない――黒の四角が赤の四角に衝突してそれを「押し出し」たわけではない――とわかっていても、ぶつかって押し出したと知覚することが多かった。ところが、もし黒い四角が赤い四角に接触したあと、赤い四角が黒い四角の軌道に対して直角の方向に動いた場合には、ほとんどの人で、因果の印象が消え去った。もし赤い四角が、黒い四角が動いていたよりも速く動いたなら、動きを誘発したように見えたし、もし2つの四角が一緒に動いて最後は止まるなら、黒い四角が赤の四角を押して一緒に動くように見えた。とは言え、因果が私たちの神経系に「組み込まれている」ことを示すためにこういった実験が必要だったというのは、ビデオゲームで因果（原因とその結果）を当然のように感じられるよう条件づけられた現代の世代からすると、不思議に感じられるかもしれない。

だれもがみなこのミショットの錯覚をするのかについてこれまで疑問もあったが、最近の研究は、因果に関係する概念が、私たちの長い過去の進化の間に獲得されたヒトの脳の能力の一部である――そしておそらく多くの動物（たとえばハト）にも多少はある――可能性がきわめて高いことを示している。たとえばイヌやネコを飼っている人なら、いくつもの状況で、彼らが原因と結果を学習するということを目にしているはずである。チンパンジーは明らかに、岩の台座の上においたアブラヤシの種（たね）を手頃な石で叩けば（原因）、殻が割れて中身を取り出せるということ（結果）を理解している。

私たちの太古の祖先も、原因と結果を——原因が目に見えない時でも——関係づけること（あるいは少なくとも関係づけようとすること）に長い時間を費していたに違いない。なぜ太陽は空を動くのか？　なにが雨を降らせるのか？　なぜ円錐形の山の頂上は火を噴くことがあるのか？　なぜあの人は突如として攻撃的になってしまうのか？　なぜその人は息をしなくなったのか？　私たちの祖先が、その強力な脳によって、「原因」の役割をはたすさまざまな超自然的行為者が登場する信念システムを発明したというのは、不思議ではない。それらの行為者は、岩や木やほかの人間に宿る一定の力を備えた、悪意ある、邪悪な、風変わりな、あるいは優しい霊のこともあるし、得意分野に強い力をもったさまざまな神のこともある。精霊や神々にはそれぞれ異なる力と性質があるとされるが、その一方で、それらの多くは明らかに人間をモデルにしており、人間的な動機が付与されている——たとえば、「母」なる大地の女神、「父」なる族長としての神、嫉妬深い神、寛容な神、復讐に燃えた神、好色な神、処女の神、魚を釣る神、などなど。

大部分とは言わないまでも、多くのホモ・サピエンスにとって、死は謎で、恐ろしいものだった（いまもそうだ）。現象のなかに原因を探したがる生得的傾向に加え、おそらくは、死に対する困惑と不安が初期人類に宗教的概念を生み出すよう作用した。進化の過程でヒトは、思考能力が増すにつれて、観察されるが直接には説明できない結果の原因を——不可思議なことや恐ろしいことによって引き起こされる不安を鎮めるという理由だけからだとしても——考え出すようになったのだろう。

このほかにも、私たちの太古の祖先に原因を探させただろう種類の知覚がある。彼らは、夢、トランス状態、幻覚を体験し、静謐な水面に自分の影や像を見たに違いない。麻薬のメスカリンやサイロシビンなど、神経伝達物質のセロトニンに似た物質を摂取すると、実際には存在していない声が聞こえるといった幻聴や幻覚が体験される。これらの物質は、消化管から血流に乗ってシナプスへと行き着き、下流側のニューロンを興奮させる。こうした物質は自然界ではある種のキノコのなかに存在し、これらの天然の向精神薬を含有したキノコや植物を食べると、確かに、宗教の根底にあるような「超自然的」体験が多くなる。興味深いことに、なぜ幻聴では、ただのランダムな音ではなく、声が聞こえるのかはわかっていない！　神話やある種の伝説が夢のような特質をもつことが多いのは、おそらくはそれらが実際には夢に起源があり、そのようなものとして語られたからなのだろう。

神経科学者たちは、側頭葉てんかんと呼ばれる脳障害が、過度の宗教性、幻聴、神秘的な幻視体験を生じさせるということを示している。私たちの同僚の神経科学者、ロバート・サポルスキーは、シャーマンが、一般の人々に比べると高い割合で、統合失調症に似た行動を示す——統合失調症の患者が呈する思考の混乱や幻覚の軽度のものをもっている——と考えている。そしてごく最近まで、科学者でさえ、ヒトには二重の性質がある——心が、心を生み出す身体とは別個に存在しうる——と考えることが一般的だった。このことは、多くの人々にとって、身体が機能しなくなった後も、心は存在し続けるという考えをありうるものにする。これらの要因はみな、霊的な存在、個人の意識下の独立した部分、すなわち魂——身体を動かすが、それだけでなく身体から脱け出すこともできる——を示唆しうる。身体を動かすこの要素が恒久的に去ってしまうと、身体は生きたものではなくなる。魂の概念の初期の文化的進化をもたらしたのは、死だったのかもしれない。

　そして人間たちがその体を動かす魂というものをもっているのなら、なぜ木や岩や風は魂をもてないのだろうか？　もし自然の存在や超自然的存在にはさまざまな知覚力があるのなら、自分自身、あるいは自分の家族や集団に利益をもたらすために、それらの存在を操作する方法を探すことは意味のあることだろう。自分の属す社会集団のメンバーとうまくやるためにマキャヴェリ的知能を発達させた生き物は、望む結果を得るために、祈り、呪文、儀式、捧げ物、生贄といったさまざまなやり方で、超自然的存在と交渉しようとしただろう。

　残念ながら、宗教の起源、その初期の機能、その初期の発展を示すような直接的な証拠はない。推論と常識に従って、実際はどうであったかを部分的に想像してみることができるだけだ。ネアンデルタール人は死者を埋葬することがあったようだ。1箇所だが、入念に処置された墓が、研究者の手によってイスラエルのケバラ洞窟で発掘されている。おそらくこれが墓への埋葬を行なっていた最初のホミニンであったかもしれない。それほど信頼できるものではないが、南西フランスでも墓所らしきものが3箇所で見つかっている。関節が残っていて骨の保存状態のよいことから考えて、遺体を自然の腐敗や動物から守ろうとしていたことがうかがえる。

　ホモ・サピエンスは、この5万年の間に、遺体を飾ったり、墓のなかに副葬品を入れたりといった、埋葬を特徴づける明確な形跡を残してきたが、そうしたものは、ネアンデルタール人の遺跡には見つかっていない。しかし、ネアンデルタール人もホモ・サピエンスと同じく、死を強く自覚し、集団内の仲間の遺体になにか重要なものが残っていて、それをほかの動物や雨風から守らなければならないと信じていたと考えたほうが無理がないように思われる。ネアンデルタール人は、ある意味であがめるべき、あるいは鎮めるべき魂や霊の概念ももっていたかもしれない（ホモ・サピエンスが、少なくとも大いなる飛躍以降、おそらくはそれ以前から、そうした概念をもっていたのはほぼ確実だ）。おそらく、ホモ・サピエンスの遺体が動物の遺骸（供物？）とともに埋葬され始めたのは、およそ10万年前のことである。ある種の人工物をともなった埋葬は、5万年前以降に見られるようになるが、これは明らかに、この時代の人類に宗教的信仰があったことを示している。というのは、それが、身体が分解してなくなっても、魂はなんらかの形で生き続けるということを示しているからである。

歴史的に知られている狩猟採集文化の信念から見て、そして先史時代の祖先の人口密度が低く、地理的にも分散して生活していたこと——画一化した信念を広め維持するのは難しかっただろう——から考えて、初期のホモ・サピエンスにあっては、超自然的行為者にもとづく宗教的信念システムはとりわけ多様であったに違いない。狩猟採集文化では、魂についての考え方は多様であった。たとえば、人は魂をひとつだけもつとは限らない、夢を見ている時には魂は徘徊したりしなかったりする、魂はさまざまな器官に宿る、などなど。あるイヌイット（エスキモー）の集団は、動物では魂が膀胱に宿るのに対し、人間の魂は、生きている間は体全体を満たし、不滅だと考えていた。狩猟採集民の宗教を特徴づける魂の多様な概念と神聖さについての多様な信念は、古代の国教を経由して、ある程度現代の宗教へと続いている。

宗教が生まれた時にはつねに、初期の様相と多様性をもっていたにしても、それらが今日もっているのと同じ2つの役割をもっていたことが想定される。ひとつは、説明的・操作的役割である。すなわち、世界のなかで神秘的に見える知覚事象の源として力を仮定し、それらの力に影響をおよぼそうと試みることである。もうひとつは、統合的・制御的役割である。すなわち、これらの力をどうにかするために集団を組織し、適切な行動を指示し、そしてこれらの集団内においてある人々の得た、ほかの人々に対する権力を正当化することである。

人々はしばしば、合理的説明の限界を超える感覚入力をとりあげ、それらを、自分たちが正しいと信じるストーリー、自分たちの起源、自分たちの存在や性質についての基本的真実を説明するとされるストーリーのなかに組み入れてきた。私たちが神話と呼ぶこれらのストーリーは、自分たち自身とまわりの環境についての考えを形作るのを助け、自分たちの規範や行動を正当化するのを助ける。それらは、私たちの信念システムの一部になっている。

創世神話やノアの箱舟など、西洋文化の神話の多くは、その原型をエジプトやメソポタミアの神話に見出せる。その美しい一例は、『ギルガメシュ叙事詩』のなかの、人間たちを破滅に導いた洪水の物語である。この神話は、アッシリア王（紀元前６５０頃）の図書館にあった11枚の粘土板に、ほぼ完全な形で記されていた。ギルガメシュ神話では、ノアの洪水を生き延びたのは、主人公であるウトナピシュティム、その妻、そして箱舟に積んだ動物たちである。ギルガメシュの粘土板に書かれている（そして聖書のなかの）洪水の物語は、それまでの２００万年間は淡水湖だった黒海が大洪水によって現在の姿になった時の出来事に由来するのかもしれない。後退する氷河から溶け出た大量の冷水が黒海に流れ込んだため、この湖は大きくなったが、その後大陸が暖かくなるにつれて、海水面が上昇し、一方、黒海の面積は縮小したと考えられている。ある証拠が示すところでは、紀元前6400年頃、地中海の海水が、それより低かった黒海に流れ込んで壊滅的な洪水をもたらした[5]。

人間がなぜ自分たちの姿に似せた神を作り出したのかは、明白である。それほど明白でないのは、なぜこれほど多くの人間が、知覚されたほとんどの結果の原因が明らかになった時でさえ、世界を理解するひとつの方法として宗教に執着するのか、である。答えの一部は、確かに、永遠に不可知な問題（世界は私の外の「そこに」ほんとうにあるのか?）と、その時々の慰めの必要性と関係している。もちろん、これは、宗教的問題についての詳細な知的分析が欠けているからではない――神義論（神が善なら、なぜこの世に悪があるのかの説明）について書かれた厖大な文献のことを考えてみるとよい。なぜ幾百万もの罪なき人々が苦しみを受け、なぜ病人のうちのほんの一部の人々が奇跡的な治療法によって治癒するのかについて、さまざまな説明を与えてきた大勢の神学者のロジックを追うのは、容易なことではない。

ひとつの推測は、神は、慈愛にあふれているのに、自分の創造物の多くを永遠に苦しめもするという相反する性質（神だけでなく、ほかの似たような宗教的概念も、このような反直観的性質をもっている）が、ある種の魅力を備えているということである。科学も、それと本質的には似たような魅力をもちうる。私たちの感覚的知覚が教えてくれるのとは合わないこと――たとえば、空気よりも重い機械が空を飛ぶだとか、硬い岩が実際にはほとんど隙間だらけだとか、時間も空間も絶対的なものではないといったこと――以上に直観に反するものがあるだろうか? 文化的進化のメカニズムを解明しようと思うなら、科学者は、反直観的な物事の役割を検討してみるのがよいだろう。そしてこれが、人々が自分の環境をあつかうやり方に重大な結果をもたらしうる。ひとつだけ例をあげるなら、限られた惑星の上で永遠に増加し続けることが可能だという考えが一部の人々に受け入れられることがあるのは、それが直観に反しているからなのかもしれない。

もうひとつの理論は、少なくともいくつかの宗教、とりわけ正統派の宗教が、構造と、多くの人々を安心させる一連の規則、禁止事項、儀式、そして要求を与えるというものである。宗教は昔から一部の人たちにとっては不合理なものとみなされてきたが、現実には宗教的産物（たとえば儀式や教え）の消費者は、それにお金を払うだけのことがあると感じている。宗教の世界での人々の行動は、ほかの領域での人間の行動と同程度に合理的であるように見える。

おそらく、宗教が続いているもうひとつの理由は、科学では倫理の明確な基礎を提供できないのと、唯我論――自分が唯一知ることのできるのは自分自身だけだという考え――に関係する次のような重要な疑問に（おそらく永遠に）答えることができないからである。すなわち、どのようにして、私たちは、私たちの知覚する他者が――もちろん、まえに述べたように、私たちの知覚する世界も――実在していることがわかるのだろう？　なにが私たちに過去や未来があると考えさせるのだろう？　私が存在しなかったなら、世界はないのだろうか？　宗教を信じている人と同様、科学者も、そしておそらくはだれもが、次のようなこと――すなわち、なにかが「外界のそこに」あって、自然の結果には自然の原因があって、100万年前にはたらいていた物理的原理は現在も同じようにはたらき、未来永劫にわたってもそうだろう――を疑うことなく受け入れることによって、目のくらむような感覚入力の複雑さを単純なものにしている。

興味深いのは、科学者のなかには、自分たち自身の信念システムにどっぷりと浸かっているため、宗教者の証拠を欠いた仮定を嬉々として攻撃するのに、自分たちの仮定は無批判に受け入れる人がいることである。けれども、すぐれた科学者なら、それらの仮定を心に留め、それらを検証する方法を見つけようとするだろう。しかしおそらくこれまでも、自分の信念に関係する日常的な問題を啓蒙主義風に「仮説と検証」アプローチを用いて解決してきた人もつねにいたはずである――ちょうど、現在の科学者、多くの宗教者、そして多くの無神論者がそうしているように。

ほかのさまざまな文化的伝統と同じく、宗教も、社会秩序を維持しようと思う人々にとって支えの役目をはたしていることが多い。プロローグで述べた存在の大いなる連鎖という考え方について考えてみよう。適正な秩序が保たれていた時には、すべては静かであったし、王や父たちは、それによって自分たちの権威が保たれたので、それを好んだ。今日、社会秩序を維持するために宗教を頻繁に利用している例としては、保守派に政治的な利点をもたらすために右翼のシンクタンクが「インテリジェント・デザイン」を考え出したことである。同じような行動は、人類のこれまでの歴史のなかにたどることができるし、いまも「科学主義」――自然科学の方法が人間のすべての問題や難問を解決してくれるという信念――という新しい形の宗教がある。しかしもちろん、ある状況では、宗教は変化の原動力になりうる――たとえば、ラテンアメリカの「解放の神学」の時代に、貧者や虐げられている人たちの解放者としてあがめられたのは、イエス・キリストであった。

どのように人間の社会が機能し、どのように文化が進化するのかを考える時にはつねに、程度の違いはあれ、私たちみなを動機づける神話、信仰と宗教に注意を向ける必要がある。同様に、人類が環境問題を解決しようとするなら、ゆっくりと進行する有害な変化は知覚するのがいかに難しいか、さまざまな信念システムがそれらの知覚にどのように影響を与えるのか、そしてどのように文化が環境の課題に合わせて進化するのかに特別な注意を払う必要がある。視覚を重んずる私たちの知覚システムの主要な結果のひとつは、よく知られている。ヒトの肌の色は、お互いをどう思うかや、お互いをどうあつかうかにおいて重要な役割をはたしている。

人種と文化的進化

生命のおもしろさのひとつは、人間社会はどれをとっても同じものはなく、さまざまな環境と多様な文化的進化が態度、行動、そして時には社会の「病」（この章の冒頭に引いた人類学者のロバート・エジャートンと同じ感じ方をあなたがしていればの話だが）の点で多様な人間集団を生み出してきたことである。実際、環境と文化と遺伝子の影響のおかげで、どの個人も個性的で、その人が属す文化のほかのメンバーから見てプラスの面もマイナスの面ももっている。しかし、分類せずにはいられない心の性質のせいで、私たちは、人々を整理箱に入れたがり、自分たちやほかの人たちを人種、宗教、性的指向性、国籍、政党、経済的地位などによって分類し、そして通常は、それらの集団のメンバーの質について価値判断をしたがる。

この章を終えるにあたって、目に見える表現型の進化的分岐――ヒトが支配的動物であり続ける可能性を低める大きな要因――の代表的な例を見ておこう。なかでも、人種的偏見は、性別による偏見や宗教的偏見と並んで、今日の真に社会的な病である。ここでは最初に、どのように遺伝的進化がこれらの表現型の違いを生み出したのか、そしてどのように文化的進化が、それらの表現型の違いの記述の仕方やとらえ方を変えてきたのかという問題を考えてみよう。その上で、それらをいまどうとらえるかが将来の文化的進化と、人類の苦境――文明の持続可能性を脅かすさまざまな問題――を解決するチャンスとに影響をおよぼしうるということを指摘しよう。

ヒトという種について広まっている神話のひとつは、人類を人種というかなり明瞭な生物学的単位に分けることができるというものである。この神話は部分的には、人間が視覚的動物――肌の色や髪の形のような見てはっきりわかる特性を重視する動物――だということによっている。ホミニンの肌はおそらく、１５０万年以上前には、私たちの祖先のホモ・エルガステルの個体群において目立つものになっていただろう。ホモ・エルガステルは、熱帯のサヴァンナで直立で生活し、おそらく日中に外で活動する時には身体を涼しく保つ必要があった。この状況では毛皮のコートはあまり役に立たないので、この頃には、チンパンジーのような体毛はほとんど失われてしまっていたと考えられる。広く開けた地域を歩き、動脈血の温度を一定に保つ必要のある直立動物として、私たちの祖先は、身体を冷やすための精妙な体温調節システムを進化させた。これらの特性は、大きな脳――オーバーヒートに弱い――を発達させる上で決定的に重要である。肌から体毛がなくなった当初は、肌は、現在のチンパンジーがそうであるように明るい色をしていただろう（ただし、ボノボは濃い色の肌をしている）。

この明るい肌の色は、その持ち主を太陽からの紫外線にさらした。紫外線は、がんを引き起こしたり、冷却に欠かせない汗腺に損傷を与えただろう（紫外線は汗腺の細胞を傷つけたり殺したりする）。がんは、生殖の時期を終えてから人を死に至らしめることがほとんどなので、自然淘汰の作用因としてはそれほど強力なものではなかっただろうが、それに比べて汗腺が失われてしまうことは強力な作用因だっただろう。これに加えてもっと重要だったのは、紫外線が体内での葉酸――精子の生産や正常な胎児の発生（妊婦にこれが欠けると、子どもが二分脊椎症になったり、脊髄が重篤で不治の状態になることがある）にとって必要なビタミンB――の合成を妨げるということである。そのため、自然淘汰によって、肌はメラニン色素を沈着させて黒くなった。5万年前ホモ・サピエンスの集団が最初にアフリカを出た時には、彼らは黒い肌をもっていたに違いない。

しかし、ホモ・サピエンスの一部が、日射量の少ない地域に移動した時、十分な量のビタミンDを合成するために、少ない量の太陽光からあるタイプの紫外線――中波長の紫外線であるUVB――を多量に吸収する必要があった。この重要なビタミンは、腸によるカルシウムの吸収を助け、強い骨を作るのに寄与し、また免疫システムが正常にはたらくのにも不可欠である。おそらく、ビタミンDの必要性が、より明るい色の肌になるような淘汰圧を生じさせた。最近になって北の高緯度地域に移住した濃い色の肌の人々（たとえばスコットランド在住のパキスタン人）では、ビタミンD不足になることが多い。北極圏で暮らすイヌイットの人々は、高緯度の生活から予想されるよりも濃い肌をしているが、彼らがその地域に住むようになったのは、たかだか5000年（250世代）前のことであり、しかも彼らの食べ物――ほとんどは魚と海棲哺乳類――にはビタミンDが豊富に含まれているので、この文化のなかの黒い肌の人間に対する淘汰はごく小さなものだったのだろう。これに対して、熱帯のオーストラリア北部在住の肌の白いヨーロッパ人は、皮膚がんにかかることが多く、葉酸の不足にも悩まされている。実際のところ、オーストラリアでは、皮膚がんの生涯罹患率は50%近くにもなり、この値は米国の数倍である。

一般に、男性に比べ女性は、肌が白い。一部の人類学者はこれを、男性の性的好みの点から説明しているが、それよりもより筋の通った説明は、女性の場合には――とりわけ妊娠や授乳している時期に――カルシウムを摂取する必要度が男性よりも高いということである。産んだ子どもが強い骨をもっていないと、淘汰はその子に優しくはないだろう。

今日、ヒトの肌の色は地域的に多様なだけでなく、私たちの祖先がアフリカを出てさまざまな環境のなかを移動しながら地球全体へと広がってゆくなかで、おそらく、淘汰（そして配偶者選択と交雑の両方）の影響下で多くの方向へと変化してきている。ヨーロッパやアメリカで極端な人種差別を行なっている白人も、もとをたどれば、黒い肌のアフリカの人々の子孫である。クリームを塗って肌を白くしているボストン在住のアフリカ系アメリカ人女性は、意識せずに、自分の子孫がこのボストンの日射の強くない気候にい続けるなら自然淘汰を生き残れるよう期待している（とも言える）が、自分と似たような肌の色の相手と結婚するという視覚重視のヒトの文化的傾向は、自然淘汰の結果を弱めているかもしれない。

肌の色の地理的分布は複雑だが、その分布のパターンは、髪の毛の性質（たとえば、縮れた毛か直毛か）、身長や頭の形（細長いか短く幅広か）の地理的変異とは一致しない。変異のこうした不一致は、なぜ、現在の専門外の人々や昔の科学者が生物学的単位として（あるいは極端な場合は新たな種の始まりとして）思い描く人種が単純にそうではないのかという基本的理由である。ヒトをいくつかの種類に分けようとする時に、ある人がどの「人種」になるかは、最初に基準として選ばれた特性に依存する。もし肌の色で始めたとすると、一組の異なった単位（ただし、部分的に混ざり合っているが）が得られる。毛髪のタイプで分けるなら、それとはまったく異なった「人種」の分類ができるだろう。血液型を調べるなら、それとはまた別の分類法ができる。

肌の色の違いにもとづく「人種」にも、同じような多様さがある。肌の色で分類すると、インドネシアの矮小な人々も、モンゴル帝国の騎手も、ハンクパパ・スー族の戦士も、グリーンランドのイヌイットもそれぞれかなり違うのに、みな同じ人種になってしまう。人類が地理的に大きく違うというのは正しい。しかし、人類が明確に異なる人種に分けられるというのは正しくない。多くの遺伝子の分布についての最新の分析によると、遺伝子頻度は地球上で勾配をなしており、地理的に固定されたやり方で変化しているのではないことが示されている。つまり、任意に決められた（大部分は視覚的特性にもとづいた）「人種」は、これまで長きにわたって、社会的あるいは政治的単位として定義され、そのようにあつかわれてきたが、生物学的にはそうした単位は存在しないのである。

もちろん社会的には、人種は現実の問題であり、人種差別のゆえに、たくさんの神話が作られてきた。生物の進化は、浴びる太陽光の量、体温調節、そして病気への抵抗力（前のところで紹介した鎌状赤血球貧血の遺伝子とマラリアの存在を思い出してほしい）といったものに関係して、人間集団に見てはっきりわかるような差異を生み出してきた。脳は効率を高めるために分類を行なうが、この脳にもとづく文化的進化は、肌の色や言語といった明瞭な属性の点から、個人的には知らないが、見たり聞いたり間接的に知っている厖大な数の人々を分けてきた。

狩猟採集民の社会では、多くても数百人に対してほんの少数の区別（たとえば集団のメンバーかそうでないか）をするだけでよかったが、私たちは、これよりもはるかに複雑な社会のなかにいる。ホモ・サピエンスの地理的拡大と人口の爆発は、物理環境だけでなく、人間の文化が進化する社会環境も大きく変えてきた。今日の集団はもはや、地理的に別々のかたまりに分かれてはいない。数世紀にわたるヒトの大規模な動きは、文化の地理的分化を生み出した淘汰圧の多くを圧倒し、いくつかのケースでは、収斂する文化的進化を生み出してきた。アメリカの先住民であるスー族出身の人が肌の真っ黒な人を見たいと思うなら、なにもアフリカの熱帯に行く必要などないし、アフリカのズールー族出身の人が真っ白な肌の人に会いたければ、なにもノルウェーまで出かけてゆかなくてもよい。現実には、みなが英語でコミュニケーションをとることも可能だし、みながiPodで音楽を聴いたりもしている。交雑、そして社会的文脈では専門的に正の同類交配として知られるもの（人々は似たような肌の色や特性をもつ相手と結婚する傾向がある）は、異なる文化的起源をもつ人々の混じり合いによってさらに複雑な様相を呈している。私たちは、人種差別が、自分が属す小集団を維持しようという——すなわち、多くのほかの人々を（おそらくは彼らを利用するのを正当化するために）外集団として定義するという——試みの一部なのではないかと思う。肌の色はそれをする簡単な方法だし、宗教もそうである。もちろん、性別もそうだし、出自や階層が違うと想像しただけでも、同じ効果がある。

極端な差別の産物は、18世紀の奴隷制度からホロコースト、ソヴィエト連邦における富農の抹殺、ルワンダの大量虐殺、ほとんどの社会にも（とりわけ宗教のさまざまの宗派に）見られる女性の低い地位と虐待にいたるまで、人間行動のあまりによく知られた側面である。感情移入する種であるヒトにおいてこの行動が生じる際に鍵となる要因は、ある人々を、身体的特徴、国籍、民族、宗教、性器、あるいはほかの特性の違いにもとづいて、望ましからざる外集団に属す者たちとして定義することであるように見える（たとえば、黒人とアイルランド人は間抜けだ、ユダヤ人は欲得で動く、女性は数学ができず「ホルモン」のなすがままだ、イスラム教徒はテロリストだ、日本人はよく裏切る、スコットランド人はけちだ、などなど）。

しかし、文化的進化は続いている。米国においては、1930年代と40年代、アフリカ系アメリカ人に対するリンチは日常茶飯事だったし、友人あての絵葉書にそうした出来事のおぞましい写真を貼りつけて送るというのもおかしなことではなかった。女性が就ける職業はほぼ、学校教育、看護や保育に限られていた。軍隊では、差別的な待遇がとられ、第二次世界大戦中には、黒人のアメリカ兵は南部のレストランに入って食事をとることができなかった。戦争捕虜の白人のナチスドイツの兵士はそこで食事をとることができたのに、である。1947年にアフリカ系アメリカ人ジャッキー・ロビンソンが野球のメジャーリーグでプレイすることになった時、世間では、黒人がスポーツで白人と対等に戦えるかどうかが盛んに論じられた。黒人は、基本的にメイドや雑役夫（婦）の役以外では映画に出ることはできなかった。

部分的には、第二次世界大戦という機会によって、黒人が勇敢に戦い、工場でもよく働くということが示されたため、そして部分的にはハリー・トルーマン大統領が軍隊での差別撤廃という勇気ある行動に出たため、米国国内の異民族問題における文化的進化は加速した。この変化は、三等市民としてのあつかいにもはや我慢できなくなった黒人たちによる、差別的待遇への抗議行動と、それとあいまって、裁判所の重要な判決、とりわけ1954年に学校での人種差別廃止を命じた「ブラウン対教育委員会判決」によってさらに加速した。激しい暴力をともなっていたが、アメリカ文化におけるこの進化は、少なくとも一時的には軌道に乗り、社会は変化した。人種差別を根絶するというところまでは行かなかったにしても、1940年代に想像することができた状況よりもはるかに前進した。残念ながら、1990年代後半と2000年代初め以降、米国や一部のヨーロッパの国での中東の服装や見かけをしている人々に対する反応と、米国における多くの学校での事実上の差別の復活は、よい方向に向かっていた流れが時に逆転することがあるということを示している。確かに、同性愛者どうしの結婚を認めるべきかについてのアメリカの政策の最近の焦点は、外集団を区別する文化的傾向が生きていて、いまも健在だということを示している。

以上のすべてが、あるきわめて基本的なエスニックの問題を暗示している。それは、社会——ますます巨大化し、グローバル化し、さまざまな脅威をはらみつつある社会——における将来の文化的進化の多くにとって中心的なものであるのは間違いない。自分のものの見方や倫理的見解をほかの人に押しつけることはどの程度まで許されるのだろうか？　エスニックな背景や肌の色を公的な人事調書や健康記録の項目に入れるべきなのだろうか？　女性（や男性）の性器の割礼は、一部の集団では文化的伝統なのだから、黙って傍観すべきなのだろうか？　ある種のクジラがいま絶滅のおそれがあるのに、宗教上の理由から伝統的にそれらを獲ってきた人々の獲り続けたいという望みを尊重すべきなのだろうか？　これらのジレンマに決まった答えがあるわけではないが、私たちは、それらについての議論と決定には十分な知識をもった市民の参加が不可欠であると思う。ヒトという種の鍵となる特性は、文法を備えた言語の進化のおかげで、未来の世界について集団による意思決定ができるということだ。そしてヒトは、支配的動物として、自分たちのジレンマの環境的側面を熟慮する倫理的責務をもち、それらの側面について知識をもつようになり、決定をし始める、と私たちは信じる。しかし一方で、もし人類がこれら弱まりつつある偏見と習慣のいくつかを結局は克服できず、みなが一緒になって重大な環境問題や社会問題に取り組み始めることができなければ、ヒトの支配の持続と未来の世代の生活の質の見通しは暗いものとなる。

7章　人口の増減

「世界のあらゆるもののなかでもっとも大切なもの、それは人間だ。」

毛沢東

私たちの祖先は東アフリカにいたおそらくわずか数千人のホモ・サピエンスだったが、それがもしこれほど大きく増えたのでなかったなら、彼らがいかに賢かったとしても、この惑星全体を占有し、都市や国家を築き、地上の支配的動物になることはなかっただろう。

ヒトの人口は、この数世紀で桁はずれの増加を示し、環境の悪化――汚染の範囲の拡大、自然資源の消耗、ほかの動植物の生息地の破壊――の主要な原動力となってきた。ほかのどの影響にも増して、ヒトの人口規模は、地球温暖化問題では「居間にいるゾウ」だ。というのは、もし人口が現在の半分だったなら、破滅的な気候変動を回避できる確率は格段に高くなっているだろうし、ヒトによる大気への温室効果ガスの排出もはるかに少なくて済んでいるだろうからである。そして災害の影響を受けやすい海岸部に密集して暮らす人々の数も、いまよりはるかに少なくなっていただろう。これらの問題、そして文明の未来にとってきわめて重要なほかの多くの問題は、ヒトの人口規模と分かちがたく結びついている。

集団遺伝学は、1章で述べたように、時間を通しての遺伝子プール（集団が保有するすべての遺伝情報）の構成の変化をあつかう。一方、個体群動態学（ヒトの場合は人口動態学）は、個体数の変化と、ある集団におけるこの変化を生み出す力の変化をあつかう。ある集団の個体数の動態における基本的な要因は、ヒトでも、サケでも、チョウでも、同じである。集団の規模は、基本的には入出力システムの結果である。入力は出生者と外からの移民者の数、出力は死亡者と外への移民者の数である。この入力と出力の差が、人口の増加や減少（後者はマイナス増加と呼ばれることもある）を生じさせる。

時間の経過につれて人口や個体数がどのように変化するかを理解することは、人間の多くの活動をうまく営むために欠かせない。漁獲量が減らないように魚を獲り続けるために、病害虫の数を調整するために、絶滅のおそれのある種を保護するために、また伝染病の発生と拡大を予測するために、特定の種の集団の個体数の変化を知っておく必要がある。さらに、集団規模の変化は、それらの集団の進化に重大な結果をもたらす。

図７・１　このような群衆の光景は、人口過剰の例として私たちが日頃目にするものだ。しかし、もっとも重要な基準は、人間の数が自分たちの生活を支えるのに必要な基本的資源や生態系サービスとどのように関係しているかである。人口が過密な地域でなくとも、局所的に混雑は生じうる。写真は iStockphoto 提供。

チョウの個体数の動態

人間の集団が国ごとに分かれているように、ほかの生物の集団（個体群）もお互いに地理的に相対的に離れているので、集団の規模の変化に関与する環境要因を見つけるのは（移住に単純に関係する要因に比べれば）容易である。たとえば、私たちのチームがスタンフォード大学のジャスパーリッジ生物保護区で調査していたヒョウモンモドキの３つの個体群は、１００年ほどの間だけ互いに隔離された状態にあった。調査を開始した時、３つの個体群の中間に位置していた個体群は、集団の大きさが小さくなりつつあったが、ほかの２つのうちひとつは大きくなりつつあり、もうひとつの個体群はそれが変動していた。このことが示していたのは、この３つの個体群は、集団サイズがそれぞれ独立に変化していたので、個体群間の接触はほとんどなかったということである。私たちは、何千匹ものヒョウモンモドキを捕獲し標識をつけて放し、個体群間での移動がめったに見られないという結果を得て、このことを確認することができた。とくに郊外の開発と高速道路の建設の結果としてそこに近い個体群が消滅するにつれて、距離的に遠い個体群間の移動はさらにまれになった。

ほぼ半世紀にわたる調査から得られた知見はまた、ヒョウモンモドキとその幼虫が食べる植物の両方が予測のつかない気候の変化に影響されやすいことに私たちの注意を向けさせた。実際、サンフランシスコ湾岸地域の気候の変化は、ジャスパーリッジの変化に富む地形と作用し合って、ヒョウモンモドキと食糧になる植物双方のライフサイクルのタイミングの微妙な関係を変え、何年間か大量の幼虫を餓死させた。丘の斜面が（南向きや北向きといったように）さまざまな方角に向いているところでは、ヒョウモンモドキと植物が同期することを可能にする局所的気象条件を有している丘があるため、そこの個体群は、平坦だったり丘の向きが均一だったりするところの個体群よりも、長くもちこたえた。しかし、孤立した小さな個体群の生物がみなそうであるように、ヒョウモンモドキも絶滅からは逃れられなかった。気候の変化がもとになって、ジャスパーリッジにいた3つの個体群はしだいに数を減らし、１９９７年には絶滅してしまった。

人口動態

ヒトの人口動態は、ヒョウモンモドキのそれと同じ基本原理に従うが、人類は、まわりの環境を変える能力や自らの移動能力を大きく発達させてきた。これらの能力は、ほかの生物集団を激減させたり、消滅させたりできるだけでなく、自分たちの未来をも脅かすまでの地位に、人類を押し上げている。この章では、ヒトのこうした人口動態——過去における人口動態の役割、人口動態と現在のグローバルな問題との密接な関係、そして文明の未来を形作る上での人口動態の重要性——に焦点をあてる。

先史時代には、人口は、狩猟採集をする集団が散在する形で構成されていた。1万年ほど前に農業革命と、それにともなう作物栽培と動物の家畜化が始まるまでに、これらの集団は徐々に拡大し、世界中に広がっていった。この時代、ホモ・サピエンスの人口は地球全体で５００万から１０００万人にすぎなかった。作物を育てるために定住を始めて、人口増加は速まり始めた。これはおそらく健康状態がよくなったからではない。まえのところで指摘したように、よりありそうな第一の理由は、ヒトが穀物やほかの適した食物を加工したものを子どもの離乳食にするようになり、移動する狩猟採集集団とは違って、女性は幼子を連れて歩く必要がなくなったことである。定住生活によって、女性はそう間をあけずに子どもを産むことができるようになり、その結果子どもの数が増えた。集団の死亡率に変化はなかったとしても、出生率の増加が、人口の増加を多少速めることになった。

人口は、増加の一途をたどり、紀元1世紀前後には2億５０００万人から3億５０００万人ほどに達した。この時代以降、人口増加は、少しずつだがさらに加速していった。１６５０年頃には、人口は5億人になった——ほかの時代に比べれば比較的平和な状態が続き、耕作法も改良されたこと（１６５０年代直前に起こった商業革命として知られるヨーロッパの経済的発展とも関係している）が、死亡率の低下に貢献した。１８５０年頃には、その倍の人口の10億人に達した。19世紀半ば、ヨーロッパと北アメリカでは、産業革命で工場や鉱山の労働の現場はきわめて劣悪な環境ではあったものの、全般的には人々の健康状態はよくなった。そのおもな理由は、浄水の確保と下水のシステムが整備されたことによっている。産業革命が進んだ19世紀末と20世紀初頭には、人口は急増したが、それにともなって衛生状態も健康状態もかなり改善され、その結果死亡率も下がった。

1800年代、工業化しつつあった国では、死亡率が下がり始めたあと、出生率もそれに続いて下がり始め、いわゆる「人口転換」が起こった。乳児・小児死亡率の低下と出生率の低下の間には時間的なずれはあるものの、それは、高い出生・死亡率の形態から低い出生・死亡率の形態への移行だった。出生率の変化の原因は完全にわかっているわけではないが、家計の要因が重要であったように思われる。人々がどんどん都市に移り住むようになり、農業において労働に耕作機械がおきかわり、子どもを育てて教育するのにもお金がかかるようになったため、子どもはしだいに経済的に必要ではなくなった。乳児・小児死亡率が低くなったことと子育てのコストが高くなったことは、大家族になろうとする意欲を弱め、地方でも都市部の小規模な家族をまねするようになった。多くの人々（とくに女性）が高校や大学で教育を受けるようになると、結婚する年齢の平均も上がった。女性が労働に勤しむ機会が増えたことで、産んで育てる子どもの数も減った。

ヨーロッパと北アメリカでは、人口増加率の低下を導いた（そしてその後、ほかの地域への移住を別にすれば、多くの場合人口増減のない状態に落ち着いた）この近代化のプロセスが、20世紀半ばにほぼ達成された。しかし、それ以外の地域では、そのプロセスは始まってさえおらず、世界規模の人口増加は加速し続けた。世界の人口は、1930年頃には20億人に、1950年には25億人に、1960年には30億人に達した。

家族計画の動き

20世紀初め、工業化しつつあった国では、人々は産児の数を制限することが多くなり、それにともなって、家族計画の動きが現われ、産児数と出産の時期を夫婦が決める権利を主張した。出産を調節できることによる、家族にとっての経済面と健康面でのメリットは、いまもそうだが、その当時も明確であった。けれども、とりわけ19世紀末と20世紀前半には、出産の制限を主張したなかの一部の人々の動機は、現在の基準からすれば、誉められたものではなかった。彼らは、「よくない」階層や肌の色の人々では子の数が多く、独立したばかりの貧しい国から豊かな国に移住してきた人々も子だくさんであるという印象を強くもっていた。

しかし、家族計画運動の主要な動機は、子を産むのを自分で（とりわけ女性が）調節する権利を獲得することだった。20世紀初め、避妊や妊娠中絶は、そしてそれらについての情報の普及も、世界の大半では非合法であった。数十年にわたって、家族計画の推進者たちは、避妊の受容と合法化をめぐって、そしてその後には妊娠中絶をめぐって戦い、一応勝利はしたものの、戦いはまだ終わっていない。ローマカトリック教会やほかの多くの宗教団体が依然として「人為的な」避妊法を用いることに反対しており、彼らにとって中絶はあってはならないことである。とは言え、イタリア、フランスとスペインといったカトリック教徒が大多数を占める国で出生率がきわめて低いということは、彼らの立場があまり効力をもっていないということを示している。

避妊は現在の大部分の国で認められ、広く行なわれているが、妊娠中絶のほうはいまだ広く受け入れられている（あるいは合法化されている）わけではない。極端な例をあげると、エルサルバドルは最近、どんな状況の妊娠中絶――たとえそれがレイプの結果であっても――も非合法なものとした。中絶の処置を行なった者（医師免許のあるなしにかかわらず）だけでなく、中絶の処置を受けた女性も起訴されるようになった。

出産を抑える権利をめぐる闘いの多くは米国で行なわれてきた。米国では、避妊に関する情報や避妊具や薬の提供を禁ずる最後の州法が、1962年（経口避妊薬の導入開始の2年後）の判決によって廃止された。1960年代後半に始まった望まざる妊娠の場合の中絶を合法化する州ごとの運動は、1973年のロー対ウエイド最高裁判決で結審し、中絶を突如として国が認めることになった。

それ以来、妊娠中絶に反対する保守派は、中絶へのアクセスを妨げる州法を成立させようと試み、ある程度の成果をあげている。それと並行して、宣伝活動やロビー活動を盛んに繰り広げ、中絶を援助する家族計画の施設の前でデモ活動や監視活動を行なってきた。この運動は、いくつかのケースでは、クリニックを爆破し、そこの職員が死傷するところまでいった。中絶に反対するこれらの団体は、望まざる妊娠を中絶する薬、RU-486と、「経口避妊薬」として知られる「プランB」の認可（販売許可）についても反対活動を行なっている。

中絶をめぐる激しい政治的論争は続いているが、ある興味深い社会的変化は、1970年代初めの米国における中絶の合法化に関係しているかもしれない。その変化とは、米国の犯罪率の突然の大きな低下である。この低下は、ロー対ウエイド最高裁判決から17年後の1990年頃に現われた。望まれずに生まれた子どもは成長すると社会的にハンディのあるおとなになることが多いことは、以前から知られていた。何人かの社会科学者は、厖大な量のデータを統計的に分析した結果、妊娠中絶が行なえたかどうかが、その後の犯罪率の低下の重要な要因であったと結論している（相関は必ずしも因果関係を示すものではないことにも注意する必要がある）。

世界全体で見ると、推定で毎年4200万件の中絶が行なわれており、この約半数は、中絶が非合法の国で行なわれている。最近のある研究は、妊娠中絶の割合は、それが合法か非合法に関係なく、どの国も似た割合だとしている。妊娠中絶が合法的にできる国と厳しく規制されている国の間のもっとも大きな違いは、処置が安全な医療環境のもとで行なわれるかどうかであり、中絶が非合法な国ほど処置は安全でないことが多い。毎年何万人もの女性が、危険を冒して行われた中絶の合併症で命を落としている。さらに、高い妊娠中絶率は、効果的な避妊法が利用できないこととも相関している。ある雑誌記事が書いているように、「妊娠中絶を減らす一番の近道とは、確実な避妊法が利用できるようにすることである」[1]。

人口爆発を抑える

第二次世界大戦後、現代の医療技術（とくに抗生剤とマラリヤ蚊向けの殺虫剤）がアジア、アフリカ、ラテンアメリカの非工業地域へと輸出された。その結果、それらの地域では、出生率は依然として高いままだったが、死亡率が大幅に減少した。たとえば、1960年代半ばのメキシコの出生率は千人あたりおよそ45人で、死亡率は人口千人あたり10人ほどであり、年間の人口増加率は3・5％だった。このような高い人口増加率は、1960年代と70年代を通して多くの発展途上国ではふつうであった。

国家間での、そして時間経過にともなう人口増加率の違いはたえずあるものの、世界で見れば、年間の人口増加率は、1960年代に2％を超え、ピークに達した。年2％という値はさほどの増加率のようには感じられないが、人口は、銀行口座の複利のように増える。このような口座では利子に対しても利子がつくのと同様、子どもたちは成長して、自分たちの子どもを産む。これは、年間の増加率が2％なら、人口は35年ごとに2倍になるということを意味する（1年の増加率のほかに、人口が2倍になる例を持ち出すのは、人口の増加の規模がよくわかるからだ）。さらに劇的なのは、もしメキシコの人口増加率が1960年代の水準を保ち続けたなら、たった20年のうちに8200万人になり、2005年には1億6400万に達していただろう。しかし、その時までに出生率も死亡率も半減し、約1500万人が国外へと移住したということもあって、メキシコの人口は、2007年には1億600万人でおさまっている。

1960年代には、急速な人口増加についての懸念は、近代化しつつあった社会に人口増加が生じさせつつあった深刻な問題に向けられ始めた。すなわち、環境の悪化、耕作可能な土地の限界、爆発する人口を養うだけの力についての懸念、そして増加する家族に対して社会的サービスの提供が急速にできなくなりつつあったことである。これらすべてに対して、多くの発展途上国では、家族計画のプログラムが作成された。これは、民間団体によってのことが多かったが、やがて、政府の後ろ盾のもとで、先進国の財政的援助によって行なわれるようになった。1980年代半ばまでには、ほとんどすべての発展途上国が家族計画プログラムをもち、人々の求めに応じて、避妊薬、避妊具や助言を提供するようになった。多くの国では、それらを使うカップルの数は増えたが、どこでもそうというわけではなかった。多くの地域では、子どもが依然として経済的資産であり、家族計画のための機関は、都市部にしかないことが多く、それらが提供する選択肢も数がごく限られていた。したがって、出生率の全体的な減少は、人口の急速な増加が続いていたため、驚くほどのろいように見えた。

１９９０年代、発展途上地域における人口増加を抑えようという努力の焦点は、家族の健康を高め、男子のみならず女子の教育を奨励・支援し、そして女性に対して経済的機会を提供するための援助を含むように広げられた。これらの要因はどれも、家族が小規模になるように影響することがわかった。確かに、女性に対する教育と就業の機会を提供することの重要性は、強調してもしすぎることはない。女性の教育は、出生率の減少に関係することがわかっている唯一もっとも強い要因である。少し考えてみれば、女性を教育することがどのような意味をもつかがわかる。男性は通常、自分たちが受けた教育を生計を立てるために用いるが、女性はとりわけ、教育で得た知識を、自分の家族の健康と幸福を高めるために用いる（さらにこれは、乳幼児の死亡率を低めるのを助ける）。とは言え、発展途上国の多くでは、女子の就学率は、男子のそれよりもはるかに低い状況にある。

女性が家庭の外の社会に参加することは、出生率を下げる要因であると同時に、社会が経済的発展をなしとげる上で欠かせないように思える。それはまた、女性により広い視野と職業をもたらし、その結果女性が「家族の生活の質を高めるのは、もうひとり子どもがいるほうがよいのか、それとも家にお金をかけたほうがよいのか？」といったような選択をするのを可能にする。もつ子どもを少なくするように仕向けるもうひとつの重要な要因は、高齢者の支援を社会が行なうことである。親の世話をすることは、それまでは伝統的に子の責務であり、それゆえたくさんの子をもつことは養老保険をもつようなものであった。

１９９０年代、家族計画運動の努力（女性の地位向上の促進も含まれる）は、すでに出生率のかなり低かった多くの先進工業国も含め、世界の大部分の地域で出生率が大幅に落ちたため、最終的に成果をあげているように見えた。しかし世界規模で見ると、人口増加は止まっているどころか、２００８年には総人口は67億人に達し、依然として年間1・2％の割合で増えている。いずれにしても、毎年８０００万人の増ということになるが、それは4年毎に現在の米国の人口とほぼ同じだけの人数が増えている計算になる。

21世紀になって、ジョージ・W・ブッシュが政権を握った時、１９８０年来の共和党の先代の大統領たちと同じく、発展途上国への家族計画の支援に対する米国政府の大部分の援助を停止し、残りの援助を妊娠中絶に関係するものを妨げることに的をあてた厳しい制限に振り向けた。ＨＩＶ－エイズに立ち向かうプログラムでさえ、予防策として避妊薬や避妊具の使用を妨げられた。１９９０年代を通して、そしてとりわけ２０００年以降、人口に関する活動的なＮＧＯ団体も協力して、発展途上国の人口計画は、女性の教育、健康、経済的自立を強調してきたが、その一方で、避妊の重要性を軽視した。この結果として、出生の調節の勢いが失われたことは、全世界的な人口増加を終わらせる上で大きな後退をもたらしたかもしれない。

とりわけ過去1世紀半の間に、人口は１８５０年の10億から２００８年の67億へと爆発的に増加してきた。この増加は、あとの章で見てゆくように、地球の自然のシステムに重大な影響をおよぼしてきた。ヒトは、この地球の陸地の大部分をすでに占有し、それらを自分たちに役立つように変えてきた。いまも、残った自然を犠牲にしながら、海に対しても陸地と同じことをしつつある。人口増加率は、１９６０年代以降大幅に減速して止まり、いくつかの国ではマイナスに転じたものの、国連の人口局の人口統計学者の推測によれば、21世紀中には地球の人口はあと20億から30億ほど増える。とは言え、増加率が緩まれば、２０５０年には中程度の推定で92億人に達し、その後の数十年間ではもっとゆっくり増加し続けるだろう。未来の出生率と死亡率の両方が予想を上回ることも、逆に下回ることもありえるので、２０５０年の地球の人口は、１００億人かそれ以上になるかもしれないし、80億人かそれ以下になるかもしれない。

これからの数十年に見込まれる人口増加のほとんどは、発展途上国、とりわけアフリカ、ラテンアメリカ、そして一部のアジアの国々で起こると予想される。これら発展途上国の人口は、２０５０年までに平均で50％以上増加し、なかには、現在の2倍や3倍になると予想される国もある。後者の場合には、２０５０年までに人口増加が（なんらかの病気が蔓延するなどのことがないかぎり）止まることはありそうもない。確かに、過去の数十年間にほとんどどの国でも出生率が落ちはしたものの、どこの国でも同じ落ち方や、極端な落ち方をしたわけではない。そしてこれが、多くの社会にとって背負えないほど重い負担になっている。

人口増加の算術

すでに述べたように、人口統計学的研究では、出生率や死亡率は千人あたりの人の数で表わされるが、増加率は通常は人口比で表わされる。たとえば２００７年には、米国の人口は3億人を超えたが、出生率は千人あたり14人、死亡率は８人で、（移民を除く）自然増加は０・６％（千人あたり6人）だった。しかし、米国では、実質的な移民者（外から入ってくる移民者数から外に出てゆく移民者数を引いた数）が千人あたりおよそ4人であり、したがって1年あたりの人口増加の40％が移民によっているということになる。言い換えると、移民（合法・違法どちらも含む）が米国の人口増加率を１％に押し上げているのだ。

移民はこれまでも、（大部分とは言えないまでも）多くの歴史的な人口動態におけるひとつの要因であったし、先史時代の祖先の多くにとっても、間違いなくそうであった。現在の多くの国々においても、移民の程度は、全体的な人口増加率とそれに関係した多くの動向に大きな影響をおよぼしうる。

ほとんどの先進工業国——ヨーロッパの国々や日本——では、出生率、死亡率、増加率が米国よりもかなり低い。そのほとんどの国では、入ってくる移民の割合（通常、１年に千人あたり１人から５人の間）の影響も多少はあるが、人口増加率はゼロに近づきつつあるか、場合によってはマイナスである。極端な場合、ロシアの２００７年の人口は約１億４２００万人で、出生率は千人あたり10人、死亡率は15人で、増加率はマイナス０・５％であり、すなわち人口減だった。もう一方の極では、発展途上国のナイジェリアの２００７年の人口は１億４４００万人で、出生率が千人あたり43人、死亡率が18人で、人口増加率は２・５％だった。

出生率、死亡率、増加率は、ある時点の人口の軌道の「スナップショット」を提供するが、それらだけでは、過去や未来の動向について多くのことはわからない。それらを理解するためには、人口の年齢構成（それぞれの年齢層にどれだけの数の人間がいるか）、男女比、合計特殊出生率（ＴＦＲ）（その時点の人口再生産率で、女性ひとりあたりが一生の間に産む子の平均数——平均的な家族の大きさにほぼ等しい）について知ることが必要になる。

人口が急速に増えつつある国では、高い割合を占めるのは若者である。多くの場合、40から50％ほどが15歳以下で、大多数が30歳以下であり、一方、65歳以上は５％未満がふつうである。これに対して、人口増加が緩やか、あるいは増加のない国では、15歳以下の割合が低くなっており（通常は人口全体の約15～18％を構成する）、65歳以上の年齢集団はこれと同じ割合まで徐々に増える。15歳から65歳までが、仕事をして子どもと高齢者を扶養する力のある「生産」年齢の一員とみなされる。

３つの国の人口プロフィールを比べてみよう。最初のプロフィールは、急激に人口が増加しつつある発展途上国のナイジェリアだ（図７・２）。ナイジェリアでは、15歳以下の若年者が人口の45％を占め、人口の４分の３は30歳以下だ。近代的な避妊法を使っている女性はわずか８％にすぎず、５人の子どものうちひとりは、５歳を待たずに亡くなる。乳幼児死亡率が高いため、２００７年時点での出生時平均寿命は47歳であった。そうではあるが、ＴＦＲは５・９あり、人口は２０５０年には、現在の２倍になると予想される。

２番目のプロフィール（図７・３）は米国で、２００７年にはＴＦＲが２・１であり、死亡率が８といったように低く、平均寿命は78歳である。最近の外国からの移民は、米国の人口の構造と統計値に少なからぬ影響を与えている。すなわち、年齢の中央値がわずかに若くなり、出生率がやや高くなり、労働年齢の人口の比率が、移民がなかった場合よりもやや高くなっている。（工業国としては）出生率が高いことを計算に入れ、かつ移民が実質的に毎年１００万人ずつ増加し続けるとすると、人口は２０５０年には4億２０００万人になると予想される。これは、２０００年の人口の１.５倍だ。

３番目のプロフィール（図7・4）は、人口が減少しつつあ

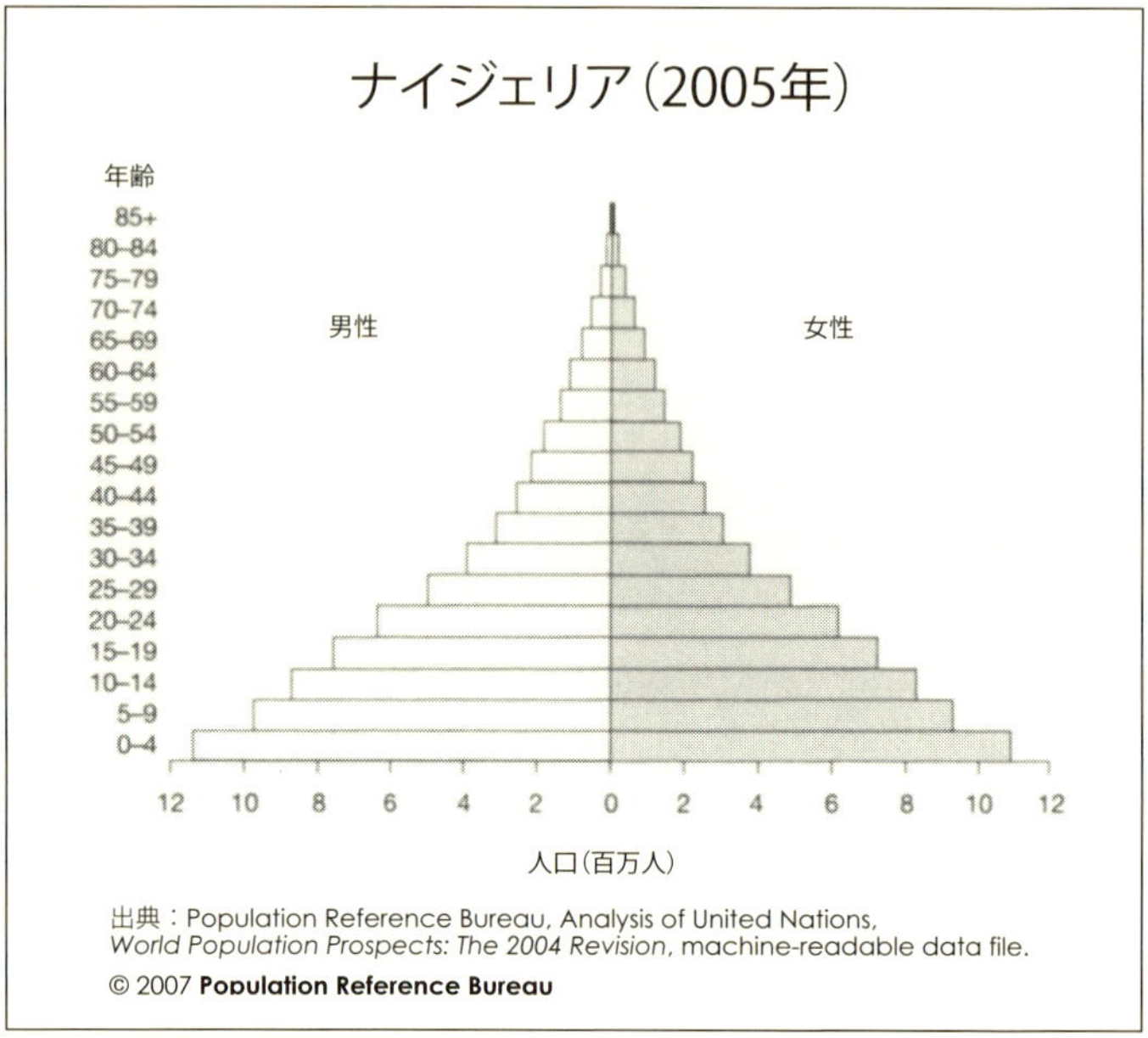

図7・2　ナイジェリアの人口プロフィール。20歳以下の人口が多いことに注目。

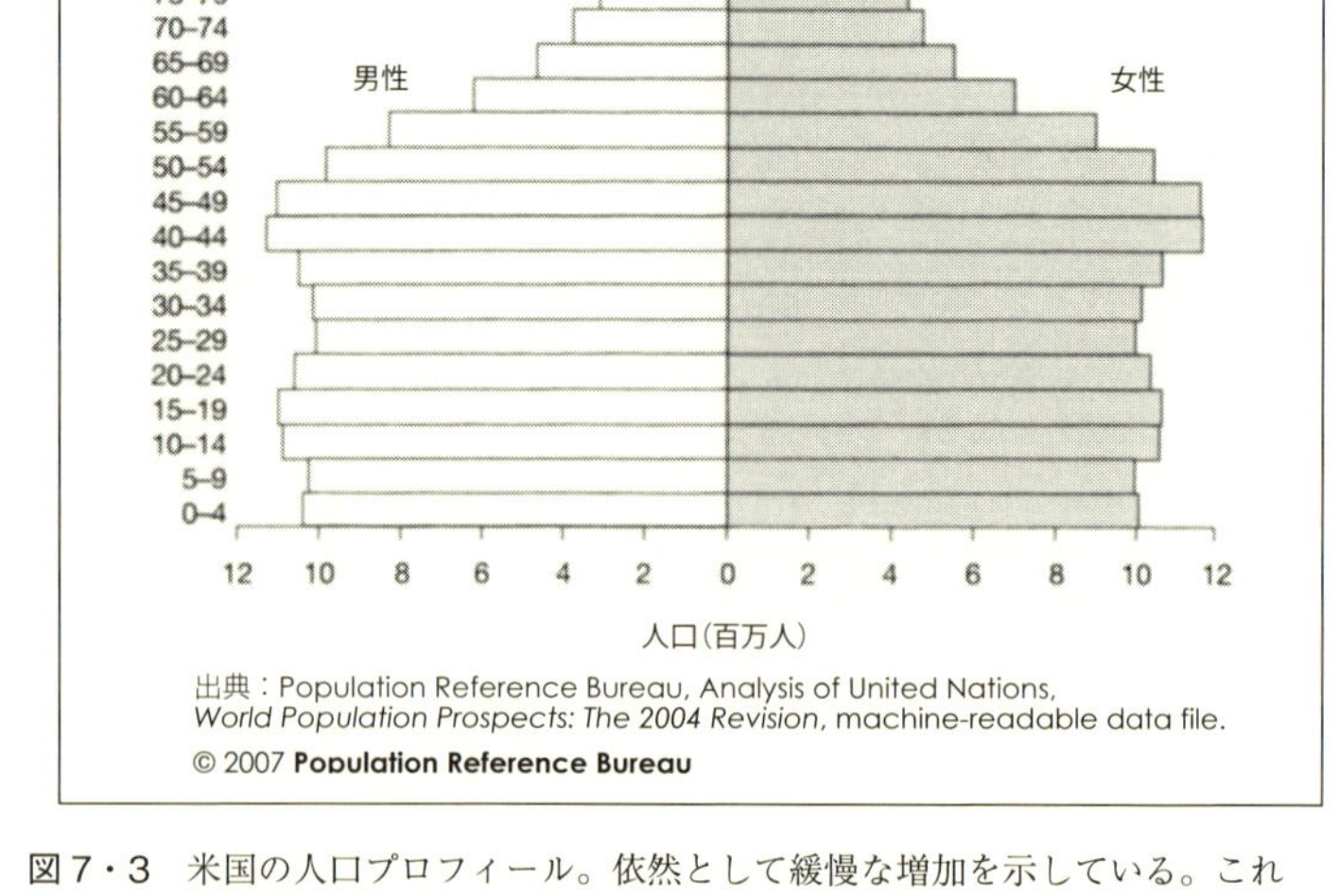

図7・3　米国の人口プロフィール。依然として緩慢な増加を示している。これは部分的には移民と適度の出生率によっている。

るロシアである。15歳以下は人口の15％にすぎず、65歳以上がそれとほぼ同数を占める。ロシアのＴＦＲ、１・３は、１世代からそれ以上の間、人口置換水準を下回り続けている。加えて、ロシアは、共産主義の崩壊以降、かなりの数の人々、とくに若者が国外に出て行った（最近は流入の傾向にあるようだが）。２００７年に1億４２００万人あった人口は、２０５０年までには、１億１０００万人を下回ると予想される。ロシアの女性の平均寿命は72歳なのに、男性は59歳でしかない。男性の高い死亡率は、多くは社会問題に関係しているが、なかでもアルコール依存症、喫煙や自殺によっている。汚染と有毒物質に曝されるのが多いことも、要因のひとつかもしれない。米国とナイジェリアと同様、ロシアの人口構成も、出生率、死亡率、増加率がかなり劇的に変化しないかぎり、ロシアの経済、資源利用や将来的発展に深刻な影響をおよぼす可能性が高い。

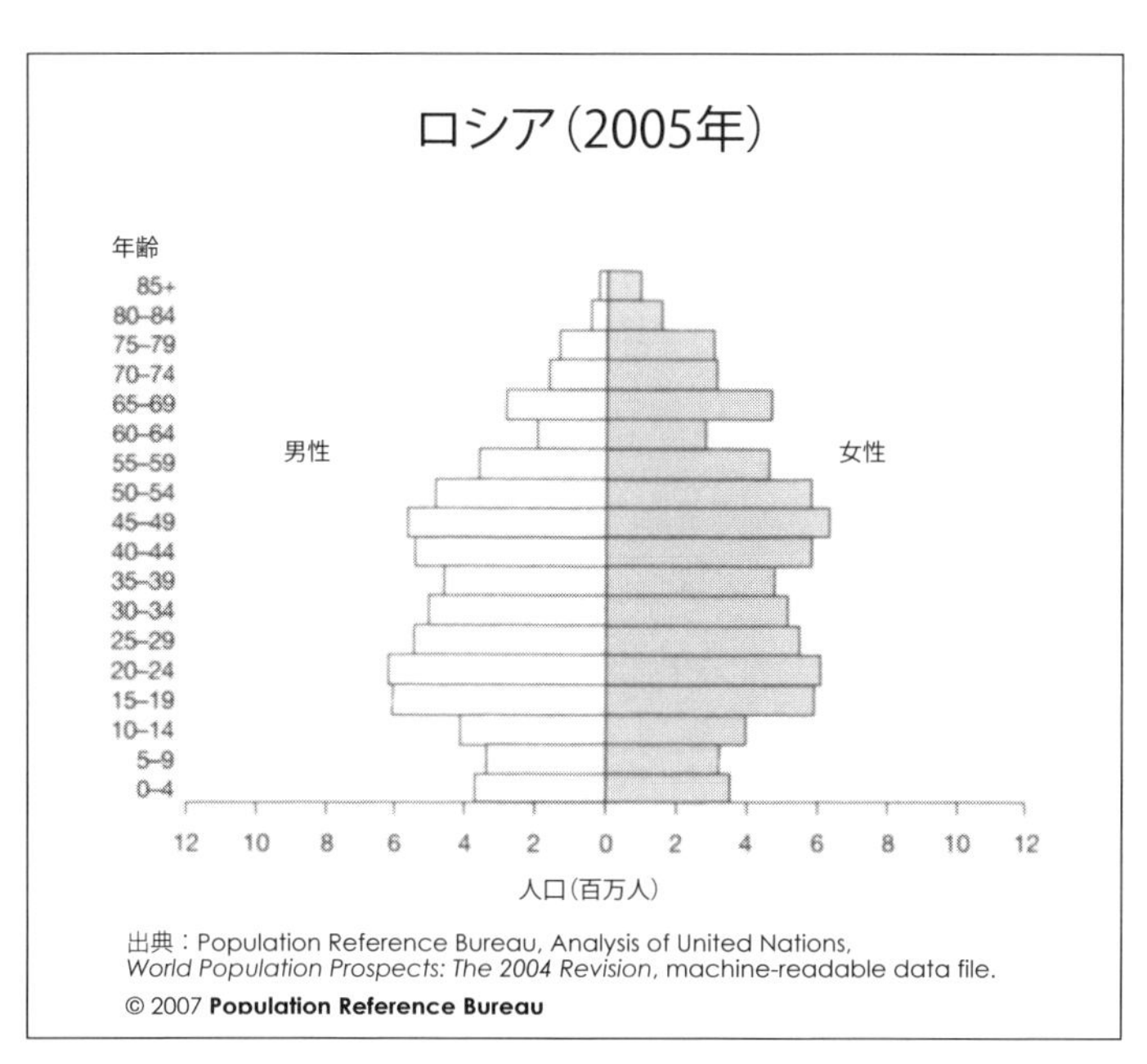

図７・４　ロシアの人口プロフィール。毎年の死亡者数が出生者数を上回っている。

将来的な人口増減

世界人口のかなりの部分がいまや少子化の傾向にあって、その傾向が強まってゆくとしても、人間の数は、現在の人口増加のモメンタム（勢い）からすると、今後数十年間は増え続けるだろう。人口が「静止」状態（増加も減少もしない「人口のゼロ増加」）になるためには、ＴＦＲは、１家族あたり２人をやや越える程度の人口置換水準（医療が充実している国の場合なら約２・１）になる必要がある。人口置換水準は、子の世代が親の世代と同数で置き換わることのできる子の数（親に置き換わることができる子と親になる以前に死んでしまう子を合わせた数）のことである。

人口増加を終わらせるのには、人口置換水準に到達するだけでは十分ではない。それまでの人口増加によって生み出されたモメンタムが消滅しなくてはならない。世界の多くの地域では、ＴＦＲは依然として人口置換水準をはるかに超えている（２０１０年の世界の平均ＴＦＲは２・６だった）。サハラ以南のアフリカの国々と中東のいくつかの国々のように、急速に成長しつつある国においては、15歳以下の若者の比率が、すでに見たように45％から50％にもなり、これはＴＦＲが５から８の値に対応する。これらの若者は人口爆発の火薬だ。彼らは次世代の親になり、さらに多くの子どもたちを産むだろうし、その子どもたちもやがて同じように多くの子どもたちを産むだろう。これらの若者はやがて、高い死亡率の高齢に達するまえに、たくさんの子どもや孫たちとともに暮らすことになるだろう。若者のこの高い割合が、人口増加の勢いを供給する。すなわち、ＴＦＲが人口置換水準まで減少したあとでも、人口は（通常は60年かそれ以上）増加し続ける。人口置換水準をはるかに下回る社会では、増加はいずれ終わるものの、大きなタイムラグがある。

たとえば、中国は、１９９０年頃からずっと少子化傾向にあり、２０１０年のＴＦＲは１・６であった。だが、その増加が終わって、２０２５年頃に逆に転ずるまでに、さらに１億５０００万人――これは現在のドイツ、フランス、デンマークを合わせた人口にほぼ等しい――が増える見込みだ。中国は、10年以上にわたって試験的に二人っ子政策をしてみた後、１９７９年に、強制的なひとりっ子政策を開始した。この政策は、人口の抑制という点では成功を収めた。もしこの政策をとっていなかったなら、13億２０００万人という現在の中国の人口は、さらに３億５０００万人多くなっていたはずだし、数十年後にはさらに数億人が加算されていただろう。中国人の解説者たちは、この抑制が、もちろん相応の犠牲は払ったにしても、中国の最近の経済的成功に拍車をかける役割をはたしたと評価している。

アジアのほかの国々と同じく、中国でも、娘よりも息子が好まれる。とくに、息子は伝統的に、年老いた両親の面倒をみるものとされてきた。子どもはひとりしかもてないので、夫婦のなかには、生まれてくるのが確実に男の子になるように、できるかぎりのことをする夫婦も多い。避妊リングがしっかり入った状態かどうかを調べるためや妊娠状態を診るために用いられる超音波装置はすぐに、非合法ながら、胎児の性別を確かめるのに使われるようになった。胎児が女の子の場合は、中絶が行なわれることも多かった。中国政府は、女の子が生まれた夫婦の場合には、ひとりっ子という制限を緩めざるをえなかった。しかし、超音波装置は、安価なためどこにでもあり、いまも非合法のスクリーニングが行なわれている。その結果、地域によっては、結婚適齢期に達しつつある世代の男女比が、女性１００に対して男性１５０のこともある。

これは、大変な時代が来そうだということを予感させる。というのは、将来的に、大多数の犯罪者やテロリストを生み出す年齢集団に、結婚できない欲求不満の男性がたくさんいることになるからである。確かに、ニューヨークとワシントンの９・11のテロ攻撃の背後にいたテロリストの大多数は若者であり、世界的にももっとも犯罪に走りやすい年齢集団であった。ほかのテロでも、テロリスト、とくに自爆テロをするのは、これと似たような年齢の若者たち（ほとんどが16歳から26歳）であった。

人口の高齢化

しかし、ほとんどの工業国といくつかの発展途上国では、数十年にわたって低い出生率が続き、人口動態のモメンタムはほとんど、もしくは完全になくなってしまっている。ほとんどの西欧諸国やカナダは、人口増加がゼロに近づきつつあり、ドイツ、ロシアや東欧のいくつかの国や日本はすでにマイナスに転じつつある。中国、韓国、タイやカリブ海諸国など、いくつかの発展途上国も、その傾向を示し始めている。国連の人口統計学者は、このまま出生率が下がり続ければ、現在６億人いる60歳以上の人口が２０５０年には19億といったように３倍以上になり、その時の全世界の人口の20％以上を、人口減少国では30％以上を占めるようになると見積もっている。

この重大な変化は、ある人たちには懸念を抱かせている。一部の人口統計学者、そして多くの政治家や評論家は、将来的に高齢の親たちの面倒をみる生産年齢人口が相対的に少なくなってしまうという問題を憂慮して、高齢者を支えるための社会保障プログラムの将来について深刻な懸念を表明している。彼らは、高齢者人口が相対的に多くなることを避けるために、人口増加を維持したいと考えている。高齢化についての懸念は時に、将来的な人口減少についてパニックに近いものをともなっている。実業家と政治家は、店の客が少なくなってしまうこと、労働者が少なすぎて賃金を低く抑えることができないこと、兵士の数が少なくなってしまうこと、国家の威信が失われることなどを心配する。多くの国――たとえばドイツ、ロシアやフランス、そしてオーストラリアさえも――は、出産に対して報奨金を出したり、出すことを検討している（こうした方策はほとんど効果がないように思えるが）。しかし、こうした心配は、トレードオフ関係があることを考慮に入れていない。子どもの数が少なければ、その教育や支援も少なくて済み、仕事を求める（あるいは犯罪行為に走る）若年者の層も少なくなるのである。

出生率がいまも高い発展途上国では、若年者層が多い人口構成だということは、貧困、高失業率、貧弱な医療、限られた教育、大きな格差、政府の圧制といった状況のもとで、富裕者層の権力に挑もうという欲求の温床を生み出す。高い人口増加率は、多くの発展途上国で今後も続くと予想される。とくに20歳

図7・5　シエラネヴァダ山脈で登山をする3世代（祖父と親子）。65歳以上になると一般には経済的に生産的でなくなるという考えは、もはや時代遅れである。この写真では、祖父はこの時74歳だったが、79歳になったいまも、血液学者として現役で活躍している。写真はDavid Schrier提供。

から34歳の人口は年間約3％の増加率になると見込まれる。このような増加率を前に、発展途上国では、いまでさえ雇用の機会が少ないのに、それが求職者数よりもはるかに低いところに落ち込むだろう。こうした状況は、貧しい国からたくさんの人々が職を求めて富める国へと、合法的にせよそうでないにせよ、移住するのを後押しする。

若年者層の割合の減少と高齢者層の割合の増加は、人口増加の鈍化とその次に来る終結の必然的な結果である。人口が永久に増加し続けると思っている人には関係ないことだが、遅かれ早かれ、人口の年齢構成の変化という問題に直面せざるをえないのは明らかである。この避けて通れない問題を先延ばしする積極的な理由はないし、むしろそれを歓迎するだけの理由がある。結局のところ、65歳以上の大部分の人々は、子どもが依存的だという意味では、依存的ではない。彼らの大部分は、自分の面倒を自分でみることができるし、職業としてにせよボランティアにせよ、社会に十分な貢献もできる。また、現在の先進国では、高齢者は、それ以前の世代よりもはるかに健康で強くなっている。一部の識者が提案するように時計の針を戻して人口増加を呼び戻そうとするのではなく、高齢者人口を抱えた社会は、定年退職と社会保障のしくみを見直してみるべきである。

いずれにしても、「出生率の危機」の熱心な警告も、政府の報奨金も、大部分の豊かな国々に現在以上の人口増加をもたらすことは、まずありそうもない。ドイツは、人口が減少したせいで経済的・社会的崩壊をほとんど経験しなかった。ロシアと東欧の経済的苦境は、人口の減少以外の要因に帰すことができるし、むしろそれは、この地域の出生率の低さの結果ではなく、原因であるのかもしれない。西欧では、発展途上国からの制限つきの移民が、労働年齢人口を増やす方法として容認されてきた。さらに、労働力不足は、もちろん効率と生産性の向上を導く刺激として見ることもできるかもしれない。

ヨーロッパ、日本やそのほかの経済的に豊かな国々の人口減少の傾向は、私たちの目から見ると、とてもよいことのように見える。結局のところ、世界の貧しい人々や未来の世代に犠牲を強いているということを考えることもなく、ヒトの生命維持システムに不相応な要求――これらの要求を満たし続けるべく経済力を維持するコストは言うにおよばず――をおいているのは、過度の消費をしている富める者たちである。しかし、年齢構造や労働人口の変化は、消費パターンや移民などに大きな影響をおよぼすと同時に、公平性の真の問題を提起している。これらすべてが、古代のソクラテスの問題、人はいかに生きるべきかに結びついている。現役を引退した75歳のまったく健康な老人を経済的に支援するために、25歳の若者にきわめて高い税金を負担させることが、公平と言えるのだろうか？　国民の年齢構造を調整するために、貧しい国々からたくさんの低賃金の若い労働者を入れるということは、賢いことなのだろうか？これらも、そしてそのほかの問題も、年齢構造の急速な変化が引き起こす経済的混乱と同様、重要な問題である。それらは、すべての国において開かれた社会的対話を必要とする。とは言え、これらも、急速に増え続ける人口が――状況をよく知る研究者なら、ほとんどがすでに人口過剰だと思っているが――いまこの地球にもたらしつつある問題に比べれば、まだ小さな問題である。

8章　文化的進化の歴史

「もし人類の歴史が、ガソリン缶の山の上でマッチに火をつけて遊んでいるサルの物語と似たようなものだとしたら、これほどの悲劇はない。」

ウィリアム・デイヴィッド・オームズビー・ゴア、1960 [1]

ヒトだけが歴史の感覚と、そうした歴史が重要だという感覚を進化させた。ヒトの文化の多くは、数千年前に生み出された宗教的神話の影響のもとで、あるいはいまこの地上にいるホモ・サピエンスが誕生するよりもずっと前に起こった歴史的出来事の影響のもとで展開する。たとえば、1389年のコソヴォの戦い、1990年代のバルカン半島での一連の紛争、あるいは中東での領土の主張をめぐる対立を思い浮かべてほしい。私たちには、世代を越えて文化を伝えるという、ほかに類を見ない能力がある。したがって、私たちを形作る力は、部分的には、私たち自身が作った力だ。いろいろな意味で、このことは、私たちがどのようにして支配的動物になったか、そして私たちがお互いをどのように遇し、私たちを支える環境をどのようにあつかうかに関係する。

歴史、すなわち過去の出来事の記録と分析は、ヒトの文化的進化がどのようなものか、そしてどのようにしてヒトという種が自然を動かすまでになったのかについての主要な記録である。そう、私たちは、石器のような人工物、先史時代の獲物の骨の捨て場、古代の遺跡や先史時代についての神話などにもとづいて、人類の力の増大についてなにがしかのことを言うことができる。しかし、書かれた歴史的記述は、過去の行動についてより深い理解をもたらし、それによって現在について教えてくれると同時に、よりよい未来を築くのを助けてもくれる。たとえば、もし地域の歴史の記録をもたずに、中東では人々がなぜお互いをあのようにあつかうのかを理解しようとしているところを想像してみよう。ジョージ・サンタナヤのことば、「歴史から学ぶことのできない者は、歴史を繰り返す運命にある」は、あらゆる格言のなかでとりわけ的を射たもののひとつである。

集団、組織や社会に同じ道筋やまったく異なる道筋をとらせたりする要因は、2つに大別できる。文化のマクロ進化とミクロ進化である。これらの要因それ自体は、必ずしも文化的なものではない。それは、遺伝的進化に影響を与える要因——たとえばイギリスの森林汚染——が遺伝的なものではないのと同様である。

マクロの進化的要因は、資源、地理的特徴、人間社会の外側にあるそのほかの特徴や環境が行動パターンを制約すること（あるいはそれを出現させること）である。陸地に囲まれた国は、たとえその国の教育システムが国民に偉大な提督になるだけの技能を授けることができるとしても、海軍の国にはなりえない。そうした要因を最初に真剣に考えたのは、シャルル・ド・モンテスキュー（1689‐1755）であった。モンテスキューは、いわば文化のマクロ進化の父でもあった。彼は、気候、自然の障壁、土壌の肥沃度を社会と政治を形作る要因として記述した。

興味深いことに、モンテスキューは政治科学の父とされることもある。政体の多くの概念、とりわけ権力の分立の考えを説き、米国の建国の父たちなど、憲法を起草した多くの人々に影響を与えた。彼は次のように述べた。「共和政体では、人間はみな平等である。専制政体でもそれは同じである。前者では人間がすべてだからであり、後者では人間は無だからである」[2]。

ミクロの進化的要因は、行為者の行動に、そしてその動機、能力、行為に直接依存する要因である。有能なプログラマーは、無能なプログラマーに比べ、適切なコンピュータを用いてよりよい気候モデルを作るだろう。ウィンストン・チャーチルのようなカリスマ的な個人は、強力な先進工業国に途方もない影響をおよぼしうる。聡明なモンテスキューは、18世紀に共和政体における抑制と均衡の原則を明確に述べることができた（2007年、米国では行政府が立法府に対する支配を主張して騒動になっているが）。

文化的進化の進路は、個人が変えることができるし、時には実際に変えている。ミクロの要因は、たとえば家族が休暇の計画を立てたり、軍の指揮官が作戦を練ったりする時のように、小規模集団のスケールで作用する。そしてそれは、たとえばクルーズ船の旅程を計画したり、1941年にチャーチルがナチスからのギリシア防衛を決め、北アフリカ戦の成り行きを変えた（後述）時のように、もっと大きなスケールでも作用する。

ミクロ要因とマクロ要因の相互作用の顕著な例に、19世紀半ば、日本が天然痘の予防接種を導入した例がある。日本の医者たちは、イギリスの医者、エドワード・ジェンナーによってその半世紀前に考案された手法（牛痘ウイルス——天然痘ウイルスとは近縁だが、ヒトにはほとんど無害——に感染させるという手法）を耳にしていた。しかし、日本は当時物理的（マクロ）にも政治的（ミクロ）にも鎖国状態にあったため、牛痘ウイルスの試料の輸入が遅れることになった。それが到着するや、天然痘の予防接種はまたたく間に普及した。これは、文化のミクロ進化の鍵となる多くの特徴を示している。それらの特徴はたとえば、権力のある政治家の支援の重要性、それに関わる個人や小集団のネットワークの存在、そして手法についての文書の迅速な公表などであり、これらはみな、日本という島国の物理的な孤立（マクロ）を圧倒するのを助けた。これは、マクロ要因（ウイルス）が政治的な鎖国から世界的な大国への日本の移行（ミクロ）に影響をおよぼしたことも示している。

　文化のミクロ進化は、場合によっては、マクロ進化の力を作り出すことがある。たとえば、影響力の強い指導者の文化的好み（たとえば自分と仲間を富ませようとする）が、時には社会に強力なマクロ進化の制約を課す場合がある。一例は、第二次世界大戦前後の数十年間に米国で起こった交通と宅地開発における変化である。もっとも劇的な例は、ロサンゼルス郡の都市間鉄道網を撤去して、それを高速道路におきかえたことである（これは自動車メーカーと石油やゴムの会社が後押しした動きであった）。ロサンゼルス郡の周辺の都市もすぐにこの変化を模倣し始めたが、それはさらに、市の中心部と高速道路で結ばれた郊外分譲地を造成する住宅開発業者により促進された。このプロセスは、現在のアメリカのほとんどの大都市の周辺に見られるような、一足飛びの開発を生み出してきた。エネルギーを浪費し生産性の高い土地を犠牲にする郊外スプロール化は実質的に、個人がそうしたいかどうかとは関係なく、自家用車をもち、職場への往復と食料品などの買出しのために毎週相当の時間を使うように強いる。郊外型の生活スタイルは、少数の政治家と実業家による決定に由来するミクロ進化の文化的影響だったが、それがマクロ進化になったのは、それが引き起こした文化的動向が数百万のアメリカ人（と未来の世代）の物理的（外的）選択肢を大きく変えたからである。たとえば、郊外の拡大は、人々の移動パターンや社会的接触の機会を制限し、車を使うことによる温室効果ガスの排出を増やすことによって気候の変化を助長し、今度はそうした気候の変化が人間の多くの活動に外的な制約を課すようになる。

　歴史の主要なパターンのおもな決定因のひとつは、人々が暮らす生物学的・物理的環境である。それらは、ジャレド・ダイアモンドがベストセラー『銃・病原菌・鉄』のなかで読者の関心を呼び起こした要因である。要は、現生人類が10万年から6万年前ぐらいにアフリカを出たのちは、世界に散らばった集団が直面する環境が、彼らのその後の文化的進化を決定する上で、きわめて重要だったということである。彼らの運命は部分的には、どの程度その土地の植物を栽培でき動物を家畜化できるかや、彼らが遭った病気に左右された。このような特徴は明らかに、その結果生じる社会の発展のパターンの大きな差異を説明するように見える。

　歴史には、ダイアモンドが論じた以外にも、文化的進化の多くの未解決の謎がある。たとえば、アルゼンチンと米国の国民は、過去２５０年間、似たような家畜と栽培植物や似たような技術の利用も含め、似たような生物物理学的環境にあった。しかし、その社会の文化の歴史は大きく異なり、その違いを地理の点から説明するのは難しい。両者間の違いを説明するために、多くの歴史家は、独立以前に支配していた宗主国の政治・経済・行政のスタイルの違いに焦点をあてている。なぜある国が現在豊かで、別の国は貧困にあえぎ、また別の国は（アルゼンチンのように）その中間に位置するのかという疑問は、複雑で、いまも熱く論じられている。

こうした見解の不一致は、多くのほかの文化的進化の問題にも見られる。たとえば、奴隷制がアメリカ独立戦争につながったのかどうか、経済格差がより重要だったのかどうかについては、論争が延々と続いている。しかし、それには解決がつけられる、と私たちは思っている。というのは、よくあるように（自動車とスプロール化を思い浮かべてもらうとよい）、ミクロ要因が変化してマクロ要因に姿を変えたように見えるからである。分裂の根底にあったのは奴隷制ではないという主張は、独立戦争が始まる前に南部の人々が言っていたことと矛盾する。加えて、奴隷制（個人間の関係と法にもとづくミクロな制度）は、綿花を摘む奴隷なくしては存在しえなかったプランテーションの農業システム（マクロ要因の社会的生産システムであり、どんな種類の農業が利益をあげるかについて生物物理的制約を課す）の発展を可能にした。文化的変化のプロセスの理解は確かに、マクロかミクロかに細かく分類することよりも重要ではあるが、つねに心に留めておく必要があるのは、個人、集団や政府がたどる文化的進化の道筋は、容易には（あるいは急速には）変わりえないマクロ要因によって部分的に決定されているということである。

歴史の始まり

歴史を発明したのは、すなわち人間の文化的進化を書物の形で記述し分析することを始めたのは、ヘロドトス（紀元前４８５‐４２５頃）とされる。彼は、若い時から各地を旅してまわった旅行家であり、『歴史』という書物のなかで、２５００年ほど前に起こった、ギリシアの都市国家とクセルクセスの支配下にあったペルシア帝国の間の戦争――クセルクセスはギリシアの都市を征服して、そこの住民を奴隷にしようと目論んだ――の一部始終を書き記した。テルモピュライの戦いやマラトンの戦いといった有名な出来事や紀元前5世紀のエジプトについて知ることができるのは、このヘロドトスの記録のおかげである。とは言え、この書物も、神々や神話、そしてしばしばありえないことも含まれた起源と文化的出来事についての説明的物語――分析というよりも物語――に満ちていた。それゆえ、ヘロドトスは、無文字社会から文字社会への過渡的段階にいたとみなされることがある。無文字社会にあっては、歴史が世代から世代へと口伝えで受け継がれてゆき、それは、書き記された文書にもとづく後世の歴史とは異なり、神話へと姿を変えることも多かった。

ペロポネソス戦争についての古典的な歴史を書いたことで知られるトゥキディデス（紀元前４６５‐３９５頃）は、最初の「現代的な」歴史家とみなせるかもしれない。彼は、おもにその時代の史料にもとづき、聴き取りも行ない、入念に検討を重ね、空想の部分を切り捨てることによって、出来事を客観的に分析しようとした。彼は、戦争の原因を探り、分析し、論じ、歴史家が用いるべきいくつかの方法を推奨した。トゥキディデスは、因果が人間の営みの歴史的パターンにおけるひとつの要因であって、そうした歴史のパターンは説明することができるということを認識した最初の歴史家だったと言えるかもしれない。彼は文化的進化論者のはしりだった。

もちろん、それ以降、歴史の多くの学派が進化をとげ、歴史においてどのパターンを重視・強調する（あるいはしない）かという点で多様なものになった。ゲオルク・ヴィルヘルム・フリードリッヒ・ヘーゲル（1770-1831）とカール・マルクス（1818-83）は、この問題についてもっとも深みのある思索を重ねた思想家だが、彼らは、歴史を一連の闘争を通して展開するものとして――ヘーゲルの場合は精神が弁証法的に自由を達成してゆく過程として――とらえた。マルクス主義の場合（大部分はヘーゲルの思想をもとに形作られたが）、歴史とは、それまでの支配者階級と、新しい生産手段を開発し、彼らを打倒した人々との間の闘争であった。キリストの直後の時代に生きた有名なギリシアの歴史家、プルタルコス（45-120頃）は、偉大な人物の生涯に注目し、歴史事象にパターンを発見することよりも、そうした人物の倫理観と、歴史へのその影響に関心を向けた。今日学校で教えられている歴史の大部分は、歴史の広範な力よりも、王や指導者の継承や決定により多くの焦点をあてているという点で、プルタルコス的――文化のミクロ進化論者の原型――だと言えるかもしれない。

「全体像」に関心を寄せる今日の歴史家は、基本的には文化的進化を研究している。彼らは、人間の歴史のなかに主要な変化パターンを見出して、それを説明するメカニズムを発見しようとする。ある意味で、彼らは、主要な遺伝的進化のパターンを探す科学者に似ている。これらの科学者は、連続する環境的変異とその結果生じた遺伝的変化（これが有性生殖をする集団の遺伝子プールを乱す）に当惑などしない。代わりに彼らは、詳細なレベルでの変化を理解するためにモデルシステムを選択し、それにもとづいて主要なパターンを解明する。

しかし、このアナロジーはここで止めるべきである。5章のミームの議論のなかで示唆したように、ダーウィン的進化のはたらき方は、文化的進化のプロセスを理解するモデルとしてはあまりよくない。非遺伝情報の貯蔵における変化は、遺伝情報の貯蔵における変化よりも驚くほど複雑なプロセスを含んでいる。主要な因果メカニズムが、相対的に単純なレベル――私たちが遺伝的進化を理解するレベル――で解明されるかどうかは、わからない。このような理由から、傑出した進化学者リチャード・レウォンティンや、著名な歴史家ジョゼフ・フラッキアは、歴史を文化的進化の記録とみなすべきではないと主張している。

この点について、私たちの見解は彼らとは異なる。私たちは、たとえば5章で論じた、国家の起源についてのロバート・カルネイロの検証可能な（部分的に検証もされている）理論は、文化が理解可能なやり方で進化することを示す有力な証拠だと考えている。

歴史の基準

『銃・病原菌・鉄』のなかでジャレド・ダイアモンドがとった歴史へのアプローチは、「王と戦（いくさ）の連続」のアプローチに対する初期の反動と共通点が多くある。その反動は、アナール学派――1929年に創刊されたフランスの学術雑誌『経済社会史年報（アナール）』に関係した歴史家集団――において明確化したものだった。アナール学派は、支配者が機能する社会の日常生活の文脈に注目した。アナール学派のもっとも有名な歴史家、フェルナン・ブローデルは、時の流れのなかで持続する特徴について論じた。それらの特徴とは、たとえば地理的関係、経済的配置、作付のシステム、人口増加と人口密度であり、彼はこれを「構造」と呼んだ。彼は、歴史が3つの基本的な時間的スケールに従って動くと考えた。ひとつめのスケールは短期で、戦い、選挙や流行といったものであり、2つめは中期で、数十年程度の周期的プロセス（たとえばアメリカの共和党と民主党の政権の交代）であり、3つめは長期で、彼はこれを「長期持続（ロング・デュレ）」と呼び、よく知られるようになった。長期持続は数世紀におよぶことがあり、モンテスキューにならって、人々の食糧や交易システムに加え、その地域の地質、地理、動植物などを含んでいた。長期持続の観点から見ると、人間の歴史のなかでももっとも重要な文化のマクロ進化の出来事は農耕の発明であり、これが、食糧から出生率、社会構造、そして環境への影響にいたるまで、ありとあらゆるものを変化させた。

　大きなスケールで歴史を研究しようとしてきたもうひとりの歴史家は、ジョージ・バサラであり、技術の進化を分析している。人間の製作する装置の変化は、文化的進化のなかでもっともよく研究されている側面のひとつだ。そしておそらく、それについてのもっとも徹底した資料にもとづいた結論は、このバサラのものである。その結論は、技術革新が実質的には、人間の基本的必要性に対する反応として起こるのではないということである。ヒト以外のほぼすべての動物は、技術などなくてもうまくやっているのだから、ヒトもおそらくうまくやってゆけるはずである（とは言え、私たちが暮らしてゆける生息地はいまよりはるかに制約され、ヒトの生物学的進化もいまとは異なる方向に向かうだろうが）。チンパンジーやキツネのように、私たちも、この極端な発明や火の利用などなくても、ほとんどの場合はうまく生きてゆけるだろう。車輪を第二のもっとも重要な発明だと考えている人も多いが、私たちの祖先は車輪などなくても生き延びることができただろうし、現に、多くの文化はそれがなくても生き延びたし、いまもうまくやっている文化が少数ながらある。インカ、マヤ、アステカの文明がそうだった。彼らも車輪の原理は知っていたが、それを実用化することはなかった。おそらくそれは、アメリカには役畜として家畜化するにふさわしい哺乳動物がいなかったからである。車輪の利点は、この200年間の西洋文化——鉄道や自動車を心から受け入れている社会——においてもっともよく享受されているように見える。

基本的必要性の充足のために技術革新が起こるのではないというバサラの主張には、逸話的な支持がたくさんある。次のようなものがどんな基本的「必要性」を満たすかを考えてみよう。たとえば、携帯電話（どうでもいいようなことを大声でしゃべってまわりの人間を苛立たせるため?）、とびきり高性能の自動車（渋滞に巻き込まれないため?）、ヴァーチャル・セックスのできるコンピュータ（実物に代えるため?）、そしていま必要と考えられるほかのたくさんの仕掛けや装置。基本的必要性の充足がそれらを説明しないのなら、なにがそれらを説明するのだろうか？　その答えは、必要性よりも欲望（人間の熱望、想像力、創造力、ファンタジー、欲求）が技術の変化の主要な源であるということのように思える。特定のプロセスに精通した個人や集団は、既存の人工物の仕事を自分たちの基準で「もっともよく」こなせる——あるいは新たな仕事をこなせる——改良型の人工物を製作する方法をイメージする。たとえば、イーライ・ホイットニーによって1794年に発明された有名な「綿繰り機」は、はじめて繊維の短い綿——その繊維は種子にぴったりくっついていた——の綿花と種子を機械で分離するのを可能にした。ホイットニーは、この種類の綿花から種子を取り除くという問題を解決しようと欲し、その発明は、輝かしい解決法として米国における綿生産を一変させた。しかし、人間の基本的必要性は、それで満ち足りることはなかった。逆に、綿産業が儲かるようになって、綿花を植えて収穫する奴隷労働の需要が増加したため、奴隷制に新たな息吹きを与えることになった。ホイットニーの機械は、たくさんの改良型の綿繰り機の発明をもたらした。しかし、それは、なにもないところから造られたわけではなく、繊維の長い綿で同じことをするいくつものタイプの綿繰り機をもとにしていた。

ほかの有名な発明についても、似たようなストーリーがある。ジェイムズ・ワットが1760～70年代に蒸気機関を開発した時、イギリスではすでにさまざまな構造の蒸気機関が使われていた。第二次世界大戦直後にベル研究所でジョン・バーディーン、ウォルター・ブラッテインとウィリアム・ショックリーによって発明されたトランジスタは、私（ポール）が子どもの頃に製作した水晶ラジオに用いられていた半導体装置（絶縁体よりも電流を通すが、導体ほどには通さない装置）にその起源がある。

技術革新のこうした連続性は、人工物の文化的進化を遺伝的進化に似たものにする。ひじょうに似通っているように見えるのは、どちらの場合も、持続したのちに新しい種類の技術や生物につながる変異体を環境が「淘汰」するからである。気候条件や家畜化できる動物がいるといった社会的・経済的条件は、生き残って「殖える」技術を決定する上で大きな役割をはたす。たとえば、中国人は、ヨーロッパの中世を変えることになった一連の重要な技術（印刷術、羅針盤、黒色火薬）を発明したにもかかわらず、その後は、同じ技術水準でそれらのどれも使いこなすことができなかった。なぜ18世紀と19世紀に中国人が技術面で西洋に後（おく）れをとったのかを説明するために、いくつもの要因があげられている。もっとも興味深い要因のひとつは、ヨーロッパがたくさんの小国家からなり、それが一連の柔軟で競争的な経済をもたらし、技術の急速な進展を促したというものである。これに対して、中国は、官僚制度に縛られた単一国家であり、そこでは古典に重きをおく教育が行なわれていた。

しかし、脳のなかでどのように新しいアイデアが形をなすのかは、いまもって謎に包まれている。すでに使われていた蒸気機関がどのようにワットに影響を与えたのかは知りえても、どのようにして（あるいはなぜ）ワットの脳が彼の新たな装置のアイデアを発展させたのかはわからない。バサラがいみじくも述べているように、技術の進化にはダーウィンがいても、メンデルはいない。ダーウィンは、遺伝のメカニズムそのものを発見せずに、生物の多様性の起源を機械論的に説明することができた。そのメカニズムについては、修道士グレゴール・メンデルのエンドウマメでの実験を待たねばならなかった。その実験は、遺伝は混ぜ合わせではなく、粒子のような単位（遺伝子）によっていることを明らかにした。

遺伝的進化の場合と同様、また文化的進化の非技術的側面の場合と同様に、技術的「進歩」についての信念をあつかう時にも、注意が必要である。私たちは、技術的進歩の考え方は限定的な意味でしか使えないと思っている。これは、人間の条件の全般的改善という意味ではない。というのは、たとえば、大規模な核兵器のたえざる脅威のもとで技術的にも文化的にも豊かな忙しい生活を享受することが、狩猟採集集団のゆっくり・ゆったりとした生活より全般的によいのかどうかは、議論の分かれるところだからである。しかしより狭い意味で、1個の9メガトンの水素爆弾（900万トンのTNT火薬の破壊力に相当する）は、石のハンドアックスに対する、あるいは広島に投下された原爆――この水素爆弾の千分の1の破壊力だった――に対しても、大量破壊兵器としての「進歩」の例である。同様に、超音速旅客機（SST）は確かに、速度の点ではボーイング747よりもすぐれており、技術的進歩を示すものとしてしばしば引き合いに出される。しかし、1970年代に提案されたSSTを就航させるという計画は、騒音と環境破壊といったほかの点で、米国国民によって進歩ではないと判断され、猛反対に遭ってあえなく頓挫した。

もちろん過去に、自分たちから見てよりよい（あるいはより悪い）、あるいはより「進んでいる（より遅れている）」文化にもとづいて価値判断を下そうとした歴史家は、枚挙にいとまがない。これは歴史家だけの話ではない。現在の多くの集団のなかにも、ある人々は本質的にほかの人々よりすぐれていて、それゆえ歴史（文化的進化）の軌跡が違っているのだと考え続けている人々がいる。しかし、ヒトのほとんどすべての遺伝的変異は集団間よりも集団内にあるということがわかっているし、知能、創造性や政治的優位における差異になにかしら関係づけられていた人間間の遺伝的差異は見出されていないので、歴史の軌跡に見られる差異は、文化——たとえば、社会が共有する態度とか、家畜化可能な動物の存在とか——に根ざすものだと考えるべきだろう。

多くの人々は（さまざまな種類の民族的優秀さと並んで）自分たちの社会がいかに優秀かを喧伝するので、そこで用いられている優秀さの物差しが妥当かどうかを考えてみる必要がある。政治的対立を解決するために、槍や棍棒を用いる社会より、核兵器、化学兵器、生物兵器によって相手のみならず自分たちをも破壊する力をもつようになった社会のほうが、はたしてより「進歩」しているだろうか？　西洋人は自分たちが科学的進歩の点ですぐれていると思っているが、インド人によるアラビア数字（それらを西洋に持ち込んだのはアラブ人だったので、そう呼ばれる）の発明がなかったなら、その進歩はありえただろうか？

もちろん、一連の歴史的出来事の結果を比較するのは、実質的には不可能である。なにを基準に、どの社会が今日「もっとも進んでいる」と決めればよいだろうか？　軍事力か？　これには米国が楽勝する。それとも平均寿命か？　これは82歳の日本がトップで、78歳の米国に水をあける。識字率か？　東欧諸国では、成人の識字率が１００％だと言われており、実際その通りかもしれない。公平な所得分配か？　なにを基準にするかやいつの調査かにもよるが、候補としてデンマーク、日本、アゼルバイジャンなどの国があがるだろう。米国は、これらの国のはるか下、70位ほどの位置になる。戦争に参戦しない期間がもっとも長いことか？　これはスイスだ。ひとりあたりの所得か？　どのようにひとりあたりの所得を測るかにもよるが、米国がおそらくトップにくる。対外援助をもっともしている国か？　工業国のなかでは、米国は公的な政府援助では極度のけちん坊だが、それをある程度民間援助が補っている。幸福度か？　調査によると、トップは、メキシコやナイジェリアで、米国は下位のほうで、最下位はロシアだ。とは言え、幸福度は測るのが難しい。（調査対象から漏れている）ブータンなら、国家が進める「国民総幸福度」計画の点で、真の1位かもしれない。遺伝的進化の場合と同じく、文化的進化には全体的な「進歩」があると主張するだけの根拠はないように見える。

明らかに、どちらの場合も、なにが進歩かは見る人によって異なる。

文化のパラドックス

すでに述べたように、ヒトは、世代を越えて文化を伝える能力を比類なきまでに進化させてきた。私たちを形作る力は、部分的には自分で生み出したものだ。そのパラドックスは文化的固執である。個人や集団によって「繰り越される」ことが、少なくともある期間にわたってはきわめて有益であるように見えながら（たとえば、医療技術や農業自体）、一方で、ほかの時には災厄をもたらすことがある。たとえば、抗生物質は、濫用すると効果がなくなってしまったり、後述するように、農業や牧畜が、それに不可欠の生物多様性の破滅的喪失を招いてしまったりする。文化的緊張の時代には、こうしたパラドックスの例は、短期のスケールで顕著に現われる。一例として、北アフリカの砂漠での第二次世界大戦のいくつかの局面について、それに関与した人間の性格と文化の点から考えてみよう。大戦が始まった時には、イタリアは工業が盛んとは言えない国だった。工業生産の能力の点から言えば、イギリスやフランスのおそらく15％程度であった。イタリアの指導者、ベニート・ムッソリーニは、自信と勇気を欠いた日和見主義者だった。歴史家のダグラス・ポーチは、彼が劣等感をもった自己中心主義者だったとしている[3]。彼の性格、それとヒトラーの断固とした悪意に満ちた性格（反ユダヤ主義への文化的執着が反映された性格）との対照が、地中海作戦における戦況の行方に——おそらくは戦争全体にさえも——大きな影響をおよぼした。

ムッソリーニはヒトラーと「鋼鉄」条約を結んでいたにもかかわらず、イタリアはナチスのポーランド侵攻後も中立的立場をとり続けた。イギリスとフランスに対して宣戦布告をしたのは、やっと1940年6月になってからだった。この時、フランスにいたエルヴィン・ロンメル将軍の部隊は、イギリス海峡に達していた。ヒトラーがイギリスを脅かしていた時、ムッソリーニは、イギリスが占領していたいくつかの地域を奪取しようと決意し、ロドルフォ・グランツィアーニ元帥にリビアからエジプトを攻撃するように命じた。エジプト侵攻は、イタリア軍にとって災厄という結果になった。イタリア軍は、中東で、イギリスの歴史において名将と讃えられるアーチボルド・ウェイヴェルが総指揮をとる軍隊と戦っていた。イタリア軍は、エジプトとスエズ運河を占領して、最重要の中東の石油を脅かすまでになっているはずであったが、しかし、イギリス軍の指揮力が優れていたのとグランツィアーニの性格的欠点のせいで、そして物資の供給不足とグランツィアーニ指揮下のイタリア軍の全般的な質の悪さのせいで、そうはならなかった。

グランツィアーニは、1940年9月13日にエジプトに侵攻した。彼は約25万の兵を率いており、イギリス軍は、エジプトを守るためにやっと3万人を集めることができたにすぎなかった。イギリス軍がどれほど弱いかは知らずに、グランツィアーニは、観兵式の時のような風変わりな行進をして、エジプトの内陸60マイルにあるシディ・バラーニに達し、そこに陣地を構えた。

　ウェイヴェル将軍は困った状況に立たされた。イギリスの傑出した歴史家、コレッリ・バーネットは、関係する文化的なマクロ進化の要素――この場合には地球物理学的要因――を次のように概観している。

> 第二次世界大戦で砂漠が戦場になった理由は、そこがイギリス軍の中東防衛の西側にあたり、枢軸国（独伊）がリビア側から攻撃するには、そこを通らねばならなかったからである。イギリスにとって、中東は、戦争の遂行という点ではイギリス本国に次いで重要な地域であった。中東には、イラクのモスルあたりとペルシア湾岸に、それがないとイギリス陸・海・空軍が麻痺してしまうほどの油田があったのである。……１９４０年から４３年にかけての長期にわたる戦闘は、スエズ運河をめぐる戦いではなく……石油をめぐる戦いだった。[4]

　１９４０年12月9日、イギリス軍は、当初は大規模な奇襲作戦として計画された「コンパス作戦」と呼ばれるエジプトでの攻撃を開始した。この時イギリスの軍勢は３万５０００人で、これを迎え撃つイタリア軍は50万人もの兵士だった。だが、イギリス軍は、イタリアの軍勢を包囲するのに成功した。ウェイヴェルの西砂漠軍の陣頭指揮にあたったのは、大胆で、聡明で、伝統にとらわれないリチャード・オコナー将軍であった。オコナーは、すぐれた無線傍受と暗号解読の力の助けを借りて、なんとか５００マイルほど前進し、もっとも東の地域を奪取し、１９４１年2月9日にはエル・アゲイラに到達した。イタリア人捕虜は数万人にのぼった。しかし、リビアから枢軸軍を追い出す機会は失われた。というのは、チャーチルがギリシア防衛に部隊を差し向けるよう主張したからである。

　それから数週間後、ドイツのアフリカ軍団が北アフリカに到着した。ヒトラーは、ムッソリーニの兵力を増強するためにロンメル将軍を送り込んだ。ロンメルの指揮のもと、ドイツ軍とイタリア軍は、イギリス軍をエル・アラメインまで押し戻した。4月６日、まったくの偶然から、決定的な文化的ミクロ進化の出来事が起こったが、それはイギリス軍にとって最悪の出来事であった。オコナーは、ウェイヴェルによってリビアの前線へと戻されたが、途中で暗闇のなか道に迷ってしまい、ドイツ軍の部隊と鉢合わせし、捕まってしまったのだ。イギリス軍は、もっとも明敏な指揮官を失うことになった。オコナーの華々しい軍事行動と偶然の喪失のあと、イギリス軍はその文化的硬直性を表わし始めた――環境の変化に応じて作戦を変えるということがまったくできなかったのである。イギリス軍には、連隊において上流階級の士官が下層階級の兵士を統率するという長く成功し続けてきた伝統があった。バーネットが言っているように、それは「精神的にはジェントリーと貴族に率いられた小作農の兵士」だった[5]。指揮官は、無神経で勇敢な人間で、連隊に身を捧げなければならなかったが、必ずしも聡明で、機転のきく人間である必要はなかった。

さらに、崇められ、かつては効果的だった連隊構造は、北アフリカの砂漠の「海」での戦闘の環境条件には適さなかった。偵察をし、奇襲をし、歩兵や砲兵によって突破口を開くよう訓練された部隊は、必要ではなかった。実際に必要だったのは、攻撃と防衛の両方において大砲に大きく依存した統制のとれた師団だった。イギリス軍は、対戦車砲を防御だけに用い、相手の対戦車砲を破壊して自分たちの戦車を進めるために、それを攻撃に用いることはなかった。ドイツ軍は、対戦車兵器として伝説的88ミリ高射砲をきわめて有効に活用した。一方、イギリス軍は、３・７インチの高性能の高射砲をかなりの台数もっていたにもかかわらず、それを戦車に向けて使うことはなかった（使えば、きわめて効果的だったはずだ）。結局それは、飛行機向けの「高射」砲でしかなかった。

それは、文化的進化における「固執」――変化した環境に反応して自らも変化することができないこと――の典型的な例であった。ドイツは産業が発展しつつあり、それゆえドイツ軍もある程度臨機応変に立ち回れるようになっていて、誤りから学ぶ能力を大きく向上させていた。砂漠のなかで、イギリス軍は、自分たちの保守性のために大きな犠牲を払っただけで終わった。変化に対する恐怖は、軍隊のシステムや頭の古い指揮官による支配と一緒になって、北アフリカでは、たくさんのイギリス軍兵士を不必要に犠牲にすることになった。こういった軍隊システムのような制度は、個人を超える。それは、社会秩序のルールを強化するようにはたらき、協力行動を要求する。それには「ゲームのルール」も含まれる。

第二次世界大戦の地中海作戦の間、文化的マクロ進化のたくさんの要因が、進行しつつある一揃いの文化的ミクロ進化の下にあった。たとえば、イタリアは戦争の開始時には強力な軍事国家ではなかった。それは、紀元5世紀のローマ帝国の崩壊に続く１５００年間の複雑な歴史的相互作用の結果であり、使える資源が限られていた結果でもあった。イタリアは肥沃な農地が少なく、工業国になるための石油、石炭や鉄鉱石といった鍵となる資源も欠いていた。これに対しイギリスは、良港に恵まれ、かつては背の高いオークが豊富にあり、そしてそののちには石炭がふんだんに使えたため、１９００年までには、世界一の海軍国となった。イギリスは、しばしばこの軍事力を使って、そして北アフリカへの枢軸国の供給ライン上にあった、イギリス領のマルタ島を基地として使用することによって、地中海作戦をきわめて有利に展開した。

歴史の重要な側面を考察してみるとわかるように、原因と結果を適確に理解するには、通常いくつもの分析のレベルが必要である。しかし、ほとんどの文化的進化の解釈は不確かで、議論を呼ぶことも多い。数百万の人々の相互作用、彼らのもつ多様な制度と種々の社会規範が複雑さを生み出し、その複雑さが多くの場合少数の推進力を特定するのを難しくする。これがとりわけそうなのは、歴史家自身が歴史の書き換え作業の参加者であって、自分たち自身の文化的情報をこの作業に持ち込むからである。アメリカの歴史家、アーサー・M・シュレジンジャー・Jrが言うように、歴史家も自分の個人的体験の囚われ人である。「私たちは、自分の性格や年齢にもとづく先入観を歴史に持ち込む」[6]。しかしながら、ヒトの遺伝的情報と同じように、ヒトの非遺伝的情報にも主要な進化パターンがある。もし「メンデルのような研究者」が文化変容のメカニズム——どのようにして、私たちの非遺伝的情報は多様な社会的・生物物理的環境と相互作用し、私たちを地球の支配者にしたのか——についてのまとまった理論を展開し始めているなら、その理論は私たちにとって有益なものになるかもしれない。

9章　生（と死）の循環

「ヒトが自らの地球環境を変えてきたということに思い至る時にはつねに、生き物が惑星全体の条件に影響をおよぼしうるという認識にもとづいている。」

ウィリアム・H・シュレジンジャー、1997[1]

ホモ・サピエンスの台頭と支配、すなわち今日の私たちという存在は、私たちの祖先を育んだ環境がなければ、ありえなかった。これらの環境とは、人間（あるいはほかの生き物）のまわりにある、その生に影響をおよぼしうるすべてのものを指す。あなたの友人も、まわりにいる力も、あなたの環境の一部である。しかし、1000万光年の彼方にある恒星系のなかの惑星や、深海に生息する魚は、そうではない。すでに見たように、生物学的環境と物理環境の両方が、私たちの生物学的進化と文化的進化の両方を形作ってきたし、これからも形作ってゆくだろう。私たち人類が自分たちとまわりの環境をどのように変えつつあるのか、それらの変化が私たちの未来にどのような意味をもつのかを理解するには、まずこれらの環境とそのはたらきについて詳細に見ておく必要がある。

このところ話題になっているヒトの物理環境の重要な側面は、現代社会に原料とエネルギーを供給する最重要の鉱物資源が不均一に分布していることである。この不均一性は、はるか遠い昔に生物物理的環境が不均一に分布していたことに由来する。その時代、湿地帯や海の浅瀬では、植物（おそらく藻類も）や動物、微生物などが生き死にを繰り返し、その後それらの遺骸は、圧力と熱によって地質学的に変性して、石炭、石油、天然ガスといった化石燃料になった。数億年前の中東は、世界のほかの地域に比べ、それに適した環境だったため、厖大な量の石油とガスが埋蔵されている。こうした埋蔵量の情報は次に、最近米国のイラク侵攻を招き、米国はイラクの石油資源の管理の必要性を主張した。そして現在、中央アジアのカスピ海沿岸――イラン、カザフスタン、トルクメニスタン、アゼルバイジャンとロシア南部にまたがる地域――の資源をめぐって米国、中国、インドの間の競争が現実のものとなりつつある。

かつては石油とガスの産出において世界のトップの座にあった米国は、埋蔵されていた自国の石油を1世紀あまりの間にほぼ使い果たした。石油産出は、1970年頃にピーク（1日あたり1200万バレル）を迎え、その後少しずつ減り、現在は800万バレルぐらいまで下がっている。現在、米国で使われている石油の60%ほどは、輸入された石油だ。世界で残っている在来型石油の油脈の大部分は中東にあるが、２００６年には、この地域は米国の消費の約12％を提供したにすぎなかった。カナダ、メキシコ、ベネズエラ、ナイジェリアといったほかの国々も、大量の石油を供給している（将来的に頼れるほどの埋蔵量はないが）。ほかの鉱物資源の埋蔵量と同じく、石油の埋蔵量の分布も、世界には不均一に分布する。この状況をさらに複雑にするように、世界の石油消費も、米国の石油消費も、１年あたり１％の割合で伸びており、需要が伸び続けるかぎり、米国は、ますますより遠方の、しかも採掘が難しい油脈の石油を輸入しなければならなくなる。

現在、採掘可能な原油の世界的供給は、ピークの産出量にまだ達していないにしても、すぐに達するという兆候を示している。この10年ほどで、世界の年間原油産出量は、大変な探査の努力にもかかわらず、毎年新たに発見される場所の原油の量を超えた。このことは、採掘が可能で、抽出がある程度容易な従来型の石油資源の大部分が近い将来枯渇してしまうという明白な兆候を示している。確かに、21世紀初頭における、油田の発見でおそらくもっとも重要なものは、メキシコ湾の水深数千フィートの海底のさらに数千フィート下にある油田であった。この油田の開発は、資金面でも労力の面でも高くつくだろう。

世界が石油産出のピークに達するのは早晩避けられないことだった。というのは、石油資源は基本的に有限であり、しかも私たちの社会が存続する時間的スケールでは補充されることはないからである。しかし、多くの発展途上国が急速に工業化するにつれて、需要の増大の加速化が見込まれ、石油産出はいまピークに達しつつあるように見える。とりわけ、１９９０年以来８％から10％の年間経済成長率を示している中国は、自国のそれほど多くはなかった石油資源をすでに使いはたし、いまや安定した供給を国外に求めている。人口規模がまもなく中国を追い抜こうとしているインドも、同じ道をたどっている。２００５年以来の石油とガソリンの世界的な価格高騰は、生産の増大は需要の増大よりも時間的に遅れるので、供給が追いつかなくなったことと関係している可能性が高い。価格が高騰したことによって、もっとも貧しい国々はその消費を減らさざるを得なかったが、そうでなかったなら、世界市場での供給はさらに厳しいものになっていたかもしれない。世界人口のさらなる増加は、供給量の減りつつある石油をめぐる競争を激化させる可能性があり、これは文明の平和で豊かな未来にとってよい兆しではない。

しかし、文明の未来を制約する鉱物資源の枯渇は、石油だけではない。天然ガス資源もまた、枯渇の兆候を示しており、なかでも（原子力発電に使われる）ウランや（アルミニウムの原料となる）ボーキサイトの豊かな鉱床は、限られている。これらの資源は一般には「使い尽くされる」ことはない。しかし、それらは、採掘可能性か含有量か、あるいはその両方が低下してゆき、やがては、採掘が高くつくようになるか、あるいはその資源開発が環境に与える損害が社会的な許容範囲を超えるようになる。

生活資源

しかし、人類にとって重要な資源で不均一に分布しているのは、鉱物だけではない。数十万年にわたるヒトの歴史の大部分では、気候の分布と、それとも密接に関係している淡水の分布と量も、鉱物の分布と同様、ヒトの進化の軌跡において重要な要因であった。これら気候や淡水の分布は、ヒトの集団に直接影響を与えるだけでなく、狩猟採集民であった私たちの祖先が食糧として依存していた——そして今日では工業化された農業を支えている——動植物の豊富さのパターンを生み出す重要な要因でもあった。役畜になりうる動物の分布が車輪の使用に影響を与えたように、主要穀物が成長可能な気候の分布も、文明が急速な気候変動にどのように対処するかに大きな影響をおよぼすかもしれない。

地球の鉱物資源と同様、生物資源（生物多様性）もきわめて不均一に分布している。もっとも明白な大きなスケールのパターンは、種の多様性がとくに熱帯地域に集中していることである。なかでも、湿性熱帯林（熱帯雨林、「ジャングル」）とサンゴ礁はそうである。このことが示すように、地球の生物学的な豊かさは多くの場合相対的に貧しい国にある。

同様に、生物種や個体群の分布にも、多くの重要な小さなスケールの（二次的）パターンがある。これらの二次的パターンのうちもっとも重要なもののひとつは、海洋において冷水の涌昇（ゆうしょう）を引き起こすことによって栄養に富む海流を生み出す風に依存している。おもな例は、大陸に沿って西側を流れる海流——たとえば南アメリカの西を流れるフンボルト海流、北アメリカの西を流れるカリフォルニア海流、アフリカ北西とイベリア半島の沖を流れるカナリア海流、そしてアフリカの南西を流れるベンゲラ海流——である。これらの海流は、世界の海洋漁業の漁獲量のうちかなりの部分をもたらす。このように、地球上の広範囲の海洋区域の多くには、物理化学的特性間、生物共同体間の、そしてそれら両者間の際立った相互作用があるが、それは海流によって生み出されている。

あなたはこれらの生態系を知らないかもしれないが、ほかの生態系なら、理解はしていなくても知っているはずである。何種類かの熱帯魚や水生植物のいる水槽は、ひとつのミニ生態系である。巨大な生態系の例は、地球表面の上数マイルから海洋底や地中2マイル——そこでは、数種のバクテリアが生息し、エネルギーを得るために熱岩のなかの水素や（おそらく）放射能を使って、ゆっくりと成長している——までの生物圏であり、あなたはそのなかにいる。生態系は、ある区域内にいて相互に作用し合う生き物——植物、動物、菌類、微生物——の集合体（共同体）である。もちろん、それらの生き物は、物理環境から影響を受け、逆にその環境に影響をおよぼす。1章で紹介した食虫植物の葉の小さな水溜りも、ひとつの生態系だ。そこには、食虫植物と共生関係にあるカだけでなく、微生物、幼生で水中生活をする小昆虫、それと捕まって栄養となる獲物に依存するほかの生き物がいる。

生態系の境界線をどこに引くかは、それをどう定義するかに依存する。というのは、世界のどの部分も、生物や無生物からなる相互作用の網をなしているからである。たとえば、水槽は地球の生態系の一部だし、地中のバクテリアや食虫植物の葉の内部もそうである。もしあなたが農業を営んでいるなら、あなたの農場はひとつの生態系として定義できるし、そういうものとして研究もできるが、それもまた生物圏のなかのより大きな生態系の一部である。生態系は、地球規模の生態系でさえも、「閉じて」はいない（少なくとも長時間閉じているということはない）。もし太陽のエネルギーが短時間でも遮られることがあれば、生物圏は崩壊するだろう。すべての生態系にはエネルギーの入力が必要だからである。

エネルギー

エネルギーは鍵となる概念だ。簡単に定義すると、エネルギーとは、物理世界において変化を引き起こす能力のことをいう。エネルギーについての2つの基本法則は、生態系がどうはたらくかを理解する助けになる。第一の法則は、エネルギーはその形態は変化しうるが、新たに作り出されも、なくなりもしないということである。正確に計算してみたとしたら、宇宙のエネルギーの総和は一定であり続けるが、このエネルギーの形態は変化しうる。たとえば、車のエンジンを例にとると、ガソリンの化学結合のなかに蓄えられていたエネルギーが熱エネルギーに変わり、その熱エネルギーがさらに運動エネルギーに変わる。核爆発で、あるいはもっとゆっくりとした反応として原子力発電所で放出されるエネルギーでさえ、「新しい」エネルギーではない。それは、物質の形態のエネルギーであり、ほとんどは熱エネルギーへと変換される。

物質は、もうひとつのエネルギー形態であり、この形態のエネルギーとより身近な形態のエネルギーの関係は、アインシュタインの有名な公式、$E = mc^2$（Eはエネルギー量、mは物質の質量、cは真空中の光の速度）によって表わされる。光の速度の2乗はきわめて大きな数なので、ほんの少量の物質でも莫大な量のエネルギーをもちうることがわかる。広島に投下されたのと同規模の原子爆弾（TNTで1万5000トンの爆発力があり、都市の中心部を完全に破壊し、残りの多くを焼き尽くすのに十分だ）を例にとると、ほんの1オンスの約40分の1の量の物質――すなわち、物質の形態のエネルギー――が、熱エネルギーへと変換されてこの爆発をもたらし、X線やガンマ線（きわめて高いレベルのエネルギーをもった放射線で、その大部分は爆発には寄与しない）といったほかのエネルギー形態にも変換される。

エネルギーは新たに生まれることも消え去ることもないというのが、「熱力学の第一法則」である。第二法則はそれよりもっと複雑だが、日常的な出来事を理解する上で多くのことを教えてくれる。第二法則を簡単に言うなら、エネルギーは作られもなくなりもしないが、仕事のできないところへと流れることがあるということである。たとえば、車を走らせることでガソリンが燃焼する時、そのエネルギーは消え去ったのではなく、車の運動のなかに――そして熱いエンジンと排気ガスのなかに――依然として存在する。熱エネルギーは最終的には大気へと伝達される。そしてタイヤが道路にこすられたり、ブレーキが踏まれてブレーキディスクを熱したりする時のように、運動エネルギーも最終的には熱に変換されて大気へと伝達される。この熱エネルギーはすべて依然として存在するのだが、大気中の分子の（微視的な）運動の増加として分散されてしまった後は、仕事をすることができない。すなわち、その熱エネルギーは、コーヒーを温めるために、取り戻して使うことはできない。

第二法則は、別の言い方をすると、宇宙全体がどんどん無秩序なものになってゆく――構造が壊れ、秩序がカオスへと移行する一般的傾向がある――ということである。専門的には、熱力学の第二法則が示しているのは、宇宙のエントロピー（ランダムネスあるいは不確実さ）が増しつつあるということだ。エネルギーを用いないかぎり、秩序をとり戻すことはできない。たとえば、1滴のインクをコップの水にたらすと、インクと水の秩序ある構造は壊れて、濁ったカオスの状態になる。もとのインクを取り戻すには、相当な量のエネルギー（この例では、水を蒸留してインクだけにするのに必要なエネルギー）が必要である。自然の反応が秩序から無秩序へという一方向にしか起こらないことは、日常的にだれもが目にしている。アイスティーのなかの氷は融け、もとに戻ることはない。靴底は減る一方で、もとに戻ることはない。高速道路で車に轢かれて死んだリスは腐って消滅し、もと通りになって逃げ去るということはない。

第二法則は、生態系について多くのことを物語る。第一に、生態系は長い間閉じたままでいることはできない。なぜなら、それはエネルギーの新たな入力に開かれていなければならないからである。でないと、第二法則が容赦なく作用し、その生態系は壊れて、無秩序の状態へと一変する。たとえば、水槽の場合、エネルギーは植物に動力を提供する光であり、魚がその植物を食べないのなら、食物を入れてやらねばならない。もし水槽を厚い布で被って食物を入れてやらなければ、すてきな水中展示物も、たちまちにして悪臭を放つ無秩序な汚物になってしまう。

食物連鎖と物質循環

ほぼすべての生態系にとって基本的なエネルギー源は、太陽光である[2]。太陽光は光合成のプロセスを動かす。このプロセスでは、緑色植物は、太陽からのエネルギーを、大気と水からの二酸化炭素と土から得られる無機栄養素と一緒に用いて、エネルギーに富む分子を作り上げる。これらの分子は、炭素、水素、酸素の組み合わせ——炭水化物——で、植物はこれを生命プロセス（代謝）の動力として使う。植物は、呼吸と呼ばれる逆のプロセスによって炭水化物からエネルギーをとり出す。これは、低い温度でのゆっくりとした燃焼（酸化）プロセスである。この抽出されたエネルギーを用いて、植物は、タンパク質、脂肪とＤＮＡといったほかの分子を合成し、自分の体を作り、修復し、繁殖する。

動物もまた太陽のエネルギーを使うが、そのエネルギーを得るには、光合成によって太陽エネルギーを摂り込んだ植物を食べることによってか（草食動物）、あるいはほかの動物を食べることによって間接的に（二次的、三次的、あるいは四次的のこともあるが）得るか（肉食生物、肉食獣や寄生動物）する。したがって、「肉はもとはみな草である」という言い方は、基本的には正しい。もし光合成というものがなかったら、私たちもいないだろうし、化石燃料もないだろう——それらも、究極的には太陽エネルギーに由来する。

光合成において吸収された太陽エネルギーから、植物自身が使うエネルギーを差し引いた残りが、その生態系の純一次生産量（ＮＰＰ）である。ＮＰＰが重要な量であるのは、それがウイルスや菌類からゴキブリやヒトに至るまで、光合成をしないほとんどすべての生物にとって基本的な食糧（エネルギー）を供給するからである。ＮＰＰに関係した測度から始めて、生態学者は、たとえばトウモロコシを食べるウシの肉を１００万人に提供するには、どれだけの量のトウモロコシを育てなければならないかを計算する。

いま述べたどの動植物をどの動植物が食べるかというつながりは、食物連鎖と呼ばれる。例として、草から始めてみよう。草は、太陽（専門的には一次生産者ということになる）からのエネルギーを取り込んで、このエネルギーを自らの生命プロセスの動力として使う。このエネルギーの一部は次に、草を食べるウシ（草食動物、一次消費者）に取り込まれ、さらにその一部は、夕食にそのウシの肉をステーキとして食べた人間（肉食動物、二次消費者）のなかに入る。不幸にしてこの人間がその夜中にライオン（肉食動物、三次消費者）に食べられてしまったとしよう。これでライオンはエネルギーを得るが、ノミ（寄生者、四次消費者）がライオンの血を吸い、少量のエネルギーを得る。このように、太陽エネルギーは、生産者から最終消費者まで、鎖でつながって、４つの段階を経る（ノミを動かしているのは太陽なのだ！）。食物連鎖のそれぞれの段階は、栄養段階と呼ばれることもある。実際には、いくつもの食物連鎖がつながって、通常は複雑な食物網をなしている（図9・1）。結局のところ、ヒトは、ステーキだけでなくリンゴやレタスも食べるし（専門的には私たちは雑食動物だ）、ライオンはヒト以外のものも食べる。例に示した直線的なつながりの食物連鎖は、わかりやすいように抽象化してある。

食物連鎖の各段階、とくに最終段階（ある意味の最終消費者

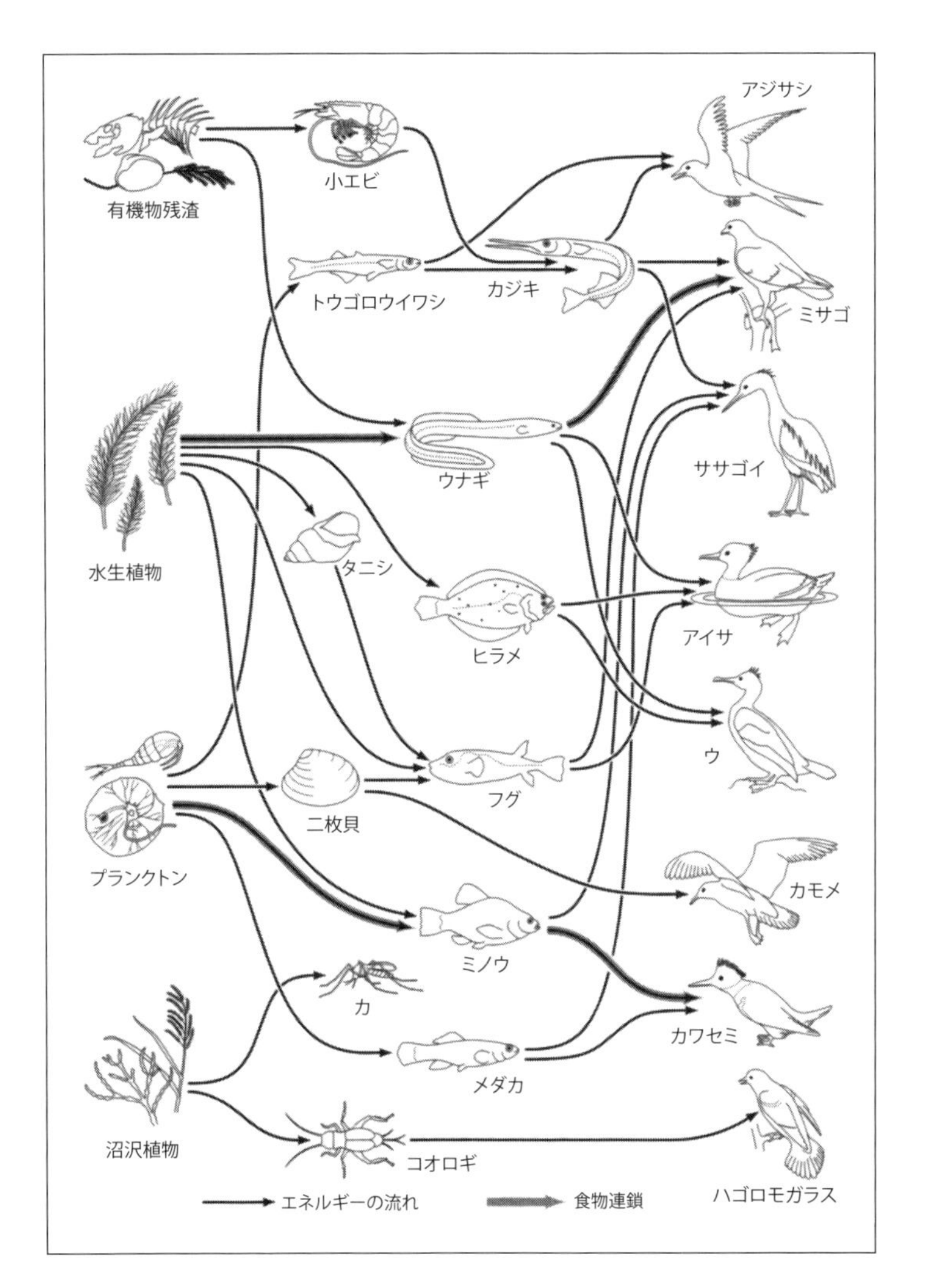

図9・1　ロングアイランドの河口の食物網の一部。矢印はエネルギーの流れを示す。灰色の線で示してあるのは、2つの食物連鎖。水生植物 → ウナギ → ミサゴと、プランクトン → ミノウ → カワセミ。Woodwell, G. M. 1967. Toxic substances and ecological cycle. *Scientific American* 216: 24-31 にもとづいて作成。

の段階）には、排泄物やふけのような老廃物や死体を食べる分解生物がいる。枯葉、死んだハゲワシやバクテリアなど、生きていない有機体はすべて、なんらかの形で隔離されて化石燃料になるといった場合を除き、最終的には分解される。もちろん、太陽は究極的には、ハゲワシ、イエダニ、フンコロガシ、そして分解を行なうバクテリアの動力にもなる。このようなものからおさがりの太陽エネルギーを手に入れることは、（私たちには）あまりよい印象を与えないが、しかし複雑な分子を単純な無機栄養素——炭素、リン、窒素、イオウや生命に欠かせないほかの元素——へと分解するにはこの方法しかなく、このおかげで、植物はそれらを土や水から吸収できる。

分解によって、生態系のなかの栄養分は、物理環境から植物

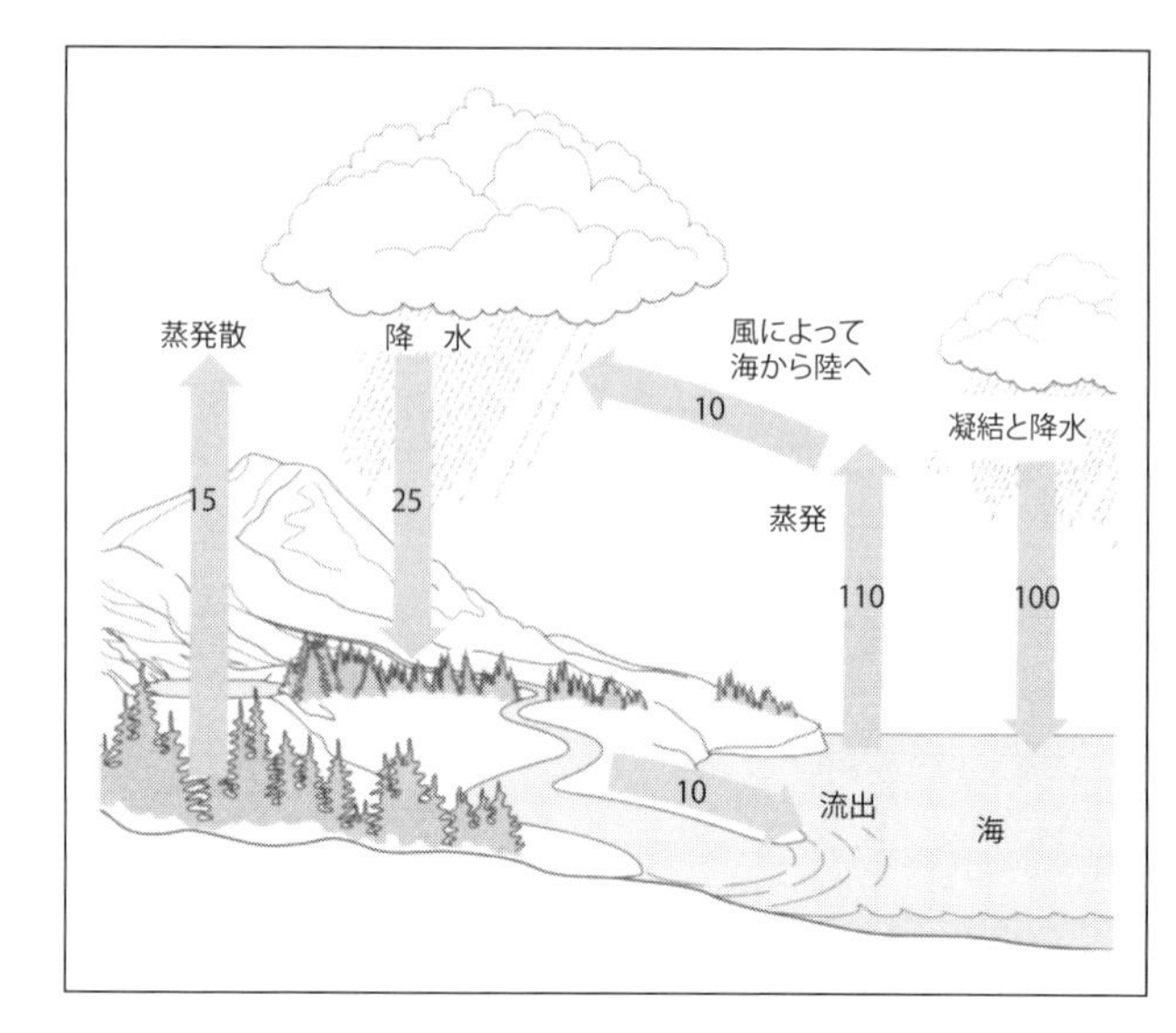

図９・２　水循環。蒸発散は、地表面からの水の蒸発と植物から蒸散される水分を含んでいる。大体の量が１年あたりの立方マイルの水量で示されている。Budyko, M. I. 1974. *Climate and Life*. Academic Press, New York のデータにもとづき作成。

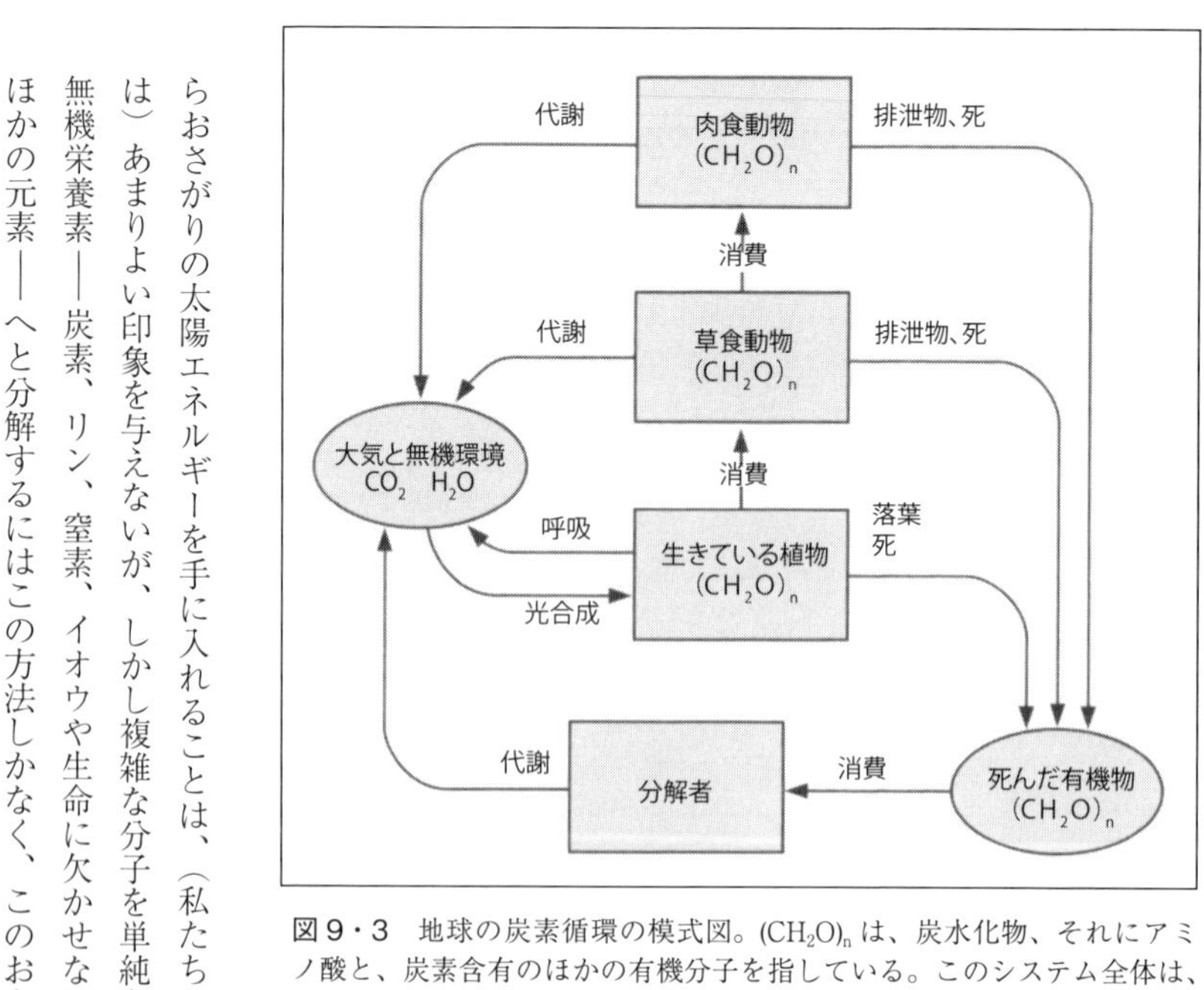

図９・３　地球の炭素循環の模式図。$(CH_2O)_n$ は、炭水化物、それにアミノ酸と、炭素含有のほかの有機分子を指している。このシステム全体は、入ってくる太陽エネルギーが光合成を起こすことによってはたらく。

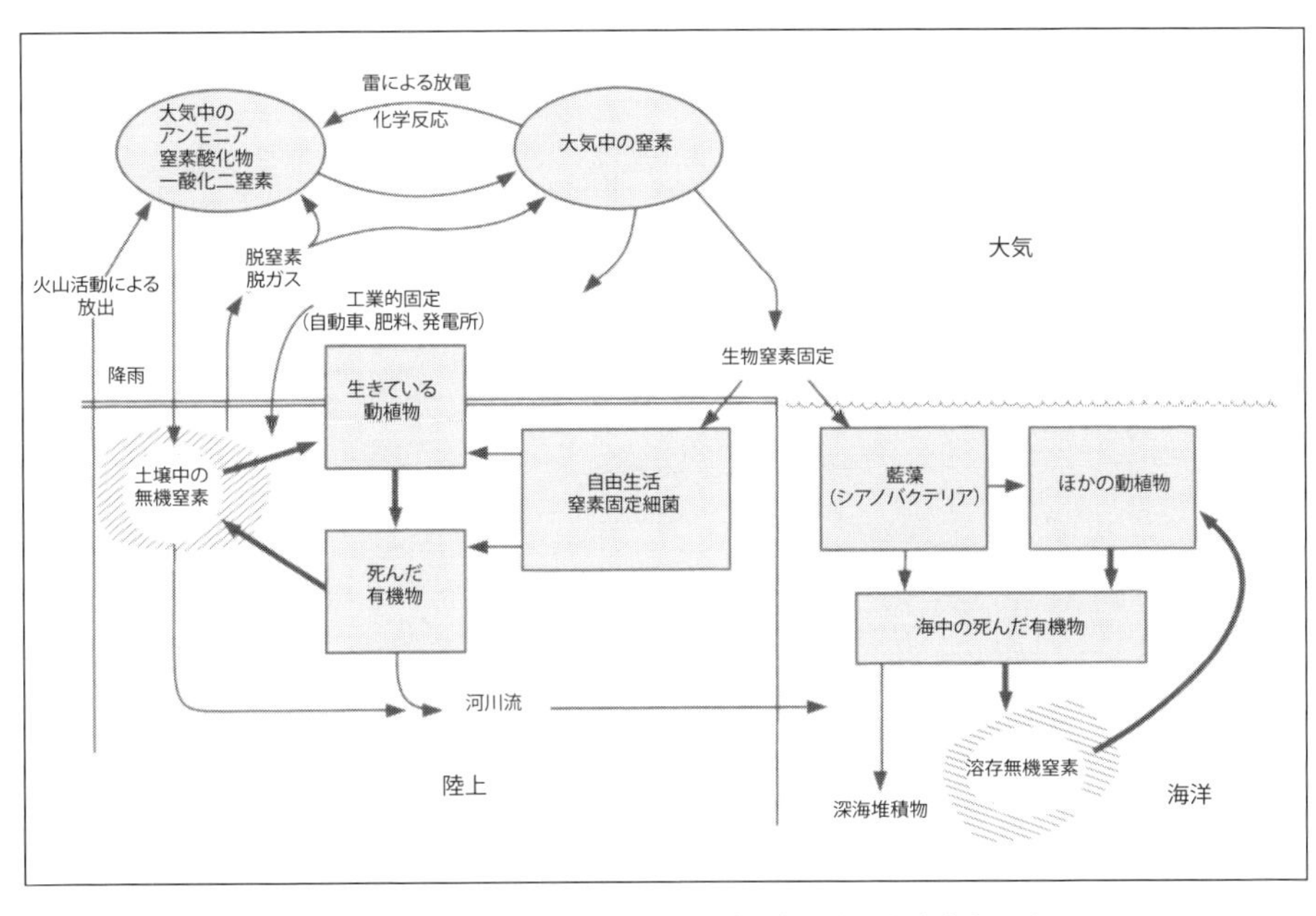

図９・４　地球の窒素循環の模式図。太線の矢はもっとも大きな流れ。

へ、植物から消費者へ、消費者から分解者へ、そして分解によって物理環境へと戻り、また再び植物へというように、循環が繰り返される。これらの養分循環は、生物の食物網が地球の地質学的・化学的特性と相互作用するので、生物地球化学的循環と呼ばれる。この循環は、生態系の、そして地球全体の重要な特性である。それらは、生態系を通しての水の動き、すなわち水循環（図９・２）と密接に関係している。生物地球化学的循環と水循環が一緒になって生命を可能にする。

生命にとってもっとも重要な元素は炭素と窒素であり、図９・３と９・４は、地球の炭素循環と窒素循環をそれぞれ簡単に図式化したものである。図からわかるように、炭素循環の本質は、光合成、呼吸と食物網にある。窒素循環も、ほかの生物地球化学的循環にあるような流れとプールのパターンを示す。もっとも大きなプールは窒素分子（N_2）であり、大気の78％を占める。ほとんどの有機体は、タンパク質の合成に窒素を必要とするが、N_2の形では窒素を利用できない。しかし、ある種のバクテリアは、複雑で重要な窒素固定のプロセスにおいて、N_2をアンモニア（NH_3）や最終的には硝酸塩（NO_3）に変える役割をはたし、これらが植物に利用される。

このように、私たちの呼吸する空気のなかには厖大な量の窒素があるにもかかわらず、私たちが知るような地球上の生命は、さまざまな種類の窒素固定微生物に全面的に依存している。そのなかでもっとも有名なものは、マメ科植物の根の上の特殊な粒のなかで生きる根粒菌というバクテリアである。このバクテリアは、マメ科植物から窒素固定反応のために必要なエネルギーをもらい、その代わりにその植物にはアミノ酸――DNAの指令下で集められてタンパク質になる――を作る上で欠かせないアンモニアを提供する。これは、共進化の関係のみごとな例であり、人類は、ほかの作物とマメ科植物を交替で植えることによって、この関係を大いに利用している。というのも、マメ科植物は、余分な固定窒素を生み出して、土壌中のアンモニアと硝酸塩のプールを回復させるからである。土壌中の窒素のこれらのプールは、窒素を固定できないコムギのようなほかの大部分の植物によって使い果たされる。一方、ほかの脱窒菌は、硝酸塩を窒素分子（N_2）に変えることによってエネルギーを得、N_2が大気のプールに帰る。

工業社会は、人為的に、循環に肥料の形で固定窒素を（時には大量に）加えて、窒素の不足した土壌の作物の生育を経済的に採算のとれるものにしている。人類はまた、化石燃料、木材、自然の草木を燃やし、湿地から水を抜き、土地を開墾する。これらはみな、窒素を遊離して、地球の循環に使えるようにする。ヒトのこれらの活動は、窒素が土壌にもとづく窒素循環に入る速度を倍加させてきたが、これは、12章で論じるように、水界生態系に悪影響をおよぼしうる。こうしたヒトの活動は、環境を大きく変えることによって、多くの生き物の進化の軌道も変える。

熱力学の第二法則のもっともよく知られた作用は、この循環の食物連鎖部分のはたらきに見られる。太陽エネルギーは使われるごとに、仕事に使えるエネルギーが少なくなってゆく。つまり、草食動物の生命のプロセスを動かすために、彼らが取り込む太陽エネルギーのカロリーは、植物によって最初に取り込まれたカロリーよりずっと少なくなる。肉食動物が得るカロリーはさらに少なく、肉食動物を食べる肉食動物では、それよりもさらに少ない。この循環を閉じる重要な役目を担う分解生物が得るエネルギーは、全体で見ると最少になる。大まかな値（少なく見積もりすぎかもしれないが）で言えば、食物連鎖の各ステップでは、使えるエネルギーの90％近くが使われない。したがって、ほかのすべてが等しいと仮定すると、ある食物連鎖においては、草食動物の全重量は、植物の全重量の約10％でしかなく、肉食動物の全重量は、草食動物の全重量の約10％にしかならない。これが、生物学の教科書によく出てくるバイオマス（生物量）のピラミッドを生み出す（図9・5）。それは、なぜ害虫を食べる昆虫の個体数は草食性の害虫の個体数より少ないのか、なぜセレンゲティ平原ではライオンよりもウィルドビーストやシマウマの数が多いのかの理由でもある。

もちろん、つねにこうなわけではない。たとえば、生産者が世代交代の速い（たとえば1週間に数世代といったような）小さな水生植物（植物プランクトン）で、草食や肉食の動物が1年が1世代の魚だとしよう。この場合に、ある時点では、生産者のバイオマスよりも魚のバイオマスのほうが大きい――バイオマスのピラミッドが逆転する――ということも起こりうる。しかし、この植物プランクトン全体の生産は、大量のエネルギーが使われ、この連鎖の各レベルでエネルギー利用を見るなら、ピラミッド構造は維持されている。

以上のことから言えるのは、次のように単純である。コムギ、コメやトウモロコシのような穀物を直接食べるほうが、そうした穀物をウシに食べさせ、その肉を人間が食べるよりも、より

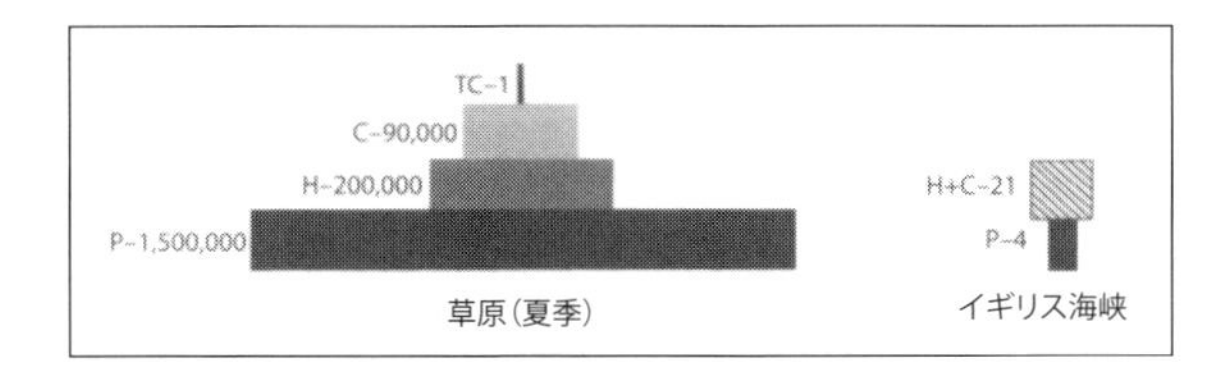

図9・5　左は夏の草原のバイオマス（生物量）のピラミッド。P：生産者（太陽エネルギーを用いて光合成をする植物）。H：草食動物。C：肉食動物。TC：最上位の肉食動物（ほかの動物を食べる動物）。数字は1000平方ヤードあたりの推定される生物の総重量。右はイギリス海峡のバイオマスのピラミッド。数字は、1平方ヤードあたりの乾燥重量をオンスで示したもの。生産者のバイオマスが少量であっても、生産者（植物プランクトン）が急速に繁殖することで、多量の草食動物と肉食動物を支えることができる。これは、数日ごとにスーパーから食品を「再生産」するので、冷蔵庫にあなたのバイオマス以上の食糧を入れておく必要がないのと同じようなものだ。Odum, E. P. 1971. *Fundamentals of Ecology*, 3rd ed. W. B. Saunders, Philadelphia より。

多くの人々を養えるということである。熱力学の第二法則からも示唆される重要な基本原理は、生態系のなかで物質は循環するが、エネルギーは循環しないということだ。生態系に入るエネルギーは、散逸して、熱エネルギーになって使われる。

生態系の複雑さは、いくら誇張しても、しすぎることはない。その複雑さは個体のレベルから始まる。生物は、環境との間でガスや物質を交換している。動物は、たとえば酸素を吸収して、それを使って炭水化物を燃焼させ、このプロセスの排出物として二酸化炭素（CO_2）を吐き出す。動物が食物を消化する時には、タンパク質が分解され、環境へは重要な分解産物としてアンモニア、尿素や尿酸が排出される。排出するのがどのような排泄物になるかはおもに、その生物にとって水を保つ必要性がどの程度重要かによっている。アンモニアを作るのにはそれほどのエネルギーは要しないが、それを排出するには多量の水を必要とし、魚の排泄物はそうである。尿酸はこの逆であり、たとえば砂漠に生息するトカゲは尿酸を排泄する。私たちはその中間である――少量の尿酸は排泄するが、尿のなかの「活性成分」のほとんどは尿素である。理由はよくわかっていないが、尿酸を過剰生産するか、あるいは尿酸を排泄できないような体質の人は、関節に尿酸がたまりやすく、通風が引き起こされる。

すでに述べたように、それぞれの生物は、生態系においてさまざまな地位――生産者、肉食者、寄生者など――のうちどれかを占める。すなわち、日陰でよく生長するように進化した低

木や、低木の防衛的な化学物質を解毒できるように特殊化した昆虫といったように、それぞれの生物はその生物共同体のなかでそれぞれ異なる役割をはたす。すでに述べたように、このような役割はニッチと呼ばれる。たとえば、「大きな嘴のフィンチのニッチ」、「陰生植物のニッチ」、「陰生植物を食べる動物のニッチ」といったように。一般的なニッチの名称は「花粉媒介者」（植物の受粉を助ける生き物）や「食虫者」（昆虫を食べる生き物）といったものだが、さらに詳しく、「果食性のコウモリ」（果物を食べるコウモリ）のような名称も使われる。

実際はこれより多少は複雑で、多くの生物は環境と相互作用し合い、それによって（たとえば、ジガバチが幼虫の育児室として小さな泥の巣を作る時のように）部分的に自分たちのニッチを作り上げることもある。場合によっては、ある生物種によるニッチの形成が、生態系全体を作ったり、変えたりすることもある。後者のよく知られた例は、ビーヴァーである。ビーヴァーは、木を切り倒し、ダムを作って景観を一変させてしまう。スケールはこれより小さいが、小型のキツツキ、シルスイキツツキは、木に穴を開けて巣を作り、穴を開けて樹液を吸うが、その過程でほかの鳥やリスや昆虫が利用する小さな生態系を作り出す。そしてもちろんはるかに大きなスケールでは、ヒトが、生物圏全体を自分たちのニッチへと作り変えている。ヒトも、シルスイキツツキも、ビーヴァーも、生態系エンジニアと呼ばれるものの例であり、自分たちのニッチを作り上げる過程で、ほかの生物のニッチも変え、その結果すべてのものの進化の軌跡に影響をおよぼす。

生物は複数の役割をはたしているため、そのニッチも多元的であり、ニッチを定義するのはそう容易ではない。たとえば、ハチドリは花の蜜を吸う蜜食動物だが、その過程で花粉媒介動物にもなる。すなわち、ハチドリの体に花粉の粒子が付着するように花の形を共進化させてきた植物の蜜を採取し、花粉をほかに運ぶのだ。また、ハチドリは昆虫も食べ、それによって、蜜にはほとんど含まれていないタンパク質を摂取する。ハイイログマもいくつもの役割をはたしている。彼らは、ネズミやベリーだけでなく、海洋の食物連鎖のなかにいるサケも食べる。つまり、生態系は通常は個別の独立した食物連鎖からなるのではなく、複雑な食物網——ほかの生態系の食物網とも結びついている——からなるのである。ニッチ、食物連鎖と食物網、そしてニッチの形成は、いずれも有用な概念である。それらは、（自然のなかをただ散策しただけではわからないような）生物の相互作用の複雑さを考える上で欠かせない。

土壌と堆積物

生態系の気づかれざる複雑さの極致は、土壌かもしれない。多くの人が考えるように、土壌は、岩がすり砕かれたもので、植物が立っていられるように支えるものというだけではない。

土壌は、その上にあるものと密接に関係してはいるものの、それ自体が豊かな生態系だ。豊かな土壌だと、1平方メートルの土のなかに、昆虫、ダニ、線虫といった数万匹の小さな無脊椎動物と、数兆もの藻類、菌類やバクテリアがいる。これらみなが、土と堆積物のなかで、相互に関連し合った生き物からなる壮大な世界を構成している。多くの点で、この世界についての私たちの知識は、19世紀にチャールズ・ダーウィンとアルフレッド・ラッセル・ウォレスが探検して得た動植物についての理解とほぼ同じような段階にある。彼らは、ダーウィンの言う土手の上の「雑踏」には詳しかったが、土中の雑踏の詳細までは知らなかった。

とは言え、確信をもって言えるのは、地上と地下の生態系は緊密に関係しており、そして水中とその下の堆積物の間にも緊密な関係があり、地中や堆積物中で行なわれている多くの活動が人類への基本的サービスの供給に関係しているということである。もっとも明白な例は死骸の処理――土壌中の生物による養分のリサイクル――である。これらの生物は、動植物の排泄物や死骸を基本的養分へと分解し、それらの養分はふたたび動植物（ヒトも含まれる）の組織を作るために使われる。光合成がなかったならというのと同様、これらの賛美されない生き物の活動がなかったなら、ヒトの生はありえないだろう。

気候との結びつき

生命にとって、大気と海洋の関係は、地球の物理的構成のなかでおそらくもっとも重要なものである。大気－海洋システムは、ほぼすべての生態系に影響を与える（例外は、地表面の数マイル下にいるバクテリアの生態系ぐらいだ）。もっとも重要なのは、大気－海洋システムが、生命のさらされる気温だけではなく、大気の循環、海流、降水と水循環など――これらはみな、ヒトを含むほとんどあらゆる生命の生と進化に大きな影響をおよぼす――も制御しているということである。

気候――地表面の特定の場所の平均気温、風や降水――は、基本的に熱機関のはたらきの産物である。熱機関とは、熱エネルギーを運動エネルギーに変換するしくみを指す。それは、太陽からのエネルギーによってはたらき、その作用は地球の自転と地軸の傾き（これが季節を生み出す）の影響を受ける。いまニュースとして幾度となくとりあげられている気候変動の問題の中心にあるのは、この気候システムである。

エネルギーは、太陽から、電磁波――紫外線（UV）、可視光線、赤外線（IR）――としてやってくる。赤外線と波長の短い紫外線（UVBとUVC）のほとんどは、大気の上層のガスに吸収される。一方、雲による反射がなければ、波長の長い紫外線（UVA）と可視光線は、ほとんど弱められることなく地表面に届く。成層圏では、UVBは、3つの酸素原子からなる不安定な分子、オゾン（O_3）によって吸収される。このオゾンがきわめて重要なのは、UVBが生命にとって有害だからである。事実、海中の光合成生物が成層圏にオゾンを恒常的に提供するのに足るだけの酸素を生み出すようになるまで、生命は海中に限られていた。

大気の下層部に届く太陽の電磁波のうち、4分の1強は、雲、塵や地表面（とくに雪や氷）によって反射される。なかでも雲の反射がもっとも多い。地球のこうした反射は、専門的にはアルベドと呼ばれている。全体で見ると、大気の一番上の部分に届くエネルギーの約半分が、地表に入り込み反射されない。それは、土、海、植物、建物、人間などに吸収され、これらを暖め、水分を蒸発させなどする（図9・6）。このうちのほんの一部、しかし決定的に重要な一部が植物に取り込まれ、光合成のプロセスによって化学的エネルギーへと変換される。

しかし、熱力学の第一法則からわかるように、これで話が終わるわけではない。エネルギーは作り出されも消え去りもしないので、地球が入射してくる太陽エネルギーの一部を吸収するだけなら、地球はとうの昔に燃えてしまって姿をとどめていないだろう。地球がほぼ平衡状態を保つためには、入ってきたのと同じだけのエネルギーが出ていく必要がある。つまり、エネルギーは、赤外線の形で地球の外へと再放射され、つねに地球から出ていっているのだ。大気中の気体、塵や雲と地球表面との間の流れは複雑ではあるが、最重要な原理がひとつある。大気の成分は、入射してくる短い波長の可視光線と紫外線の大部分を通すが、赤外線は通さない。たとえば、水蒸気と二酸化炭素の分子は、赤外線を通さず、吸収する。それら自体も暖かくなり、ふたたびエネルギーを赤外線として放出する。しかしこの赤外線は、外の宇宙に向かうだけではない。およそ半分は、地球表面へと戻される。

地表に向けてのこの赤外線の放射が、いわゆる温室効果――こう名づけられたのは、それが地球表面の平均気温をマイナス18度からプラス15度へと上げるからである――を生じさせる[3]。これは幸運なことである。なぜなら、温室効果がなければ、地球では、ほとんどの形態の生命は生きてゆけないからである。出てゆく赤外線を遮る分子をもつ水蒸気やほかの気体は、温室効果ガスと総称される。これらが、13章で述べる気候変動の主役を務める。

赤道周辺には、極に比べより多くの太陽エネルギーが届き、熱帯地域と極地域との間の温度差が、気象の原動力になる。熱気は上昇して冷却され、その過程で大気中の水分が搾り出される。これによる多量の降雨が、アマゾン川流域の森林やほかの熱帯雨林の植物を繁茂させる。乾燥し冷やされた大気は極方向に移動し、次に北緯・南緯30度付近で下降して、ふたたび温まる。これらの緯度にある主要な砂漠（たとえばサハラ砂漠やチリのアタカマ砂漠）を作り出したのは、暖かく乾いた空気のこ

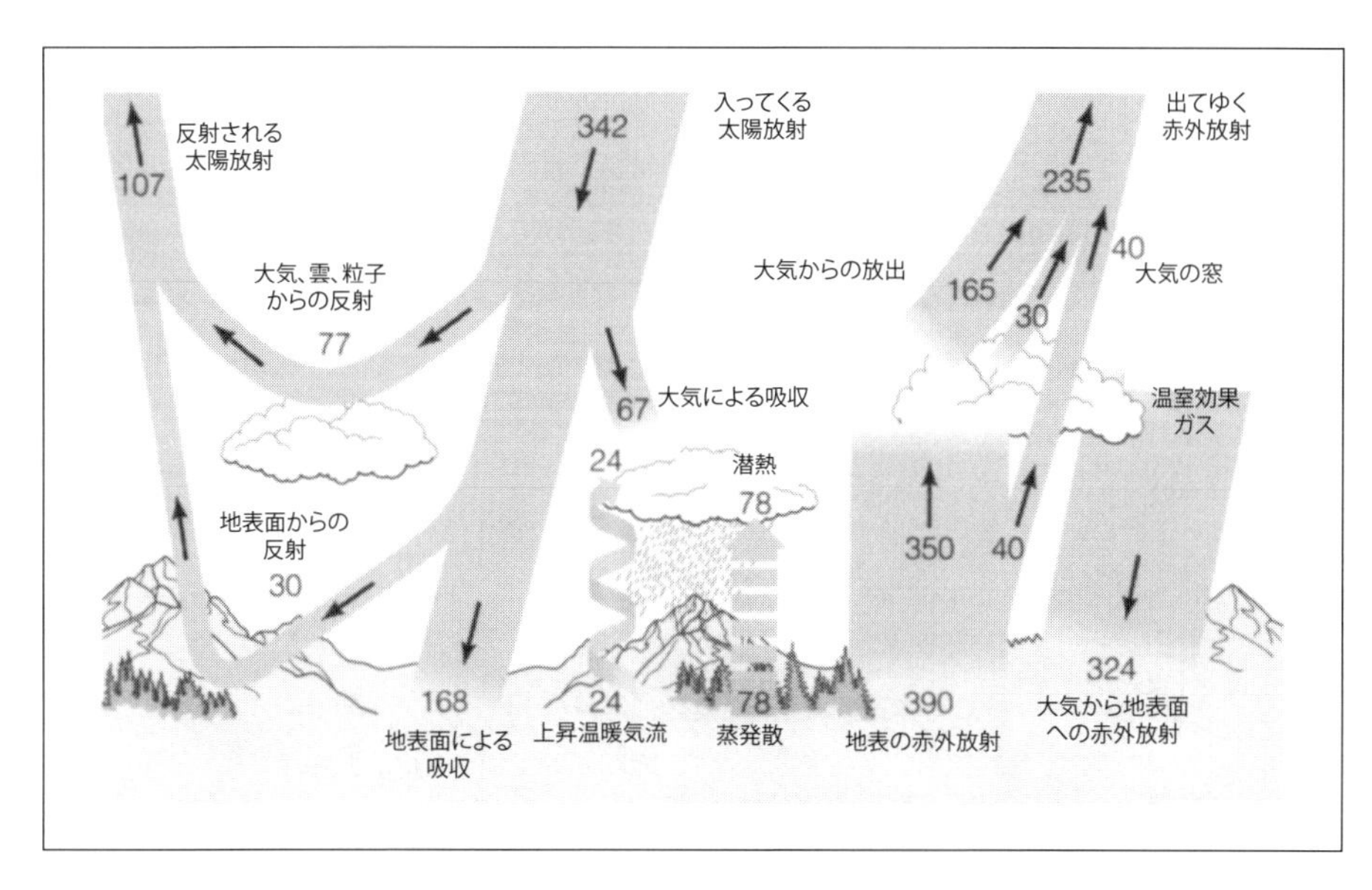

図9・6　太陽エネルギーの約4分の1は反射され、約半分が表土、海洋、植物、人為的建造物によって吸収され、地表を温め、水分を蒸発させ、光合成に利用される。図のなかの数字は、地表1平方メートルあたりの推定ワット数（W/m^2）。出てゆくエネルギーの合計（赤外線として235W/m^2、反射光として107W/m^2）は、入ってくる太陽光の342W/m^2に等しい。つまり、地球のエネルギー収支はほぼ釣り合っている。大気中の粒子と温室効果ガスは、（「大気の窓」を通過可能な波長を除き）出てゆく赤外線を吸収し、それを地表に向けて再放射する。この逆放射が「温室効果」を生み出す。熱の一部は上昇温暖気流によって地表面を離れる。また一部は、上昇する水蒸気が圧縮されて水の液体分子の雲になる時にも、放出される。Kiehl, J. T., & Trenberth, K. E. 1997. Earth's annual global mean energy budget. *Bulletin of the American Meteorological Society* 78 (2) を描き直す。

のカスケードである。極に向けてのさらなる運搬はおもに大きなサイクロンシステム（内側に渦を巻く風をともなう低気圧域）によってなされる。このシステムは、北半球では反時計回りにはたらき、循環の東にあたる地域では北に向かって暖気を運び、西にあたる地域では南に向かって冷気を運ぶ。これらは、地球の気温差から生じる複雑な縦と横の大気の循環の主要な特徴のいくつかだが、これが、ヒトの進化（遺伝的進化と文化的進化の両方）にとって決定的な役割をはたす気候を生み出している。

気温の違いは、風のパターンを生み出す気圧の勾配を形成することによって、地球規模の海流も動かしている。これらの海流は風と相互作用して、天候パターンとさまざまな気候条件を生じさせる。たとえば、大西洋を流れるメキシコ湾流は熱を北に運んで、風に熱を渡し、その風がヨーロッパに暖気をもたらす。これによって、イギリスの気候は、同緯度にあるラブラドル半島の気候よりもはるかに温暖になる。風と海洋循環はまた、はるか遠くまで塵を運んで海洋中の島々にそれを降らせて、それらの島々を肥沃にし、養分の噴出を引き起こして、収獲される魚の生産を支える。

ガイアの概念

もっとも包括的な生態系は生物圏であり、これは生命を支える厚さの薄い大気の層と、それよりもさらに薄い地球表面の部分からなる。直径およそ８０００マイルの地球の表面の約10マイルの厚さの部分であり、これはリンゴとその皮の厚さにほぼ等しい。

ヒトだけでなく、生命それ自体も、この地球に劇的な影響をおよぼし続けてきた。生命は、大気中に酸素を放出してきたし（いまや酸素は地球の気体の5分の1を占めるまでになっている）、海洋に巨大なサンゴ礁を作り上げ（サンゴ礁の動物と藻の協同作業によって堆積物状の大きな岩が生み出される）、地表面に住みついて地表面を変え、それによって地球のアルベドも変化させてきた。生命は、陸地を作り上げる上でも役割をはたしたかもしれない。海と大気に酸素を行き渡らせたこの同じ光合成は、玄武岩の崩壊や花崗岩やそれに似た物質——これらが大陸の表面の部分を構成している——の生成にエネルギーを供給した可能性もある（最近そのような推測も出てきている）。

このように生命は、地球の表面の大気と物理特性に、過去にも、そして現在も大きな影響を与え続けている。これをもとに、化学者、ジェイムズ・ラヴロックは「ガイア仮説」という独創的な考えを提案した。彼によれば、地球そのものが、有機体のように自己調節を行なって進化する——その構成要素である生物が自分たちの物理環境を改良し続ける——システムなのだという。この仮説に魅了されている人々は、嫌気生物——生命活動に酸素を用いない微生物で、逆に酸素が毒になる——の運命についても考えるべきかもしれない。数十億年にわたって、光合成をする生物によって、大気中と海中の酸素の量は増え続けてきた。およそ5億年前まで、酸素は、大多数の嫌気生物には有害であった。これらの生物の一部は、酸素のない少数の生息環境で依然として生き続けているが、ほかの多くは絶滅に追いやられたのに違いない。この点で、生物が地球を生命にとって快適に保っているという仮説は支持されそうもない。確かに生命は地球を作り変えてきた（これは「弱いガイア仮説」と呼ばれる）が、地球は決して生命体のようなものではない。淘汰が作用するたくさんの増殖する地球があるわけではない。模様の違うオオシモフリエダシャクやDDTへの耐性が違うショウジョウバエのように、繁殖や生き残りの点で違いのある、地球と同サイズの惑星がいくつもあるわけではないのだ。地球は自らを複製することなどないし、その環境に適応的に反応もしない。それは、繁殖する何千もの地球があって、それらに対して自然淘汰が何百万もの世代をかけて作用するなかで生き残ったものではないからである。生命が生命自身のためになるように地球の進化をなんらかのやり方で「方向づけ」ているという考えは、まったく役に立たない。

量にまで減少し、N_2Oの濃度は、脳に損傷を与えるほどの量へと上昇した。24種類の脊椎動物のうち19種類はほとんどすぐに死に、花粉を媒介する動物もみな死に絶えた。CO_2を吸収するために実験に加えられたつる植物が勢いよく繁茂した。害虫が自然に駆除されることもなかったので、「いかれアリ」（ものすごいスピードで走り回るのでそう呼ばれた）、ゴキブリやキリギリスが大量発生した。バイオスフィア2に呼吸用の酸素が持ち込まれ、太陽光では足りない分のエネルギー、飢餓を避けるためのキャンディバーも持ち込まれたにもかかわらず、その試み全体が崩壊し、バイオスフィア人は逃げ出してしまった。

この実験は、相対的に安定した生態系のはたらきが豊かな生物多様性に依存しており、ヒトには安定した大規模な生態系――とりわけ、たえず変化し続ける条件に適応できる生態系（「バイオスフィア1」のような生態系）――を作り上げることはできそうもないということを劇的に示している。次のいくつかの章で見るように、いま地球の生態系――私たちの生命を支えるシステム――は少しずつ壊れつつある。バイオスフィア2は、バイオスフィア1の生態系の破壊がバイオスフィア2の実験のような結果を招くかもしれないという警告を与えてくれる。そして私たちには、逃げてゆけるバイオスフィア3はない。

生物圏の複雑性

生物圏がいかに複雑か、ヒトがそれを「管理」することがいかに不可能に近いかは、「バイオスフィア2」実験が端的に示している。この計画は、1980年代に2億ドルのお金（決して安くはない）を注ぎ込んで始められた。それは、アリゾナに建設された3エーカーの広さの密閉された温室で、生物圏そのもの（地球のことで、これが「バイオスフィア1」にあたる）を模した自給自足的なミクロコスモスとみなされた。適切な動植物や微生物のいる草地、湿地、サンゴ礁のある小さな海といった一連の小規模な生態系が用意された。かなりの面積の土地が集約栽培にあてられた。これらが、1991年にバイオスフィア2のなかに閉じ込められた4名の男性と4名の女性（「バイオスフィア人」と呼ばれた）に食糧を供給するはずだった。

いま考えてみると、このような単純な生態系でさえ相互作用の大半が予測不可能なのだから、どのような結果になるかは目に見えていた。それらを適切にデザインするだけの十分な知識はなかったので、要素となる生態系のどれもがすぐに崩壊した。酸素の濃度は、アメリカ本土の48州でもっとも高い山々よりも3000フィート高いところ（海抜5200メートル）の酸素

10章　ヒトによる地球の支配と生態系

「植物生態学者が現在一般に受け入れているのは、植物がたえずさまざまな種類の変化をこうむっているということだけではない。さらに、植物の群集を静的なものとしてではなくその変化に注目して研究すると、植物の本質と世界のなかで植物のはたす役割についてはるかに深い洞察が得られるということもである。」

アーサー・タンズレー、1935 [1]

生物圏はいま現在、ヒトの社会によって大きく変わりつつあり、その変化は過去6500万年間で——大隕石が地球に衝突して恐竜が絶滅して以来——もっとも急速に起こりつつある。しかし、変化は、これまでもずっと生物圏とその構成要素である生態系の大きな特徴であった（生態学者はそれを認識するのにいささか遅きに失したが）。このことを指摘したのは、「生態系」という用語を最初に用いたアーサー・タンズレーだった。

1930年代から50年代にかけて、群集生態学と呼ばれる領域の初期の研究の見解の形成を助けたのは、定常状態を好み、似たものどうしをグループに分類するという、ヒトのもつ傾向だった。群集生態学は、たとえばダーウィンが述べたような土手の雑踏（1章参照）のように、さまざまな種類の生き物からなる集合体の研究であり、世界の各部分は「極相」の群集をもつと考えられた。この極相とは、ある土地に生息する動植物の集合体が最終的に——それはおもに植生への物理的要因の影響によって決まるが——行き着くことの多い安定した状態である。遷移として知られるこのプロセスは、徐々に自然をその「適正な」状態へと戻す——いわば地理的な「存在の大いなる連鎖」のようなものだ——と考えられていた。

最近になって、生態学者は、局所的な区域だけでなく地球全体もたえず変化しているにもかかわらず、自分たちが極相を静止状態として思い描いているということに気づいた。遷移は、ある区域内で撹乱の後に一連の植物の置換が起こるという一般的な現象である。たとえば、地球高温化にともなってアラスカの氷河が後退すると、地表が新たに露出し、そこには最初に、コケや多年生草の一種、小型のヤナギランのような植物が群生する。次に斜面や土壌形成に応じて、ほかの草やアシが続き、そのあとヤナギの潅木が続く。通常は、この次に直立性のヤナギとハンノキが生え、ほかの草や潅木と一緒に茂みを形成する。そしていくつかの区域では、一般に「極相」と呼ばれるものが徐々に形をなしてゆき、数百年ののちには、下にはコケが生えたトウヒの森ができあがる。ほかの区域には、極相の段階として、ツガの森が現われる。

しかし、森の極相は終わりではない。それは、コケが水を貯め、必要な酸素を根から奪いとって樹木を殺すにつれて、しだいに消滅する。その結果として起こるのは、別の遷移であり、おそらくは池の散在する開けた沼沢地になり、その後気候の変化やほかの要因がその地域の生態系に影響を与えるにつれて、別の遷移が起こる。もちろん、遷移のプロセス自体は、たえず変化し続けるものであって、その速度は、ひとりの研究者の一生ではほとんど気づけないほどゆっくりしていることが多い。ヒトが急速に地球を変え始める以前、山は浸食によって削られ、川は流路を変え、気候は変動し、大陸はゆっくりと動き続け、これらみなが動植物の生態系に大きな影響をもたらし、数兆もの（数え方によってはそれ以上の）遷移の連続を引き起こした。

ある区域にどれだけの「極相」群落が存在するかは、境界と時間スケールを定義するという問題に等しい。私たちは毎年、7章で紹介したヒョウモンモドキの生息地だったスタンフォード大学のジャスパーリッジ生物保護区を訪れているが、植生は夏、秋、冬ではほとんど同じであるように見える。蛇紋岩土壌（多量の重金属の入った特別な鉱物混合物を含んでおり、進化的にそれに適応していない植物にとっては生存に適さない）の上に生える草の上に生息していたヒョウモンモドキは、10年以上前に絶滅してしまった。ヒョウモンモドキの幼虫が食べる植物種はまだそこにあるが、数が減り、蛇紋岩の上に春先に咲く花々の美しい景観も消え去りつつある。そしてシカやピューマは、私たちが１９６０年にジャスパーリッジで研究を開始した時よりも、姿をよく見かけるようになっている。さらに、潅木が蛇紋岩土壌の上にはない草原地帯のいくつかにゆっくりと広がりつつあり、蛇紋岩そのものをおおい始めている。地域の主たる「極相」群落は一般に、チャパラル ―― 地中海性の乾いた夏と湿った冬の気候に典型的な常緑の低木林 ―― だと考えられている。しかし、チャパラルへの遷移は蛇紋岩の上では遅れている。自動車の排ガスによる窒素汚染は、土壌の栄養分を高め、潅木や雑草が生存しやすくなって、遷移の状態を一変させてしまう可能性があり、そう遠くない将来には春の美しさは失われてしまうかもしれない。

コロラドのロッキー山脈では、アスペンは、極相トウヒの森が切り倒されたあとに、それにとって代わっていた初期の遷移の、成長の早い樹木である。これらのアスペンはやがては、成長の遅いトウヒに置き換わると予想される。木材の切り出しが終わってから1世紀以上の間、ロッキー山脈生物研究所のまわりの斜面は依然としてアスペンで占められている。しかしいまや、それらはコロラド州の多くの地域で消滅しつつある。その理由は、アスペンにトウヒが置き換わりつつあるからではなくて、環境を人間が変化させてしまったからだと思われる。トウヒの森はまだ極相群落とみなされているが、気候の高温化とそれに関連して昆虫の攻撃がトウヒを全滅させ、それによってしだいに新たな「極相」が形成されるかもしれない。

極相群落の概念は、数世紀といった時間のスケールでは依然として意味があるけれども（人間にとっての数世代では、そうした群落は変わらないように見える）、もちろん極相群落は変化しないわけではない。さらに、一見不変なように見えるこうした数百年の時間的スケールは、人為的な気候変動のせいで急速に縮まりつつあるのかもしれない。そして群落が変化するにつれて、生態系も変化し、それを構成している生物が占めるニッチも変化する。

9章で紹介したビーヴァーなど多くの生物と同様、ヒトも、自らの生態学的ニッチを作り上げるのに寄与する。増加の一途をたどっている人口は、絶え間なく消費を増やしつつあり、いまや、自分たち自身の直接の必要性を満たすように――すなわち自分たちのニッチになるように――地球全体を作り変えつつある。ホモ・サピエンスは、この地球で支配的な動物となり、天候、地表、海洋底、生物の全体的分布、生物圏の化学的構成を急速に変えつつある。ヒトは、地球の陸地面の約12％で作物を栽培し、2~3％が舗装と宅地にあてられ、約25％の土地で家畜に草を食ませ、森林や林業として残った約30％の大部分をさまざまなやり方で利用している。ヒトがいまのところ利用していない地表面は、高山地帯、氷に覆われた土地、極度の砂漠だけである。

ヒトは現在、多くの鉱物資源――工業社会にとっては不可欠な生態系の要素――を、風化や浸食といった自然の作用よりもはるかに速いスピードで採掘し、文明の持続が危ぶまれるほどに、大気の組成を変えつつある。少数の例外はあるものの、生物圏のいたるところに、直接的にせよ間接的にせよ、私たちヒトの影響が見られる。たとえば、1986年の研究によると、人類はその時点ですでに、農耕、牧畜、漁業と建築などによって、地球の純一次生産量（NPP）――光合成をする植物が人間やほかの動物に供給する食糧・エネルギーの総量から植物自体が使用する量を差し引いた量――のほぼ半分を破壊してしまったか、あるいはそれらを自分たちのために使いつつあった。しかもそうした過程のなかで、社会は、現在の人々を支える（そして未来の人々をも支えなくてはならない）生物圏のはたらきを妨害もしていた。

生態系産物、生態系サービス

生態系はこれだけ複雑なのだから、その細かなところを知るだけの理由があるのだろうか？　この問いにひとことで答えるなら、生態系は私たちの生命を支えており、それなくしてはだれも生きていけないということだ。生物学者が何度も指摘してきたように、人間の経済は、地球の生態系に完全に依存している。いくつか例をあげてみよう。作物の野生の近縁種に遺伝的多様性が保たれていないと、大部分の農業生産を維持するのは難しいか、不可能である。花の受粉をしてくれる生物がいなければ、私たちの食卓はとても貧しいものになってしまうし、農作物の害虫にとっての天敵がいなくなったら、私たちは途端に飢えてしまうだろう。水循環の自然の調節がなければ、渇きと飢えに悩まされ、洪水による被害や死者も多く出るだろう。極論すれば、生態系なくしては、経済も存在しえない。

科学者は、人類が生態系から得るものを2つのカテゴリーに分けることがある。生態系産物と生態系サービスである（産物の供給もサービスとみなして、ひとつのカテゴリーとする立場もある）。ここではそれにならって議論を進めよう。生態系産物はとくに、自然森から切り出される木材や海で獲れる魚など、ヒトに満足のゆく状態を提供する上で鍵となる要素であるものすべてを指す。サハラ以南のアフリカやアジアの一部では、薪やブッシュミート（熱帯地域で食用に獲られる野生動物の肉）は、こうした重要な生態系産物の別の例である。生態系は、モルヒネ、アスピリン、ジギタリスのようなきわめて薬効の高い調合薬の自然の成分――その大部分は2章で述べた植物の防衛的化学物質にもとづいている――も提供してきた。

さらに、生命の厖大な多様性を調べている研究者たちは、人類の自然資本（すなわち地球の生態系）から得られる利益――その産物とサービスの安定した「利益」の流れ――をつけ加え続けている。これらの産物は、医薬を筆頭に、過去の生態系の産物である石油やほかの鉱物、木材、魚類から、柔軟性・強さ・軽さを備えた貝殻状の新素材まで、そして私たちの生命維持システムの状態の指標となる生物、また病害虫を調節する役目をはたす物質などにまでおよぶ。たとえば、真菌性や細菌性の病気に脅かされているある種のアリには、強力な抗生物質を分泌する特殊な腺があって、これが、彼らの体表をヒトの肌などよりもはるかに清潔に保ってくれる。そのため、科学者は、ヒトを脅かす病原菌との戦いに役立てようと、それらの腺から分泌される化学物質を分離する作業にとりかかっている[2]。

生態系産物は確かに価値があるものの、それらは急速に、人間が管理するシステム（植林地、養魚場、家畜飼育場）や、工業的に生み出される産物に――薪が灯油に、天然肥料が合成肥料に、薬草が抗生剤に――おきかわりつつある。これらの置き換えの利益とコスト（たとえば、魚やエビの養殖やユーカリやマツの人工林が環境に与える影響といったような）については、さまざまな見解や議論があるが、明らかに、現代の工業技術では、生態系サービスに代わるものを考え出すよりは、自然資本から生じる生態系産物に代わるものを考え出すほうがはるかに容易である。

真水の供給と洪水調節は、互いに関係している2つの典型的な生態系サービスの例である。植物がよく生い茂った高地の生態系は、降水や雪解け水が帯水層に届くのを助け、地下水は河川に安定した流量の水を提供する。もし火災や伐採などによる植生の変化が土を固め、浸透の程度を弱めるならば、地下水にならなかった地表水が洪水を引き起こし、その分地下水が減って、乾季の流水量が少なくなる。マウンテンゴリラの生息地であるルワンダのヴォルカン国立公園では、森林におおわれた山が、いくつかの重要な生態系サービスの源である。これらの森は、この極度に貧しい国の農業用水の約25％を提供し、マウンテンゴリラの自然観察の機会を与え、それはこの国の大きな外貨収入源になっている。山岳地帯の森林の40％は、天然殺虫剤の除虫剤（これも植物の防衛的化学物質だ）をとるためのキク（菊）を栽培するという計画によって伐採され、不幸な結果を招いている。ルワンダでは、この伐採のせいで農業用水の約10％が減ったと言われている（ただしこの減少には多くの要因が関係している可能性がある）。

ルワンダの森林伐採と水の問題は、ここに特有の問題ではない。植物がないと、頼みとする水流の供給が困難になるか、場合によっては不可能になる。フィリピンのルソン島では、森林伐採が、イネの灌漑水の多くを提供する貯水池の急激なシルト化を引き起こしている。世界では、ヒトは、大地から大気へ帰る真水の4分の1以上——たとえば、トウモロコシ、コムギやイネを潤すことによって——を使用し、利用可能な流出水（小川、河川、補充される地下水）の半分以上を使用している。ほかの生態系サービスに関係する生物から水を奪ったり不適切な場所にダムを建設したりして環境に大きな損害を与えることなく、これらの比率を大幅に増加させる容易な（あるいは安価な）方法はないように見える。

湿地はもっとも生産的な生態系のひとつだ。しかし、湿地の水を抜いて、増加する人口のために宅地や農地にすることが広く行なわれている。北アメリカとヨーロッパでは、もとは湿地だったところの半分以上が失われ、アジアでは湿地の4分の1が失われている。湿地は水量の調節を助け、水流を遅くし、洪水を吸収し、それによって、微生物が有毒物質を分解する自然の解毒のはたらきをし、シルトやほかの物質として沈泥させるだけの時間的猶予を与える。この浄化サービスがなくなれば、水を介する伝染病が増えることになり、それを防ぐには高いコストを払って水の浄化施設を建設しなければならなくなる。

湿地の価値は急速に認識されつつあり、湿地の自然のサービスを回復させることに対策が講じられ始めている。たとえば米国では現在、湿地は法的に保護されている（必ずしも実行されているわけではないにしても）。いくつかの湿地は、ラムサール国際湿地条約によっても守られている。１９７1年にイランのラムサールで調印されたこの条約は、現在１５０を超える国が参加しており、国際的な重要性をもつ１８００以上の湿地を保護している。

真水の供給においてうまくいった例は、ニューヨーク市の飲料水の例だろう。ニューヨークの水はかつては評判がよく、ビン詰めされてほかの市に売られたこともあったが、１９８９年にその水質が環境保護庁（ＥＰＡ）の基準を下回った。ニューヨーク市は、新たな水処理施設の建設に60～80億ドル、さらにその維持費に年間数百万ドルかかると試算した。市は代わりに、市に水を供給する小川や貯水池の水路網の水源地域を回復させるほうを選択した。15億ドルをかけて、畜牛がいる場所は水路網の外になるよう柵をめぐらし、肥料や農業用のほかの化学物質の流出につながる農業活動は制約され、屋外トイレは撤去され、土地の所有者は必ず自分のところの雨水を集めて処理しなければならず、場所によっては開発が禁じられ、舗装も制限されるといったことが行なわれた。これらの対策を講じたことで、水の浄化の生態系サービスが、それを工業的におきかえた場合の数分の１のコストで、回復できた。

土壌の生成と維持も、もうひとつの重要な生態系サービスである。土壌はそれ自体が生態系であり、土壌を肥沃に保つには、そこにいる無数の生物が欠かせない。この肥沃さは、私たちに食糧と木材を提供する農業や林業にとっても不可欠である。多くの場合、肥沃な土壌は、土壌を被っている植物を無造作に取り去って風や水の浸食作用にさらしてしまうことによって破壊される。また、栄養素を土壌に返すという環境にやさしい方法を用いることなく、栄養素を豊富に含んだ作物をただ収穫し続けるといった農業のやり方も、これを助長する。土壌のこうした「喪失」は、無機物の入念な補充を必要とする。たとえば、無機栄養素を補填するというステップをとらずに、作物の残渣がただ取り去られるだけだと、土壌の生産力はしだいに低下してゆく。

図10・1　適切な植物が生長しないと、土壌は急速に侵食され、失われてしまう。写真は iStockphoto 提供。

海岸部の水害の防護は、海に近い場所に住むたくさんの人々にとってきわめて重要なサービスである。ほとんどの人は、２００４年12月にインド洋で起こった津波災害や２００５年８月にニューオリンズをほぼ壊滅状態にしたハリケーン・カトリーナを「天災」とみなしたが、その結果について言えば、どちらも部分的には人間が起こしたものでもある。インド洋に面した海岸部のマングローヴの森の大部分は、リゾート地、エビの養殖場、そして人間のほかの活動のために伐採された。密生したマングローヴも、サンゴ礁と同様（これも人間の活動によって破壊されつつある、もうひとつの自然の生態系だ）、高潮に対するすぐれた防護壁になる。過去数十年間だけで、地球のサンゴ礁の約27%とマングローヴの35%が破壊された。2004年の津波は自然の防護物をほとんど圧倒するほどの規模であったのは間違いないが、それらの防護物は、それよりは小規模の津波や、地球の高温化につれて激しさを増す暴風雨に対しては防護の役目をはたしてくれる。ニューオリンズでは、船舶の航行用水路の浚渫が人為的にミシシッピ川の流れを変え、それによって、かつてはこの市を守ってくれていた海岸部の湿地の多くが失われてきた。

　もうひとつの基本的な生態系サービスは、**自然の病害虫駆除**である。これまで推定されているところでは、作物を荒らす病害虫の約99%は、気候（冬季や乾季）と天敵によって自然に調節されている。作物を荒らす草食性昆虫の個体群がいて、十分な量の作物があるとしよう。もし天敵――捕食者の昆虫、クモ、鳥、菌類など――がいないとしたら、作物は全滅してしまうだろう。これらの天敵がいなければ、あるいは数も種類も著しく少なければ、作物の栽培はほとんど不可能に近い状態になってしまう。そのわけは、植物を食べる昆虫は、植物が自分を守るために生成する毒物（2章で登場したオオカバマダラを思い出していただくとよい）を進化の過程ですでにたくさん経験してきており、人間によって製造された毒物に対する抵抗力をすぐさま進化させるからである。病害虫と戦うために強力な化学物質を使うことはできるが、そうした物質が有毒であるほど私たちにとっても生命の脅威になるので、使用には限界がある。カニェーテ渓谷では農薬の大量使用が逆にそれまで以上の綿花の病害虫を生じさせたことが示しているように（2章）、毒性の強い物質を用いる時には、人間をも殺すかもしれないというリスクをともなう。

「生物を用いた」駆除の有効性を劇的に示すのが、サボテンの一種、ウチワサボテンの例である。このサボテンは、20世紀はじめ観賞用植物として南アメリカからオーストラリアに持ち込まれた。このサボテンは、クイーンズランドとニューサウスウェールズの10万平方マイルの土地に広がり、その半分では群生がひどく、土地が使いものにならなくなった。このサボテンの天敵であるアルゼンチン産のサボテンガと呼ばれる小型のガが、抑制手段としてオーストラリアに持ち込まれた。オーストラリアでサボテンガがこのサボテンを激減させたことで明らかになったのは、南アメリカでウチワサボテンが厄介者にならずに済んでいたのは実はサボテンガがいたからだということだった。ウチワサボテンを抑えたあと、このガもすぐに数が少なくなった。この話を知らなければ、あの大きなサボテンがこの小さなガによって調節されていたとは思いもしないだろう。
　しかし、生物による害虫駆除として外来種の生物を用いることには、大きなリスクがつきまとう。たとえば、オーストラリアでは1935年に、ラテンアメリカ原産のオオヒキガエルが、サトウキビ畑を荒らす甲虫を駆除するために持ち込まれた。最初にクイーンズランド北部に放されたオオヒキガエルは100匹ほどだったが、数が増え、全域に広がり、あらゆる種類の小動物を食べ尽くし、オオヒキガエルを食べようとした大型の動物はその毒にやられた。オオヒキガエルは、土着の有袋類の捕食者が減ったことの原因とも考えられている。甲虫は駆除できないまま、オオヒキガエルのほうは、オーストラリア北東部の大部分に広がり、いまも1年に約1マイルの速さで西に拡大しつつあり、オーストラリア大陸でもっとも深刻な害獣のひとつになっている。

図10・2　オーストラリア東部では、南アメリカから持ち込まれたウチワサボテンが繁茂し、土地を使えないものにした（上）。これらのサボテンは、南アメリカから天敵のサボテンガを導入することによって駆逐された（下）。写真は Alan Fletcher Research Station 提供。

　もうひとつの生態系サービスは、**気象緩和**である。これは、大地の植物による水循環の影響を大きく受ける。これらの植物は、風除けや日陰を提供し、水を再循環し、それによって洪水を防ぐ。熱帯雨林に降る雨水の大部分は、植物の蒸散――水と栄養を根に取り込んだ植物が水分を蒸発させる――によって何度も再循環される。アマゾン川流域は、密生した植物が提供する水循環のサービスがなければ、砂漠化してしまうだろう。
　養分の循環も重要な生態系サービスである。これがなければ、地球には生物が住めないだろう。**ごみ処理**もそれに関係するサービスだ。両方とも、分解のプロセスによって達成される。下水処理システムはすべて人間が作り出したもののように思われているが、実際には、分解を行なう自然のバクテリアに本来の仕事をさせているにすぎない。加えて、養分の循環も水循環も、大気中のガスの組成を調節する重要な要因であり、それゆえ温室効果の強さを調節する役目もはたす。

より身近でよく目にする生態系サービスは、**植物の受粉**であり、これには作物の多くが含まれる。このサービスは、穀物の場合には風によってなされ、また花から花へと移動して花粉を運ぶハチ、チョウ、ガ、ハチドリ、コウモリといった多くの動物種によってなされる。大多数の植物は、繁殖する上で動物による受粉に完全に依存している。作物によっては、受粉せずとも繁殖が可能な場合もあるが、受粉をすればその品質がよくなる。たとえばコスタリカでは、自然林をコーヒー農園にする時にその土地の10%を自然林のまま残し、これが実質的にコーヒーの収穫量と質を高めている。そのわけは、この自然森に生息するハチが、コーヒーの木の間を飛び回って受粉をし、これによってたんに自家受粉するよりもより多くの、そして質のよいコーヒー豆を実らせるからである。

最後に、生態系サービスは、バードウォッチャー、園芸愛好家、ハイカー、スクーバダイヴァー、昆虫採集家、ハンターや釣り人、ゴリラやゾウに感動する人々、そして自然の生態系から喜びを引き出す人々に、そしてもちろん、たんに美しい自然を愛で、休日には魅力的なところを訪ねる人々にも、**楽しみと静けさ**を与えてくれる。こうした審美的側面はグローバル経済の重要な部分を構成しているのだが、森林、湿地や漁業資源のような自然のシステムを利用し消耗させることで得られる利益を優先してないがしろにされていることが多い。

繰り返すと、生態系サービスは（生態系産物もだが）ヒトの経済を支えており、必要不可欠なものである。それらの多くは、ヒトが考え出した人為的代替物ではできないようなはるかに大きなスケールではたらいている。これらすべての生態系サービスの圧倒的重要性がわかっているなら、「生態学(エコ)よりも経済(エコノミー)に重きをおかねば」と発言する政治家が、ヒトという存在の根幹にある事実をまったく理解していないことがわかるだろう。

生態系サービスの状態

2005年に公表されたミレニアム生態系評価は、95の国から1360人の科学者が参加した、3年におよぶ研究であった。その第一の目的は、生命の維持に必要な生態系サービスの供給を評価することにあった（表10・1）。報告は、世界、地域、地方のレベルで使えるように意図されていた。それには、世界の生態系の現状評価だけでなく、将来的な動向の予測とそれに関係する政策選択の検討も含まれている。この報告では、私たちの生命維持システムの条件が次のように要約されている。（括弧内に私たちのコメントを加えてある。）[3]

・ある生態系サービスの供給の増加は、ほかの生態系サービスの犠牲をともなっている。食糧や繊維の生産量の大幅な増加

表10・1　ミレニアム生態系評価における生態系サービスの種類とその例

基盤サービス	供給サービス
栄養循環	食糧
土壌形成	木材や繊維
一次生産	真水
遺伝資源の維持	燃料
調節サービス	**文化的サービス**
気象緩和	美的サービス
食糧調節	霊的サービス
病害虫調節	教育的サービス
水の浄化	レクリエーション

は、生産地への転換、内陸の水の取水量の増加と水質の悪化、生物多様性の減少を通してなされてきた。（扶養すべき70億人の人間がいるので、食糧、衣服、建築資材に注目することは、人間の当然の反応ではあるが、人類の未来を危うくする側面ももっている。）

・魚は、現在と同じペースで天然の個体群から獲り続けることはできない。深海や沿岸の漁業資源は、世界のほとんどの地域で大きく変化してきている。漁獲量は落ち始めており、今後も落ち続けるだろう。（漁獲量は、1980年代にはおよそ8000万トンまで増加し、それ以降は少し落ち、部分的に栽培漁業がとってかわっている。栽培漁業は、2000年の時点では、海産食品の3分の1を生産している。専門家のもっとも最近の見解によると、あと数十年で、海には獲ることのできる天然魚がほとんどいなくなってしまうだろう。）

・真水の供給は、世界の広い地域におけるヒトと生態系の需要を満たすにはすでに不十分であり、現在のような水の利用のしかたを続けるかぎり、需要と供給の隔たりはさらに広がり続けるだろう。世界の人口のおよそ5分の1は、現在でも安定した供給に与（あずか）っていない。この状況はさらに悪化する可能性がある。というのは、気候変動が、多くの地域に砂漠化や降水量の減少を引き起こし、それが水の利用可能性を変え続け、ダムや水路のような多くの施設を役に立たないものにするかもしれないからである。

・多くの地域で明らかなのは、生態系の能力――汚染物質を無害にし、栄養分のバランスを保ち、自然災害から守ってくれ、病害虫、病気や侵入生物の大発生を抑える能力――が低下しつつあるということである。（人口が増えれば増えるほど、個々の人間の消費の需要が増せば増すほど、災害を弱め和らげるのは難しくなる。これがとりわけ深刻であるのは、多くの汚染物質が、ヒトの発生過程を制御するホルモン（化学的メッセンジャー）と似た作用をもつ環境ホルモンに示されるように、ごく少量でも有害に作用することがあるからである。）

環境への影響──3つの要因

人間の活動が生態系とそれが提供するサービスや産物にどれぐらいの大きさの影響をおよぼしているかは、$I = PAT$という、3つの要因の積として表わすことができる。全体的な影響（I）は、人口（P）×ひとりあたりの豊かさ（A）×その豊かさを生み出すのに用いられる技術と社会経済・政治システム（T）になる。ここで言う「豊かさ」とはたんに、ひとりあたりの消費量のことである。要因に「用いられる技術と社会経済・政治システム」を含めているのは、たとえば、自動車通勤者に相乗り車専用レーンがあって、仕事にフレックスタイムが導入されている社会では、ほかの条件が同じで、かつそのような手段をもたない社会の場合よりも、影響力が小さい（なかでも、交通渋滞はガソリンを食う）ということを強調するためである。

この$I = PAT$という公式は、ジョン・ホルドレンと私たちが分析の簡易な補助手段として考え出したもので、詳細な計算を意図したものではなかった。この公式は、とくに比較をする際に有効である。その当初の目的は、次のようなことを指摘することだった。すなわち、米国の人口問題が多くの「人口過剰な」貧しい国の人口問題よりも深刻であるのは、米国が高いレベルの豊かさと無駄な消費をしていることにある。平均的米国人は、貧しい国の平均的国民に比べ何十倍もの資源を消費する。一般には、環境におよぼす人口の影響は、その人口の規模を縮小することによって、あるいはほかの多くの対策──たとえば、通勤に自家用車ではなく電車を利用するとか、郊外スプロール化を進めるのではなく、高密度のアパートに居住するとか、肉の消費を減らすとか──をとることによって、少なくすることができる。

ヒトの生命維持システムの条件はこれまでずっと、多くの科学者にとって大きな関心事だった。彼らは、人口規模と総消費量が現在のままだとしたら、有限の地球はいずれ人類を支え切れないようになると考えている。このままの状態を続けたなら、どのような結果になるかは、科学分野のノーベル賞受賞者の半数以上を含む1500人を越える科学者の賛同を得て1992年に発表された『世界の科学者は人類に警告する』のなかで強調されている。以下は、そこからの引用である。

人間と自然界は、このままでは衝突が避けられない。人間の活動は、環境と大切な資源に、大きな、しばしばとりかえしのつかない損害を与えている。私たちの日常的な営みの多くは、もし制限されることがなければ、人間社会、そして地球と動物界の未来を深刻な危機にさらすだろう。それらは、私たちの知るやり方ではもはや生命を支えることのできないように、生物界を変えてしまうかもしれない。[4]

人類はいま、自分たちの載った木の枝のもとの部分を鋸で勢いよく切っているのかもしれない。このことは、世界中の科学アカデミーのうち58のアカデミーによって1993年に出された報告にも述べられている[5]。それは、米国で発表された数多くの報告（そのうちいくつかは1940年代までさかのぼる）が行き着いた結論でもあった[6]。これ以降の章では、これらの結論の背後になにがあるのか、そしてそれらの結論が予告している不幸な結果を避けるためになにができるかを探ってゆく。

11章　消費とそのコスト

「ヒトにとって有害な条件が、その改善策がありながらも存在し続けていることほど、悲劇的な状況はない。世界の資源と人口を関係づける家族計画は可能だし、実際問題として必要である。暗黒時代の疫病やいまだに解明されていない現代の病とは違って、人口過剰という現代の疫病は、私たちがこれまで見出してきた手段によって、そして私たちのもつ資源を用いて解決することが可能である。」

マーティン・ルーサー・キング・Jr、1966 [1]

文化的進化のパターンと、人間社会の消費活動によって引き起こされる環境への影響のパターンにおいて、鍵となる関連要因として繰り返し見てきたのは、どれぐらいの人口がそれに関係しているか、そしてその数がどう変化しつつあるかである。当然ながら、米国の人口が1950年代から2倍以上に増えることがなかったなら、米国は現在ほど石油を必要としていないだろうし、気候変動に与える影響ももっと少なくて済んでいただろう。もしインドの人口が増加するのではなく減少していたら、インドの人々は、インドという国の純一次生産——すべての動物の基本的な食糧供給——をめぐってほかの動物とそれほど競合することもないだろう。

ほぼすべての環境 - 社会的問題が、国内でも世界的にも、たえざる人口増加によって悪化し続けている。にもかかわらず、人口問題は、米国の政策の議論からは抜け落ちており、一般市民の間でも話題にのぼることはほとんどない。専門家でなくとも、（ほかのすべての条件が現在のままで）人口のサイズが大きくなれば、大気にはより大量の温室効果ガスが排出され、気候変動もより急速に起こり、より大量の森林伐採が行なわれ、交通渋滞もひどくなり、農業もより大規模でより集約的になるということぐらいはわかる。

しかし、すべての条件は変化する。ヒトは賢い類人猿であり、最初はもっとも肥沃な土地を農業に用い、最初はもっとも近場の、もっとも便利な水源から水を採り、最初はもっとも純度の高い鉱石を採鉱し（その後は価値ある微量の金属しかない鉱石を採取することになった）、最初はもっとも浅いところに大量にあって自然に流れ出る油脈を掘った（その後は地下数千フィートも掘り下げたり、浅い海の下に採掘地を設けたり、どろっとした手に負えない原油を油井から汲み上げることになった）。このようにして、平均的には（そして技術的に変化がないとすると）、人口に人間がひとり加わるごとに、不釣り合いなほど環境にマイナスの影響が出るようになった。すなわち、作物を得るためにより貧弱な土地を耕し、より遠くの、そしてより汚染された水源から水を採り、使用する電力を生み出すために地中のより深いところから（結果的にはより危険なところから）石炭を採掘し、そして自動車をもったなら、その車を動かすための石油をより遠いところから運ぶ、といったように。

　現在67億を超えて増えつつある人口は、7章で見たように、今世紀中に90億かそれ以上になると予想される。しかし、世界全体で見た平均的な世帯規模（一緒に生活する人間の数）は、ライフスタイルの変化（離婚が多くなっていることや、親が子や孫と一緒に住まなくなっていることなど）によって小さくなりつつある。たとえば、１９８５年と２０００年の間に平均的世帯規模の縮小によって、豊かな生物多様性をもつ国々では、世帯規模が変化しなかった場合に比べて、１億５５００万の世帯が増加した。世帯数の増加はさらに、より多くの建築資材を必要とし、暖房により多くの燃料を使い（暖めるべきひとりあたりの空間が増える）、建造物のための土地も多くなり、その結果、それらは作物用農地や生物を守るための自然の生息地としては使えなくなる。

　人口のさらなる増加にともなって環境コストはきわめて大きくなるということが、公の場で議論されることはめったにない。確かに、政治評論家は、人口が4倍に増えた20世紀について、環境コストには注目せず、富の増大と健康状態の増進のほうに注目することがほとんどである。彼らは、これが人類の自然資本を使い果たすことによって――修復が及ばないほど速く、重要な資源を使ってしまうことによって（したがって私たちの未来を担保に入れることによって）――なしとげられたということを無視しているか、あるいはまったく理解していない。

　しかも、政治評論家は、これまでの平均的な富の増大を支える上で、人口増加の抑制がはたしてきた役割に焦点をあてることはない。「アジアの虎たち」（たとえば、韓国、台湾、香港、シンガポール）は、かつては高かった出生率を減少させることがなかったなら、現在の豊かさのレベルに達することができただろうか？　中国は、人口増加の抑制に成功していなければ、めざましい経済成長をとげていただろうか？　インドは、もし家族計画のプログラムがもっと成功していたなら、もっと多くのことをなしとげていたのではないだろうか？　現在、石油に富む少数の国々を除けば、高い出生率の国で、その人口の大多数が高い水準の福利を達成している国はひとつもない。

　さらに、過去数十年にわたる平均的豊かさの世界的増大をすべての人が享受しているわけではない。現在、30億人が貧困生活を送っている。これは、１９３０年代の世界の総人口の１・５倍に相当する。現在の世界の総人口の半分近くは、１日２ドル（米ドル）以下の収入で暮らしている。８億５０００万人以上が重度の、あるいは慢性的な栄養不良、そして20億ほどの人々は、「隠れた」飢餓に――失明、免疫不全、そして（間接的なことが多いが）死に至る微量栄養素欠乏症で――苦しんでいる。なかでも最悪なのは、栄養失調で年間に６００万人ほどの子どもたちが亡くなっていることだろう。確かに、この半世紀で、貧困にあえぐ人々の割合は減ってはいるものの、その絶対数は大きく増えている。

　ヒトの総人口は、農業革命以降増加の一途をたどっている。私たちの祖先が農耕をするようになって以降、人口は（もちろん、伝染病や戦争によって地域によって人口が一時的に減ることはあったにしても）１０００倍ほどに増えている。しかし、「人口爆発」とも呼ばれるもっとも急速な増加は、第二次世界大戦以降に始まった。そのもとは、7章で述べたように人道主義の勝利にある。その勝利は、先進国から「死を調節する」技術――とりわけ、作物の病害虫や病気の媒介生物に対して使用される農薬、ワクチン、そして細菌性の病気と闘うための抗生剤――がアジア、アフリカ、ラテンアメリカの発展途上国へもたらされたことによって引き起こされたものであった。これらの地域では、死亡率は下がったが、出生率は高いままだった。ほとんどの国では、死亡率が下がっても20ないし30年間は、出生率が高い状態が続き、世界の人口は１９５０年の25億から１９７０年の35億へと増加した。

　世界の人口増加率は１９７０年以降ゆっくりと減速したが、依然として拡大し続ける人口基盤の結果として、人口の実数は１９９０年まで毎年増加し続けた。たとえば、１９７０年には、世界の人口は35億人だったが、年間の人口増加率は２・１％であり、７３５０万人の増加があった。人口は、21世紀に入る直前に60億人を超え、その時点で年間の増加分は８６００万人で、ピークに達した。２００７年までには、人口増加率は１・２％に減少したが、年間の増加分は７５００万と変わらず、世界の総人口は67億人を超えた。国連環境計画や数多くの非政府組織（ＮＧＯ）が再認識しつつあるように、１９６０年代にだれが言い出したかわからない標語、「将来なにをするにしても、人口調節なしにはなにもできない」は、いまも真実である[2]。

消費を計算する

　人口についての懸念が呼び覚まされるのは、とりわけ、過去半世紀にわたる人口増加がひとりあたりの消費の急激な増加をともなっているからである。環境科学者は、消費活動全体を代表する値としてエネルギー利用の統計量を用いることが多い。人間が消費する総エネルギー量（たとえば、ガソリン、ジェット燃料や石油燃料として燃やされるすべての石油、発電や家庭用暖房のための石炭、貧しい国々で調理のために燃やされる木材）は、１８５０年以来約20倍に増加し、一方、人口は約６・５倍ほど増加した[3]。大国のなかでも、米国はひとりあたりの消費量がもっとも高い。中国の人口は、少なく見積もっても米国の４倍あるが、国民ひとりあたりの消費は、米国の約６分の1だ。インドの人口は、米国の3・5倍だが、ひとりあたりの消費は米国の14分の1である。米国はエネルギーを大量に消費しているだけでなく、それらのエネルギーを生み出すために使う資源や技術は、大量の温室効果ガスと土地利用の影響も生じさせている（$I = PAT$という公式のなかのAとTの積と考えてもらってよい）。露天掘りの石炭、天然ガスと石油の無数のパイプライン、そして石炭利用の巨大な火力発電所は、米国の技術的なインフラ構造を顕著に示す特徴であり（$I = PAT$のなかのTの大部分）、中国とインドも現在似たような方向に動きつつある。

しかしながら、環境への影響を減らすために、消費を削減するか、あるいは風力や太陽エネルギーのようなよりクリーンな資源や技術へと転換するかのどちらかによって、あるいは理想的にはそれら両方をすることによって、大きく前進することは可能である。こうした変化は、安全なレベルまでその影響を減ずるために必要な規模で実行するのは容易ではないかもしれないが（化石燃料のための助成金、エネルギーシステムを転換するのにかかると予想されるコスト、主要なエネルギー会社がもつ政治力のことを考えてみてほしい）、環境面での利益がどれほど大きいかは容易に想像できる。

米国は、人口の規模とその増加、そして厖大な量のエネルギー消費から見て、人口過剰では先頭を走っているのだろうか？　全体として見ると、世界の人口はすでにどの程度過剰なのだろうか？　社会科学者は時に、人口過剰は、人間の数が人間の価値を圧迫する時（たとえば高速道路の渋滞が発生する時）に起こると言う。しかし、こういう言い方は、「どの程度の圧迫か？」や「だれの価値か？」といった疑問を導く。ひとつの主張は、人口密度が高くなって生活の質が損なわれたり、深刻な環境悪化を招いたり、基本的な生産物やサービスに長期にわたる不足が引き起こされたりするほどになった時が人口過剰だ、というものである。しかし、生活の質の低下や環境の悪化や長期の不足——ある生産物やサービスは別のものでおきかえることができる場合があるのに——をどのようにして測ればよいだろうか？

生物学では、それほど主観的でない基準が使える。ヒト以外の動物の場合、ある生息地内の個体数が多すぎて、その集団の資源基盤が、未来にそれだけの数の個体を養うことができないまでに枯渇しつつある場合に、個体数が過剰と言える。ヒトの場合には、ある集団の自然資本の資源基盤——集団を支えるしばしば補充可能な「収益」源——になにが起こりつつあるかという点から、人口の過剰を考えることができる。

3つの主要な資本——人工資本、人的資本、自然資本——のうち[4]、人工資本（たとえば、機械、道路、家屋、飛行機）は通常は人々の力によって生み出され、更新される。人的資本——労働力に反映される知識、経験、エネルギー——は、教育と訓練によって維持され、回復される。経済学者は、社会の人工資本と人的資本の動きに注目して記録しようとし、会計士はつねに、税金やほかの目的で人工資本の価値を評価し、その価値を下げる。しかし残念ながら、自然資本である地球の生態系を測り評価する試みはほとんどなされていない。つい最近になって、社会の富と、その富が増加しつつある人口を養うことがどの程度できるかを評価する際に、自然資本の価値の下落が考えられるようになり始めた程度だ。

自然資本

多くの形態の自然資本は、人類がこの世に生きている時間スケールでは補充されない。多くの社会にとって海産食品を生み出してくれるサンゴ礁の生態系がそうだ。いったん破壊されてしまったサンゴ礁が、以前のような生産力をとり戻すには、何百年もの時間がかかる。同じことは、長い年月をかけて成長してきた森林にも、そしてもちろんできるのに何千万年もかかる石炭や石油のような化石燃料にも言える。このように、人口――この場合には地球の総人口――が自然資本からの収益によって支えられているのではなく、資本それ自体が着実に消耗し尽くしてゆくことに支えられているのなら、人口は過剰だと言える。

「補充されない」資源という考えはしばしば、化石燃料や鉱石のような再生不能な資源資本の枯渇を思い起こさせるが、これらの供給は一般には、予見可能な未来については十分な量が見込める。石油と天然ガスは、数十年のうちに経済的に採算に見合う採取の限界に達するかもしれないが、他方では、石炭やオイルサンドのようなほかの化石燃料がまだ莫大にある（それらの採掘や利用が環境に与える負荷の点で問題があるにしても）。人類がいま使い果たしつつある豊かな鉱床は補充されない。代わりに、私たちは、それらのもつ機能の取り換え（すなわち代替可能性）について考えなければならない。たとえば、いくつかの使用法においては、さまざまな形態の太陽エネル

図11・1　オイルサンドの採掘がもたらす環境破壊（カナダ、アルバータ州）。露天掘りと同様、こうした採掘は地球高温化に寄与するだけでなく、生物多様性をもつ生息地も破壊する。写真は Greenpeace/Ray Giguere 提供。

ギーや原子力が、化石燃料にとって代わりうる。

地球が明らかに人口過剰だということを示すのは、皮肉なことに、理論的にはより容易に回復されるはずの自然資本の急速な消費である。この自然資本のうち鍵となる3種類――農業用土壌、地下水、生物多様性――は急速に消耗しつつある。

農業用土壌は、通常は千年に数インチといったスケールで生み出されている。岩が壊れて粉々になり、そこにたくさんの植物や動物や微生物が住みつくようになる。今日の世界の多くの地域では、それらの土壌は10年に数インチという速さで侵食されている。土壌は、農業と林業にとって基本的に重要な資源であり、再生が可能だが、いったん栄養が枯渇してしまうと、社会がそれを必要とする時間ではもとに戻らない。土壌は、灌漑の失敗、過剰耕作や不適切な土地利用の結果として塩分が蓄積してしまうと、使用に耐えないものになる。入念な管理をすれば、良質の土壌は、ほぼ永久に生産性を保つことができるが、それがなければ、再生不能な資源と化してしまう。残念なことに、必ずしもすべての土壌が、連続的な耕作が可能なほど良質なわけではない。栄養の枯渇、侵食、過放牧、灌漑の失敗はどれも、農地の劣化をもたらしてきた。その結果、推定によると、世界中で毎年2000万ヘクタールが作物生産に適さないほど劣化するか、都市のスプロール化で失われるかしている。時には、農民が疲弊した土地を放棄してほかの土地を耕作するようになる頃には、その土地は砂漠化の段階まで進んでいることがある。

大部分の地下水は、地下の細流にではなく、帯水層（砂や多孔性の岩からなる水を含んだ地下層）にある岩の小さな孔のなかに見つかる。水の染み込んだ砂浜の砂は帯水層のよい例だ。砂浜に穴を掘ってみよう。すると、砂粒の間の小さなすきまに水が湧き出し、穴を満たして、海面の高さになるだろう。これが「地下水面」だ。世界中の帯水層の多くは、現在極度なまでに汲み上げられつつある。最終氷河期に蓄積された水（化石地下水と呼ばれることがある）は、急速になくなりつつあり、地下水面は1年に1ヤードかそれ以上下がりつつある。この問題は、人口のもっとも多い3つの国、中国、インドと米国で深刻だ。

たとえば、米国では、ハイプレーンズの下にあるオガララ帯水層（とりわけ南の地域）は、農業用灌漑の維持のために、急速に枯渇しつつある。平均すると、これまでに10フィートほど水面が下がったが、地域によっては、汲み上げを開始して以来200フィート下がったところもある。オガララは、世界でも最大級の地下貯水池である。この帯水層は、サウスダコタからテキサスにおよび、電力による汲み上げが始まる以前は、ヒューロン湖よりも水量があった。世界の多くの地域では、地下水は、農業にとって不可欠というだけでなく、家庭や工業にとっても必要だが、現在はほぼどこの地下水も過度に利用されている。その結果は顕著だ。カリフォルニアのセントラルヴァレーの南と西の地域の帯水層は地下水が多量に汲み上げられてきたため、地下水面が、19世紀に農業用に地下水を使い始めて以来400フィート下がったし、地面も数フィート沈下した。

加えて、帯水層のある地域では、地表が舗装されつつあり、その結果ロングアイランドのようなところでは、降水の大部分が、土に浸透して帯水層に地下水としてとどまる代わりに、そのまま海へと流れ出てしまっている。急速な汲み上げは、帯水層の崩壊を引き起こすことがあり、地球温暖化による海面の上昇は、海岸部の帯水層に塩が入り込んで、それを使いものにならないようにしてしまうおそれがある。多くの地域では、帯水層に十分な水がたまるには、もう一度氷河期を経験しなければならない。そしていくつかの地域では、氷河期を経験したとしても、それが起こらないだろう。

地下水は地表水ほど汚染されていないため、地下水が枯渇するということは、人間の健康に重大な影響がおよぶことになる。推定では、12億の人々――ほとんどは貧しい国の人々だ――は、淡水の水源をもっておらず、現在、環境要因のなかでは水中の病原体がもっとも多くの死者――毎年500万人から1000万人になり、その大部分は子どもたちだ――を出している。さらに、気候変動の結果として多くの地域が旱魃に見舞われるという予測があるが、もしこの予測通りになれば、氷河時代の地下水の枯渇は農民をかなり厳しい状況におく。もちろん、生活に欠かせない水というこの自然資本の枯渇は、五大湖の水をめぐるカナダと米国の争いに発展する可能性もある。

人口の増加と消費の拡大によって減りつつある重要な第三の自然資本は、生物多様性、すなわちヒトの生命維持システムを構成する生物種と個体群である。生物多様性は、ヒトの経済システムと複雑に（多くの場合間接的に）結びついているため、もっとも見過ごされてきた自然資本である。これを、私たちの同僚、グレッチェン・デイリーの思考実験を用いて示してみよう。月の上に、人間が生活していけるような生態系を作るとする。岩を砕いて作った土、地球のような大気、豊富な水といったものは、すでに利用可能だとしよう。どのような種類の動植物を連れてゆけばよいだろうか？　どの作物にするかはすぐ決まるだろうが、それらに加えて、日陰や木材になる樹木、装飾用や薬用の植物、それらの草木の個体群を維持するために必要な花粉媒介生物、そしてとりわけ養分のリサイクルの役目や分解を担う土壌中のバクテリアや菌類などについても考えなければならない。さらに、生態系の予測不能な変化に対応できるように、個々の生物種には十分な遺伝的多様性がなくてはいけないし、捕食者と被食者の間の相互関係を安定させるだけの十分な数の生物種も必要である。

要は、安全を期すなら、月の上の生態系が確実に機能するためには、人間のまわりには、膨大な種類の生物がいなければならないということである。あいにく、生物学は、ニュートン力学の法則ほど決定的なものではない。9章で述べたバイオスフィア２の実験の失敗が示しているように、生物種と環境のさまざまな組み合わせが生態系においてどのような特性を生み出すかを、十分な正確さをもって予測することはまず不可能である。生物学の知識が増えるにつれてはっきりしてくるのは、生物と生態系の戦略と複雑さが、人間のもっとも進歩した技術でさえはるかに及ばないものだということである。

地球上のいたるところで、生物多様性は脅威にさらされている。というのは、ますます多くの人々が自らの生活のために、そして自らの消費を拡大しようとして、作物を収穫し、獲物をとり、生息地の姿を変化させ、気候を変化させているからである。生物種と個体群という富は、過少にしか評価されておらず、しかもすべての再生可能資源のなかで回復にはもっとも時間がかかる。しかしそれは、土壌の肥沃さの維持、受粉、病害虫駆除のように、農業の生態系サービスにとっては決定的に重要である。生物多様性の宝庫として、サヴァンナ、川谷、低地の平原や大草原と同様、森の生態系は、農業が発明されて以来ずっと、人間のために食糧を生産するという役割をはたし続けてきた。

ウシやヒツジなどの反芻動物が放牧される土地は、全世界で考えると、この３００年間で面積が約６倍に増えており、その拡大は、作物栽培のための土地の開墾とともに、グローバルな変化の大きな原因になっている。草を食む家畜がほかの生物に与える影響は、とりわけ家畜密度（単位面積あたりの家畜数）の違いによって、そして土壌や気候の条件によって違ってくる。もっとも影響が大きいのは、乾燥した条件と極度の多湿の条件である。乾燥地域では、ウシとヒツジの過放牧によって草が食べ尽くされ、ヤギが潅木と若木を駄目にし、それらたくさんの家畜が土を踏み固め、これらのことが砂漠化や、とりわけヤギがいない時期には、草地への潅木の侵入を引き起こす。熱帯雨林地帯では、森林を伐採したあと短期間だけ耕作が行なわれ、その後には過放牧をすることが多く、この過放牧が、土地の深刻な劣化とその土地にそれまであった生物多様性の喪失をもたらす。

かつてないほどの人口とかつてないほどの消費に反応して、数え切れないほどの生物の個体群が急速に消え去りつつある。１年間にどれだけの数の個体群や生物種が絶滅しつつあるのか、正確な数はだれも知らない。しかし、研究者の間で見解が一致しているのは、数多くの種類の生物が、この６５００万年間ではもっとも速いスピードで、ドードーやリョコウバトと同じ運命をたどって消え去りつつあるということである。場合によっては、個体群がほかの個体群にとって代わられることもあるものの、そういうケースは多くはない。種がいったん失われれば、それは取り戻せない（ＳＦのジュラシック・パークのようにはいかないのだ）。同じように機能する生物多様性が進化するには、ふつうは数百万年といった時間がかかる。

さらに、進化の道筋はそれぞれの生物種に固有である。時には、まったく別の種が似たような形態や行動を進化させる収斂という現象が見られることがあるが、それらの種がそこにたどり着くのにとる道筋、すなわち遺伝的な歴史はさまざまである。生物学者は、人類が絶滅の大きな危機――地球の歴史のなかでは6回目の危機――にあるということで見解が一致しているが、そのことはおそらく、ホモ・サピエンスという単一の種がいまや地球を支配し、自分たち自身の幸福を重大な危険にさらすほどの人口規模に達しているということを明確に物語っている。個体群や種を、それらに似た状態が進化によって戻るよりも速い速度で絶滅させてしまうことによって、人類は、人口の可能な規模と、それぞれの人間が平均的に消費できる量の両方を狭めつつある。

消費パターン

まえのところで示したように、ヒトによる地球の支配に関係する問題は、地球上にいる人間の数の結果だけなのではない。そして確かに、人口増加が人類の苦境につながっていることは、単純に人口密度、すなわち1平方マイルあたりの人間の数では判断できない。たとえば、オランダは人口密度が1000人以上で、しかも大量消費国であるのに対し、世界全体では陸地には1平方マイルあたり平均で約130人の人間しかいないのだから、世界には人口問題などありはしないと主張する人がたまにいる。これがなぜ誤り(「オランダの誤謬」として知られる)かと言えば、オランダの国民はオランダの資源だけに頼って生活しているわけではないし、人口の密集したニューヨークの市民もその小さな土地の資源によって生活しているわけではないからである。

オランダ国民とニューヨーク市民がこうした大量消費生活をする稠密な人口を維持できるのは、ほかの地域の人口がまばらだからである。オランダ国民もニューヨーク市民も、資源を輸入しなければならない――オランダ国民は生活スタイルを維持するため、ニューヨーク市民は生きるために。オランダは、資源が豊かな国なので、オランダ国民はおそらくは輸入をしなくても生きてゆける(生活水準を落とすことになるだろうが)。しかし、地球上の多くの地域では、オランダと同じ面積(1万6000平方マイル)で、オランダと同じ人口(1600万人)を支える(いかにつつましやかに生活したとしても)ことなどできない。そして320平方マイルの土地で、800万人以上の人口を支えることができる土地は、ニューヨーク以外にはない(1平方マイルに2万5000の人々を住まわせ、食べさせることを想像してほしい)。

もちろん、人々が消費する量は、このままだと人類が災厄に遭ってしまうかどうかを左右する決定的な要因である。米国は、人口の多さ、これまでの成長、そしてひとりあたりの消費レベルの高さのゆえに、世界の消費者のトップの座にある。米国は、世界人口の4・5％を占めるにすぎないのに、世界のエネルギー使用の20％以上を占めている（エネルギー使用は環境破壊とも密接に関係している）。大量消費とそれにともなう環境破壊という点で、いまの米国に対抗できるのは、4億人以上もの人口を抱え、豊かさは米国と似た水準にある西ヨーロッパだけである。だがヨーロッパ人は、米国よりもはるかに資源、とりわけエネルギーの節約に努めている。アメリカ国民はひとりあたり、ヨーロッパの2倍以上ものエネルギーを消費する。ひじょうに貧しい国の国民と比べた場合には、その値は15倍から150倍にもなる。

さらなる人口‐消費の問題とそれに関係する環境問題は、消費の能力の分布が均一でないことに由来する。たとえば米国では、ほかの大部分の工業国に比べて、所得層間の格差が大きく、しかもその差がいまも広がりつつある。21世紀初め、米国の人口の5分の1の富裕層が米国の所得の50％以上を得ていたのに対し、人口の5分の1の貧困層は、そのうちの3・5％しか得ていなかった。この格差は、1％や0・1％の最富裕層のことを考えた場合には、さらに顕著になる。彼らは、米国の総所得のそれぞれ16％と7％を占め、この値は1980年以来2倍以上になっている。2005年で見ると、平均的な会社の代表取締役の所得は、年間平均賃金の300倍であり、それまでの25年間で10倍になった。これに対して、スウェーデンでは、人口のうち上位5分の1の所得層の所得が全体に占める割合は35％であり、下位5分の1は約10％であった。

米国の偏った所得分布は、権力の不均衡、教育の不足、社会的・政治的無力感、競争的な消費社会についていけないという苦しみ（ここ十数年の中産階級の賃金が伸び悩んでいるという状況の反映）につながっている。この偏りはまた、社会のなかの豊かでない（そして一般には教育水準の低い）層が就けるよい仕事が少なくなりつつあることも反映している。その結果、環境問題の解決に向けて協力し合う必要があるのに、国民の間に広がる不満はそれを難しくし、むしろ彼ら自体が中心的問題であるように見える。所得と権力の分布は、たとえばだれがどこでどれだけ消費するかを左右して、環境に対して複雑な結果をもたらす。それらは、だれが環境の点でまずい施策から直接被害をこうむらざるをえないかも決める。たとえば、火力発電所——その電力は富める者によって浪費される——の風下や、有害ごみ処分場の近くに住むのは、一般に貧しく権力をもたない人々である。

家族計画のような人口過剰を抑えるための動きは世界中に広がり、実質的な成功を収めてきたが、それに比べ、過剰消費を抑えるための動きははるかに少なかった。「消費計画」や「ゼロ消費成長」運動が繰り広げられることはなかったし、「消費コンドーム」や「消費後悔ピル」が配られることもない。環境への過剰消費の悪影響が言われ、信条的に「質素な生活」を送る人たちも少数ながら出てきているにもかかわらず、富める国でも貧しい国でも、大部分の人々は依然として、消費の増大を純粋によいこととみなしている。

20世紀の間、工業化した世界は、輝かしい消費主義を謳歌した。その支配的信念は、歴史学者のゲイリー・クロスがその興味深い著書『消費に心奪われた世紀』のなかで述べているように、「商品こそが個人に意味を与え、社会のなかの役割を与える」というものだった。第二次世界大戦後の米国では、消費こそが、大恐慌に陥ることなく経済が成長するための鍵を握ると信じられていた。この鍵がはたらき、20世紀の消費主義は資本主義と連携し、ファシズム、共産主義や社会主義といった競合するイデオロギーに圧倒的な勝利をおさめた。

しかし、アメリカ流の消費主義が実質的な変更なしに21世紀も勝利し続けると信じるだけの理由はない。明らかに、基本的な生態系サービス――人類の生活を支えるシステム――を維持しようとするなら、世界経済の物理的成長は制限されなければならない。いくつかの国は貧しいので、もしその国の人々の基本的欲求が満たされるならば、その消費は増えるに違いないが、それは、もしグローバルな持続可能性が達成されたなら、富める国から貧しい国への再分配が必要であること――米国やほかのいくつかの国は政治的に受け入れないこと――を示している。

しかし、経済成長がいまと同じようにいつまでも続くという仮定は、進行しつつある文明の病――そのもっとも顕著な症状は自然資本が失われることだ――をまったく見ていないことになる。基本的な生態系産物と生態系サービスを提供している自然資本の能力が維持できなければ、経済成長は終わってしまうだろう。さらに、これまでは消費を増やし続けるために資源を使い尽くすことが最大の関心事だったため、多くのほかの人間的価値――たとえば平和、平等、平穏、精神性、文明自体の存続――がないがしろにされている。それはまた、自由主義市場経済の父、アダム・スミスを困惑させるはずの一般的な現在の市場の見方も浮き彫りにしている。アダム・スミスの『国富論』（1776）はよく引用されるが、それ以前に書いた『道徳感情論』（1759）も重要な1冊である。この本のなかで、彼は、経済的利益は生活必需品を得るために追求されるべきであって、それが得られたあとは経済的ではないほかの価値が優先されねばならないと言っている。彼がもし現在に来たなら、市場が経済財を生み出すすぐれた道具だということを認めるだろうが、それ自体は究極の目的ではないと言うに違いない。

ほかの先進国の状況も、米国と似たり寄ったりだ。しかし、西ヨーロッパと日本では、家屋の規模と郊外スプロール化の範囲は、すでに高い人口密度（それぞれ米国の5倍と10倍）と、一般的に厳しい市街化調整区域法によって制約されている。同様に、都市の道の狭さと、都市間の距離が近いことが、ガソリンを大量に食う大型乗用車の魅力を減じる役目をはたしてきた（ゼロにするところまではいかないが）。ヨーロッパも日本も、都市内・都市間の公共交通機関は速く、効率的で便利である。ヨーロッパ人と日本人は、燃料価格が米国の2倍になるような高い税金を許容している。彼らの文化は、アメリカの文化ほど、自己イメージや自由を自家用車に結びつけていないのかもしれない。

しかし、車文化は、オーストラリア、メキシコと中国といった世界のさまざまな国で発展しつつあり、土地利用に関してかつてイギリスや日本のようなところで見られた規制は、土地が人間や農業や自然よりも、ますます自動車にあてられるようになるにつれて、崩れつつある。なかでも、中国のケースは、その厖大な人口（２００７年時点で13億人）と中国政府の姿勢のゆえに、特別である。中国では、国家の高い貯蓄率が莫大な投資を可能にし、巨大な公共工事が行なわれている。開花しつつある車文化がさらに成長することを見越して、中国は、新たな高速道路を信じられない規模で建設中であり、それが完成した暁には、個人車の需要が加速されることは間違いない。

ひとりあたりの消費の拡大にとって最大の推進力のひとつは、ノーマン・マイアーズとジェニファー・ケントが「新消費者」と呼ぶ人々だろう。中国、インド、韓国、マレイシア、ブラジル、アルゼンチン、メキシコ、ロシア、トルコといった12の有力な発展途上国には、年間ひとりあたり少なくとも２５００ドルの購買力をもつ約10億人以上の人々がいる（全体では米国の購買力に匹敵する）。これは、30年前の状況と比べると、大きな前進である。２００１年には、世界中の新消費者全体で見ると、米国の人口の5分の3ほどの購買力をもつようになり、その比率はそれ以後も急速に増加しつつある[5]。２００１年時点での新消費者は、1億２５００万台の自動車を乗り回しており（これは全世界の車の保有台数の4分の1にあたる）、２０１０年までにはこれが2億４５００万台以上に増加する。

これは、ある意味では、人類の勝利のひとつの側面であり、ますますたくさんの人々が快適な生活を送れるようになりつつあるということである。しかし、考慮されない社会的コスト（市場に反映されるコストに、社会全体が負担するコストが加わる）が通常もつ負の側面――異常気象、石油資源をめぐる争い、自動車の使用と関係した汚染と健康への影響――も、当然問題にしなければならない。新消費者の暮らす国々の大部分は、たとえば米国のような車中心の輸送システムへの移行が引き起こす地域環境への悪影響に対処するだけの余裕がない。したがって、富める国にいる私たちも自分たちの悪影響を減らすことで彼らの影響分を相殺し、かつ新消費者の国も、ヴィクトリア朝時代の産業革命とその後遺症の過程で先進諸国が経験した環境破壊の轍を踏まないようにする方法を見つけることをしないかぎり、新消費者による消費の増大は、グローバルな環境と資源の問題を悪化させるだけである。

私たちのためにほかの人々が払う代価

富める国では、消費者の生活スタイルが、遠く離れた、それほど豊かでない国々の自然資本の破壊をどのように生じさせているかを知らずにいることはたやすい。損害の多くは、バナナやコーヒーに始まって雑誌や家具や家屋の建築資材にいたるまで、日常の必需品の消費に由来する。富める国での消費のために貧しい国に引き起こされる破壊の程度は、地域によって異なる。たとえば、私たちが共同で調査を行なっているコスタリカ北部のサラピキ川流域の広大なバナナ農園は、農園になる以前に森林だった時には、数百種の鳥がいたが、いまは数十種しか残っていない。しかし、大農園は、大企業に大きな利益をもたらす。大量のバナナが工業国へと輸出されて、それらの国の人々の朝食用のシリアルになるからである。この場合に、人間の欲求が必ずしも外因的で不可避の力ではないということは、心に留めておく必要がある。たとえば、バナナを食べる習慣そのものは、はじめは「チキータ・バナナ」を歌い踊るといった大がかりな広告キャンペーンによって作られて広められたものであった。

コスタリカ南端のコトブルス地方には、小規模なコーヒー農園と劣化した牧草地があるだけだ。それはこの地方に典型的な景観である。コスタリカの丘陵地帯は、以前は森林におおわれていたが、現在その大部分は、富める国々向けのコーヒー豆の栽培にあてられている。40年前には、壮大な中高地性の雨林が延々と広がっていたのに、いまそこには、600エーカーの森林と、あとは、劣化した小さな区画が散らばっているだけだ。しかしそうではあっても、このつぎはぎのような風景は、大規模農業が行なわれている低地に比べれば、まだ生物多様性が残されていると言える。

世界中の多くの地域の熱帯雨林の破壊の大部分も、もとをたどれば、富める国の人々（そして多くの発展途上国の少数の富裕者層）の消費を支える活動へと行き着く。砂糖、コーヒー、茶、ゴム、牛肉、トロピカルフルーツ、木材やパルプ材に対する加速する世界的需要は、生物多様性と人間の文化に甚大な、しかしほとんど認識されていない損害を引き起こしている。私たちは、マレイシア領ボルネオで、ニューブリテン島で、エクアドルのチョコ地方で、そしてコスタリカで、生物種に富んだ熱帯雨林が、生物学的に貧しいアブラヤシの単作地帯に変わりゆくさまを目のあたりにしてきた。これらの森林は、もっとも複雑で多様な地上の生態系だったが、それらがいま驚くべき速さで姿を消しつつある。それらの森林は、年間で4000万トンほどのアブラヤシ——そのうちの3分の1は、それに含まれる不健康な脂肪分にもかかわらず、食用に使われる——を生産するだけの土地を確保するために、破壊されつつある。

アブラヤシ農園は、熱帯雨林破壊の典型的な原動力である。

一部の貧しい人々は、安価な植物油を供給する巨大なアブラヤシ農園で働けることによって助けられる一方で、ほかの貧しい人々は土地を立ち退かされる。このように、多少の社会的利益はあるものの、その利益は、それまで住んでいた人々が土地を失うという社会的コストに見合わないのはもちろん、アブラヤシ農園という生物学的砂漠ができることによってこうむる環境コストにも、とても見合うものではない。そして背後では、バイオ燃料のヤシ油――急速に自動車化の進む世界によって消費される――の生産のために農園を大規模に拡張することによって、さらなる環境破壊の脅威が広がりつつある。

マレー半島、ジャワ、スマトラ、ボルネオ、スラウェシ、小スンダ列島の低地の熱帯雨林――総称するとスンダ諸島低地熱帯雨林――は、地球上のほかの似た地域に比べて、おそらくもっとも多くの植物種を擁している。それらは、すべての熱帯雨林のなかでもっとも背が高く、おそらくもっとも美しい。加えて、トラ、アジアゾウ、オランウータン、マレーバク、ウンピョウ、ガウル（インドヤギュウ）、バンテン、テングザルといったカリスマ的な動物を含め、驚くほど多種類の哺乳類を支えている。これらの森の鳥のコミュニティには、さらに胸躍らせるものがあり、9種類のサイチョウ、何種類かのキジ（ボルネオの見事なほど華美なオジロウチワキジもいる）、多くの魅力的なキツツキ、さまざまな種類の魅力的なチメドリもいる。これらの森は、この数十年間で、富める国々の消費のために開発者や企業家に雇われたこの地域の人々によってほぼ破壊し尽くされ、悲劇的な広さの地域消滅の出来事になる可能性もある。もちろん、悲劇は、自分たちの地域が駄目になって収入のなくなる貧しい人々の集団にもおよぶ。

パプア・ニューギニア南東部のフライ川流域周辺の低地の森林地帯は、低地の熱帯雨林としては世界で3番目の面積をもつが（第一位はアマゾン川流域、第二位はコンゴ川の流域）、ここも現在同じような破壊に脅かされている。２００３年、私たちがフライ川流域のキウンガに滞在していた時、マレイシアの会社が、65万エーカーを越える大規模な森林伐採を計画中だということを知った。もしこの計画が実行に移されたなら、ニューギニアの人々は、短期間のわずかな収入と引き換えに、自分たちの森も文化も失ってしまうことになる。ニューギニアの人々は聡明で、伝統的にきわめて政治的であるとは言え、中国資本に支えられたマレイシアの蒸気ローラーが動いているのを目の前にしては、とてもかなうものではない。彼らは外側の世界のやり方に疎く、首都のポートモレスビーにいる国会議員や地域の首長たちは、小額の賄賂、アルコール、女性による接待などによって容易に動かされる。

遠く離れた集団の利益のために、その土地の人々が搾取されるというのは、もちろんいまに始まったことではない。そうした認識は以前からあった。すでに１９４８年に、中央アメリカの地方開発を憂慮していた環境保護論者のウィリアム・ヴォートは、その先駆的著書『生き残る道』のなかで、どのように人口増加と消費と自然資本の破壊とが結びついているかを次のように活写している。

過度の繁殖と土地の濫用によって、人間は生態上の罠に陥っている。……それはほかでもない、私たちのことである。すなわち、森林を消失させて得られたパルプに印刷された新聞を読む人々、……縮小してゆく土地から得られた食物を口にする人々、……過度に放牧され、小さな蹄に踏み荒らされ、川下に流水と表土を運びながら数百マイルも離れた都市に洪水を起こす雨に侵食された土地から得られた毛織物をまとう人々である。[6]

カリブ海沿岸やハワイの低地から、ブラジルの丘陵地帯、中央アフリカとフィリピンの森林地帯にいたるまで、森林破壊、侵食、汚染は、政府を買収し、持続可能性について考えもしない企業によって生み出された。これは、おもしろくはないが、きわめて重要なことである。第二次世界大戦後に起こった「開発」のプロセスは、アジア、アフリカとラテンアメリカの未開発の国々の工業化を企図しており、開発銀行などの国際機関と先進工業国の援助計画は、その目的に捧げられた。その結果、（とりわけ農村地域の）数億人の人々は、数十年間発展のプロセスの外にとり残された。農業における開発で中心になったのは、「緑の革命」を成功させることだった。これは、次の章で見るように、農民の間の富の格差を生み出すのに一役買った。富める国向けの輸出用作物の栽培も奨励され、貧しい農民は、もっとも生産力のある土地から締め出され、生産力の低い地域へと追いやられることもしばしばだった。資源の歪んだ分配を生み出した植民地主義とその政策は、結果として数十億人の貧しい人々を生み出した。

今日、貧しい人々が耐えているのは、100年前とは異なる種類の複雑化した貧困である。以前は、貧しい人々は、相対的に（当時の「富裕な人々」に比べて）物質に恵まれていたし、多くは、文化的な慣行に支えられて、自分の生活を維持して満足できる一生を送る方法を見出していた。ところが現在は、テレビや雑誌の写真を通して大きな格差があるということが広く意識されるようになり、不幸感がいっそう増しつつある。いま、発展途上国の数億人の人々は、アメリカ風の生活スタイルにあこがれているが、彼らが与えられてきたのは、エリートの少数派が西洋風の豊かさを享受する一方で、多数の人々を困窮の状態におくことの多い「発展」モデルであった。

資本主義的経済システムは、資源の利用と製品の生産において驚くほど効率的だということが明らかになった。しかし、問題は、だれにとって効率的かである。加えて、経済システムが一体なにを最大にすべきかという、重要な倫理的・経済的問題もある。ほとんどの経済学者は、「効用」と答えるだろうが、これは「幸福」や「満足」とほぼ同義であり、それは一般には消費に関してのことである。基本的欲求が満たされた後で、消費がある意味で最大になるべきなのかどうかという問題については、公の議論はほとんどなされてこなかった。

しかし、資本主義のこれまでの大きな失敗は、環境の「外部性」——市場価格には反映されない生産コスト（すなわち市場の「外にある」コスト）——を評価する際にリップサービス以上のものを与えてこなかったという点である。たとえば、熱帯の生物多様性の損失のコストは、ヤシ油の価格には含まれていない。もっとも重要な薬の多くは植物の分泌する防衛的物質から作られているので、この損失は、未来の世代からがんのために使える特効薬を奪うことにもなる。あなたが1ガロンのガソリンを買う時、あなたは、政情の不安定な国の石油を守り石油の輸送ルートを警備するための軍隊のコストはもちろんのこと、気候変動のコストとスモッグによる肺疾患のコストにも寄与している。これらのどの要因も、ガソリンスタンドでの価格には反映されていない。それらは、市場価格の外にある[7]。これまで言われてきたように、社会主義が崩壊したのは、市場に経済的真実を語らせなかったからだが、資本主義がこれから崩壊するのは、市場に生態学的真実を語らせていないからかもしれない。

富める者と貧しい者の健康コスト

皮肉にも、富める者がもっぱら享受する消費財を生み出すプロセスは、地球の被毒の最大の推進力であり、消費は、富める国の人々を毒物にさらすメインルートである。工業化社会は、環境中に数万種類もの（その多くは有害な）化合物を大量に——年間数十億トン——放出している。このもっとも明白な例は、目に見える刺激性の（時には死を招くこともある）大気汚染、いわゆるスモッグである。「スモッグ」は、20世紀初めのロンドンでひどい大気汚染を生み出していた石炭の煤煙と霧の組み合わせにつけられた用語であった。現在広く問題になっているのは、光化学スモッグである。それは、自動車の排気管、工場の煙突、庭でするバーベキューなどから出る多数の化学物質と太陽光との相互作用によって引き起こされる。「光」という名前がついているのは、そういう理由からだ。

大気汚染は、とりわけ乳幼児、高齢者、そして心臓や肺に疾患のある人たちに、重い健康被害を直接もたらしうる。これは、大気汚染（とりわけ、燃料を燃やすことによって生じる小さな粒子）の程度と入院数や死亡率との間に相関が見られることから、明らかである。ＷＨＯによって大規模に行なわれた世界的リスク評価は、（受動喫煙を含む、屋外、屋内、職場での）燃焼によって発生する粒子が世界で見ると毎年３００万人を早死にさせていることを示している（屋内外の汚染によるのは240万人で、そのほとんどは燃料の燃焼によって引き起こされている）。能動喫煙を含めると、死亡者数は、年間800万人近くにのぼり、これは、栄養不良による年間の死亡者数よりも多い。大気汚染は一般には、ロサンゼルス、サンパウロ、東京や北京といった大都市の問題だが、汚染は気流に乗って遠くまで拡大する。イオウ、窒素酸化物、地表付近のオゾンといった成分も、多くの地域の作物や森林に被害を与える。

しかし、富める国の都市部の大気汚染の話題がどうしても目立ってしまうが、予想に反して、カリフォルニア大学バークレー校の公衆衛生学の教授、カーク・スミスは、健康への大気汚染のもっとも深刻な影響が、第三世界での調理と家の暖房のために薪やほかのバイオマス燃料（木炭や乾燥させた牛糞）を燃やすことから生じているということを示している。バイオマス燃料のこうした使用は、現在のエネルギー需要の約10%を占めており、これは、原子力発電と水力発電の両方によって提供される量よりも多い。これらの燃料は、完全に燃焼されないと（CO_2にならないと）、一酸化炭素はもちろんだが、さまざまな微粒子や有機化合物も生じさせる。これらはみな、健康に――とりわけ女性や（調理の時に一緒にいることが多い）子どもの心臓や肺に――害をおよぼす。病気のなかでも、多くの女性が慢性の気管支炎や肺気腫になり、その子どもたちの多くも肺炎になる。

第三世界での調理と暖房に由来する汚染は、それほど費用をかけずにストーブを変えることによって――たとえば、燃料をより完全に燃焼させるストーブを提供し、煙突をつけ、適切に乾燥させた木材を使うといったことをするだけで――大幅に緩和することができる。スミスが示しているように、グアテマラでは、このような変化によって小児肺炎（ほかの病気よりも死亡率が高く、助かっても平均寿命が短くなる）の発生率を大幅に減らすことができた。このように、富める者も貧しい者も、消費によって副次的に生じる健康コストを支払うが、貧しい者のコストは、少額の出費で大幅に減らすことができる。

人類が生物圏に放出する毒物の可動性は、伝説的なほどによく知られている。知られている多くの毒物、発がん物質や環境ホルモンは、地球の果てでも見つかる。DDTは米国では使用が禁止されてかなり時間が経つのに、その有毒な分解産物は、現在でも、米国中西部でも、カリフォルニアの都市部でも、北極圏でも、雨のなかに見つかる。さまざまな農薬、PCB（ポリ塩化ビフェニル、絶縁油やさまざまな工業プロセスで使われる難分解性の有毒物質）、処方薬、工業用溶剤、鉱山廃棄物、プラスチックのさまざまな成分、水銀、カドミウム、鉛、そしてほかの重金属――あげてゆくときりがないほどある――も、ほぼ世界のどこにも分布している。

個々の人間が少量の毒素なら大丈夫なように、人類は適応できるのだろうか？　あるいは予期せざるパターンが現われたりするのだろうか？　一部の人々が懸念するように、環境ホルモンの濃度が男性の体内で一定の閾値を超えると、精子の数が減り、ホモ・サピエンスという種の存続を脅かすまでになるということがありえるだろうか？　心配なことに、汚染のひどい北極と亜北極の地域では、女子に対して男子の出生数が半減しているということが最近報告されている。あるいは、世界の多くの地域で、平均寿命が伸び続けているということは、大部分の人が毒物の負荷にうまく対処することができ、それが、環境によって引き起こされるがんの増加を上回るほどに健康全般を増進させているということなのだろうか？　毒物は、ヒト以外の生き物に、そして生態系サービスにどういった有害な効果をもつのだろうか？

これらの問いに答えるのは難しい。複数の化合物の相乗効果やのちの世代に現われる影響は言うまでもなく、単一化合物の毒性の効果を推定することでさえ、困難をきわめる。これは、タバコの例を考えてみるとよい。タバコの煙に個人がどれだけさらされたかを判断するのはきわめて容易であるにもかかわらず、喫煙が有害だということを証明するのには長い努力を要した。大部分の環境有害物質の場合には、このような証明は不可能に近いかもしれない。人類は、私たち全員が実験動物であるような巨大な化学実験を行ないつつある。結果はまだわからない。

消費と農業

人類のもっとも重要な活動は、自分たちのために食糧を生産し、分配することである。これが人間の健康と幸福にとってもっとも重要な仕事だというのは間違いない。極度に都市化された社会では、多くの人は、食糧供給システムから遠く離れたところにいるため、食糧の供給をあたりまえのことのように思っている。しかし、先進国の消費者が現在必要としているさまざまな種類の食物の供給に関わるプロセスの多くは、大きな環境コストをともなっている。それらは、食物の生育・収穫・貯蔵・加工、そして世界中の輸送にかかるエネルギーコスト、農薬の使用や、家畜生産において抗生物質を多用することで逆に抗生物質の効き目が弱くなることによる健康コスト、そして販売の際の過剰包装にかかる環境コストを含んでいる。以上は、広い土地を第一に農業にあてることによる生態学的コスト（そのいくつかについてはすでにとりあげた）の最上位に位置する。さらに発展途上国では、自給用作物ではなく輸出用作物の生育のために土地を使用し、それが多くの田園地帯の土壌の劣化ももたらしている。

農業専門家は将来的な世界の食糧生産について関心を高めつつあるが、そのひとつの理由は、今世紀の半ばには、現在より約40％多い人々の食糧をまかなわなければならないということにある。人口増加に加えて、高品質の食糧、とりわけ動物性の生産物に対する需要が、中位の収入の発展途上国の新消費者層において急速に増加しつつある。中国では、２００４年の時点で新消費者に分類される人々（3億人以上）は、米国の消費者の数（3億人に少し足りない）よりも多かった。中国は、国民ひとりあたりの肉の消費が１９９０年の2倍になり、それによって世界で最大の肉食国家になった。２０１０年までに、年間８ないし10％の経済成長にともない、中国の新消費者の数は米国のほぼ2倍になり、その全体的購買力は米国の半分近くまで高まるだろう。

中国の人々が家畜を養うために飼料用穀物の量が増えるにつれて、すでに限界にきている水の供給と農業システム――ぎりぎりの状態の世界食糧経済――にさらに圧力がかかることになるだろう。しかし、彼らは、発展途上国における消費の増大のもっとも顕著な例にすぎない。多くの国の新消費者が、世界の富裕層の消費パターンを懸命にまねようとしている。発展途上国における――とりわけ新消費者による――肉の需要は、２０００年から２０２０年の間に約2倍になると推定される。

環境への打撃の点から言えば、肉は、コメ、コムギ、トウモロコシとジャガイモといった主要作物よりも、生産コストがはるかにかかる。国連食糧農業機関（ＦＡＯ）の２００６年の報告書、『畜産の長い影』の指摘によると、世界の地表面のおよそ30％が畜産にあてられ、これは農業用の土地全体の70％にあたる。これは、飼料作物を育てるための土地、集約的な畜産施設のための土地、ウシ、ヒツジとヤギの放牧用の土地を含んでいる。森林伐採（とりわけ熱帯の）主要な原因は、牧草地のための伐採である。世界の家畜――15億頭ほどのウシ、17億頭ほどのヒツジとヤギが含まれる――のバイオマス（生物量）は、ヒトの人口のそれを超えている。

さらに、現在生産されている穀物の40％と大豆の大半は、家畜（数十億頭（羽）のブタと家禽を含む）の飼料として使われている。これは数億人の人口を養えるだけの量の食糧である。富める国では、飼料用穀物の生育は農業による汚染（とりわけ水質汚染）の主たる原因だが、家畜生産がより集約的になりつつある発展途上地域においても、これは顕著である。大量の家畜が狭い面積で飼われ、その排泄物は、飼料用穀物の生産地域の土壌に栄養素として返されるのではなく、多くは水路に流れ込む。牧草地の拡張にも限界があるため、発展途上国における消費用の肉の需要の増加は、肉を生産するための飼料用穀物の世界的需要を２０２０年までに85％増加させるかもしれない。

さらに、放牧は地球の気候を変える。放牧は、地表から反射される太陽エネルギーの量（森林よりも草地や砂漠からのほうが反射量は多い）を変えるし、水が土のなかまで浸透するか、流れて洪水を引き起こすか、植物によって再利用されて雲を形作るかの決定に影響をおよぼす。しかし、ＦＡＯが指摘しているように、もっと重要なのは、人為的温室効果ガス排出の18％

ほどが家畜生産によるものだということである。世界のCO_2排出量のおよそ9%は家畜生産によるものであり、牧草地や飼料作物用の土地の拡張によって引き起こされる土地利用の変化（とくに森林伐採）がおもな原因である。「反芻」と反芻動物の胃腸内の微生物による飼料の発酵は、人為的なメタン放出のかなりの部分を占める。さらに大量の一酸化二窒素が、家畜生産において排出されている（大部分は有機肥料（堆肥）からのものだ）。どちらのガスも、地球高温化に大きく寄与する。家畜由来の正確な割合は、いまのところ不明である。というのは、評価されていない発生源がいくつもあるからである。加えて、家畜は、人為的アンモニアのおよそ3分の2を放出し、酸性雨を引き起こす大きな原因になっている。

移住の影響

外からの人間の流入は、人口の自然増加がそうであるように、その地域の生命維持システムへの人間の影響を増大させ、一方、外への人間の流出はその国の環境的・資源的負担を軽くする。人間の移住は、地球上の資源の不均一な分布と文化的進化の両方に関係した人口‐消費の難題である。これは一般には、貧しい地域から豊かな地域への（資源の一般的な流れと同じ向きだが）、そして職とよりよい生活を求めての動きからなる。移住がうまくいった場合には移住者はその国の消費習慣を身につけるという点で、移民はヒトの生命維持システムへのグローバルな圧力のひとつになる。また、相対的に圧政の地域から出て、より自由のある地域へと動くことも多く、ほとんどは、貧しさから豊かさへの移動としても見ることができる。国連の推定によると、２０００年から２０１０年の間では、毎年３００万人ほどの人がおもに発展途上国から先進国へと移動している。全体で見ると、2億人ほどが、自分が生まれた国ではないところで生活していると推定されている。移民の約半分は北アメリカへの移民であり、数百万人がヨーロッパ、ロシア、オーストラリアや、アジアの経済的に豊かな少数の地域への移民である。奇妙なことに、２００６年の国連の推定では、２０１０年以降は、国際的な移民が大きく減少するという。おそらくこれは、予想される環境難民の数を低く見積もっているためである。

この数十年で急速に、移民は、資源戦争を逃れる人々の問題になっている。たとえば、世界で2番目の埋蔵量の石油に対する支配を確保しようという米国の思惑の結果、数百万人のイラク人が故国を去った。さらに数百万の人々が、貧困の大きな原因（そしてしばしば結果）である悪化した環境から逃げている。同様のかつての例には、１９３０年代に大草原の砂嵐（ダスト・ボウル）による米国南部の砂漠化によって、３００万人もの人々が移住したことがある。それでも、米国には大平原がまだ残っている。つい最近では、生態学的に荒廃したハイチ島から米国に逃げようと試みる人々のことが、アメリカのメディアにとりあげられた。

現在、アフリカからイランや中国まで、砂漠の拡大に直面した人々が移住せざるをえなくなっている。地球高温化による海面の上昇も、標高の低い島や海岸部に住んでいて、ほかに移住せざるをえなくなる人々の数を増やすことになるだろう。今後数十年で、移住する人々の大半が、環境難民で占められるかもしれない（生態学的に荒廃した地域からや、頻発する巨大嵐や海面上昇に脅かされた海岸地域から移住してくることもあるだろうし、資源戦争から逃れる大量の難民ということもあるだろう）。

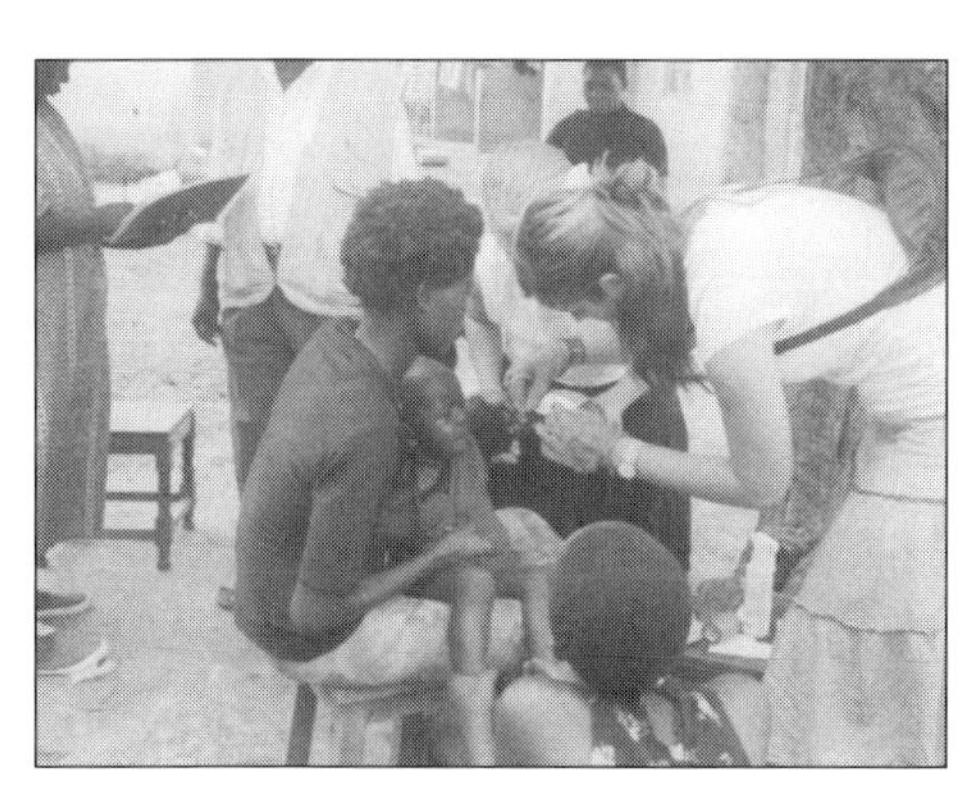

図11・2　ウガンダのHIV－エイズ家族の支援活動の一環として、傷を負った子どもに包帯を巻くボランティア学生（ウガンダルーラル基金から派遣されたセントベネディクト大学とセントジョンズ大学の学生）。

人口密度と伝染病

人口の規模がヒトに与える影響として最後にとりあげるのは、伝染病にかかりやすくなることである（疫学的環境の弱体化と呼ばれることもある）。ヒトの集団は人口密度が高くなって、これまでにないほどに稠密になった（そのなかには栄養状態が悪く、それゆえ免疫力の低下している人々が数億人いる）ために、感染性の病気をもった動物と接する機会もそれだけ多くなっている。科学者はこうした事態を重く見ている。このような接触は、新たな病気――たとえば、現代最大の新たな病気、ＨＩＶ－エイズ――が流行する確率を大いに高める。アフリカのチンパンジーからヒトに感染したエイズは、言いようのない苦しみを引き起こしている。２００６年、ケニアだけでも、人口３５００万人のうち１００万人ほどがエイズによる孤児だった。２００７年までで、世界中で３３００万人がＨＩＶ－エイズに感染しており、２０００万人近くが亡くなっている。治療を受けることなく、さらに数千万人が若くして亡くなるだろう。いまのところ完治する見込みはなく、治療も高額だ。このように、貧しい国において感染している数百万人の人々は、そう診断されたとしても、援助は受けられないかもしれない（救いの手を差しのべようとする懸命の活動は最近行なわれつつあるが）。

人口が多いと（病気の「標的」を多く提供することになるの

で）、病気が動物からヒトに感染する確率が高くなるだけでなく、その病気が持続する確率も高くなる。人口２０００人の町は、麻疹の伝染を維持できない。というのは、町民はその病気で死ぬか、免疫をもつかのどちらかであり、いったんかかってしまえば、その後その病気にかかる人がいなくなり、感染がなくなって、その病気は消滅するからである。だが、50万人ほどの都市なら、このような伝染病は容易に持続する。たえず子どもが生まれ、この病気にかかる可能性があり、感染が続いてゆくことを可能にする。人口規模は、これまでも時折アフリカの霊長類からホモ・サピエンスへと感染していたエボラウイルスやマールブルクウイルスのように、知られている病原体の新型が出現し広がる可能性にも影響する。最近西アフリカでは、ゴリラやチンパンジーの現存する群れがエボラ出血熱で大打撃を受け、人間も数十人が死亡している［訳註　２０１４年の流行では、死者は12月末で８０００人に達した］。

とりわけ心配なのは、新型インフルエンザの出現である。世界保健機関（ＷＨＯ）は、鳥インフルエンザに対して早期警戒態勢がとれるようにしてきた。この鳥インフルエンザでは、感染の拡大を防止するために殺処分された家禽も含め、数百万羽の野鳥や家禽が犠牲になり、アジアでは数十人が感染した。ブタやアヒルとじかに接触する環境にある人々はたくさんおり、それらの家畜や家禽が保有するインフルエンザウイルスは、人間にとって致命的な新型のウイルスを進化させる可能性がある。これらの新興性のウイルスは、病気を発症させる強い力、とりわけ動物の宿主からヒトへと感染する能力を備えている。

おそるべき伝染病の蔓延の可能性は、高速輸送システムによって大いに高められている。10世代前なら、移動するのは、どんなに速くても、走るウマのスピードだった。今日、病気に感染した人間はほんの数時間でほかの大陸へと飛んでゆける。たとえば、旅客機の客室乗務員、ガエタン・デュガ（彼は１９８４年に亡くなった）は、北アメリカにＨＩＶの感染が拡大するのに重要な役割をはたした。彼は、ヨーロッパで、アフリカから来ていた複数の男性との性的接触を通してこの病気に感染した。１９８２年４月時点でのエイズの最初の２４８人の患者のうち40人以上が、デュガと性的関係をもったことがあったか、デュガが関係をもった相手と関係をもったことがあった。

その一方で、私たちは、細菌とのたえざる戦いにおいて、抗生物質に耐性をもつ菌の進化を促してしまうことで、逆に自ら武装解除をし続けている。これは、医療現場での抗生物質の過剰な使用――少なくとも正当な理由のもとになされている過ちだが――によるだけではなく、家畜の成長を促進するためと「工場式畜産場」の所有者の儲けを増やすための抗生物質の多用にもよっている。これらの抗生物質は、給水設備にも漏れ、強い耐性をもった病原体をもたらす。２００７年末の『ニューヨーク・タイムズ』には次のようにある。「工場式畜産が問題なのは、育てているのがブタだけではないという点にある。薬に耐性をもつバクテリアも育てているのだ」[8]。

いまや支配的動物となったヒトは、その人口、その消費パターン、パンデミックの可能性、資源・富・人間の分布といった、互いに絡み合った一連の問題に直面している。これまで、人類にほんとうはなにが必要なのかを問うてこなかったこと、人口過剰と過剰消費の問題に取り組んでこなかったこと、そして貧しい者に彼らの水準での幸福も手に入れられるようにしてこなかったことが、不安定な社会と政治、そして繰り返される資源戦争の途方もない犠牲のもと、富める者の幸福までも危うくしている。

12章　新たな責務

「過去20年以上にわたって、ヒトの活動が地球のシステムのはたらき――人間の幸福と人間社会の未来はそれにかかっている――にますます影響をおよぼしつつあるという認識が高まり、環境への懸念を新たな責務が支配するようになった。」

ウィル・ステフェンら、２００４[1]

「人口は増えに増え、私たちの存在が病のようにこの惑星を侵しつつあるとわかるほどのところまで来ている。」

ジェイムズ・ラヴロック、２００７[2]

地球規模の変化は、はるか昔からあった。大陸の配置、気候、生物の分布などは、生物圏の始まり以来たえず変化し続けてきた。ヒトが生み出した環境の大規模な変化にも、長い歴史がある。第一には、狩猟と火の使用により、ヒトは、数十万年にわたって自分たちとまわりの生き物にとっての環境を（そして進化の道筋も）変え続けてきた。ヒトがこの点でほかの大型動物を凌駕するようになるのはずっとあとになってからだが、生物資源の乱獲は、少なくとも大型哺乳類と海岸に生息するいくつかの海棲生物の乱獲については、更新世までさかのぼるヒトの伝統である。

アフリカでは、私たちの祖先が採集した貝類の平均的な大きさは、乱獲が激しくなるにつれて小さくなった。およそ4万5０００年から3万年前に、ヒトはオーストラリアに入り、おそらくは大型の有袋類の大部分の絶滅に関わった。約1万4０００年前、あるいはそれより前から、ヒトは、アメリカ大陸に入った。ほとんどの研究者は、毛長のマンモス、巨大な地上性のナマケモノ、そしてそのほかの土着の大型草食獣を絶滅させることになった要因が、第一には、これらの侵入した人間たちだったと考えている。こうした絶滅に気候変動が大きな役割をはたしたのかどうかについては、見解が分かれる（少なくともこの時代の北アメリカについては、さまざまな見解がある）。動物の絶滅は次に、その土地の植物の淘汰圧を変化させた。実際にどのような変化があったのかについては証拠が十分にあがっているわけではないが、ナマケモノのような巨大な草食動物（潅木の葉や果実を食べる）がいなくなってしまったことは、ちょうど現在のゾウの食性がアフリカの植物群落に影響をおよぼしているように、潅木の物理的構造や個体群に影響を与えたのはまず間違いない。旧世界の多くでは、多くの大型哺乳類が早くに姿を消した。おそらくは最初に気候変動によって数が減り、次に（その気候変動の時にはいなかった）現代の狩猟者が決定的な打撃を与えたのだろう。多くの研究者は、オーストラリアと北アメリカで「更新世の大量絶滅」が急速に起こったのは、アフリカとユーラシアの大型哺乳類とは違って、その地域の大型動物が、進化の歴史のなかでヒトによって狩られるといった長い経験をもっていなかったからだ、と考えている。

大型哺乳類の多くを絶滅させ、多くの火災を引き起こすことによって、狩猟採集民は、生命を維持する地球の能力に多少のさざ波は立ててきたかもしれないが、それらは、農業が拡大し人口が増加するにつれて引き起こされた地球規模の大変化に比べれば、まだまだ小さなものだった。その数千年後、産業革命によって、地球全体を変える企ては新たなレベルに到達し、20世紀に真に劇的な変容がもたらされた。科学者が現在のグローバルな変化について語る時、彼らが通常指しているのは、生命、とりわけヒトを支える地球全体（局所的な地域ということでなく）の能力を最終的には減じるほどの規模の、ヒトが引き起こしている環境の変化のことである。これは、ごく最近の展開――ホモ・サピエンスが台頭してこの惑星を支配するようになった結果――である。

これらの環境の変化とは、以下のようなものだ。地球の凍らない土地の半分以上を農業、放牧、林業、採鉱、ヒトの居住のために使用するまでになっていること。オゾン層破壊、酸性雨や地球高温化をもたらすさまざまな物質の大気への排出。ヒトが動植物を移動させたことによる地球の生物相の均質化。ダムによる水の流れの変化と途絶、地下水の枯渇、河川の造り変え。DDT、鉛、水銀、危険なプラスチック類、環境ホルモンやほかの有害物質の、地球の隅々までの拡散。そして地球の養分循環（とりわけ炭素と窒素）の劇的変化。

この章は、地球の地表と海洋、そしてそれらに関係した生命を支えるシステムに対してヒトが与えつつある変化に焦点をあてる。そして次の章では、それらの変化のなかでもとくに、大気に与えつつある変化と、それが気候と自然のシステムにおよぼす影響について考えてみる。

土地利用の変化

これまでの章で述べてきたように、おそらく、人類史上唯一もっとも重要な展開は、約1万年前に始まったもので、ヒトのいくつかの集団が最初に定住して農業を開始したことだろう。ヒトは数千年にわたって土地被覆を変え続けてきたし、しかもそのプロセスは地球のいたるところで少しずつ進行しているため、最近の土地被覆の変化についてのまとまった統計を集めるのは難しいことが多い。たとえば、もっとも明白で大きな変化、森林破壊がどの程度の範囲にわたっているかは、衛星写真から簡単に計算できると思う人もいるかもしれない。しかし残念ながら、１９６０年以前のそうした写真は存在しないし、さらに現在でも、衛星写真をもとに相対的に手の入っていない処女林（伐採されたことのない森林）と植林地や荒廃した（たとえば部分的に伐採された）森林とを見分けるのは、難しいことが多い。そのため、推定値を得るには、衛星写真の分析に加えて、地上の調査も必要になる。

20世紀には、土地被覆の変化は劇的だったし、いま現在もそれは急速に進行中である。世界の温帯広葉樹林――秋には紅葉して落葉し、冬の間は葉のない類の樹林――の70％以上が１９５０年までに切り倒された。同じだけの割合の地中海型の森林――カリフォルニアの海岸部に見られるような常緑樹林と、バイソンが歩き回っていた頃にカンザスに自然に存在していた温帯の草地とからなる――も20世紀の半ばまでに失われた。いまは、もっとも急速な土地被覆の変化が、湿性熱帯林（「熱帯雨林」や「ジャングル」）においてと、世界中の温帯と熱帯の草地、そして冠水した平原において起こりつつある。推定では、１９５０年代にこれらの各種類の生態系で残されていたもののうち、15％以上がすでにヒトの目的で利用されている。

このような土地被覆の変化は通常は、残っている生息地の断片化をともなっている。たとえば、工業的農業によって追い出された農民がアマゾンの森林地帯に入植し、小さな農地を開墾する時、彼らは、伐採業者が作った道路を使い、家屋、小さな村、それらをつなぐ道路などのために土地を切り開く（図12・1）。残っているが、互いに離れ離れの小区画の森は、「エッジ効果」によって実質的には変化することが多い。たとえば、熱帯林の区画の内部は乾燥する。これは、その区画全体が森の境界近くにあり、隣接する切り開かれた土地は、太陽と風にさらされることで熱くなるため、つた植物が繁茂するようにならないかぎり、その熱は区画内に広がるからである。

こうしたエッジ効果については、１９８０年に生態学者トマス・ラヴジョイによって始められた「森林断片の生物学的動態プロジェクト」と呼ばれる大規模な実験から、多くのことがわかってきた。ブラジルのマナウス近くのアマゾン川流域では、ウシを飼うために土地を切り開いていた地主（土地の所有者）に協力してもらって、さまざまな広さの林の断片（1、10、１００、２００ヘクタール）が、１９８０年から９０年にかけて作られ、それらの生物学的コミュニティがどうなるかが調べられた。研究からわかったのは、断片林における変化がきわめて複雑であること、断片林の大きさだけでなくほかの要因にも大きく依存すること、そしてもとの区画にいた生物の種類によっても変化に違いがあるということであった。区画のもとの動物相と比較して、霊長類や鳥類の種、ある種類の昆虫の数は減る傾向にあったのに対し、小型の哺乳類、チョウ類や両生類の種の数は増える傾向にあった。いくつかの場合では、その理由は明白だった。たとえば、チョウは、幼虫の食料になるさまざまな種類の植物と、成虫が蜜と花粉を集める種類の植物とに依存する。このような植物の多様性は、陽のあたる区画のエッジに沿って増加した。同様に、哺乳類とチョウの種はある程度の「入れ替わり」を示し、いくつかの種は消え去り、ほかの種と置き換わった。

ラヴジョイのプロジェクトとほかの研究が明らかにしているように、小さな面積とエッジ効果は、たくさんの動植物種にとって、多くの区画を――大きな生息地が分断されずに広がっていれば、なんのことなく生きてゆけたのに――生息に適さないものにする。乾燥化することに加え、高温になることと、森林にはいなかった種類の病害虫と捕食者にさらされることも、それらに適応できない動植物にとって、エッジの危険要素である。通常なら長生きするはずの熱帯雨林の樹林でさえ、断片林のエッジから100ヤード以内にある場合には、すぐに枯れてしまい、樹木の種類の構成の変化は断片林内のほかの生物に対してカスケード効果をおよぼす。このように、生息地の破壊と（区画の保存価値を弱める）断片化は、生態系サービスを維持する上で必要不可欠な生物の個体群や種の絶滅を引き起こす大きな要因である。

生物多様性の大規模な損失をともなう森林破壊は、いまはおもに熱帯地方に集中している。2000年から2005年までの間に、世界中で約6500万ヘクタールの森林が伐採されたが、そのうち4200万ヘクタール以上がアフリカと南アメリカの森林であった。大規模な森林伐採は、東南アジアでも続いている。カリマンタン（ボルネオ）では、1985年から2001年の間に、低地の「保護」森は、56％（110万ヘクタール）以上減った。ある地域では、生物多様性に富んだ低地のフタバガキの森の80％が伐採された。

全体で見ると、氷河期以後の森林の被覆のほぼ半分が過去8000年間で失われたが、その喪失の大部分は1970年

図12・1　アマゾンの森林破壊。どこにでもある見慣れた光景になってしまっている。写真は iStockphoto 提供。

以降である。米国東部とヨーロッパの一部のような多くの温帯地方では、大規模な造林に加え、森林の広範囲の自然な再生がある。たとえば、２０００年から２００５年までの世界中の森林伐採の総面積の３分の１以上が自然の森林の再生と林業用の植林によって部分的に相殺された。ただ、自然な再生の区域は、もともとあった森林とは多くの重要な点で異なっている。というのは、通常は生物多様性の重要な要素（とりわけ大型の捕食動物）が回復することはないからである。しかし、森林が以前にもっていた性質の多くは、野生動物が徐々に戻って来れば、回復するだろう。ただ、造林地――基本的にモノカルチャーで、大部分の野生動物やほかの植物にとっては生息しにくい場所――の場合には、そうはならない。

　土地利用の変化は、利水システムにも劇的な影響をおよぼす。たとえば、森林伐採は、それまで木々に被われていた小川や水路の水温と植物相を大きく変化させる。さらに、農地への無機肥料の散布は、湖沼、河川や沿岸水域に過度の肥沃化を引き起こし、富栄養の状態になる。すなわち、水界は過度の養分――典型的には窒素かリン、あるいは両方――を受けとり、それが植物の過度の成長を導く。なかでも藻が密に成長するケースは、「藻の異常発生（ブルーム）」と呼ばれている。水中の酸素の量は、とりわけ藻が光合成をしない（そして死んだ藻が腐敗する）夜間に大幅に減り、その結果魚やほかの水中生物が呼吸できずに死んでしまう。そのため、陸地に近い海域にはしばしば「酸欠海域（デッドゾーン）」ができる。現在、こうした海域は数百を数える。これは、過度の肥沃化によるだけでなく、土地利用の多くの変化に始まって、飼育地や農地から出る家畜の排泄物や、屋外トイレや下水施設由来の人間の排泄物まで、それらすべての結果でもある。海のデッドゾーンが増えるにつれて、ブルームは微風を生じさせ、その微風が陸にいる人々に海水の水滴として毒物を運ぶことも多くなりつつある[3]。

　世界中で湾や沿岸水域に毎年出現する巨大なデッドゾーン（もっとも有名なのはメキシコ湾だ）を作り出しているのは、たとえばミシシッピの下水のように、川に流れ込む栄養物である。ほかのいくつかのデッドゾーンは、米国ではこれまで、チェサピーク湾やデラウェア湾、ワシントン州やオレゴン州の沿岸などに現われ、ほかには、ヨーロッパや東アジアの沿岸にも見られる。世界で見ると、デッドゾーンの数は、10年経つごとに2倍に増えている。加えて、富栄養化は、アフリカのヴィクトリア湖のように、多くの内陸の湖沼や河川の多様な淡水の動物相の激減の一因もなしている。

　サンゴ礁も、土地被覆の変化の影響を受ける。たとえば、熱帯の島々のリゾート開発によって、開発地から出たシルトが水路を通って湾へと流入し、シルトに弱いサンゴを殺すことがある。サンゴは富栄養化にも弱い。富栄養化は、ハワイ島や太平洋やカリブ海の島々の沖合いのサンゴに影響を及ぼしている。

農業とその変化

農業を発明していなかったなら、ヒトはいま、高度の技術をもった、環境を支配し変える動物にはなっていなかっただろう。まえにも述べたように、農業こそが、余剰な食糧を生産できたことで、初期の社会のかなりの数の人間を自給自足の生活から解放し、役人、聖職者、商人、職人といった農業以外の仕事に就くことを可能にした。現在、氷におおわれていない地表の少なくとも20％は作物におおわれ、そのほか25％以上が家畜の食む牧草地として使われている。農業の営みはいま、3種類の重要な自然資本――前の章で述べたように、肥沃な農耕土、「化石」水の地下水、生物多様性――の減少と密接に結びついており、地球規模の変化の大きな推進力になっている。

21世紀に入り、ヒトの農業の営みはとりわけ不安定な状況におかれている。農学者のケン・カスマンがいみじくも述べているように[4]、天候に恵まれるという多くの幸運と、収穫量を高めるための新たな大規模投資とがなければ、求められているいくつもの需要に答えることはできない。気候の変化は、気温を変化させるだけでなく、降水量と降水の時間的・空間的パターンも変えるが、これらはどれも作物の生育にとって決定的に重要である。作物が生育するためには、適温に加えて、適切な時に適量の水を与えなければならない。大半の農地の水は降雨によってまかなわれるのに対し、灌漑されている農地は約18％であり（多くは地下水を利用している）、これが世界の食糧全体の40％ほどを生産する。

世界で見ると、農業に適した（灌漑によってそうなるものも含め）土地のほとんどすべてがすでに耕作されており、まだ耕作地に転用できる土地があっても、そこは一般に土壌の質が悪い。この数十年で、世界の農地のかなりの割合――10％かそれを上回る程度――は、生産に適さないほど劣化するか、すでにそこでの生産をやめている。多くの場合、原因は不適切な灌漑であり、ほかの場合には、土壌浸食と肥沃度の喪失に原因がある。劣化がひどい場合には、もとの状態に戻すにはコストがかかりすぎ、不可能である。

農業が空間的に広範囲に営まれているため、輸送は現代の農業システムの重要な部分をなしている。食糧を市場へと運ばなければならないし、種子、肥料や農薬を農家に届けなければならない。食糧の多くは、地域のスーパーに行き着くまえに加工や包装も行なわれるので、食糧と資材の輸送と化石燃料の消費がさらにともなう。したがって、工業的農業にとって重要な構成要素は、農業用の機械を動かし、輸送・加工・貯蔵にかかるエネルギーである。加えて、肥料と農薬を生産するためには、化石燃料が欠かせない。よく言われるように、私たちは、部分的に石油から作られたジャガイモを食べているのだ。

今日、国内での石油の不足の脅威があり、将来的に安定した石油の輸入が不確実で、価格も上昇するので、人々は、大きな潜在的な商業エネルギー源として農業に期待を寄せつつある。現在、穀物やほかの植物を原材料にして、それを発酵させてアルコールの一種のエタノールにすることによって、液体燃料——いわゆるバイオマス燃料——を生産する試みがさかんに行なわれている。2006年、エタノール生産の急速な拡大（おもにガソリン添加剤として使用されたが）は、米国では、近年になくトウモロコシの収穫量が多かったにもかかわらず、その価格を釣り上げた。このように、エネルギー需要は、農地をめぐって、食糧生産と競合し始めている。米国では、たとえ収穫されたトウモロコシの多くがエネルギー生産に向けられたとしても、食糧の国内供給が深刻な影響を受けることはまずない（もちろん、飼料用穀物の価格が高くなり、それを追って肉の価格も高くなりはするが）。しかし、収穫された穀物の大部分は通常は輸出に回されているので、発展途上国は、国民を養うために必要な量の穀物を買えなくなるかもしれない。したがって、たとえば、西洋諸国への石油供給を脅かす中東の政情の不安定さは、世界中の貧しい人々の食糧の安定供給も脅かしうる。というのは、世界市場の食糧価格は、原油価格と連動して上がるからである。ハマー［訳註　GM社のブランド車］に燃料を食べさせることと、増えつつある人々に食糧を供給することが激しく競合することになれば、食糧価格は上がり続けることが予想される。2007年の終わりには、食糧や燃料の価格の高騰のみならず、食糧不足とそれに関係して飢餓の兆候、そして政治的な不安定さがすでに表面化していた[5]。

近年のグローバルな変化のなかのひとつの重要な側面は、作物生産の地理的分布の変化である。多くの地域における食糧確保は、国際貿易のパターンに大きく依存する。たとえば、コスタリカは、「比較優位」の経済原理（基本的に、貿易の相手がもっともよくできることに比して、自分たちがもっともよくできることをする）にしたがって、十数年前にコーヒー栽培に精力を傾けた。それにより、コーヒーを輸出して多額の外貨を稼いで、国民に必要な食糧として中国から黒豆を買うことができた。しかし、ヴェトナムが新たにコーヒー生産を開始し、ブラジルの収穫量も回復したために、コーヒー市場は崩壊し、その結果コスタリカの農民や農業労働者は、困窮に陥った。これは、国がもっとバランスのとれた農業経済政策をとっていれば、回避できた問題であった。より多種類の作物を生産することは、ひとつ、あるいはごく少数の作物に経済的に過度に依存することによる危険性を少なくするだけでなく、大規模なモノカルチャー——広大な面積の農地で単一の系統の作物を栽培すること——に結びついたリスクも減らすことができる。単一の系統の作物は、病害虫にとって恰好の進化的「標的」であり、病害虫は、その作物の自然の（あるいは殺虫剤による）防御に打ち勝つ方法をたちまちに進化させる。系統の異なる複数の作物を栽培したほうが、2章で紹介した、農薬の乱用によって綿花の生産量が激減したペルーのカニェーテ渓谷の災厄のような破滅的な出来事は避けられる可能性が高い。

１９６０年代後半と７０年代には、多くの発展途上国での「緑の革命」が、すでに耕作されていた土地の生産力を大きく向上させ、貧しい数百万人の人々の食糧の確保に貢献した。穀物の収穫量の急激な増加は、肥料の投入や豊富な水によく反応して収穫量が高まる作物の系統――おもにコムギとコメの系統――の導入によっていた。これは、先進国では確立した技術であったが、ほかの地域にはその時点ではそうした技術がまだなかった。

図 12・2　広大な農地で同一の作物だけを栽培するモノカルチャー。この方式は、短期的にはすぐれて効率的になりえるが、作物の遺伝的均質性のゆえに、病害虫にやられやすくなる。こうした場所は、花粉媒介生物にとっても、病害虫の自然の調整役をはたす生物にとっても、生息には向かない。写真は iStockphoto 提供。

しかし、食糧の供給量の大幅な増加は、大きなコストをともなっていた。多様であった伝統的な作物の系統が少数の穀物の系統におきかわり、病気や害虫に弱く、遺伝的な多様性の少ない単一栽培作物を生み出した。それまであった多様性の喪失は、変化した条件に適応する新しい系統を選択的に品種改良するのをより困難にした。さらに、水の需要が大きくなったことは、とりわけインドでは、富める農民――肥料や農薬が買うことができ、深い掘り抜き井戸を掘るだけの経済力のある農民――を優位に立たせた。これは社会的不平等をさらに悪化させたが、はたから見れば、飢饉を軽減するという見返りは、短期的には価値があるように見えた。しかし、現在のインドの水事情には危険なものがあり、ほぼ半数の農民が借金を抱え、少数の富める農民がますます富みつつあり、土壌は栄養分が枯渇し始めている。

過去10年か20年で、世界の食糧生産の拡大は、世界的な需要の増大に追いつかなくなった。２００７年の備蓄分は、80日分の需要になんとか応えられる程度で、心配なほどに低いレベルだった。穀物収量（単位面積あたりの生産量）は、発展途上国の人口の増加にともなって収量を増やす必要があるのに、世界的に伸び悩んでいる。少なくとも植物の遺伝学と生理学の現在の知識をもってすると、多くの地域では、いくつかの重要な作物については、可能収量の限界に近づきつつあるように見える。増加する人口に見合うだけの収量をあげ続けることのできる新たな「魔法の弾丸」は、いまのところ知られていない。

インドではいま、「第二次緑の革命」が喧伝されている。これは、米国に本拠地をおく、民間の農業バイオ技術を支援する試みだが、その意に反して、たんにインドの農民と消費者にマイナスの影響をおよぼすだけで終わるという懸念がある。作物のバイオ技術の進歩は近年研究として注目され、資金も投入されてきたが、その一方で、特別な状況（たとえば乾燥地域で生育する作物の耐塩性を高めるといった状況）を除けば、それによって収穫量が増えるわけではない。遺伝子工学によって病害虫への作物の抵抗力を高める試みはすでに、病害虫の側の対抗策の進化にあい始めている。

増え続ける食物需要を満たすには、そして多くの地域の農地の劣化を補うには、主要穀物だけでなく、これまで顧みられることのなかったさまざまな伝統作物についても、生産量の向上に向けた研究を支援するために多額の投資が必要になる。多くのこのような作物は地域的に重要であり、人口が急増しつつある貧しい地域社会——ほとんどの人が現在以上の食糧供給を必要としている——に必要最低限の食糧を提供する。しかし最近まで、農業研究機関は、これらの伝統作物の収穫量を高めることができることや、そうした品種が生態系にあまり害を与えずに成長するといった可能性をほとんど考えてこなかった。

生産性と農耕地や放牧地における植物の多様性の程度との関係は、現在、生態学的研究のホットで重要なトピックである。とりわけ、生態学者のデイヴィッド・ティルマンらは、長期にわたって草地でフィールド実験を行ない、生物種が混在したほうが単一作物栽培よりもはるかに生産力がある（生物量（バイオマス）で2倍以上）というかなり確かな証拠を得ている。同様の結果は、熱帯地域で混作の実験を行なっている農業生態学者によっても得られている。このような方式のいくつかは、伝統的に行なわれていたし、最良のものでは、一緒に植えられた2つか3つの作物は、それぞれ単独に植えられた場合とほぼ等しい収穫量を得ることができる。さらにそれらは、本来的に病害虫への抵抗力が強く、土壌も守ってくれる。このような知見は、多くの発展途上国の農業生産を高める上で重要な意味をもつ。しかし、その実施となると、いくつか障害がある。ひとつは、特定の地区における最適な混合種と適切な耕作や病害虫駆除を見つけることが、かなり複雑であり、ある種の実験を必要とすることである。このような方式を実行するには、多くの労働力が必要である（とは言え、これは、失業率の高い多くの貧しい国においては利点になりうる）。多くの場合、そうした方式は、重機を用いるアメリカ式の農業で試すのは難しいが、大量の石油の燃焼が害をもたらしている世界においては、逆にそれがもうひとつの利点になる。

さらに、混作や混合種の牧草地は、天候が不安定で不確実な時には、農家や牧場経営者に一種の保険を提供する。もし天候がある作物や牧草に向かなくても、ほかの作物や牧草がしっかり生育してくれるかもしれない。最後に、さまざまな種類のグローバルな変化が生態系の多様性を着実に減らしつつある世界において、牧草地や森林で混合種を育てるという方式を採用することは、長生きする植物への二酸化炭素の隔離に貢献する。そしておそらくもっとも重要なのは、それが、価値ある生物多様性を守る一助になることである。

海洋――オープンアクセス資源

生物多様性の喪失と気候変動の両方に関係している大きな問題のひとつは、多くの重要な資源が「だれでも使える」、あるいはそれに近い状態にあることである。こうしたオープンアクセス資源は、だれのものでもない（だれも所有権を行使しない）サービスや財である。このような資源は、集団による規制のようなものがないため、だれもが利用することができ、その結果その資源の乱獲や乱用、引いては破壊にまで至ることがある。経済学者は、ある人によるこれらの利用をほかの人が妨げることが難しいか、あるいは不可能な時、それらを「共有プール資源」と呼ぶ。それらは、その性質や豊富さゆえに過剰に利用されるということのない資源である「公共財」とは区別される。公共財は、ある人の利用がそれについてのほかの人の利用可能性を減ずることがないので、「非競合財」とも呼ばれる。産業革命が始まるまで、廃物のシンクとしての大気は、基本的に公共財であった。産業革命以降、大気は急速に共有プール資源となり、現在は過剰利用と乱用の大きな危険にさらされている。

伝統的なオープンアクセス資源のひとつは海洋魚であり、皮肉なことにかつてはそれが無尽蔵なように（ほとんど公共財のように）思われていた。そしてこの資源は、オープンアクセス資源がたどる教科書的な運命――乱獲――にさらされている。今日、多くの海洋魚資源は、工業化した船団によって乱獲されており、総漁獲量はほぼ一定であるものの、価値の高い魚が乱獲されることで、漁獲の質は低下し続けている。これが漁業生物学者のダニエル・ポーリーが「食物網を下降する漁業」と呼ぶプロセスである。最初に狙われるのは、もっとも大きくもっとも価値の高い魚――通常は、ハタ、マグロ、メカジキといった最上位の捕食者――である。大きな魚が枯渇すると、次はそれよりも小さく、価値の低い魚になり、やがて最後は、クラゲぐらいしか獲るものがなくなる。狙った獲物に加えて、そうではなかった小さな魚（雑魚）を獲ってしまうことは、大きな捕食者の食べる魚を減らし、それが食物網をさらに貧弱にする。しかも、漁業資源が保護されていても、より大きな個体を獲ることが、早く繁殖する個体を選ぶという淘汰を生じさせる。こうして、個体の平均サイズは小さくなり、それらの個体の繁殖力も影響を受ける（大きなメスほど通常はたくさんの卵を産む）。

確かに、海洋へのさまざまな物質の人為的流入、価値の高い魚の乱獲、そして海水温の上昇と酸性化（海洋はヒトの活動によって大気中に放出される大量の二酸化炭素を吸収することで酸性が強くなる）は、海洋がより原始的な状態へと戻るのを強めているように見える。魚、貝、サンゴ礁、海棲哺乳類は絶滅のおそれがあり、殻をもつプランクトンも酸性雨によって危機に瀕しているが[6]、その一方で、バクテリア、藻やクラゲは、適切な物理的条件と捕食者の減少のおかげで、爆発的に増えている。海洋生態学者のジェレミー・B・C・ジャクソンは、これを「ライズ・オヴ・スライム（ねばねばした生物の台頭の意）」と呼んでいる。日本では、クラゲが大量に発生して、原子力発電所の取水口をふさぎ、メキシコ湾ではエビ漁の邪魔になり、時にはあまりの量になって、その上を歩いて渡れると言われるほどだ。北アメリカから持ち込まれたクシクラゲは黒海に定着し、黒海の漁業に打撃を与えつつある。オーストラリアのモートン湾では、有毒の海藻（シアノバクテリアの一種）が急速に広がりつつあり、漁師の体に発疹や腫れを引き起こし、彼らの生計を破壊しつつある。この地域では、かつては40の商業用のエビのトロール漁船やカニ漁のボートが操業していたが、現在は6つを残すのみであり、しかもその半数は一時的な操業である。ダニエル・ポーリーのことばを借りると、海は「微生物のスープ」と化しつつある。ポーリーは言う。「私の息子たちは、孫たちに言うのだろう。クラゲを残さず食べるんだと」。

海洋漁業を悩ます問題は、乱獲、汚染とデッドゾーンだけではない。もうひとつの問題は漁獲の方法である。とくに有害なのは底引き網漁である。この漁は、海洋底の重要な生息地を破壊する。商業用に獲られている多くの海洋の生育場所である海洋湿地や河口の干拓や開発（破壊）も、漁獲高を減少させる。そしてまえに論じたように、海岸線の土地利用による影響もある。事態はかなり深刻であり、最近、第一線の海洋科学者たちは、このままだと、現在海で獲られているすべての生き物は21世紀半ばまでには世界的に枯渇してしまうと結論している[7]。天然の海産物の欠乏は、富める者にとっては、おそらく水産養殖による海産物によってある程度は補われるだろうが、環境コストと財政コストはきわめて高くつき、味と健康の点から言うと、その質もおそらくは低いだろう。海洋生態学者スティーヴ・パルンビは、「天然の魚介類が食べられるのは、今世紀が最後だ」とまで言っている[8]。人類がこの10万年以上にわたって知っていた海――食糧のみならず精神的な糧、そして名誉ある（多くは危険もともなう）職業を産んできたその源――が、急速に死に瀕しつつある。

自然の均質化

更新世の大量絶滅の場合には、ヒトは侵入者の役割を演じた。しかしその後、ヒトは、ある生物を、それが進化してきた生態系から取り出して、まったく別の生態系に入れることによって、地球の動植物相を大きく変えてきた。10章で紹介した、オーストラリア大陸に観賞用に持ち込まれたウチワサボテンが蔓延したという例を思い出していただきたい。同様に、１９５０年代、肉食のナイルパーチがアフリカのヴィクトリア湖にスポーツフィッシュとして計画的に（しかも秘密裏に）放流され、驚くほど多様だったカワスズメ科の魚を激減させる原因を作った。しかし、ゼブラ貝が船のバラスト水に混入してヨーロッパから北アメリカの五大湖へと運ばれてしまった場合のように、災厄は偶然に起こってしまうことが多い。ヨーロッパでは、ゼブラ貝の繁殖を食い止めるような自然の抑制がはたらいているのに対し、それがはたらかない五大湖では、ゼブラ貝は湖全体に広がった。ゼブラ貝は、湖水から厖大な量の微生物を取り除いてしまうので、在来種の魚や、それに依存するほかの水中動物を餓死させている。ゼブラ貝は、大きな群をなすので、発電所の冷却システムの取水口や浄水場の取水口を塞いでしまうことがある。

世界中で、侵入生物は、ヒトに（とくに農業に）さまざまな問題を引き起こしている。たとえば、コムギタマバエは、アメリカ独立戦争の頃に、おそらくヨーロッパから北アメリカに持ち込まれた。現在これは、米国でもっとも深刻なコムギの害虫であり、数年間で1億ドルの被害を出している。植物遺伝学者は、このハエに抵抗力をもつコムギを作り出す研究を続け、このハエと共進化レースを繰り広げている。しかし、ほんの6年から10年あれば、ハエは、新たな、どんな防御をも回避する方法を進化させる。もうひとつ例をあげると、グアム島では、ニューギニアから持ち込まれた毒ヘビ、ミナミオオガシラが、島にいた鳥のほとんどを殺してしまい、哺乳類の個体数を激減させ、トイレに潜んでいて人間を襲うまでになっている。サボテンガは、オーストラリアをウチワサボテンから救ったが、この同じガが、カリブ海から米国に侵入し、メキシコへと進みつつあり、メキシコで商業用の食用作物として育てられているウチワサボテンを脅かしつつある。オーストラリアでは救世主だったものが、ところ変われば、深刻な被害をもたらす害虫になる。この地球上の多くの場所で、釣り人や園芸家によって広められた外来種のミミズは、在来種との戦いを繰り広げており、その地域の生態系サービスにさまざまな（場合によっては悲惨な）結果をもたらしている。

侵入生物の問題の例は、枚挙にいとまがない。その多くは、国や州や国際機関が動き出して管理を始めるまえから起こっていたが、問題は、その管理が不適切だったり、不必要な場合も多かったりするという点にある。

有毒物質

地球規模のすべての変化のなかでもっとも評価が難しいもののひとつは、地球がどれだけ毒物で汚染されているかである。もちろん、有害汚染物質の場合、人間が多量のそうした物質にさらされれば、死に至ってしまうことがある——たとえば、喫煙がもとで毎年５００万人が亡くなっている。しかし、多数の物質の、地球規模での少量の汚染が、ヒトの健康と生態系の健康の両方にどのような影響をおよぼしているかは、評価するのがかなり難しい。たとえば、人間の精子数の世界的な減少がほんとうに起こっているのか、化学汚染がその原因なのかについても、真相は不明のままだ。（とりわけ極北の）動物のオスの出生数の減少についても、同じことが言える。多くの兆候は悪いものだ。たとえば、ホッキョクグマは、大部分の汚染源からはるかに遠いところで生活しているのに、その脂肪には汚染物質が蓄積している。これらの汚染物質のいくつかについては、その濃度が、ホッキョクグマのペニスを支える骨や卵巣の大きさや重さの減少と相関している。

私たちが環境に加えている合成化学物質の多く（たとえば、食品のプラスチック容器から溶け出す物質）は、ヒトや動物においてからだのはたらきをコントロールする化学的メッセンジャー、すなわちホルモンとして作用することがある。市販のポリカーボネイトのプラスチック製品から溶け出すビスフェノールＡ（ＢＰＡ）と呼ばれる化合物は、エストロゲン——ヒトの女性ホルモンとしてはたらくステロイド——と共通の特性をもっている。ＢＰＡは、ポリカーボネイト製の哺乳瓶で授乳したミルクに含まれているし、多くの「ブリキ」缶の内張り（ライニング）、硬質プラスチックのスポーツボトルや食品容器などから、私たちのほとんどみなの体内に入っている。ＢＰＡのような化合物はほとんどの場合微量にしか含まれていないため、以前は健康には害がないと考えられていた。しかし、遺伝子調節の複雑さについて多くのことがわかってくるにつれて明らかになってきたのは、それらが発生のパターンを——幼い場合にはとくに——変えてしまうほど強い力をもつことがあるということである。

ホッキョクグマが汚染物質をあれだけ多量に蓄積している理由のひとつは、彼らが食物連鎖の頂上にいて長生きする動物だからである。食物連鎖を上にのぼるにつれて、脂肪に溶けやすいＤＤＴの残留物のような化学物質は、利用可能なエネルギーのように速いスピードでは失なわれない。むしろ逆に、それらの物質は濃縮され、食物連鎖の段階を上にのぼればのぼるほど、毒物の量が増えてゆく。魚の体内に残ったＤＤＴの多くは、それを食べるアザラシの体内に蓄積され、その蓄積されたＤＤＴは、アザラシを食べるホッキョクグマの体内にさらに蓄積される。生物濃縮と呼ばれるこのプロセスは複雑だが、それが教えてくれるのは、食物連鎖の上位にいる、たとえばマグロのような魚を多量に食べるのは止したほうがいい、ということである。結局のところ、あなたがそれを食べたとすると、あなたは食物連鎖のなかで最上位にいることになる！

毒の蓄積に関係するもうひとつの傾向は、両生類（カエルとサンショウウオ）の世界的な減少である。ほかの生物と同様、両生類も、生息地の喪失と、（それに比べれば程度は大きくはないが）乱獲――レストランの料理に使われるなどだが、少なくともある時期までは、学校の生物の授業でも使われていた――とに悩まされている。しかし、両生類の減少の約半分は、汚染されていないように見える生息地でも起きており、知られざる要因が関係している可能性もある。病気や寄生虫が原因の可能性もあり、多くの科学者は、それには化学汚染も関係していて、場合によっては化学汚染と病気が組み合わさっているのではないかと考えている。カリフォルニア大学バークレー校のタイロン・ヘイズの研究では、農地から洩れ出た除草剤のアトラジンが、ヒョウガエルの繁殖を困難にしている原因だという有力な証拠が得られている。ほとんどの両生類は、繁殖のための小川や池を必要とし、皮膚をたえず湿らせておくために湿気のある環境を必要とする。彼らは卵の殻と防水の皮膚を進化させなかった（爬虫類は、この2つを進化させることによって水や湿気から解放され、完全に地上性になることができた）。両生類の簡単な肺は、活動するのに十分な酸素を供給できないため、その皮膚は、酸素を摂り込むために湿っていて透過性が高くなければならない。しかし、この透過性ゆえに、有毒物質も通してしまう。もうひとつの有害な影響として、紫外線の増加も考えられており、菌類による病気も一因であることが明らかにされているが、なにが菌類の大発生を引き起こすのかはわかっていない。ごく最近、気候変動との関係をあつかった研究では、地球温暖化が菌類の大発生を引き起こしており、これがカエルの個体群を全滅させ、多くの種を絶滅に追いやっていることが示唆されている。

科学者が、両生類の減少の原因や、アラスカの鳥類では生死に関わるほど嘴の変形している個体が増えつつあるといった現象の原因を明確に突き止められないというのは、驚くことではない。多くの人は、これまで耳にしたことのある動植物については、その個体群の動態（大きさの変化）、生態学的関係（毒に対する反応も含まれる）や進化の歴史について詳しいことがわかっていると考えがちである。しかし、実際には、かなりのことがわかっているのは、ほんの数えるほどの種についてのみで、しかもその知識も不十分なものでしかない。これは、生命の大きな多様性の反映ということだけでなしに、部分的には、資金と人員の不足のゆえでもある。それはまた、点在する生物集団を対象に多くの研究が行なわれていること（そこで得られる結果は断片的で、大きな文脈のなかにおくのが難しい）や、テストのために数十の生態系が入念に選ばれてはいても、焦点はそのわずかにしかあてられていないことも関係している。

生態学者のほうも、有毒物質の広がりやそれがもたらす結果を含め、ヒトの生み出す地球規模の変化の研究にとりかかるのがあまりに遅かった。何人かはいまだに（ひとりは最近まで）、人類が厳しい状況におかれているという診断について生態学者が軽々しく見解を述べることが、「生態学という学問領域を貶めている」と言っている。（皮肉を言えば、医者が、喫煙が有害だと警告したり、高濃度の血中コレステロールが心臓血管系の病気を引き起こすと警告したとしても、医学を貶めていると言われることはない。）否認をするのは、なにも政治家や一般市民に限ったことではなく、科学者もそうである。科学者も人間である。

しかし、懸命の努力にもかかわらず、個々の少量の汚染物質の影響を査定することはかなり難しいし、それらの影響が組み合わさったものを量的に見積もるとなると、さらに困難をきわめる。有害な影響をおよぼす可能性のある幾万もの物質が環境に放出されてきたけれども、私たちは、ヒトに対する、そして私たちの生活にとって重要なほかの生き物に対する、これらの化学物質の毒性の大部分を知らない。さらに悪いことに、科学者は、一緒に作用するいくつかの、あるいは極端な場合には数千の汚染物質の組み合わせにどのような重大な危険性があるのか、ほとんどなにも知らない。かりにヒトが環境に加えている汚染物質の特定の組み合わせがきわめて有害だと、あるいは死をもたらすものだということがわかったとしても、その問題を解決するのはきわめて困難なことがほとんどである。熱力学の第二法則が教えるように、世界は通常、秩序のある状態から秩序のない状態へと移行する——ドラム缶に詰められた状態の毒物は、使用されるにつれて、少量ずつ世界のあちこちに拡散してゆく。自然は、食物連鎖を通してＤＤＴの残留物を蓄積する力をもっているのに対し、人類が、ある毒物を回収するのに必要な方法（エネルギー）をもっていることはめったにない。最初であれば、毒物の拡散は、つねに容易に食い止められる。ちょうど、容器から塩が出ないようにするほうが、敷物の上にこぼれてしまった塩を集めるよりはるかに容易なように。

エコロジカル・フットプリント

たとえいま述べてきた毒の蓄積やほかの環境問題がなかったとしても、すでに人類が苦境にあることには変わりがない。この数十年でのヒトの営みの途方もない拡大によって、ヒトを支える地球の長期の扶養能力——地球が多数の世代にわたって維持できる人間の数で、しかもその能力を危険にさらすことなく、将来においても同じ規模の人口を扶養できる能力——の限界をすでに超えてしまっているという確かな証拠が出つつある。

２００２年、さまざまな領域の多数の研究者で構成された研究チームが、既存のデータを用いて、現在の人口を持続可能なやり方で扶養するには、どれぐらいの量の生物圏（バイオスフィア）が必要かを算定した。これは、「環境に対する人間の側の需要を、食料やほかの産物を生産するために（加えて廃物の吸収のために）必要な面積に翻訳する（それが地球上のどこにあるかに関係なく）」ことに等しい[9]。研究チームは、現在の人口を支えるためには、どれだけの耕地と牧草地、木材のための森林、生産力のある漁場、インフラ（住宅、輸送、工業、水力発電など）のための空間、そして（CO_2の大気中の集積を遅らすための）炭素隔離が必要かを検討した。

予備的な研究ではあったが、この研究は、人類の「負荷」が１９６１年――世界の人口が約30億人で、ひとりあたりの資源やエネルギーの消費量が現在よりもはるかに少なかった時代――の生物圏の再生能力の約70％に等しいと見積もった。これらの研究者はさらに、１９８０年代以降人口とひとりあたりの消費の両方が急増するにつれて、人類がこの再生能力を超えるようになったと推定した。彼らは、立てた仮定にもとづくと、人口が60億を超えた２００２年時点で、生物圏に対する文明の側の需要がその再生能力の１２０％か１４０％以上に達していると推定した。彼らが基本的に言っているのは、物事が以前のようにはいかないということであり、環境に対する人間の行動を変えるか、あるいは出生率の減少によるにせよ、（不幸なことだが）死亡率の増加によるにせよ、人口を減らすかしなければならないということである。

ヒトが地球の扶養能力をどの程度超えてしまっているかは、「エコロジカル・フットプリント」分析と呼ばれるツールを用いると、よくわかる。この研究は、経済学者のゲオルク・ボルクシュトロムによって始められ、１９９０年代にウィリアム・リーズとマティス・ワッカーナゲルによって実を結んだ。ある集団のエコ・フットプリントは、「その集団が消費する資源を生産し、かつその集団が生み出す廃物を同化するのに必要とされる土地と水の生態系の全面積」である[10]。いま見たように、エコ・フットプリント分析は、私たちがすでに地球の長期の扶養能力を40％ほど超えてしまっているようだということを示唆している。このような推定値は、控えめに言っても、採用する仮定（たとえば、地中への二酸化炭素隔離が自然システムによるその吸収をいかに高めるか）に大きく依存する。しかし、私たちの見解では、楽観的仮定と悲観的仮定の大部分がよく一致し、地球の長期の扶養能力を大幅に超えているというフットプリントの分析結果はおそらく正しい。

この分析やほかの分析も、そして常識も、人間の営みがすでに持続不可能な状態にある（人間の側の需要が、自然が提供できるものを超えている）――たとえ人類の大多数がいまも米国のような途方もない資源消費レベルの足元にも及ばないにしても――ということを示している。米国の平均的国民のエコ・フットプリントは、世界平均の約４倍であり、バングラデシュやチャドのようなひじょうに貧しい国の国民のエコ・フットプリントの10倍にあたる。この差は、たんなる消費欲求や収入の違いを反映しているだけではない。それは、米国と貧しい国との間の力の大きな格差も反映している。

すべてを総合すると

地球規模の変化と人口過剰を生み出している現在のさまざまな動向は、予想されるように、独立したものではない。たとえば、一般的に世界中の飢餓は、貧困と邪悪な経済システムによって引き起こされていると信じられているが、人口増加はこの問題と結びつけられていない。ある評価の高い人類学専門誌に最近載った遺伝子組み換え食物についての論文では、栄養失調に関連して人口規模に言及する時には、繰り返し「マルサスのカードを弄ぶ」という表現が使われていた[11]。

確かに、富める国における農業補助金や貧しい国における輸出用換金作物の生産の圧力のような要因は、飢餓や食料不足の問題に大きく関わっている。人類を悩ます収入と権力の不公平も、そうだ。世界で栄養不良状態にある8億5000万の人々と毎年栄養失調が原因で亡くなる600万人の子どもは、極度の貧困を示す明確な指標である。貧困が最悪の環境問題のひとつであるのは、それが、人々が環境への影響を考えることなく、自らの土地で生計を立てざるをえないからである。それはまた、1日あたり2ドル以下で生活している、世界人口の3分の1ほどの人々から、彼らの子孫の住むだろう世界をよくするための力を奪っている。だが、もしだれもがより公平な分かち合いを望み、それがある程度できたとしたら――たとえば、もし富める者がいま食べているものを喜んで変えようとし、牛肉やほかの動物の生産物の消費を大幅に減らしたならば――、大部分の飢餓をなくすことができるだろうし、加えて、温室効果ガスの排出量も大幅に減らすことができるだろう。今日、全世界の人口を養える以上の量の食糧が生産されているのに、すでに十分な量を食べている人々のところにさらに食糧が行っている。

飢餓は、もちろん人口規模や人口増加と関係しているが、その関係は将来的にはもっと強まる可能性がある。より多くの人々に食糧を供給する必要性は、(とくに貧しい国々での) 作物栽培をする地域の拡大と (最初は富める国々での、次には貧しい国々での) 農業の集約化をもたらしてきた。とりわけ、発展途上地域におけるさらなる集約化は、食糧生産の増加を維持する上で必要であり、少なくとも世界の人口がピークを過ぎて、すべての社会が基本的なレベルの栄養を摂取することができるようになるまで、そうする必要がある。もし人口がこれほど巨大でなく、今後増加し続けることがないのなら、この基本的食糧供給はもっと容易であり、環境のリスクももっと少なくて済むはずである。

人口圧迫、土地の消耗、政治・経済力の不平等、これら三者間の相互作用は、「自然」災害の結果をさらに悪化させる可能性がある。これが、この問題に人口の要素があることを一見しただけではわかりにくくしている。ホンジュラスの人口の密集と経済的不平等は、森林の過剰な伐採や険しい斜面での作物栽培と一緒になって、1998年に勢力の強いハリケーンを大災害に変えた。この国の貧しい人々の多くは、それまでも不安定な状況のなかで生活せざるをえなかった。ハリケーン・ミッチは、洪水と土石流を引き起こし、これらの人々に破壊的な一撃を与えたが、居住地として土地を切り開く必要のあった人々が少数であれば、森を乱開発しなければ、そして土地の分配がもっと公平になされて貧しい人々が災害に遭いやすい地域に密集して住むようなことがなかったならば、それらの洪水と土石流は起こらずに済んだはずである。ミッチによって、ホンジュラスとニカラグアでは数千人が亡くなり、数万人が住むところを失った。犠牲者の大部分は、川岸や険しい山腹の村々に密集して生活する不法居住者であった。

インドでは、ベンガル湾岸のマングローヴが広い範囲にわたって伐採され、富める国々へ輸出するエビの養殖場が造られた。2000年に、巨大なサイクロンがベンガル湾を襲い、それまでサイクロンの被害を受けたことのなかった（それまではマングローヴに守られていた）町や村を壊滅状態にした。その結果、3万人と推定で10万頭のウシが犠牲となった。

米国のような富める国にも、こうした相互作用の結果を見ることができる。2005年、ハリケーン・カトリーナはニューオリンズを壊滅状態にした。多数の貧しい人々が海抜0メートル以下の被害を受けやすい地域で生活していたこと、海岸に沿ってあったはずの緩衝地域が浸食されてしまっていたこと、ミシシッピ川の流れを人為的に変えてしまったこと、政治が適切な防御対策を講じなかったこと、これら4つが事態を最悪のものにした。人がもっと少なく、もっと経済的に平等であったなら、これらの災害はどれも、もっと軽くて済んでいたはずである。

グローバルな変化は、遺伝的に進化しつつある生物の環境を変えるだけでなく、ヒトの文化的進化にも大きな影響を与えよう。私たちヒトは、大型哺乳類を殺して食べることによって支配力を持つようになり、地球を変えるまでになった。私たちがなんとか獲得した支配は、いまや、私たち自身の文明を脅かし、これからの文化的進化の道に、さらにはそれらが人類の生命維持システムについて予兆するものに、大きな影響をおよぼしつつある。

13章　地球の大気の変化

「気候変動はすでに、大半の科学者の予測よりもはるかに急速に起こりつつある。」

ジョン・P・ホールデン、2006 [1]

人類の歴史において最近まで、ホモ・サピエンスの活動が環境を変えることはあるにしても、それが大気のシステムのはたらきに大きな影響をおよぼすことはなかった。水循環における雨の酸性度が人間の活動によって著しく増えることはなかったし、紫外線B（UVB）を遮ってくれる成層圏のオゾンも、人間が影響をおよぼさない速さで生み出され壊されていた。炭素循環も、ヒトから大きな干渉を受けることなく、うまくいっていた。気候も、ヒトの干渉などなしに変化し続けてきた。気候は、人間が排出する温室効果ガスの影響を受けることなく、季節的に変化していた。ところが、ヒトが支配的な力をもつようになると、これらが一変した。ヒトは、地球を包んでいる薄いガスの膜を大きく変えてしまい、その結果、雨は酸性化し、地球は暖まりつつある。それらは、人類にとってもほかの生命にとっても、重大な影響をもつまでになっている。

酸性雨

人間が大気に与える影響のなかで、とくに最初に一般の関心を集めたもののひとつは、多くの地域において降水の酸性度が増しているということであった。この増加は、おもに自動車の排気ガスと化石燃料を用いる火力発電所からの窒素酸化物（NO_x ノックス）と二酸化イオウ（SO_2）の排出によって引き起こされた。窒素酸化物と二酸化イオウはそれぞれ、化学的には大気中で硝酸と硫酸に変化し、次にそれらが雨粒と結合し、雨や雪や霧を通常より酸性にし、時には強酸性に——酢の酸性度に近いほどに——にする。

1852年、スコットランドの化学者が大気汚染と酸性雨の関係に最初に気づいたが、その影響の深刻さが認識されるようになるのは1950年以降、スカンディナヴィア地方の湖の魚がそれによって死ぬようになってからである。魚など水中に生息する動物は、一定の範囲の酸性度の水のなかで生きるよう進化してきた。その範囲を越えてしまうと、卵は孵化しないことが多くなり、その変化がさらに大きくなると、成魚も死んでしまう。湖の魚の数が減りつつあるという認識に続いて、1970年代後半から80年代の初めにかけて、酸性雨がヨーロッパの森を破壊しつつあるということが言われるようになった。ドイツではこの被害が深刻で、「森の死（ヴァルトシュテルベン）」と呼ばれるまでになった。１９９０年代までに、酸性雨によって、ノルウェーとスウェーデンの９万の湖のうち約２万が「死んだ」湖や「死につつある」湖と化した。湖へのこうした影響は、その時期には米国のいくつかの地域（とくにアディロンダック山地）にも現われていた。アパラチア山脈中の標高の高い地帯の森への悪影響――ある種類の樹木の成長が遅くなり、病気に対する耐性も失われた――も、この時までに明白なものとなった。

　酸性雨はまた、両生類の個体数が世界中で減っていることの原因のひとつとして疑われてきた。またそれは、いくつかの種の鳥の個体数の減少とも関係している。潜水する鳥の場合、魚の少ない酸性湖で子育てをするのは難しく、またある種の鳴禽類は、酸のせいで卵の殻が薄くなったり、獲物が減るという影響をこうむっているようだ。酸性化は、土壌の化学的組成を変化させ、土壌中の生物のバランスを変化させ、その結果バクテリアが菌類にとってかわる。これが、菌根と呼ばれる種類の菌類との共益関係に依存する樹木やほかの植物に害を与える。この菌類は、必須栄養素をその植物内へと運び、その見返りにエネルギーに富む炭水化物を受けとる。酸性雨は、食虫植物の生態系――まえに紹介した進化するカの生息地だ――も脅威にさらす。この食虫植物が自生する沼地はもともと酸性だが、酸性雨によって硝酸中の過度の窒素にさらされてしまう。これは、植物の栄養素のアンバランス（リンに比して窒素が過多になる）を生じさせ、植物の生長を止めてしまう。これが、食虫植物の個体群と、それらに依存するその小さな水界生態系を脅かす。これらの生態系は、生態系が地球規模の変化による危機にさらされているという微視的な警告システムの役目をはたしうる。

　人間は、酸性雨の悪影響にさまざまな方法で対処しようとしてきた。湖に石灰を入れるという方法は、スカンディナヴィアでもっとも成功した対処法のひとつであった。アメリカのアディロンダック地方の湖でもこの方法が採用されたが、結果はいまひとつだった。しかし、北アメリカにおいてもっとも効果をあげたのは、１９９０年の大気浄化法の改正である。SO_2の排出量を減らすために、排出量取引制度が導入されたのである。酸性雨のレベルを少しずつ下げるために、国が許可量を割り振ることよって、それぞれの企業は一定の排出可能量を許可された。生産量を維持もしくは増加させながら排出量を削減する（たとえば、排出物からイオウをとり除くために煙突の気体浄化装置に投資することによって）ことができた企業は、それができない企業（古い設備をもち、新たな技術を導入する経費をまかなえない企業）に自分たちの許可量のうち未使用の量を売ることができた。この「キャップ＆トレード」制――総排出量を縮小の上限（キャップ）に抑え、排出する権利を売買できるシステム――は、企業に汚染を減らすことに対する経済的報奨を与えた。それはいまのところ大きく功を奏しているように見える。自動車の排気管から排出されるNO_xへの規制を含め、全体で見ると、規制は、雨や雪の酸性を減らす上で大きな成功を収めている（生態系への複雑な影響は依然としてあるが）。

同じく成功を収めたのはヨーロッパで、降水の酸性度も湖の酸性度も、劇的に減少した。そこでは、規制が排出に絶大なる効果を発揮しているが、地中海沿岸の一部地域とウェールズのような工業化された多くの地域では、依然として窒素の排出量が増加し続けている。

中国、ブラジル、南アフリカのような地域における酸性雨の程度はあまり調査されていないが、中国の広い地域では、状況は明らかに深刻である。報告によると、酸性雨は、中国国土の3分の1に降り、農地に被害をもたらし、水中の食物連鎖を脅かしている。中国当局者の心配は、酸性雨が大きく影響する地域の社会の安定である（農民や漁民は悪化する環境のなかでの生活を余儀なくされる）。2005年の中国の二酸化イオウ排出は650億ドルの損害を与えたと推定されるが、中国は石炭による火力発電所をこれまでの歴史のなかでもっとも大規模かつ急速に増設しつつあるので、損害額は増加の一途をたどると予想される。これらの発電所がもたらす損害は、中国の人々の健康や空気の質にとどまらない。かなりの量の汚染が太平洋を越えて、アメリカ西海岸の大気にまでも影響をおよぼしている。

酸性雨（そしてこれと同様の問題である海洋の酸性化）は、依然として地球規模の変化の重要な部分であり、これからも、化石燃料（とりわけ、SO_2の主要な排出源である石炭）が大量に使われるかぎり、そうであり続けるだろう。酸性化が弱められている場合であっても（その地域の土壌がどれだけ酸性を弱める能力があるかなど、多くの要因に依存する）、それが長期にどのような影響をもつかは、よくわかっていない。たとえば北アメリカでは、酸性化は、繁殖する鳥の個体群（とりわけすでに土壌が弱酸性になっている高山地帯の個体群）に有害な影響をおよぼし続けるかもしれない。地球高温化の問題（「地球温暖化」と呼ばれることが多いが、これだと害のない悪くないもののように聞こえる）はいまみなの関心を集めているが、地球の多くの地域の土壌、淡水と海洋システムの酸性化も、今後きわめて重大な問題になりうる。

オゾン層破壊

科学者たちが最初に政策決定者を酸性雨に注目させようとした時に障害となったのは、政治家や一般市民の間に見られる否認と過度の保守主義であった。大きなスケールの環境問題では、これはよく見られることである。成層圏のオゾン層破壊が社会問題になった時にも、それらが大きな障害となった。地球規模のもっとも重大な変化になる可能性があったのは、それが人類の技術の輝かしい勝利のひとつによって引き起こされたものだったからである。それは、フロン――何種類かのクロロフルオロカーボン（CFC）化合物の商標名――の発明である。1930年代初めにフロンが最初に合成された時、それは化学工業のすばらしい発明として喧伝された。フロンは、安定していて、無毒で、不燃性の化合物であり、当時冷蔵庫で使われていた有毒の作動液のまたとない代替物であるように思われた。その後、エアコンの普及とそのほか同様の技術の発展にともなって、それまで以上に大量のフロンが生産されることになった。その頃、イギリスの化学者、ジェイムズ・ラヴロックがある装置を発明した。この装置は電子をつかまえて検出するもので（ガスクロマトグラフィーで使われる）、それによって、フロンが驚くほど長時間持続する汚染物質として大気中に存在することがわかった。大気化学の専門家、F・シャーウッド・ローランドは、フロンが持続することに興味をもち、博士号を得たばかりの研究員、マリオ・モリーナに話をもちかけて、2人でそれを調べてみることにした。

ローランドとモリーナは、フロンが成層圏のオゾン層を破壊すると結論した。このオゾン層は、地表から8マイルから30マイルの間に広がる保護膜で、太陽からの危険な紫外線であるUVBによる損傷や破壊から地上のすべての生命を守っている。オゾン層は、海中の光合成生物によって生み出された酸素が大気中に蓄積することによって形成されたが、それには数十億年がかかっている。生命が海を離れ、乾いた陸地に移り住むことができるようになったのは、やっと5億年前のことで、それは、生命を守ってくれるだけのオゾン層ができてからのことだった。

大気中では、2つの酸素原子からなる酸素分子（O_2）は紫外線によって分解され、ひとつになった原子が完全な酸素分子と結合することで、3つの酸素原子からなるオゾン（O_3）という不安定な分子を形成する。次に紫外線がオゾンを破壊し、このサイクルが繰り返されることによって、通常はオゾンの定常的な濃度が維持される。しかし、フロンがオゾン層の上の成層圏に達すると、フロンも紫外線によって分解され、塩素を放出する。困ったことに、塩素は、オゾン破壊の連鎖反応を引き起こす役目をはたし、酸素‐オゾンのサイクルを、オゾンを減らす方向へと進める。

現在の大規模なオゾン層破壊は、地球上の生命に悲惨な結果をもたらす。マスメディアによるほとんどの解説は、ヒトの皮膚がんに焦点をあてているが、オゾンの極度の枯渇は、それよりもはるかに重大な問題をはらんでいる。というのは、多くの種類の植物、そしてある種の海洋生物は、UVBによって損傷を受けるからである。その結果、農業への広汎な被害と、森林やそのほかの生態系への損害が起こりうる。したがって、ローランドとモリーナが出した驚くべき結論は、理論科学のなかでもかぎりなく不愉快なものだった。その発見のあと研究室から帰宅して、ローランドは奥さんに次のように言ったという。「研究はうまくいってる。でも、世界の終わりの研究になってしまったよ」。

ローランドとモリーナは、冷蔵庫やエアコン用として、そしてスプレー缶の高圧ガスとして、フロンを生産していた会社の広報担当者から、度重なる妨害を受けた。広報担当者らは、彼らの結論が誤り以外のなにものでもないと主張した。スプレーのガスとしてフロンを使用することは、多くの国で1970年代後半に禁止された。とは言え、それは部分的解決でしかなかったのに、この問題に対する世間の関心は冷めてしまった。イギしかし最終的には、実証科学が理論科学を救ってくれた。イギリスの科学者、ジョー・ファーマンのチームは、英国南極研究所と協力し、「昔ながら」の、しかし確実な装置を用いて、ハリー湾や南極圏内のアルゼンチンの島々の上空にあるオゾン層が薄くなっていることを証明した。NASAは、高性能の衛星を打ち上げてオゾン層を観測していたはずだったが、その変化をすべて見逃していた。というのは、コンピュータのプログラムとデータ分析に一連の誤りがあったからである。

ここには、技術についての教訓がある。私たちが最新の技術を用いて問題を「解く」時、肝心のものが抜け落ちていないかくれぐれも用心する必要がある。NASAの問題の衛星、ニンバス7号は、TOMS（オゾン全量分光計）――陽のあたった地球のほぼ全地域をカバーして、オゾンの測定値を毎日数十万回地球に送る――を搭載していた。衛星による最初の測定は、1979年の10月――南半球では春であり、南極上空のオゾン層の破壊を調べるのに最適の時期にあたる――に行なわれた。それまでの数年間に測定されたオゾンの値は、ほぼ250ドブソン単位（標準単位）を一貫して示していた。その時点では、地球全体での平均的な値は約300ドブソンだった。しかしこれは測定システムに起因する誤った値であることが判明した。TOMSは最初の頃に、180ドブソン単位以下の値を明らかなエラーとして測定値から外すように（というのは、そのような低い値はそれまでに出たことがなかったから）プログラムされていたのだ。

1983年までに、データを再分析してみた結果、175ドブソン以下の値が出現していたのに、分析者が1980〜82年の深い落ち込みを見逃していたということが判明した。TOMSのプログラムが誤っていたことに加え、NASAには、TOMSから送られてくるデータの洪水を適切に処理するだけの準備がなかった。こうして、ファーマンらは、オゾンホール（220ドブソン単位よりも低い値が計測された領域として定義される）のニュースを最初に公表した研究者チームになった。誤りを正して、TOMSの生データを再検討したところ、ファーマンのチームの発見が正しいことが直ちに明らかになり、さらに多くのことがわかった。その一方で、オゾンホールの大きさは、1980年代の末には約600万平方マイルだったが、2000年には、最大の1100万平方マイルになり、これは米国の国土の約3倍、南極大陸自体の大きさの約2倍に相当した。

1986年、才気あふれる若き大気科学者、スーザン・ソロモンは、チームを率いて南極大陸に向かった。チームが何度も高い高度を飛行して採集した化学的データは、フロンガスがこのオゾン濃度の減少の原因だということを明確に示していた。翌年、国際社会は、モントリオールで開催された会議でこれについて措置を講じ、先進国におけるフロンガスとそれに類する化学物質の生産を禁止し、発展途上国については、順守の猶予期間を設け、財政援助をすることになった。「オゾン層を破壊する物質に関するモントリオール議定書」として知られるこの協定は、ある程度は成功を収めてきたが、禁止された製品の密輸も起こっており、発展途上国は依然としてそれらを大量に生産し続けている。発展途上国がいまだにフロンガスを生産・使用し、数種のオゾン破壊物質（とりわけ臭素（ブロム））が協定の許容レベルで継続使用されており、そしてフロンガスが成層圏に長期にわたって留まり続けるので、南極のオゾンホールは依然として続いている。成層圏におけるオゾン層破壊物質の濃度は、2001年がピークだったように見えるが、オゾンホールは、21世紀末までもとの状態に戻る見込みはない。ファーマン自身は、脅威が依然として続いていることを憂慮し、オゾン層破壊物質の早急な段階的廃止とモントリオール議定書の全面的再検討を求めている[2]。

1995年、シャーウッド・ローランドとマリオ・モリーナは、もうひとりの卓越した大気科学者、ポール・クルツェンとともにノーベル化学賞を受賞した。彼らの研究は、人類を計り知れない災いから救うのに大きな役割をはたしたと同時に、技術が人類のすべての問題を解決してくれると思っている人々に、その技術が予想もしない結果を招くことがあるということを示した。もちろん、科学技術は、オゾン層の行く末を発見した時のように、私たちを助けることもできる。化学薬品会社の技術開発も、オゾンを破壊するフロンガスに代わる、相対的に安全な代替物質を見つけた。しかし、問題を最終的決着させたのは実際には、政治的行動であり、それが国際的な協力を促したのである。結局のところ、人類に大きな恩恵をもたしたのも、その過程で最初に人類を危険にさらしたのも、科学技術である。そして意図せざる結果を招くという可能性は、たえず存在している。たとえばその後、フロンの新たな代替物質のなかには、温室効果ガス（フロンも温室効果ガスだが）として強力なものがあることもわかった。オゾン層には脅威を与えないものの、地球高温化をさらに悪化させる可能性があるのだ。

人類は、科学技術なしにはやっていけない。しかし、いくつかの科学技術は、ヒトの能力に大きなストレスを課し、その結果技術とヒトの間のインターフェイスにエラー——場合によっては致命的なエラー——が生じることがある。その一例は、先ほどのNASAの衛星ニンバス7号のケースだ。幸いにして、このことによって、NASAはこうした危険性に対して警戒するようになり、この重要な地球観測衛星計画はさらにより有効なものになるだろう。一方、モントリオール議定書は、問題の認識と取り組みの遅れにもかかわらず、大部分の人々からは国際的に成功した例――気候変動というはるかに複雑な問題について協議して合意を得る上で部分的モデルになりえる――とみなされている。しかし、それはあくまで部分的モデルでしかない。というのは、そのモデル自体にも不十分な点があり、そしてとりわけ、これら2つのケースにはいくつかの大きな相違点があるからである。

どちらの場合も、汚染する企業の側のごまかしやロビー活動が絡んではいるものの、政治的状況や産業的状況がまったく異なっている。フロンの場合には、それに代わる新たな化学物質を作り出すだけでよかった。これは、現代の生活を支えるエネルギー――現在は、毎年数十億トンの石炭、石油、天然ガスを必要としている――の利用のしかたを新たに考え出すのに比べれば、まだ小さな課題だった。産出される化石燃料が莫大な量であることと、エネルギー資源とその応用の両方が多様であることは、フロンの比ではない。さらに、フロンに代わる代替フロンの発明と生産にはそれほどコストはかからず、その後もなくフロンの市場は、オゾン破壊がはるかに少ない物質へとスイッチした。この変化を起こすには、主だった企業がほんのいくつかの技術革新をするだけで済んだし、新たな技術を導入するコストも最少で済み、新たな製造工程もこれまでとそう違わなかった。

このように、エネルギーと気候のジレンマに対処する上で、オゾン破壊の解決法は、限られた指針を提供するにすぎない。どの国にも、電力を供給するための巨大なインフラがあるが、輸送システムがおもに石油に頼っていることに加え、それらのインフラは、特定のエネルギー資源を使用することを中心に建てられていることが多い（たとえば、米国は石炭、パキスタンは天然ガス、フランスは原子力といったように）。これらのシステムは容易には変えられない。フロンの場合もそうだったが、それらを数年で変えるのは不可能である。

もうひとつの大きな違いは、フロンの生産と使用のほとんどを占めていたのは工業国で、それゆえそれらの国が足並みをそろえることで、フロンの放出を大幅に削減することができたことである。温室効果ガスの場合には、なかなかそうはいかない。温室効果ガスの排出量については、２００６年には依然として米国がもっとも多く、過去数十年にわたって日本とヨーロッパが続いていたが、中国の排出量は、２０００年を過ぎてすぐに日本とヨーロッパを合わせた量になり、２００７年には米国を追い抜いてしまった。この10年ほどの間に、世界の温室効果ガスの排出量では、中国とインド、そしていま急成長しつつある国々が優位を占めることになるだろう。世界が温室効果ガスの排出を抑えるために最終的にどんな方策をとることになるにしても、それはこれら排出の寄与の程度を考慮に入れたものでなければならない。

最終的に、モントリオール議定書の発展途上国による承認が得られたのは、新しい技術の導入コストを補うために直接的補助金を提供することによってであった。温室効果ガス排出を抑えるために「クリーン開発メカニズム」と呼ばれる似たようなプログラムが考え出されたが、参加が任意であり、検査基準も緩い。この政策は、温室効果ガス排出の増加を減速させる上で大きな前進にはなっていない。政治的には、温室効果ガス排出において経済的・歴史的に世界でもっとも強大なリーダーである米国が2001年以来気候についてはは政策をもたなかったことが、発展途上国に、排出の問題をそんなに真剣に考えなくてもよいという、自分たちに都合のよい根拠を与えることになった。しかし、その解決に向けてすべての国が参加してさえ、気候の危機的状況の規模は、オゾン問題の比ではない。結局のところ、先進国は、貧しい国々に数千億ドルを供与して低炭素エネルギーを使うように仕向け、気候変動への悪影響を減らす方向にもってゆく必要があるだろう。

気候変動

気候変動はもちろん新しい現象ではない。私たち人類は、その歴史において、過去65万年ほどの間に4回の大きな氷河期を経験してきた。もっとも最近の氷河期は、9万年ほど前から1万2000年前にわたっている。そして1万2000年前になると、人類は（地質年代の長さから見れば）突然の寒冷期を経験し、これが1300年ほど続いた。すなわち、最後の氷河期が終わるとともに、地球のかなりの地域が寒冷になったのである。スカンディナヴィアの森は樹木のない平原に変わり、ツンドラの花が繁茂したが、この寒冷期はその花の名にちなんでヤンガードリアスと呼ばれている。ヤンガードリアス期は突然始まり、突然終わったが、多くの地域では、始まりも終わりも、10年ほどの間に平均気温が摂氏5度から10度ほど変化した。この寒冷化は、氷のダムが決壊して、北アメリカの巨大な氷河湖を満杯にし、そこからあふれた水が北大西洋に流れ出たことによって引き起こされたと考えられている。この氷河湖がアガシー湖で、現在の五大湖の北西に位置し、地球上のいまある湖のどれよりも大きかった。この冷たい淡水の流入は、メキシコ湾流を含む海洋の循環を乱し、北半球（とくにヨーロッパ）に大規模な寒冷化を引き起こした。それらはしだいに混ざり合って、もとの循環の状態をとり戻し、氷河期のあとの温暖化が続くことを可能にした。この急激な気候変動がこの時代にはまばらだった人口にどのような影響をおよぼしたのかは推測するしかないが、おそらく多くの地域で、その影響は壊滅的なものだったろう。

現在の状況はこれとはまったく異なる。私たちが直面している気候変動は、ヒトの活動の不慮の結果である。大部分ではないにしても、多くの人々にとって、地球高温化は文明にとって唯一もっとも重大な環境的脅威である。たとえ、たとえば環境への有毒物質の放出が最終的に人間の営みにより重大な（だが、とらえにくい）脅威を与えることになるにしても、地球高温化のほうは、私たちにほとんど確実に、いくつもの大問題を課す。

気候はおもに地球の熱の収支――太陽がどれだけ大気や地表面を暖めるか――によって左右され、ヒトは、この収支を互いに関連しあう2通りのしかたで変えつつある。ひとつは、地球のアルベド――すなわち、地球がどの程度の量の太陽光を直接反射するか――を変える土地被覆の変化である。たとえば、森林は、ほかよりも太陽エネルギーを大量に吸収し、多くの場合雲を発生させる。それゆえ、森林がなくなると、その地域の気候が変化してしまう（その変化の方向や規模はさまざまな要因に依存する）。黒ずんだ寒帯林がみな伐採されてしまうと、その結果として起こるアルベドの増加は、伐採された樹木の燃焼や腐敗によって加えられるCO_2温室効果ガスをほぼ相殺するほどに太陽光を反射するようになるかもしれない。逆にアマゾンでは、森林が生み出す反射率の高い雲がなくなることによって、アルベドが減少し、入射する太陽光の吸収が起こりやすくなる。これが、森林の燃焼や腐敗による温暖化に拍車をかける。

気候の変化をもたらすもうひとつの要因は、大気中への温室効果ガスの放出である。まえに述べたように、温室効果ガスは、太陽からくる短い波長の光を通すが、地球から出てゆこうとする赤外線を吸収するとともにその約半分を地表にはね返すことによって、熱を閉じ込める。自然の温室効果の大部分（60％程度）を生じさせているのは一種類のガス、水蒸気だ。大気中の水蒸気の濃度の変化は、気温の変化と密接に関係しており、暑くなるほど、水は蒸発しやすくなる。しかし、雲の発生には水が関係しているため、大気における水の役割は複雑だ。というのは、雲は、その厚さと高度に応じて、加温効果（ブランケット効果）をもったり、冷却効果（アルベド効果）をもったりするからである。

人間の活動が大気に加えるもっとも重要な温室効果ガスは二酸化炭素（CO_2）であり、その濃度は数十年にわたって増加の一途をたどっている。産業革命は18世紀末に始まるが、それ以前には、CO_2の大気中濃度はおよそ２８０ｐｐｍであった。２００７年には、それから37％増えて３８３ｐｐｍになり、１年ごとに約１・９ｐｐｍ増えている（１９６０年から２００５年までの平均増加率は１・４ｐｐｍだったので、それよりもさらに増えている）。ごく最近の証拠は、大気へのCO_2の流入が実際に加速しつつあることを示している。

CO_2濃度の上昇は、第一には化石燃料の燃焼と、それよりは影響力が小さいが、おもに熱帯地方の森林の伐採と燃焼に起因している。19世紀には、土地利用の変化、とりわけ森林破壊が、植物や樹木が腐ったり焼かれたりする時にCO_2が出るため、大気中の人為的温室効果ガスの主要な原因だった。現在、森林破壊は、化石燃料の燃焼によって排出されているCO_2に比べれば量は少ないものの、依然としてかなりの割合を占めている。森林破壊は、人為的排出の約20%を占めているが、化石燃料による排出が急速に増加しているために、相対的重要度は下がりつつある[3]。

相関関係は必ずしも因果関係ではない。しかし、工業化にともなうCO_2の排出量の増加と大気中の濃度とを結びつけるだけの、そして工業とその製品（たとえば自動車）がCO_2を排出してこの増加を起こしていると結論するだけの証拠は、十分にある。排出量と観測された大気中のCO_2の増加量が一致するだけでなく、化石燃料の炭素は数百万年間環境から隔離されていたため、化学的測定によって、化石燃料が特別な寄与をしていることが示されている[4]。

重要な人為的温室効果ガスとして、ほかにメタン（CH_4）、一酸化二窒素（N_2O）と数種類のフロンガスがある。メタンは自然界では湿地帯での化学反応によって放出されているが、人為的なものは、水田や埋め立て地から出るメタンや、ウシなど反芻動物の家畜から出る腸内ガスである。土地被覆の変化は、大気中のCO_2のバランスに影響を与える以上のことをし、大気中のCH_4とN_2O両方の濃度を上げる主要な原因にもなることがわかっている。森林破壊は、土壌中の微生物による化学プロセスを変化させることによって、CH_4やN_2O発生の原因となり、自然の排出を増加させる。農業の営みの変化も、CH_4やN_2Oの排出量を変化させる。大気中のN_2Oの増加の一部は、無機の窒素肥料の過剰使用——意図した農地から一部がほかに逸れてしまうなど——に原因がある。

CO_2は今後１００年間にわたって人為的温室効果ガスの約70%を占めるという予測がある。これに対して、CH_4は20%、N_2Oは10%で、フロンが２%程度になるだろう。CH_4もN_2Oも、分子としてはCO_2よりも影響力が大きいが、現在のそれらの濃度はCO_2に比べればはるかに低い。CO_2、N_2O、CH_4には自然の発生源もあるが、それらの場合は、海洋での吸収、大気中の化学反応における破壊、そして土壌の自然の「シンク」によって、大部分はバランスが保たれている。

加えて、フロンに代わる代替フロンは、オゾン層にそれほど悪影響を与えることはないものの、温室効果ガスのひとつでもある。ほかの主要な温室効果ガスと同様、これらの化学物質はまったくの人工物で、それらのための自然のシンクがない。排出量は、CO_2のそれに比べればほんのわずかだが、それらの威力と数世紀もの間大気に存在し続けるということを考えると、その影響は重大である。最後に、大気汚染の副産物として生じた、低い大気中にあるオゾンは（それらが高い大気中にある場合には、ＵＶＢから生命を守るという有益な役割をはたすのに対して）、多くの地域で影響の大きな温室効果ガスになる。

以上のことが込み入っていて複雑なのは、温室効果ガスの種類が異なると、出てゆこうとする赤外線を吸収する能力も違うし、またそのガスの大気中での持続時間も違うので、それらの効果を単純に足し合わせるわけにはいかないからである。とは言え、その基本的なメッセージは単純だ。すなわち、人間は、温室効果ガスを大気に加えつつあること、しかも地球表面の平均気温を高める方向に気候を変えつつあること（地球高温化）である。「平均」を強調したのは、気候の複雑さゆえ、ある地域は寒冷になる一方で、ほかの地域が平均よりもはるかに高温になることがありうるからである。

大気中に含まれる温室効果ガスへの人間の寄与分は、通常はCO_2相当量として測定される。全体で見れば、CO_2以外の温室効果ガスは、CO_2の効果のおよそ2倍である。注意してほしいのは、温室効果ガスのすべてが人間の活動の結果ではないし、唯一もっとも重要な自然の温室効果ガスが水蒸気だということである。しかし、蓄積する温室効果ガスの温暖化効果は、水分の蒸発と、水蒸気を保つ大気の能力を高める。

大気に人間の活動による温室効果ガスが加わることによってなにが起こるかと言えば、（地球を生息可能な状態に保っている）自然の温室効果が強まり、それによって、ガスの蓄積につれてしだいに地球表面と大気の低い層の高温化が引き起こされる。これが地球の気候の変化を引き起こすのだが、その変化は急速に起こりうる。半世紀ほど前、科学者は、人間が感じとれるような気候変動は数世紀の時間をかけて起こると考えていた。最近の見方では、重大な変化はすでに始まっている。

地球高温化の範囲と結果

人類が直面している難題のひとつは、これから数十年間に大気中の温室効果ガスがさらに増えることによって、気候と社会の両方にどの程度の影響があるかを推定することである。地球高温化の評価と予測は、ノーベル平和賞を受賞した気候変動に関する政府間パネル（ＩＰＣＣ）が継続して取り組んでいる研究課題である。ＩＰＣＣは、これらの悩ましい問題について合意を見出そうとする、国連環境計画と世界気象機関を通して世界の国々の政府が後援する公開フォーラムである。その協議には、基本的に世界の第一線の大気科学の専門家だけでなく、物理学や生物学から経済学やそのほかの社会科学までさまざまな分野を代表する、ほとんどの国の数百人の科学者も加わっている。

加えて、１００以上もの政府（サウディアラビアのような化石燃料の産出国を含んでいる）の代表、化石燃料の工業界、環境保護団体も、オブザーバーとして公開の討議に参加している。これに参加している国々の政府はみな、ＩＰＣＣの評価が公表されるまえに、そこに述べられていることを認めなければならない。科学者たちは、数百もの地球の模型を用いて気候の厖大な実験をすることなどとてもできはしないので、地球の気候のコンピュータ・モデルを用いて、影響がどのようなものかを予測する。これらのモデルは完全とは言い難いが、しかしそれらは、過去のデータを与えた場合には、かつての出来事を十分に再構成できることが確かめられている。

ＩＰＣＣの２００７年の報告書『第四次評価――気候変動２００７』は、地球高温化に人間が大きく関わっているのかどうかを議論している場合ではないと言い切っている。報告書は、地球高温化の証拠は明白であり、20世紀半ば以降に人間が排出した温室効果ガスが温暖化の大部分の原因である「可能性はきわめて高い」としている。その報告では、２００６年には、CO_2の大気中の蓄積量は、過去65万年間の濃度の自然の範囲をはるかに超えていた。１９９５年から２００６までの12年間のうちの11年は、それまでに記録されたなかでもっとも暖かかった。20世紀の間に、地球の平均気温は摂氏０・76度ほど上昇した。さらに、温室効果ガスの増加の速度は、１９９５年以降加速している。

ＩＰＣＣの科学者たちは、地域と地球規模の気候変動が今後どうなるかを評価するにあたって、大気中には温室効果ガスが今後も増え続けるということを考慮に入れた上で、無数の不確かな要因をあつかわねばならない。彼らもよく知るように、変化は均一であることはまずない。温度の効果が多様であることに加えて、循環の変化が降水パターンに影響し、それが農業やヒトのほかの活動にも重要な影響を与える。このような動向は、時と場所とを正確に予測することができない。もちろん、もっとも不確定なのは温室効果ガスの将来の排出量である。

地球高温化現象はまた、あまりよく知られていないフィードバック・メカニズムのバランスにも大きく依存している。負のフィードバックでは、システムの出力がフィードバックして入力になる際に、次の出力を減らすように作用する。たとえば、もし大気中の温室効果ガスの増加によって引き起こされる海洋の温暖化がより多くの蒸発と低い雲を生み出して、地球を冷却するならば、これは負のフィードバックである。このように、負のフィードバックは、安定を保つように作用する。負のフィードバック装置の身近な例は、ヒーターとクーラーが一体となったエアコンのサーモスタットである――温度が設定値を超えると、冷房のスイッチが入り、温度が設定値以下になると、暖房のスイッチが入る。

これに対して、もし温室効果ガス排出によって引き起こされる温暖化が永久凍土（以前は毎年凍ったままであった高緯度や高地の土壌）の融解やツンドラの植物の腐敗を速め、その結果さらに大量のCH_4とCO_2が大気中に放出されるなら、あるいはもしそれが上層雲を作って、その雲が地球を温めるなら、それが正のフィードバックである。このような正のフィードバックは、安定を保つようにはたらかず、温暖化によって引き起こされた気温の上昇をさらに増幅させる。たとえば、気温の上昇につれてさらに熱くするようなサーモスタットのセンサーは、正のフィードバック装置である。地球高温化からはっきり確認される正のフィードバックのひとつは、大気中の水蒸気が増えることによって引き起こされる温暖化の強まりである。もうひとつは、氷河、氷帽、氷床、北極圏の浮氷、冬場の雪などがおおう面積の縮小にともなうアルベドの減少である。すでに急速に進みつつあるように見える正のフィードバックのひとつは、北極海氷によっておおわれていた地域の縮小にともなうアルベドの思いがけない急速な減少である。

全般的には、フィードバックの性質と規模については、かなりの不確かさが残る。たとえば、一部の科学者は、過去36万年間の氷床コアの気温の記録と理論とを組み合わせることで、将来の高温化がこれまで過小評価されていたようだと結論している[5]。前述のように、ごく最近のCO_2の排出量のデータもまた、IPCCの高温化の推定値が控えめすぎるということを示している。

図13・1　グリーンランド。溶けた氷が氷冠を伝って流れ落ちている。写真は Alberto Behar/JPL/NASA 提供。

地球高温化は、人類にとってどのような問題を引き起こしうるだろうか？　もっとも確実な脅威は、海面の上昇と海岸線の後退である。これはもうすでに、イギリスの海岸地域の農家に大きな打撃を与えているように見える。海浜が侵食され、農地が海水に浸かりつつあるのだ。私（ポール）は、1955年に軽飛行機でアラスカのシシュマレフ村の海岸にあった浜堤に降り立ったが、その浜堤はいまは影も形もない。その消失は、海氷が減って波の作用が大きくなったことと、海岸の岩のような永久凍土の壁が溶けたことによっている。イヌイットの人々は、内陸へと移るのを余儀なくされている。

海面のゆっくりとした上昇は、海水が熱せられて起こる膨張によって、そして氷河や極地の氷床や氷冠（氷床は面積で言うと5万平方キロをおおっている氷であり、氷冠はそれより面積は小さいが、ドーム型の氷である）が溶けることによって引き起こされる。海面水位は、20世紀の間に15センチから22・5センチほど上昇し、太平洋やインド洋の海面すれすれの環礁が占めるツバルやモルディブのような国はすでに、住めなくなるという脅威にさらされている。IPCCの『第四次評価』の推定など、控えめの推定値でも、21世紀には、海面の水位が18センチから60センチの範囲で上昇する。しかし、これらの推定値には、21世紀に、グリーンランドや南極の氷床が大量に溶ける可能性――最新の研究によると起こりつつあるようだ――は含まれていない。

これまで、温室効果ガスの濃度がこのままのペースで上昇し続けたなら、グリーンランドの氷床は、この１０００年のうちに溶け去ってしまうと推定されていた。これだけによって上昇する海面の高さは、驚くべきことに7メートルほどになる。最近の観測が示すところでは、溶けた氷が裂け目を通って氷床の底へと流れ、そこをなめらかにし、氷床をこれまでより速く滑らせて海に出しつつある。この発見を受けて、科学者たちは、氷床の融解と海面の上昇の推定値を上方に修正しつつある（もちろん、グリーンランドや南極西部の氷床はすぐになくなるわけではなく、完全に溶けてしまうには５００年から１０００年はかかるだろうが）。岩は氷や雪のようには光を反射しないので、グリーンランドのアルベドは、氷床がないと、はるかに低くなってしまう。その結果氷床がまったくなくなってしまうと、新たな安定した平衡状態――たとえ大気中の温室効果ガスのほうが産業革命以前の状態に戻ったとしても、もとに戻ることのない状態――が生じる可能性がある。

もちろん、これはグリーンランドに限ったことではない。すでに、世界中の山岳地帯の氷河からかなりの量の氷がなくなりつつあり、多くの地域の淡水の供給が脅かされている。そしてもっとも大量の氷を蓄えている南極大陸は、縁の氷棚が大規模に失われつつある。たとえば、２００２年には南極の巨大な氷棚が突然分裂し、まわりの海に氷山が散乱した。氷棚はすでに海洋を漂っている。それらの崩壊は海面の上昇を引き起こすことはないが、氷棚はそれまで、隣接する土地をおおう氷床を固定するのに重要な役割をはたしていた。いまやむき出しになった南極の氷床が海へと動きつつあり、その動きが、氷棚の消失以降、加速しているのが観測されている[6]。

２１００年までに海面が実際にどの程度上昇するかは不明だが、ごく控えめな推定値でも50センチであり、その後の数世紀にわたってさらに上昇が続く。もし大量の温室効果ガスが大気に蓄積し続けるとすると、海面の上昇は10メートル程度にもなり、その場合には大陸の形も変化し、やがては海岸部の都市や町はみな水没してしまうだろう。南極の西側の氷床が海へと突然滑り出すといった予期せざる「不連続な出来事」があったりすると、海岸地域の大規模な水没がもっと早く引き起こされるかもしれない。こうした出来事は、海面を5メートル――それ以上の推定値を出している研究もある――上昇させる可能性があり、地球の海岸線を水没させ、大きな被害をもたらすだろう。

しかし、バングラデシュのようなとりわけ海抜の低い貧しい国の場合には、海面の30センチ程度の上昇でさえ深刻な問題を引き起こす。海岸線近くの帯水層が塩水化し、農地が冠水し、塩水性湿地の自然の養魚場が破壊され、風水害が起きやすくなるのだ。オランダもフロリダも海抜ゼロメートルに近い海岸地域であり、バングラデシュと同様、海面が少し上昇するだけで大きな影響をこうむる。豊かな国は、こういった変化にすぐに対応できるが、しかしその影響が甚大であることには変わりがない。とくに、高価な住居、リゾート、マリーナ、養殖施設といった高くつく建造物が海岸近くにある地域ではそうである。海岸部の開発にいま戦略的な予防策を講じれば、未来の損失の多くを未然に防ぐことができる。米国の保険会社やいくつかの地方自治体はすでに、その影響をこうむりやすい地域に家を建てることを止めさせようとしている。

海水温の上昇や海面の上昇に関連した、地球高温化の影響のひとつは、巨大な嵐が激しさを増す可能性がきわめて高くなることである。地球の気候モデルが示すところでは、大規模な気象事象――巨大で猛烈なサイクロン（ハリケーンや台風）、大規模な洪水や旱魃――が起こる頻度がますます高まり、これまでほとんど（あるいはまったく）起こらなかった地域でも起こるようになる。ニューオリンズの未来の状況を思い描いてみよう。デルタ地帯の沈泥を人間が妨害することによる土地喪失のせいで、湾はいっそうニューオリンズに近くなり、潮汐は地球高温化の影響で30センチかそれ以上高くなる。もし記録的な大きさのハリケーンが最悪の位置にあるこの都市を襲ったとしたら、被害をこうむるのは貧しい国に限られるわけではないことを示すもうひとつの劇的な証拠になるだろう。２００５年のハリケーン・カトリーナは実際には、ニューオリンズを襲っ

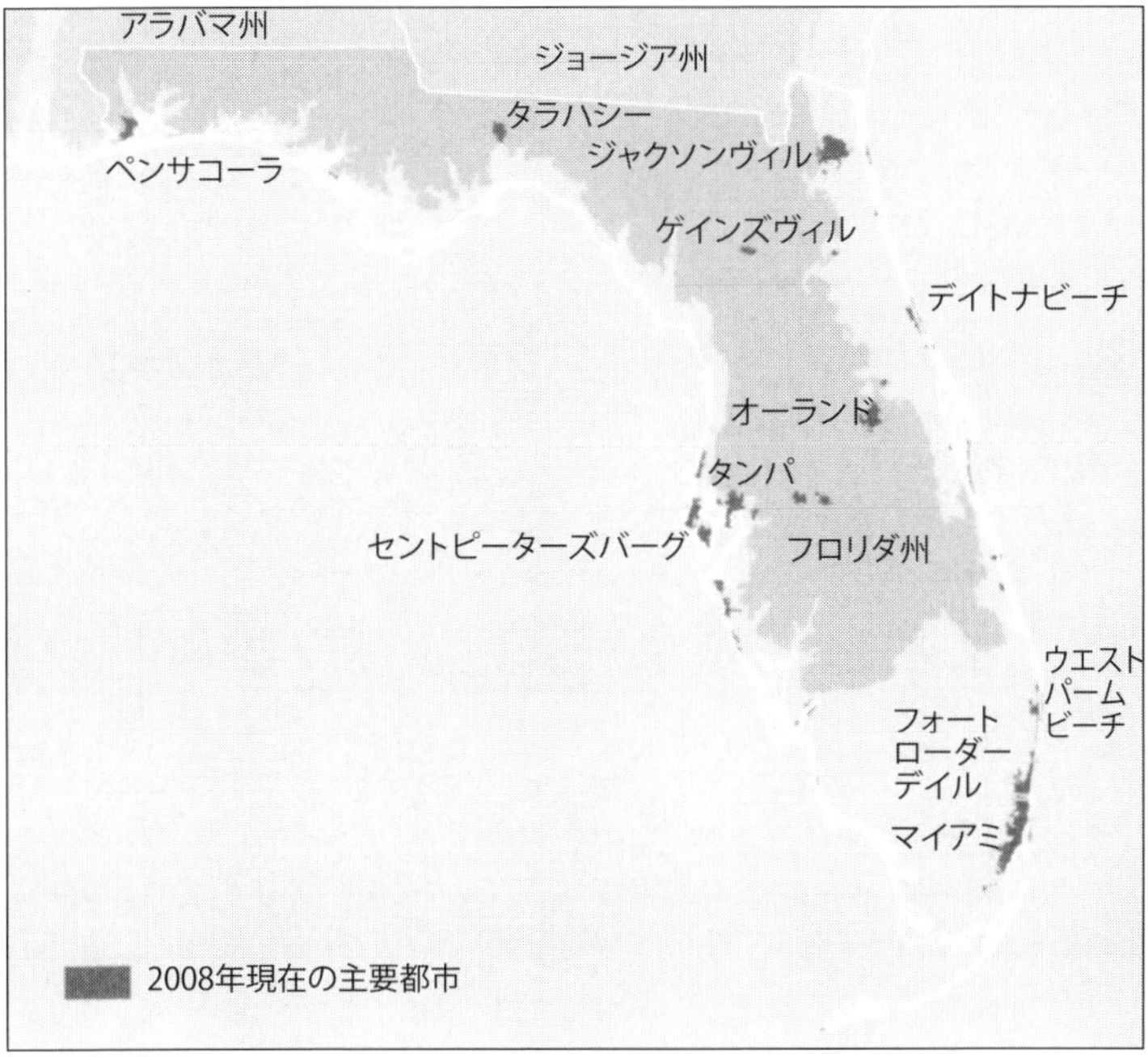

図13・2　地球高温化がこのまま続くと、200ないし300年で海面は数m上昇し、その結果大陸の形は変わり、海岸部の都市は水没する。図は、海面が6m上昇したあとのフロリダ。マイアミは大きな人工岩礁の上にのっている。Robert A. Rohde/Global Warming Art より。

た時にはカテゴリー3にまで弱まっていた（最大風速は時速130マイル（秒速58メートル）ほどだった）。にもかかわらず、カトリーナは甚大な被害をもたらした。その強さの一因は、地球高温化にあった可能性がある。

大気に温室効果ガスが人為的に加わると、それとはまた別の不幸な結果が生じる。地球の平均気温は、今後90年で5・5度ほど上昇する可能性がある。これは劇的な変化だ。過去において、現在より気温が5・5度低かった時には、いまニューヨーク市があるところは一面氷だった。地球高温化のひとつの明白な影響は、マラリアやデング熱のような熱帯の伝染病が、それらを媒介する種類のカの生息範囲の拡大にともなって、高地にも広がることである。もうひとつは、2003年、06年、07年にヨーロッパを襲った熱波のように、長引く熱波による死者や病人の増加である。2003年のヨーロッパの熱波では、何万人もの人が亡くなった（ただ、熱波の影響は、凍傷、肺炎や凍死の発生件数が減るので、それと部分的には相殺されるかもしれない）。

多くの人々に直接影響をおよぼす地球温暖化のもうひとつの結果は、北極圏のいわば「岩盤」をなしている永久凍土の融解である。アラスカ、カナダの40%、極北ヨーロッパ、シベリアでは、道路、建物、電柱などインフラの多くが、この永久凍土の上に載っている。大量のCH_4やCO_2の排出による温暖化の促進に加えて、永久凍土の融解は、広範囲かつ大規模な損害と破壊を引き起こすだろう。アラスカ、カナダ、シベリアの一部地域では、このような被害がすでに起きつつある。

CO_2が大気に放出されると、その約3分の1は海洋に吸収される。まえの章で述べたように、二酸化炭素は水を弱酸性にし、その腐食作用は、殻を作れなくさせることで動物プランクトンを死滅させ、それによって海の食物連鎖を壊し、人間が獲る海洋生物資源を減少させる。CO_2の増加による海洋の酸性化は、もっとも多産でもっとも美しい生態系のひとつ、サンゴ礁と、究極的には、石灰化するすべての生き物――ヒトデ、二枚貝（アサリやハマグリ）、カキ、コケムシの多く（サンゴに似た群体動物）やフジツボなど――にとってもおそらく脅威になる。

温暖化そのものも、すでに海の生態系の一部に変化を引き起こしつつあるように見える。いくつかの地域では、魚やほかの海洋生物を食べる海鳥に影響をおよぼしつつある。その影響はサンゴ礁の劇的な減少である（その3分の1はすでにほとんどが破壊され、もう3分の1が危機的状況にある）。とりわけ、熱などのストレスがサンゴにかかると、サンゴが依存する褐虫藻――サンゴとは共生関係にあって、サンゴ内部で光合成をする藻――が放出される「白化」現象を引き起こす。これがサンゴを色褪せたものにし（変色はこの藻によっている）死なす。IPCCの『第四次評価』によれば、人為的温室効果ガスによって引き起こされた高温化の80%以上を海が吸収しており、海水温の上昇が水深3000メートルまで達している。このように、私たちの知るような海洋の生命も、最終的には危険にさらされる可能性がある。

私たちの見るところ、人為的温室効果ガスが与えるもっとも深刻な影響は、地域の気候の変化、陸と海両方の生態系の破壊、そして生物多様性の喪失の3つである。急速な変化は、これまでの進化の軌道や共進化の関係を変え、人類が依存する生態系サービスに予測不能で有害な影響をおよぼす。とくに農業生態系は、作物の生育に適した気温と日照条件の点でも、また受粉と病害虫防御の点でも、さらに雨や灌漑設備によって供給される水の点でも、気候が提供するサービスに全面的に依存し、それだけでなくこのサービスも気候に依存する。気温や降水条件が変わったら、新たな土地で作物を作れば困難な状況は切り抜けられると考える人もいるが、これは、適合する土壌、日長、作物の新たな病害虫、必要な花粉媒介者といった重要な問題を見落としている。とりわけ土壌は微妙である。というのは、気候変動は、土壌の生産力に不可欠な土壌生物にさまざまなやり方で影響すると同時に、湿気の程度と塩分も変えてしまうからである。

肥沃で伝統的に農業が営まれてきた地域の良好な気候は、土壌の質の貧弱な地域へと移ってゆくことがある。多くの作物の開花や発芽は光周期に敏感なため、日長が決定的に重要であり、植物にとって、昼間の長さがさまざまな合図になる。新たな病害虫が新たな農業地域に出現するかもしれないし、古くからの病害虫が、捕食者や農薬を避けて、ほかの地域に移ってゆき、そこでうまくやるかもしれない。花粉の媒介は、もし媒介動物が移動してくることができないとか、あるいは気候によって引き起こされる絶滅を回避するべくその個体群の発生のタイミングが変わってしまうとかしたら、失われてしまう生態系サービスである。移動の経路が農地、高速道路や都市といった人工物で遮られている場合には、これはとりわけ深刻である。

急速な気候変動に直面して農業の生産性を維持することにともなう社会経済的圧力は、とても重いものになりうる。それによって、富める国と貧しい国の間の格差がますます広がり、発展途上の社会が、農業用水や食糧そのものをめぐって争いを激化させて崩壊してしまうことも考えられる。しかも、作物の不作と飢餓の危険にもっともさらされている人々は、大気への温室効果ガスの排出という点ではもっとも責任の少ない人々である。たとえば、パキスタン、ネパールとバングラデシュのコムギの生産は、高温化と乾燥化が続くなら、ほぼ壊滅状態になるだろう。トウモロコシやコメと同様、コムギは熱にきわめて敏感で、南アジアではすでに、コムギが生育可能な気候帯の限界のところで栽培されている。インドは、世界のコムギの約6分の1を生産する。東南アジアのコメとアフリカの穀物もまた、地球高温化と降水パターンが変化すると、その影響を受けると考えられる。

図13・3　ロッキー山脈生物研究所において、ジョン・ハートによって行なわれている生態系温暖化実験の初春の様子。赤外線ヒーターによって温められた区画では、炭素の５分の１がなくなり、いまは二酸化炭素として大気中にある。この区画では、かつて繁茂し美しかった草地の植物相は、急速に成長するヤマヨモギにとってかわった。写真は Scott Saleska 提供。

農業への影響の懸念は、すでに、たとえばカリフォルニアのサンウォーキン渓谷の生産性の推定値に現われている。２００６年にこの渓谷を襲った熱波では、数千頭のウシが犠牲になり、ひとつの郡だけで牛肉、乳製品、鶏肉の損失額は８５００万ドルにのぼった。もうひとつのもっと深刻な脅威は、シエラネヴァダの雪塊（せっかい）の多くが失われてしまう可能性である。この雪塊は、渓谷の灌漑にとっても、カリフォルニア州の多くの地域の家庭用・工業用の水の供給源としてもきわめて重要である。雪塊は、地球高温化が進むにつれて縮小し、年を追って溶け始める春の時期が早まり、夏の乾季の間水路や貯水池に水をゆっくりと供給するのではなく、一気に流れ去ってしまうことが予想される。世界中の多くの重要な農業地域でも、水の供給源として山岳氷河と季節による雪解けに頼っている大きな都市でも、同様の問題が起こると予想される。このような地域には、コロラド川（水源はロッキー山脈の雪塊）に依存する米国南西部の地域、ヒマラヤ山脈の南と東のアジア地域、南アメリカとアンデス山脈、そしてヨーロッパとアルプス山脈がある。

より一般的には、気候モデルの示唆するところでは、乾燥化が内陸部の穀倉地帯に起こりうる。こうした乾燥化は、食糧供給の大幅な減少を導き、次にそれが、その国の食糧（や家畜用飼料）を確保するために輸出用の穀物の削減をもたらし、その結果貧しい国に食糧不足を引き起こす可能性もある。もちろん、一部の地域（たとえばロシアやカナダの一部地域）は暖かくなって、作物の収穫量が少なくとも一時的に増えるかもしれない。しかし、食糧生産が地球高温化によって高まると予想される地域は、高温や供給される水の量の減少（あるいはその両方）によって引き起こされる生産力減少に脅かされる地域ほど多くはない。事実、２００７年初めになされた報告では、気候が暖かくなると、世界の穀物生産量が、そうでない場合より減少していた。問題はすでに起こりつつあるのかもしれない[7]。

起こりうる問題の前兆は、私たちの目にした次のような出来事にうかがえる。２００６年11月、私たちは、オーストラリアのヴィクトリア州北西部とニューサウスウェールズ州南西部を訪れた。この国の歴史上もっとも深刻な旱魃が6年目に入った時で、その影響を調査するためである。どこの農地も作物の影はなく、樹木は枯れていた。食肉処理場を通りかかったが、そこには何台もの巨大なトラックが数え切れないほどのヒツジを積んでいた。ヒツジが食むだけの草はどこにもなく、安値で売って屠殺するしか手はなかった。多くの種の鳥も数が激減し、地域によっては絶滅してしまっていた。生き残っている鳥の種も、繁殖せずにいるか、小ぶりの卵を孵して、旱魃をやり過ごしていた。オーストラリア人のナチュラリストは、そんなやり方は旱魃が長引かない時にしか有効でないのだが、と言っていた。いくつかの地域はすでに、森林地帯から石ころだらけの砂漠になりつつあった。

私たちが訪れてまもなく、オーストラリアの多くでは、ヒツジを売るのが難しくなった。市場が崩壊したのだ。12月までには、オーストラリアのヒツジの数は半減し、牧場の損害は数千億ドルに達した。私たちが２００７年11月に再び訪れた時には、市町村に緊急給水を整備する計画が進行中であり、その時も、ヨーロッパ人が入植して以来最悪の旱魃のせいで水の使用制限が広く行なわれていた。世界の歴史上初めて、気候変動が国政選挙の争点となり、これによって２００７年、首相のジョン・ハワードは敗北を喫した。数年前にはわが大陸なら1億人を養えると豪語していたオーストラリア人も、いまは、２１００万人でも人口過剰だということがわかり始めている。気候学者は、それがほんの始まりでしかないことを恐れている。というのは、地球高温化とオゾン層破壊の組み合わせが気候帯を極のほうに動かしつつあり、以前はオーストラリアに降っていた雨がいまは南の海に降っていると考えられるからである[8]。これらの気候学者によると、オーストラリアが「旱魃」に見舞われているのではなく、より乾燥した「定常的」状態に入りつつあるのだという。彼らが誤っていることを祈るばかりである。

２００７年末、私たちは、ブラジル南西部のパンタナール地域にいた。ここはもとは湿地帯だったが、記録的な旱魃に遭い、広い地域が自然火災で焼けてしまっていた（図13・4）。その北、マト・グロッソ州は、かつてはブラジルの5分の1を占めた広大なサヴァンナの生態系、セラードがあるところだが、破壊が進んでいる。しかも私たちが訪れた時には、その残ったセラードも、記録的な旱魃と火事に見舞われていた。この同じ時、米国南東部は、旱魃がひどく、いくつかの都市では水の供給ができなくなりかけたが、一方、テキサス東部は記録的な降雨と水害に見舞われた。天候が両極端の間を変化するというの

図13・4　2007年10月の記録的な旱魃の時期にブラジルのパンタナールの湿原で起きた火災のあとの飢えたウシ。写真はRick Stanley提供。

が地球高温化の第一の影響だと考えられるので、オーストラリア、ブラジルと米国の旱魃の後には、すぐに洪水が続くかもしれない——おそらくそれによって、これらの国の政治家たちは、またしても気候変動の脅威を無視することになるかもしれない。しかし、洪水があっても、オーストラリアの枯れた樹木（多くは樹齢が数百年だった）がすぐにもとの状態に戻ることはない。オーストラリアだけでなく、ほかの亜熱帯地域でも、降水量の減少という長期の気候変動の傾向にある。サハラ砂漠の天候に旱魃という用語が適切でないように、これらの地域にも「旱魃」という用語が適切ではなくなる日が来るかもしれない。

　作物生産の中断がどの程度になるかも、農家と政府が変化にどの程度うまく対応できるかも、予測は難しい。たとえば、人類全体では、気候による収穫量の減少と飢饉の間には、影響を大幅に和らげることを可能にするものがある。11章で述べたように、世界で生産されている穀物のほぼ半分は、家畜が食べている。家畜に食べさせる穀物を減らして（家畜や家禽を減らすことにもなるが）、それで得られた分を人間の側の消費に回すこともできる。これによって、必要とされる食糧供給を大幅に——飢饉を防ぐために適切に分配されたなら、十分なほどの量だ——高めることができる。それはまた大気への温室効果ガスの排出を遅くすることにもなる。というのは、アマゾンの雨林が非効率的な自給自足農業や牧畜、大豆の生産（バイオディーゼル燃料用やニワトリやブタの飼料として中国への輸出用）のために伐採され燃やされるのにともなって、そこに隔離されていた約4000億トンの炭素が放出されつつあるからである。

　しかし、食糧を食肉の家畜用から人間の食糧用に転用するには、いくつか障壁がある。ひとつには、家畜の飼料として生産されている穀類の大部分は雑穀であり、人間が消費するのにはあまり適していない。さらに、穀物は食糧不足の事態への一時的な対処にはなるが、栄養の点で穀物だけでは十分ではない。

補助食品として、そして動物食品の代わりとして果物や野菜、とりわけナッツやマメのようなタンパク質に富んだものも必要になる。けれども、世界の富める人々の食糧において動物食品（とりわけ牛肉）がある程度減少したとしても、食糧生産システムへの圧力を大幅に減らすわけではないし、温室効果ガスの排出量を大幅に減じたり、人々の健康を大幅に増進させたりできるわけでもない。しかしこれまでのところ、肉を食べている人々は、自分たちの肉の消費を減らして余分な食糧を飢餓に苦しむ人々に分けてあげたいという意思をほとんど示していない。

気候の不安定化は、それに適応できない、あるいはすぐに生息地を変えることのできない個体群や種――農業を支える上で重要な役割を果たす種も含め――を絶滅に追いやり、生物多様性を失わせうる。さまざまな生物種が異なる速度で、しかも変動する変化に反応して移動するので、生態系は分解するかもしれない。あるものは条件の変化に耐えて生き延びるかもしれないし、ほかのものは消え去るだろう。たとえば、米国のイエローストーン国立公園内のロッキー山脈では、気候が暖かくなると斜面を登るマツクイムシが、成長の遅いストローブマツを絶滅の危機にさらしている。これが、ストローブマツの木の陰で保たれていた雪塊（せっかい）を減らし、また秋にはストローブマツの実に頼っていたハイイログマの個体群を脅かす可能性がある。環境条件の変化に反応して多くの生物種が移動を余儀なくされたとしても、人間のさまざまな建造物が移動を阻むかもしれない。これらの損失は（いかに大きなものであったとしても）正確に予測することが難しい。これこそが、なぜ地球高温化が、とりわけ多くの生物多様性の喪失が不可逆だということを考えた時に、驚くべきことなのかという理由である。

気候変動によって必然的に生じる変化の理解は明らかに、その影響を弱める方法を見つける上で欠かせない。地域によっては、すでにその影響を評価し、それを補償する（あるいはそれに順応する）計画を立て始めているところもある。たとえばカリフォルニア州は、気候変動の結果として生じる洪水、旱魃、山火事を見越している。水利用を調節する計画（とりわけ最大の使用者である農業において）が進行中であり、海岸部の開発の規制の変更も進行中である。そのほかの地方自治体も自分たちの計画に強い復元力を盛り込もうとしており、そのような自治体の数は急速に増えつつある。

ほとんどの地域ではある程度の順応を余儀なくされるのは間違いないが、より根本的な方策は、地球高温化の加速を食い止めるために温室効果ガスの排出を大幅に減らすことである。

気候変動に対処する

急激な気候変動を避けるために、もしくはその影響を少なくするために、どんな対策を講じるべきだろうか？　経済的にあるいは倫理的に、どんな対策が可能だろうか？　気象の専門家による研究は、人類が気候変動の重大な結果から逃れられる確率はほぼ10%であり、世界規模の破局に至る確率もほぼ10%と見積もっている。確率分布の残りは、この両極の間に――さほどの不都合はないという状態から最悪の災害まで――広がっている。結局、これら全体から生じる重要な問題は、科学的問題ではなく、次のような聞き慣れた言い方をすることができる。「考えられうる気候変動のもっとも重大な結果に備えて、どれほどの保険をかければよいのか?」

この保険問題は即答できるような類のものではなく、さまざまな議論がある。生態学者スティーヴン・パカラと物理学者ロバート・ソコロウが行なったもっとも興味深い分析のひとつは、既存の、そしてある程度実行可能なさまざまの技術を用いて、大気中のCO_2濃度を500ppm(現在の濃度は383ppmだ)以下に抑えることができることを示した。これは、産業革命以前のレベル、280ppmの2倍弱に相当し、多くの科学者は、その値で気候への破局的な影響の多くが防げると考えている。パカラとソコロウの分析には、これらの有望な技術は、CO_2排出が現在と同じように行なわれた場合に予測される排出量増加の曲線に、いくつもの「ウェッジ(くさび)」として描き込まれている。これらのウェッジによって、500ppm以下という目標を達成できるように、曲線を下方向に下げることができる。ウェッジの候補としてあげられているのは、車の燃費の向上、遠隔通信の利用による車での移動の減少、大量輸送や都市再開発への資本投入の増加、発電所から排出されるCO_2を回収して貯留すること、風力・太陽光・原子力発電の利用の促進、より大規模な「無耕」農法の導入、そして森林伐採の速度の抑制である。残念ながら、このよく書かれた論文で、抜け落ちている重要な「ウェッジ」がひとつある。それは、人口増加率と(究極的には)人口規模の減少である。もうひとつ抜けているのは、それほど明確でないウェッジだが、食卓の牛肉や豚肉を鶏肉や魚肉や菜食に切り替えるのを促進することである[9]。さらにそれぞれのウェッジの費用対効果比を評価することもフォローアップ研究として必要だが、これはまだ行なわれていない。

パカラとソコロウのウェッジの考え方は、ほかの研究でも採用され、そのいくつかは、すぐに採用可能な方法としてエネルギー効率の向上がもっとも有効――エネルギーにもとづく温室効果ガスの排出量の削減のためのもっとも簡単で、もっとも速く、もっとも安価な方法――であることを示している。現在の科学技術には効率を高める方法がいくつもあり、この数年か数十年のうちにさらに別の方法も開発されるはずである。そこに欠けているのは、既存の技術を適用したり、新たな技術を発展させるための適切な動機である。そしてもちろん、大部分の効率の向上は、どのようなエネルギー源かに関係なく、エネルギーに対する最終用途の需要を減らすだろう。

提案されているほかのウェッジのほとんどは、要求されているレベルですぐ実行するのは容易ではないし、地域によってはすべて抵抗に遭うこともあるかもしれない。しかし、社会が多くの「ウェッジ実現」のステップをとることができれば、気候のカタストロフィの確率を減らす以上の社会的利益が得られるだろう。たとえば米国は、ガソリン税を大幅に引き上げるといったように、炭素の排出活動に対して税金を増やすことができた。2007年、連邦議会は、2020年までに乗用車、軽トラックとSUV車のCAFE（企業別平均燃費）基準を引き上げるという新たなエネルギー法案を可決した。米国の自動車の燃料消費を減らすことは、大気中へのCO_2の排出量を大幅に抑えることになるだけでなく、輸入石油への米国の依存度を減らし、自家用車とトラックの排気ガスが引き起こす呼吸器系疾患の医療的・社会的コストを減らすことにもなる。とは言え、これは重大な問題への取り組みのほんの端緒にすぎない。

新たな低炭素技術の導入を促進するために、あるいは炭素を主成分とする燃料の使用を減らすためには、どんなインセンティヴが使えるだろうか？　ひとつは、炭素税——炭素の含有量にしたがって化石燃料に税金をかける——の導入だろう。こうした税金は坑口で適用され、石炭、天然ガスや石油を使用する外的コストを支払わせる助けになる。

排出量削減のもうひとつのアプローチは、本章の最初のところで論じた大気浄化法に関連して用いられてきたようなキャップ&トレード制をより広く用いることである。このような制度は、温室効果ガスの許容される排出量に総「キャップ」を課し、このキャップが時間とともに縮小する。規制する側は、さまざまな事業所に「許容排出量」を割り当てる（保有者に一定量の排出の権利を与える）。許容量はただで譲ることもできるし（望ましいのはさまざまな事業所に競売することだが）、保有者間で売買できる。ここで導入される許容量の総量は、総排出量のキャップに等しい。許容量の売買は、排出量を最小のコストで削減することができた事業所が、削減のコストがあまりに高くつく事業所に、余った許容量の一部を売ることができるようにする。後者の事業所は、許容量を買うことによって、自分たちの不足分を埋めることができる。許容量の売買は、流通している総許容量に影響せず、許容量の保有者と、事業所の排出量削減の分布を変えるだけである。購入されなかった許容量は、キャップの縮小分として回収される。

炭素税もキャップ&トレード制も、排出のコストを上げて、排出する側に排出量を削減する方法を見つけるようインセンティヴを与えるので、インセンティヴ・アプローチと呼ばれている。炭素税は、税金そのものを通して直接に排出のコストを上げ、キャップ&トレード制は、許容排出量の市場価格を通してそれをする。どちらの制度（あるいは両方を組み合わせたもの）でも、エネルギー使用のコストは必然的に上昇するが、効率の向上（これがエネルギー使用を減らす）がその分を部分的に補うことになる。とは言え、エネルギーコストの増加は、多くの人々、とくに低収入の家庭には負担になるだろう。設備や建物の効率性の基準を厳しくするといったような指揮管理の手法も、購入価格を上げる可能性がある。ガソリンの価格が大幅に上がれば、多くの貧しい人々は、公共交通機関のない（あるいは少ない）地区への通勤は不可能になる。

スタンフォード大学の経済学者ラリー・グールドナーが示しているように、エネルギーコストが高くなるというこのジレンマの解決策のひとつは、「税のシフト」である。一例は、ガソリン税や炭素税の税収の増加分の一部を、貧困層に過度に負担させている（経済学者に言わせると「逆進」税の）給与税を下げるために使うことである。ガソリン税や炭素税の税収の一部は、公共交通システムを改善し、エネルギーシステム全体の効率を高め、そして再生可能なエネルギー源の研究開発を支援することに使うこともできるだろう。

右にあげたどの提案の場合も、それをほんとうに実効力のあるものにするためには、いくつものほかの対策が必要である。というのも、人は自分の消費パターンに強くはまり込んでしまっているからである。多くの科学者は、破滅的気候変動を避けるには、温室効果ガスの排出量を２０５０年までに少なくとも80％削減しなくてはならないと考えている。もし私たちの社会が化石燃料からの移行を始めることによって大きな経済的変化を行なおうというのなら、右にあげた人々よりもはるかに多くの人々――鉱山労働者からガソリンスタンドの経営者まで――が、当然ながら影響をこうむるだろう。しかし、多くの対策を講じて、こうした影響を最小限に食い止めることはできる。鉱山労働者と自動車工場の労働者を、たとえば年金を与えて退職させる（すでに行なわれているが）一方で、ほかの仕事のための再教育を行なうといったように。同時に、エネルギーシステムを変え、ほかのエネルギー源に転換することは、新たな投資、新たなビジネス、新たな雇用の機会を生む。

温室効果ガス問題には一連の地球工学的「解決策」も提案されてきた。たとえば、海洋に鉄を満たして海中のCO_2吸収を増やす、エアロゾルを成層圏に向けて発射する、地球のまわりに巨大な日傘をおいて地球表面に届く太陽エネルギーの量を減らすなどである。こうした巨大な技術的実験はみな、いくつか重要な特徴を共有している。それは、莫大な費用がかかることと、結果がまったく不確実だということである。たとえば、エアロゾルを射ち込む計画は、人類がこれまで行なったどんなプロジェクトよりも長期の、たえざる取り組みが必要になる。というのは、冷却用のエアロゾルは、温室効果ガスが大気中にとどまり続けるほど長くは成層圏にとどまってはいないからである。さらに、エアロゾルも日傘も、海洋の酸性化を減速する役目ははたさない。とは言え、人類が長い間なにもせずにいて、急激で破滅的な気候変動に直面しているのなら、そうしたお金のかかるいちかばちかの手段をとることも必要かもしれない。

発電所から出るCO_2を地球の地殻深くに注入して隔離すること

は、それよりは見込みがある。本格的な隔離の実験は、石油の二次回収（地中から石油を汲み出したあとに地下層に残っている分を回収するという方法はもはや可能ではない）との関連で、すでに石油会社によって行なわれつつある。

大気汚染は、これまではある程度対処できたものの、現在はそれよりずっと重大で、複雑で、大規模な問題になっている。右に述べた炭素税——適用も、修正も、署名ひとつで撤廃のこともありえるが——は、この問題を解決する上で健全な出発点であるように見える。とは言え、石油会社にガソリンに添加剤を入れさせることや、自動車メーカーに車に触媒コンバーターを搭載させることは、石油生産を（一度にあるいは段階的に）削減することに比べればはるかに容易だった。

そうだとしても、世界の石油生産がピークに（まだ達していないとしても）近づきつつあることは、中国など発展途上国での需要の急増や価格の高騰とあいまって、米国やほかの先進工業国に石油消費の削減をすぐに強いるだろう。一般市民も、もうこのことはわかっている。２００６年と０７年にガソリン価格が高騰すると、ＳＵＶ車の需要が落ち込み、ガソリンと電気で走るハイブリッド車の需要が高まった。米国の自動車メーカーは、急速に資金と市場のシェアを失い、遅ればせながらそう高燃費ではない車の製造のために設備を一新するしかなくなった。そしていまだ抵抗はしながらも、燃費効率の新規制に備えつつある。

気候変動への対処は確かに気の遠くなるような難題であり、多くの経済学者はこれまでずっと、そのコストはあまりに高すぎると言ってきた。しかし、世界銀行の前チーフエコノミストであったニコラス・スターン卿が、２００６年にイギリス政府に報告した包括的研究は、これとは異なる結論に達している。この研究の推定では、最悪の事態を想定した場合、重要な防衛手段を早急に講じなかったとしたら、気候変動による損害は結果的に年間の世界のＧＤＰの20％ほどになる。スターン報告は、社会的・経済的損失が「20世紀前半の大戦と経済恐慌に関係した損失」に匹敵する可能性があると警告し[10]、このような結果を避けるために国際社会がまずしなければならないのは、できるだけ早急に数十億ドルを投入してでも温室効果ガスの排出を削減することだと説いた。つまり、いま払い始めるか、もっとあとになってたくさん払うかである。

しかし、気候変動に十分に対処する上でおそらくもっとも大きな障壁は、倫理的・政治的な障壁である。だれがなにをすべきで、その目標はなにか？　たとえば、温室効果ガスの排出量の第一位の座には、米国を抜いて中国が座りつつある。米国が過去に厖大な量の温室効果ガスを排出し、現在もその多くが大気中に残っていることから、アメリカにどの程度のハンデを負わせればよいか？　あるいは、責任の度合いは、中国がリードした時から測るべきか？　責任の割り当ては、その国の総排出量にすべきなのか（これだと中国が負ける）、それとも国民１

人あたりの排出量にすべきなのか（これだと米国が負ける）？　中国には、１世紀以上前に米国やほかの先進諸国がとったヴィクトリア朝時代の産業革命の道を繰り返す権利がどれだけあるのか？　米国がその排出量を少しでも増やすというのは、倫理的に許されるのか？　あるいは、最新の、エネルギー効率のよい環境にやさしい技術だけを用いなければならないのか？　これらの問題を見ると、これからの国際交渉――そしていくつかの国では国内の勢力争い――はきわめて悩ましいものになるということがわかる。

核の冬

　酸性雨や地球高温化といった問題が徐々に進行してくるなかで、地球規模のきわめて有害な変化をもたらす可能性があるものが、背後には潜んでいる。それは、大規模な、あるいは中規模な核戦争が起こった場合である。米国とロシアは、お互いを標的とした数千の核弾頭ミサイルを依然として保有しており、基本的に反撃即応態勢に入れる状態にある。さらに、ロシアの指揮管制システムは機能が低下し続け、ついに１９９５年には、ノルウェーの調査ロケットの発射が事前に予告されていたにもかかわらず、それを米国からの攻撃と勘違いし、全面的な報復攻撃態勢に入る15分間のカウントダウンの8分が過ぎたところで、誤りだというのがわかるという事態が起きた。このあと核ミサイルの応酬が続けば、私たちの危惧するような世界の終わりが来ていただろう。

　もしこのような思いもよらないシナリオが展開したとしたら、爆風と放射能によって数億人の命が即座に失われるだけでなく、これとは別の影響でさらに数百万人が死ぬだろう。多くの人々は、建物や電力施設の崩壊に遭って命を落とし、数百万人が北半球のいたるところで起こる猛烈なファイアストームで亡くなるだろう。多くの地域でのこれらの火災による気候破壊――火災の煙や粒子が成層圏まで上がることによる――は、作物を生育させる能力（寒くなって雲におおわれるが、これが核の冬と呼ばれるゆえんである）と食糧を配る能力を損なわせ、生存者には大規模な飢饉を招くだろう。ある最近の研究によると、戦争で広島に投下された原爆（ＴＮＴ当量で１５０００トン、すなわち15キロトンの威力だった）の「ほんの」１００倍の威力の爆弾を用いるだけで、気候に深刻な影響を与え、オゾン層も破壊されると予測している。

　（インドとパキスタンの間で起こる可能性のある）数十の核兵器を用いた「中規模の」核戦争でさえ、あるいはテロリストによる1個か2個の10ないし15キロトンの、たとえばワシントンとニューヨークでの爆発でさえも、世界規模の重大な変化の引き金になる。生物圏はほぼ永久に変わってしまうだろう。というのは、カスケード的に起こる政治・経済への悪影響は、立て続けに起こる重大な環境的・社会的・政治的危機に協力して取り組むという能力が損なわれることによって、さらに悪いものになるからである。

　グローバル化のプロセスは、さまざまな装いをして、地球規模のカタストロフィの可能性も秘めながら、多岐にわたる難問を人類に突きつけている。どのようにして、中規模の核戦争が起こる確率を見積もればよいだろうか？　どのようにしたら、地球環境のある要因におけるある変化が「正常な変動」の一部なのか、それとも新しい変化――とりわけ人間の活動によって引き起こされた現象――なのかを判断できるだろうか？　これらは、単純な問題ではなく、答えを出すには難しいことが多い。科学はそれらに「証明」を与えはしないので、必然的に科学者は確率統計の世界に入り込むことになる（もちろん、多くの科学者は、哲学者のカール・ポパーにしたがって、科学理論は反証しかできないと考えているが[11]）。

規模、閾値、非線形性、タイムラグ

　人口増加のもとにある要因、富める国での熱帯産木材や高価な海産物の需要、経済的不平等の持続、人類の苦境のほかの要素などに加え、貧困と嵐の被害の受けやすさの間にあるような相互作用は、多数ある。これらの相互作用の特性――数多くの環境問題や社会問題の分析を苦しめる規模の問題、閾値効果（社会学の用語では「転換点」）、非線形性、タイムラグ、複雑性など――もまた、多数ある。これらの特性も時には驚くべき結果をもたらすことがあり、複雑な環境問題を考える際にはつねに心に留めておかなければならない。

　１８６０年代のサンフランシスコ湾岸地域では、大気はいわば便利なごみ捨て場だった。調理の火やウシのげっぷが問題になることはまずなかった。しかし１９６０年代には、火、発電所や自動車の排気ガスに対する規制が必要だということは、どの住民の目にも明らかになっていた。**規模**の問題の一例である。

　私たちヒトという種はこの地球を支配するようになったが、いまあげた問題は、環境問題にほぼ必ずつきまとうものであり、地球の支配の程度と密接に結びついている。人口２０００人の町だと麻疹（はしか）の流行は長く続かないが、50万人の都市なら長く続きうる、ということを思い出してほしい。人間の集団の規模が、その病気を恒久的に存続するかどうかを決める。もし古代ギリシア人が自分たちの住む地域を破滅させたとしても、それで苦しむのは自分たちだけであった。その時代には、世界全体の人口は２億人ほどにすぎず、大きな集団の中心の間には接触がまったくなかったか、あるいはあってもわずかであった。しかし現在、富める国々が記録的な量のCO_2とほかの温室効果ガスを大気に排出し続けるなら、世界中のだれもが被害をこうむる可能性がある。これとは逆に、米国の人口が現在の半分以下だったなら（ちょうど１９５０年の人口だ）、米国が大気に排出する温室効果ガスがどれぐらい少なくなるか、外国の石油への依存度がどれだけ少なくなるかを考えてみるとよい。もし、現在予測されているように、米国の人口が今後の40年で4億人になるなら、すでに過重な負荷がかかっている大気への現在の温室効果ガスの排出量の増加を避けるためだけでも、ひとりあたりの排出量を25％減らす必要がある。

人口の規模、あるいはその営みに結びついた問題も、**閾値**の要因を含んでいる。すなわち、規模がある限界を越えると、環境の状態は突然別の状態へと移行しうる。ミシシッピ川の水は、たくさんの人々が川をトイレとして使うようになっても、飲み水として飲むことはできる。ただ、それはある臨界点までだ。病原性微生物の密度が閾値を越えた途端、その水を飲んだ平均的な人間は健康を害するようになる。同様に、過剰な化学肥料がメキシコ湾に流れ込んでも、その量が閾値を超えてデッドゾーンが出現するまでは、そう大きな影響は現われない。こうした閾値による状態の激変は、土地の劣化のプロセスにおいては一般的である。たとえば土壌浸食は、場合によっては長い間気づかれずに進行し、重要な栄養素が枯渇したとたんに、土地の生産力が急に落ち、手の施しようがなくなる。古代の典型的な例は、北アフリカのサハラ地域である。この地域の植物はしだいにかつ不規則に減ってゆき、ついに５０００年ほど前にこの地域の生態系全体が崩壊し、砂漠化した。このような閾値をもつシステムは、**非線形**システムの特別なケースである。閾値をもつシステムはみな非線形である（ただし、非線形システムだからといって、閾値をもつとは限らない）。

気候は非線形システムの一例だ。非線形システムでは、入力の一定の増加は、必ずしも一定速度の変化をもたらさず、代わりに最初はゆっくりとした反応を引き起こし、入力の増加につれて反応が加速してゆく。これは、はじめての外国語を習ったり、新しいゲームを覚える場合を想像してもらうとよい。最初は上達のスピードは遅々としているが、そのうち「コツをつかむ」と、最初の頃に比べ上達が速くなる。最近の人類の歴史を通じて、地球の気候は、かなり安定した平衡状態にあったようだ。たとえば、太陽のまわりを地球が回る時、地球の地軸の傾きが、北半球と南半球とでは入射する太陽熱の違いをもたらし、これが季節を生じさせる。この季節の振動があるために、夏はそのままどんどん暑くなって地球のすべてのものが燃えてしまうということにはならないし、冬がそのまま寒くなるばかりですべてが凍りついてしまうということにもならない。夏の太陽熱の増加によって引き起こされる大気の擾乱は、恒常的な変化は引き起こさず、太陽から入射する電磁波は夏至のあとは減少してゆき、もとの状態に戻る。

しかし、地球の気候の歴史が示しているように、氷河期の最盛期の寒冷な気候のように、これとはまったく異なる別のパターンがあった。もし私たちがこのシステムを、たとえば大気中に温室効果ガスを放出し続けることによって極端なところまで持っていったなら、閾値を超え、気候がまったく別のパターンになり、社会は大きな損害をこうむるだろう。現代文明は、長期（約1万1000年）にわたる珍しいほど安定した良好な気候のもとで発展してきたが、これからも気候がこの状態で続くという保証はない。ヤンガードリアス期のような気候の変化がいま起こったら、破滅的な状況になるのは確実である。実際、人類は、なにも対策をとらずに、地球が人間の活動によって熱くなっても、非線形的に変化することはないという可能性に賭けてきた。このような非線形性、高温化するごとに反応が急激に強まることは、生物多様性と生態系サービスにとりわけ破壊的な効果をもたらすだろう。というのは、地球の生態系をヒトが変えてしまったことによって、生態系はより容易に影響をこうむりやすく、もとの状態にも戻りにくくなっているからである。

これまで述べてきた問題の多くは、結果が表面化するまでに、きわめて**長いタイムラグ**がある。明らかに地球高温化はこうした例だ。地球高温化では、人間の活動によって大気に排出されてきた温室効果ガスの影響は、たとえほかの分子が排出されなかったとしても、完全に明らかになるのには数十年がかかる。社会の動きや社会システムにも、タイムラグはつきものだ。たとえば、出生率を減少させることによって世界の人口増加を食い止めることは、7章で見たように、それぞれの夫婦が自分たちに置き換わるのに平均してほぼ十分な数の子を産んだあとでさえ、達成するには少なくともさらに数十年はかかる。

規模の問題、閾値、非線形性、そしてタイムラグは、私たちの直面する、相互作用し合う問題の多くをさまざまなやり方で複雑にし、悪化させる。いま世界でなにが起こりつつあり、将来なにが起こるかを理解するには、ヒトと環境の相互作用のあまり認識されることのないこれらの特徴に多くの注意を向ける必要がある。ヒトの支配が過去1世紀ほどの間に人類の一部に快適な生活を与えてきたのは明らかだが、この地位へと駆け上がることは、多くの意図せざる結果――それらの結果は、ヒトに大きなコストを課してきたし、これからも課すだろう――を引き起こしてきた。ある著名な生態学者のグループは、「人類による地球の支配は、私たちがこの星を管理する責任から逃れられないということを意味する」と結論している。「私たちの活動は、地球の生態系に急速で、新奇で大きな変化を引き起こしてきた。これらの変化に直面して個体群、種と生態系を維持すること、そしてそれらが人類に提供する産物やサービスの供給を維持することは、予見可能な未来における積極的管理を必要とする」[12]。私たちは、もっとも重要なエネルギー資源――気候に影響を与える決定的要因――に関してこうした管理をすることができるだろうか？　次の章では、このトピックをとりあげよう。

14章　エネルギー――尽きかけているのか？

「エネルギーは、すべての社会を動かす血液だ。」
トマス・ホーマー＝ディクソン、２００６[1]

エネルギー、すなわち私たちの物理世界に変化をもたらす力は、人間のあらゆるレベルの営みに欠かせない。たとえば、人間の体は、必要とするエネルギーを、飲食物の分子の化学結合の形でとり入れる。このエネルギーが、それぞれの人間の代謝活動の燃料となる。それは、進化しつつあった私たちの祖先の代謝活動の燃料だったし、事実、あらゆる時を通して、すべての生き物の活動を支えてきた。エネルギーはまた、環境を変えたり、維持したりもする。たとえば、太陽からのエネルギーは水循環を動かし、なかでもこの水循環が地形を浸食し、地域の気候に影響をおよぼす。エネルギーは、地球上の生命にとって不可欠であり、ヒトやほかのすべての生物の進化を形作るのを助けてきた。豊富なエネルギー、とくに化石燃料の利用は、人間の大規模経済を可能にし、製造、運輸、商業、工業的農業、そして経済成長を動かしている。私たちがこの地球上で支配的存在になったのは、こうしたエネルギーのおかげである。ここでは、どのように人類がエネルギーを採り出し、利用し、人類の環境を変えているのか、そしてほかにとることのできるどのような道があるのかに焦点をあてる。

今日の工業国で人間のために使われるエネルギーの、全部ではないが大部分は、ガソリン、ディーゼル油、ジェット燃料、石炭、天然ガスといった化学燃料に由来する。たとえば、自動車では、燃料は内燃機関のなかで燃やされ、それが車輪に力学的エネルギーを供給する。石炭を燃やす多くの火力発電所では、粉々に砕かれた石炭が空気と混ぜ合わされ、水で満たされた管につながった炉のなかで燃やされる。管のなかでは、高圧下で蒸気が生み出され、これが、発電機につながったタービンを回して、電気を作り出す。天然ガスを用いる発電所では、（ジェットエンジンのような）タービンのなかで実際の燃焼が起こり、ガス状の燃焼生成物に膨張を引き起こす。このガスの圧力がタービンのファンを回し、発電機についたシャフトを回転させる。原子力発電所も大きな寄与をしている。原子力発電所は、連鎖反応を制御しながらウランを「燃やし」、化石燃料による発電所と同様、その熱を使って蒸気を作り、発電機を動かす。これら以外では、水力発電がダムの上から落とす水による重力エネルギーを用いてタービンを回し、また地熱発電は地球内部の熱を使って、タービンを回す蒸気を作り出す。

米国では、消費エネルギーの約40％が石油で、23％が石炭、23％が天然ガス、8％が原子力、そして6％が水力発電やそのほかの再生可能な資源である。世界全体では、割合はこれとは多少異なる。石油は34％で、石炭が25％、天然ガスが21％、原子力が6・5％。「バイオマス」が11％、水力発電が2・2％、そして太陽光、風力、地熱によるエネルギーが0・4％である。

世界で利用されているバイオマス燃料の大部分は、おもに発展途上国の約20億人の人々が、家屋の暖房、湯沸しや調理のために木材、作物の残渣、家畜の糞などを燃やすことによっている。地方の貧しい人々には、「商業的」燃料が回ってこない――あるいは回ってきても買うだけのお金がない――ので、とにかく手近にある燃やせるものを燃やしている。それらは、自分たちで集めてきたり、売買の場合も個人的に行なわれているので、エネルギー統計には含まれていない。

世界全体で見ると、ヒトは現在、1年間で約16テラワット（1TW＝10^{12}ワット＝1兆ワット）のエネルギーを使っている。年間16TWという供給量は、エネルギーの点で言えば、170億トンの石炭に含まれるエネルギー量にほぼ等しい[2]。食物エネルギーの場合と同様、商業エネルギーの供給量は、集団間では不公平に分布している。2000年の統計では、平均年収が2万ドル以上の8億の人々は、6・3TWを使っていた。平均年収が5000ドルから2万ドルの人々は11億人いて、使用エネルギーは6・8TWであった。残りの41億人は、平均年収が5000ドル以下のもっとも貧しい人たちで、使用エネルギーは2・9TWにすぎなかった。

このことは、富める8億人のうち平均的な人は約8kWの量の商業エネルギーを（車や電化製品の製造と使用、道路と建物の建造、敵国への爆撃、家畜や作物の成長などに）使っていたのに対し、貧しい人々の平均的な人は、0・7kWの商業エネルギー――そしてその半分ほどの量のバイオマスのエネルギー――しか使っていなかったことを意味する。この不均衡は、経済格差の根本的な原因（と結果）である。それは、人類のほぼ半数が1日あたり2ドル以下で生活しているのに対し、ヨーロッパ人はウシに1日あたり2・5ドルかけることができるという大きな理由のひとつである。

エネルギー利用

先進国では、ほとんどすべてのエネルギーが商業エネルギーである。商業エネルギーは、作物の栽培・灌漑・収穫・加工・輸送に使われる。そのため、それは、人類への食糧供給を助けているという点で必要不可欠な役目をはたしている。商業エネルギーは、家とオフィスの冷暖房に、食料品の冷蔵や調理に、電波と電気を介しての音楽やドラマの配信に、職場やスーパーへの移動に使われている。アメリカ人が買っている食料品は、こうした商業エネルギーに助けられて生育し、店頭に並ぶのに平均で2250キロを移動してきている。エネルギーが自動車を製造し、店を建て、棚を作っている。エネルギーが、清涼飲料水や野菜を入れる缶になる鉱石を採掘し、休暇で家族に会いにゆく際の移動を可能にする。私たちの生活において必要あるいは満足を与えるもののなかで、商業エネルギーと結びついていないものを見つけるのは難しい（もちろん、貧しい国では、多くはバイオマス由来のエネルギーである）。

しかし、商業エネルギーは、熱帯雨林の森の樹木をなぎ倒すブルドーザーも動かし、その間中ディーゼル・エンジンから二酸化炭素（CO_2）と有害な汚染物質が放出され続ける。エネルギーは、自動車の製造にも使われ、それらの自動車が走る道路を造るのにも、そのエンジンを動かすのにも使われ、大気汚染、気候変動、そして生態系の破壊に寄与し続ける。エネルギーは、農薬を製造する化学プラントも動かし、その農薬の空中散布用のヘリコプターを飛ばして、農薬の一部を大気中にまき散らし、それは世界中（南極や北極も含む）の動物たちに蓄積する。商業エネルギーは、私たちの食糧に寄与する一方で、それらのエネルギーを必要としない自然の生態系に代わる農場のような人工的生態系を維持するだけでなく、生物地球化学的循環と地球のエネルギー収支も変え、多くは弊害ももたらす。

人類にとって、エネルギーは、必要な恩恵であると同時に、生活を支える多くのしくみの悪化の源でもあり、人類はその間（はざま）の細い道を歩いている。それゆえ、エネルギーの状況にはたえず注目する必要がある。いまそうすることがとりわけ重要だというのは、増大する環境被害、気候変動、そして量の減りつつある、採掘が容易で安価な化石エネルギー資源をめぐる競争の激化が、人類にエネルギー供給システムの全面的見直しを迫りつつあるからである。

人間の社会全体で見れば、化石燃料は「枯渇」という差し迫った危険にさらされてはいない。むしろ、それに代わるエネルギー、あるいは環境にそれほどの悪影響を与えずに化石燃料を手に入れたり使用したりする方法をいまこの時に開発していないなら、そのほうが将来的に深刻な問題だろう。この数十年のうちに従来利用されてきた石油や天然ガス資源を使い切ってしまうのかどうかについては、さまざまな議論があるが、採掘可能な石炭の埋蔵量は、石油や天然ガスのおよそ5倍から10倍のエネルギー量になる。さらに、油頁岩、オイルサンド、非在来型天然ガス（採掘が相対的に困難な層にあるガス）などの利用可能エネルギーの量は、石炭の5倍から10倍になる。ウランやトリウム（ウラン燃料へと転換される）といった核燃料になる鉱物資源から得られるエネルギーは、それよりもさらに多い。もちろん、利用可能なエネルギー資源は、化石燃料と核燃料だけではない。さまざまな形の（おそらくは安全な）太陽エネルギーは、現代文明を支えるだけの量の何倍もの量を提供しうる。一般に考えられているのとは違って、エネルギー問題は、十分な供給ができるかどうかにあるのではない。

社会にとって、エネルギー以上に枯渇のおそれがあるのは環境である。とりわけ（「使い捨て」という表現にあるように）捨てられる先である。もちろん、化石燃料が環境に与える悪影響は、その採掘や抽出によって引き起こされる被害、それらの廃液が地域の大気の質に与える影響、そして（ますます重要になりつつあるが）大気への温室効果ガス、とりわけCO_2の排出である。化石燃料エネルギーの使用によるCO_2やほかの産物が蓄積される大気のシンクは、典型的なオープンアクセスの――だれのものでもないが、それゆえだれもが乱用可能な――資源である。人類は、汚染に対してすでに支払っているコストをはるかに超えて、（すでに見たように）資源の利用に対してさらにきわめて高い代価を支払うことになるだろうが、その代価は化石燃料の市場価格には含まれていない。たとえば、ガソリン税は、海面の上昇、食品価格の高騰や頻繁な熱波の襲来によって支払わねばならないコストを負担するようにはなっていない。代わりに、ガソリン税は通常、道路を作り維持するのに使われ、その道路をさらに多くの乗用車やトラックが通行し、燃料を燃やす。経済学では、市場価格に含まれていない環境コスト――その一部は私たちの子孫が支払うことになるコスト――は外部性だということを思い出してほしい。

いま人類がおかれているエネルギー状況についての基本的事実は、エネルギー利用とその隠れたコストが世界で１９５０年以降ほぼ5倍に増えており、そしていまも確実に増えつつあるということである。中国1国だけで、毎年カリフォルニアの総電力部門にほぼ等しい発電所（すべて石炭による発電所）が新設されている。中国では、２００６年と０７年には、1週間でほぼひとつの石炭発電所が新設された。インドのエネルギー利用は、中国と同程度の速さで上昇しているし、米国では、１９９０年以来人口増加よりもわずかに速いスピードで上昇している。しかし、日本とヨーロッパの数カ国では、化石燃料エネルギーは減少し始めている。

エネルギー問題を研究してきた人々が大筋で合意するのは、もし人間社会を持続可能なものにしようとするなら、温室効果ガス排出の主要原因である化石燃料に対する依存度を一挙に減らし、最終的には依存を終わらせる必要があるということである。短期的には、効率を大幅に高めることが必要だが、それに加えてこれから数十年のうちに、世界中でそれに代わるエネルギー資源を開発し、効率的に利用する必要がある。

化石燃料にもとづくエネルギーシステムは、現在世界で使われているエネルギーの約80％を供給しているが、このシステムの大部分をほかのシステムに急速に切り替えることを考える際には、いくつかの固有の難しさがあることを心に留めておく必要がある。「サンク・コスト」（たとえば石炭を用いる火力発電所への回収不能な投資）が莫大である場合、たとえ時代遅れの発電所にかかる環境コストが切り替えのコストよりもはるかに大きいとしても、それを切り替えないという政治判断が下されることがある。また一方で、いま急速な発展をとげつつある国は、従来型のエネルギーシステム――一昔前の非効率的な技術にもとづいていることが多い――を用いて走り続けている。現在の中国の40〜50ギガワット（1ギガワットは10億ワット）といった年間の発電力の増加は、容易に風力発電や太陽光発電に移行できないことを示している。これらの産業は、いまのところこれだけの電力量を供給できるほどには大規模ではないし、十分な風力タービンや太陽電池などを配備するだけの力ももっていない。これがとりわけそうなのは、多くの形態のこのような再生可能エネルギーが、（石炭を燃やすことで生じる汚染という外的コストを計算に入れていないために）石炭を用いる既存の火力発電所よりもコストが高くなってしまうからである。

エネルギーの効率化が資源になる

すぐに手に入り、しかも安く、安全な新しいエネルギー「資源」は、効率性である[3]。ほとんどの国は、驚くほど無駄なエネルギーの使い方をしている。米国では、多くの人々が市内や郊外での移動のために重いSUV車を乗り回しているが、これはその典型的な例だ。いささか直観と相容れない感じがするが、資源は、現在行なわれている非効率なエネルギー利用から「収穫する」ことができる。SUV車の代わりにハイブリッド車――あるいはもっとよいのは電車やバス――を使えば、燃料消費が減ることで、新たなエネルギー「供給」が実質的に確保される。しかし、米国の議員たちはおしなべて、犯罪の起きにくい便利な公共交通システムの発展を支持してこなかった（いくつかの地域では、このシステムを導入しないおもな理由に、犯罪の発生をあげている）。国や自治体は、徒歩や乗用車による通勤が容易になるように都市部や郊外を計画することに失敗してきたし、この20年あまりの間、乗用車やトラックの燃料効率の向上を強く要求することにも（それを可能にする技術はすでにあるにもかかわらず）失敗してきた。

効率的なエネルギー利用は、部分的には、消費者が日々の生活において行なう選択の問題である。エネルギーの効率的な使い方とは、具体的に言えば、エネルギー効率の悪い「ドットコム豪邸」（インターネット産業で儲けた多数の新たな金持ちが無秩序に建てたマンション）ではなく、エネルギー効率のよい快適な家を建てる、白熱電球ではなく省エネタイプのＬＥＤを用いる、冬は室内の暖房を24度ではなく20度に設定し、夏場の冷房は26度に設定する、リサイクルをする、そして省エネの製品と包装を要求するといったことである。

しかし、消費者側の無駄の多いエネルギー使用は、話の一部でしかない。工業製品の製造過程においても、公共施設や商業施設の冷暖房においても、オフィス、街、公共の場の照明においても、そして発電や電力供給網においても、エネルギー効率を大幅に上げることは可能である。エネルギー分析の専門家、ジョン・ホルドレンやほかの多くの研究者が示しているところでは、米国は、効率化をすれば、エネルギー消費を現在の4分の1まで削減でき、それでもなお生活の質を向上させることが可能である。これを理論的に可能にする変化の多くはこれまで、エネルギー問題の第一人者、エモリー・ロヴィンズのロッキーマウンテン研究所（ＲＭＩ）によって促進されてきた。たとえば、最新の超軽量で、超強力な素材（おもに炭素繊維複合体）と新たな動力システムを使えば、安全で、速くて、耐用年数の長い乗用車――ガソリンを使用するにしても、リッターあたり42・5キロ走ることができる車――を製作することができる。

ロヴィンズはこれまでずっと、効率に焦点をあてた「ソフトエネルギー路線」を提唱し続けている。それは、さまざまな再生可能エネルギー資源の活用、熱電併給システムの使用（たとえば、電力を生み出すのにある燃料を使い、その電力で動く設備から出る「廃」熱を使って蒸気を作り、それを産業プロセスや建物の暖房に利用する）、そして利用する場所に近いところでのエネルギー生産などである。しかし、ホルドレンとロヴィンズの提唱する効率を上げる方法を採用するには、経済的・政治的障壁が立ちはだかっている。というのは、それらは多くの場合、だれがなにをし、なにを払ってなにを得るのかという枠組みを大きく変えてしまうからである。そうではあるが、ロヴィンズとＲＭＩの研究者は、産業界や政府の多くの指導者（後者は、国レベルよりは州レベルのことが多い）の支持を得つつあり、大きな変化の第一歩を踏み出すのに成功しつつある。

ホルドレンは、世界の人口‐エネルギー‐環境‐経済の未来について楽観的なシナリオ（彼自身は「もっとも妥当な」シナリオと呼ぶ）を描いている。表14・1がそれである。なぜ楽観的なのだろう？　まず第一に、それは、世界の総人口が今世紀

表14・1　ホルドレンの楽観的シナリオ

	2000年	2050年	2100年
人口（億人）	61	90	75
GDP（兆ドル、2000年米ドル換算）	45	225	525
ひとりあたりのGDP（千ドル）			
先進国	23	43	70
発展途上国	3	22	70
エネルギー消費（テラワット）	14	27	23
ひとりあたりのエネルギー消費（キロワット）			
先進国	6.3	5.1	3.0
発展途上国	1.3	2.6	3.0
年間二酸化炭素排出量（ギガトン炭素換算量）	6.4	6.9	2.8

出典：Holdren, J. P. 2007. Personal communication.

半ばにピークを迎え、その後ゆっくりと減少するとしている。これは、2050年までに人々の考え方と政府の政策が女性の教育と地位の向上を急速に推し進め、世界中に家族計画と安全な中絶を広めるということを前提にしている。それは、いくつかの富める国々の出生率を上げるための努力がほとんどは失敗に終わるだろうということも意味している。とは言え、この予測は、2050年までの国連の中程度の人口予測とそう大きくは違っていない。

第二に、そのシナリオは、人間の使う総エネルギー量を、2100年までには、2050年の27TWから23TWに減らせると仮定している。これでも大量のエネルギー（現在使用されている量の1・5倍強）であり、しかも、たとえエネルギーを採取して使用する形式が現在主流の化石燃料システムほど全般的に有害でなくなったとしても、地球の生態系が100年もの間20TW以上のエネルギーの消費の影響に持ちこたえるという保証はない。とは言え、23TWでさえ「いまのままの」シナリオ――人類が環境への危険が増しつつあるのをある程度無視し続けた場合――で予想される57TWに比べれば、はるかによい。

第三に、ホルドレンのシナリオは、富める者と貧しい者との格差が2100年までには解消され、両者はひとりあたり3kWのエネルギー消費に落ち着くとしている。このことは、富める者も貧しい者も、現在よりはるかに高い効率性を達成しなければならないということを意味する。すなわち、貧しい者は、自らの2000年のエネルギー使用の約3倍のエネルギーを使って生活の質を格段に高めなければならないし、富める者は、自らの2000年の半分以下のエネルギーを使うだけで生活の質を高めなければならない。このことは、多くのすでにある技術――ただし、広くは利用されていなかったり、さほど発展していなかったりする技術――を発展させるということを意味する。もちろん、それはまた、補助金や投資の規定や方式を変えるという政治的意思も反映している。表からわかるように、世界経済の炭素利用効率（化石燃料の燃焼によるCO_2の形での単位GDPあたりに排出される炭素量にほぼ等しい）は、炭素を排出しない技術へとほぼ全面的に乗り換えることと、多量のCO_2を隔離することによって、25倍ほどに高められるだろう。

代替エネルギー資源――再生可能エネルギー

効率を高めるのに加え、どのようにすれば、エネルギーに関してホルドレンの楽観的なシナリオが達成できるだろうか？とりわけ発展途上地域においてはエネルギー需要が急速に高まりつつあるので、代わりになるエネルギー資源を用いないかぎり、効率だけではこの問題を解決できない。

もっとも望ましい代替エネルギー資源の候補は、さまざまな再生技術であり、そのほとんどは太陽エネルギーを再生するものである（風力や水力やバイオマス燃料の形をとっているが、そのもとはすべて太陽からくるエネルギーである）。**風力**は、太陽表面からくるエネルギー――これが空気を暖め、上昇させ、大気中に空気の流れを作り出す――にもとづいている。**水力**の場合は、太陽エネルギーが地球表面の水を蒸発させてそれを高地に降らせ、それによって河川をつねに潤すことを可能にする。**バイオマス燃料**（バイオ燃料）は、植物にあたる太陽エネルギーの一部を光合成を通してつかまえることによって作られる。そのエネルギーは、これらの植物を燃焼させることによって、あるいはその油を抽出することによって、あるいは12章で指摘したように、それらを発酵させてエタノール――ポータブル燃料として使える――にすることによって利用される。

再生可能なエネルギー資源について検討する際に、真っ先にあげられるのは太陽エネルギーだ。これは当然と言えば当然である。地球表面は、年間で平均すると1平方メートルあたり約200ワットを受けとっている。地球全体では、その表面は約10万TWを受けとる。1TWは1兆ワットなので、地球は10京ワットを受けとっており、陸地が受けとるのはそのうち3万TWになる。世界の人々が現在使用しているエネルギーは約16TWなので、私たちの社会に動力を提供する太陽エネルギーの可能性は明らかに大きい。そしてほとんどの場合、もし太陽エネルギーをつかまえる設備が建てられたなら、大気に排出される温室効果ガスは少量で済む。

太陽エネルギーの現在最大の直接的利用は、水を温めるというものだ。これは、家の屋根の上の黒く塗られたドラムや、黒いビニール製のごみ袋のような簡単な装置を使ってできる。少数の例では、水やほかの物質が、巨大な太陽熱発電所で熱せられる。この発電所では、鏡によって集められた太陽光が液体で満たされたチューブを照射して、直接あるいは間接的に蒸気を生じさせる。次に、化石燃料が燃やされる発電所の場合と同じく、蒸気がタービンを回す。太陽熱発電所で日中に生み出された熱の一部は、夜間の発電に備えて貯蔵しておくことができる。これによって、太陽エネルギーのもつ間欠性という欠点が克服され、太陽エネルギーは安定したエネルギー供給源になる。これに関連する技術、ソーラー皿は、パラボラアンテナほどの大きさの、モジュラーユニットである。これらの皿は、蒸気を用いるのではなく、代わりに熱を運動に直接変換するスターリング・エンジンを用いる。皿は、アンテナの形をしたエンジンの上に熱をフォーカスさせ、エンジン内の、ガスを満たした2つのチェンバーが交互に熱せられる。それぞれのチェンバーは、膨張すると、自動車の場合と同じように、単純なピストン運動が生じ、それが発電機を回転させる。

太陽エネルギーは、空間の冷暖房のために、建物の位置どりや構造によって――冬場は太陽光の熱を吸収・保持し、夏場は太陽光を反射することができるようにすることで――より直接的に使うことが可能である。これは「受動的」太陽光冷暖房として知られている。「緑の建築」運動が盛んになりつつあるので、大規模に配備されたこうした冷暖房は、そのうち家庭や大きなビルの冷暖房の主要な熱源として化石燃料エネルギーにとって代わるだろう。同様に、産業用の水の太陽光暖房も増えつつある。

ソーラー技術では、適切なタイプの光子（光の素粒子）――太陽からくる光子の大部分はそうだが――が金属か、あるいは金属に似た表面（たとえば、半金属元素のシリコン）に当たって直接電気が生み出される。それらのエネルギーは、緩く結びついた電子を解放し、電流を生じさせる。太陽光を電気に変換する際の、これら**太陽光発電（ＰＶ）**システムの効率は、研究によって着実に向上してきており、空が多少曇っていても、発電が可能になっている。

全体的に、このようなソーラーシステムの経済的魅力は、関連技術のコストが下がって、化石燃料の価格が上がるにつれて、増しつつある。ソーラー技術を採用する動きは、州や市町村レベルの助成金によって、多くの地域（たとえばカリフォルニア州）などで加速しつつある。ソーラー技術を広く採用することには、大きな付加的利点がある。電力システムを広く分散させることができ、事故やテロによる停電の危険性を減らすことができる。最終的には、家屋の所有者の多くが、自分のところのＰＶシステムを電力網につないで、余剰電力を電力会社に売ることで、社会の抱えるエネルギー問題を解決する一助にもなる。

風力も、有望な再生可能なエネルギー源である。おそらくもっとも大きな問題は、人類のエネルギー需要の多くをまかなうのに必要な厖大な数の風力タービンをどこに設置するかという問題である。送電にはコストがかかるため、大規模な風力発電設備は、電力を使用する場所に近いところにあるほうが、もっとも経済的である。しかしあいにく、頼みとする強い風が吹く最適の地域の多く（たとえば米国なら、北部の平原地帯）は、都市や主要な工業地帯の近くにはない。風は強まったり弱まったりするため、風力タービンは稼動している時間の多くを

図 14・1　風力は、大きく依存している化石燃料に代わるものとして、もっとも魅力的な選択肢のひとつである。太陽電池や火力発電所から供給されるエネルギーと同様、風力も、もとをたどれば太陽由来のエネルギーである。もちろん、化石燃料もはるか昔に捕捉された太陽エネルギーではあるが。写真は iStockphoto 提供。

最大出力よりもずっと下の出力ではたらくことになる。しかし、この欠点は、グリッド状に配した多数の風車──風はある場所では吹かないかもしれないが、そこから10、20、あるいは50マイル離れたところでは吹いているかもしれない──と組み合わせることによって、補うことができる。

風力発電施設の設置場所については、環境的理由から反対されることが多い。それらが景観を損ねたり、コウモリや渡り鳥の群れを危険にさらしたりするからである。しかし、これらの問題は、慎重に場所を選ぶことで回避することができる。これまで北欧では、大規模な風力発電設備が沖合いに有効に設置されてきているし、米国やそのほかの地域でもそうなるかもしれない。アメリカ中西部では、農民が風力発電設備の設置に喜んで協力してきた。というのは、それが自分たちや近隣の人々に電力を供給してくれるのみならず、ある程度まとまった収入にもなるからである。

風力発電も、太陽光発電も、それが可能な場合にはきわめて有効である。しかし、かなり効率的な電力貯蔵システムが開発されないかぎり、どちらも主要な基本的電力源としては使えない。これに対して、蓄熱の太陽熱システムは、夜間に電力を供給できるが、そのシステムは、砂漠のような頼りになる灼熱の光が降り注ぐ地域に位置しなければならず、また電力を供給できるのは、送電線で容易に電気を送ることのできる地域に限定される。太陽が照っていない時や風が吹いていない時に使用するために、太陽エネルギーや風エネルギーを貯蔵するもうひとつの見込みある技術は、圧縮空気エネルギー貯蔵（ＣＡＥＳ）である。太陽光発電や風力発電の電力は、「オフピーク」時には、空気を圧縮し、それを地下の空洞へと送り込むために使われる。圧縮空気は、必要時に解放され、燃料と混ぜ合わされ、タービンのなかで燃やされる。このプロセスは、通常のタービンよりも使用する燃料が少なくて済む。

ソーラーシステムと同様、風力発電設備には、従来の産業型電力網に欠けている融通性がある。送電コストがきわめて高くつく遠方の地域の場合、風力発電による電力は、水を分解してポータブル燃料用の水素を作るために、その場で使うことができる。これは、「水素エネルギー社会」への移行──水素が乗り物の液体燃料に代わるエネルギーの担い手になる──の一部になりうる。水素は、直接か、あるいは燃料電池（閉鎖系のなかに電気を貯めるのではなく、反応物質の流れがたえず補給される開放系において化学反応によって電気を生み出す、電池に似た装置）によって電気を作り出すことによって自動車の動力となる。しかし、燃やされる燃料として、水素の最大の利用価値は、実用的な理由から電気では飛べない飛行機での使用かもしれない。とは言え、その利用には、飛行機を全面的に設計し直す必要がある。

人里離れた地域（発展途上国のなかの僻地のように電力網から外れた地域）でも、小規模な風力発電施設なら、無風時のための効率的な蓄電装置を付け加えることで、基本的電力を供給できる。風力発電システムも、太陽光発電システムも、電力網のない発展途上国の僻地の村にとりわけ適している。中国やインドなどの多くの国が、この方式を採用しつつある。環境についての著書のあるビル・マッキベンは、チベットの遊牧民のパオ（ゲル）の上に小さな集光装置——電球1個をともし、そしておそらくラジオが聞けるぐらいの電力だろう——がとりつけられているのを見た時のことを書いている。

バイオマス燃料は、状況しだいでは、化石燃料の効率的利用を助ける。トウモロコシからエタノールを作ることは、12章で見たように、最近多くの注目を集めており、現在、エタノールの蒸留所がアメリカ中西部一帯に建設されつつある。しかし先進国では、農業に化石燃料が膨大に使用されているため、エネルギー採算性を変えるのは難しい。トウモロコシからのエタノール生成は、かりにそれがもっとも効率的に行なわれたとしても、それに用いられる化石燃料のエネルギーの約25％を多く生み出すにすぎない。トウモロコシ由来のエタノールの現在のおもな使用法は、ガソリン添加剤としてであり、これが完全燃焼を助け、汚染の度合いを少なくする。しかし、米国の輸送システムで現在使われているガソリンすべてをエタノールにおきかえるためには、米国のトウモロコシの生産量では桁違いに足りない。その生産量をすべてバイオ燃料に変えたとしても、ガソリン需要のせいぜい12％がまかなえるにすぎない。

したがって、主要作物を原料とするバイオマス燃料への依存度を大いに高めることの最大の欠点のひとつは、バイオマス燃料が、農地の生産力をめぐって食糧——世界的に現在も不足している不可欠の資源——と争うことになるという点である。世界全体の食糧生産が急速な気候の変化によって脅かされている時に、しかも現在耕作されている土地の多くが劣化しつつあって、生産を維持していけそうもない状況にあって、農業を拡大して、ポータブル燃料の主要な資源を生産しようというのは、ほんとうに愚かとしか言いようがない。

とは言え、バイオ燃料に未来がないわけではない。状況に応じて、綿密な管理をすれば、将来的にはある程度の貢献が期待できる。サトウキビは、たとえばトウモロコシなどと比べると、エネルギーに富む資源である。ブラジルはこれまで、豊富な糖料作物を用いてエタノールを作ることに大きな成果をあげ、それを乗用車やトラックの燃料に用いており、現在はその輸出の可能性を探っている。同じく砂糖の生産量の多いキューバも、エタノールの世界市場に参入する準備があるようだ。

もうひとつの形態のバイオ燃料は、脂肪種子（おもに大豆）を圧搾して採取した油である。ブラジルも、大豆油を活用しているが、これは残念ながらアマゾンの森林の破壊をともなっている。大豆からディーゼル油を作ることは、トウモロコシをエタノールにする場合よりも効率がよい——バイオディーゼル油は、それを生み出すのに投入される商業エネルギーの量よりも

90%ほど多いエネルギーを生み出す。アマゾンの生物多様性も、このような数に対してはほとんど勝ち目がない。気候にはたす森林の重要な役割が、人類を不利な立場におくものへと変えられてしまうかもしれない。

マレイシアとボルネオでは、熱帯雨林がすでに巨大なアブラヤシ農園に姿を変えつつあるが、そのうち残っているものも、燃料としてのヤシ油の需要の増加によって、今後10年ほどの間に破壊されてしまうかもしれない。それらとともに、オランウータン、スマトラサイ、トラ、そしてあまり名の知られていない（しかしより重要かもしれない）数千種の生物が、最後の野生の個体群になってしまう可能性が高い。より穏当なレベルでは、進取の気性に富んだアメリカ人がファーストフード店の使用済みのフライ用油で車を走らせ始めている。しかし、これは（これに類するほかの試みもそうだが）、象徴的なだけで、水浸しになった地下室の水をコップでかき出そうとしているようなものだ。

燃料用のエタノールのほかの供給源、とりわけセルロース（ほとんどすべての植物にあり、ヒトの消化できない複雑な炭水化物）由来の燃料は、いま研究段階にある。スイッチグラス、成長の速い樹木、セルロースを多く含んだ雑草などの植物は、バイオ燃料になりうるし、それらは、農地の周辺のような大部分の作物には適さない土地と、森林地帯、牧草地、「荒れ地」で栽培できる。同様に、収穫後の農作物の残渣の一部（トウモロコシの茎やイネの茎など）も利用できる（もちろん、土壌の肥沃さの維持に、ある程度の残渣は必要不可欠なので、農地に残しておかねばならないが）。

もし適切な発酵プロセスが開発され、十分な管理をすれば、土地をそれほど劣化させずに、また生物多様性も減少させずに、食糧供給用の農地との競合を最小限に抑えて、相当な量のセルロース由来のバイオ燃料を生産することは可能かもしれない。さらに、食べるものの変化によっても、バイオ燃料の増産は可能になる。生態学者のデイヴィッド・ティルマンの最近の研究は、もし肉の総消費量を一定に保ち、米国で消費されているさまざまな割合の牛肉と豚肉を魚肉や鶏肉（飼料用穀物から肉への変換効率がはるかによい）へとおきかえることができるならば、広大な面積の土地を、少ない投入で多様な植物を栽培するバイオ燃料生産と炭素隔離に充てることができることを示している[4]。

このように、バイオ燃料は、気候変動とエネルギーのジレンマに対する実際的な解決法として、ひとつの小さな「ウェッジ」（13章）として貢献するかもしれない。しかし、現在行なわれている化石燃料からバイオ燃料への転換のおもな試みは、まったく間違っているように思える。それが生じさせる最終結果は、食糧価格の上昇、仕事の減少、多量の肥料の流出、農薬汚染、生物多様性の減少である。もっともかけがえのない資源を挽き砕いて、それをハマー［訳注　GM社のブランド車］に食わせるのは、近視眼的な社会だけがやることだ。

水力は、伝統的なエネルギー資源である。ヒトのエネルギー経済の点では化石燃料ほど重要ではないものの、今後もこれまでと同様に使われ続けるだろう。最良のエネルギー生産の場所のほとんどはすでに使用されており、とりわけ先進国ではそうである。同様に、ダムは、下流の生態系に損害を与えることが多く、環境の点ではダムの上流の洪水も被害をもたらす。とくに、ダムは、米国北西部やほかの地域で、サケの溯上を妨げるという深刻な問題を生じさせてきた。さらに、熱帯生態学の専門家フィリップ・ファーンサイドとエネルギー分析の専門家ダニー・カレンウォードの最近の研究によれば、熱帯の生態系では洪水によってできた貯水池から放出されるメタンが、大気に大量の温室効果ガスを加える可能性がある。さらに、ダムは本来的にそう長持ちするものではなく、最後は泥が溜まって、滝と化す。米国のいくつかの地域では実際に、ダムが造られる以前の景観を復元し、サケが戻ってくるように、ダムを撤去しつつある。

熱、波、潮汐いずれの力にせよ、海洋から電力を生み出すには、技術的にも経済的にも難しい問題がある。地熱発電――地球内部の熱の利用――もまたそうである。地域によっては、(アイスランドで広く行なわれているように) 熱い地下水を汲み上げて直接家に引くこともできるし、地下の蒸気を利用してタービンを回すこともできる。とは言え、海洋や地球内部の熱の利用は、将来的に多少期待できるところはあるにしても、エネルギー－環境のジレンマを解決する上では限定的な力しかもたない。

バイオ燃料は部分的な例外だが、これまで見てきた将来的に可能なすべての動力源の重要な欠点は、長距離の地上輸送や飛行に必要とされるポータブル燃料を直接は生み出さないということである。ポータブル燃料に水素燃料を用いるという方法は別にして、ポータブル燃料の必要性そのものは、ホルドレン、ロヴィンズ、経済学者のレスター・ブラウンやほかの多くの人々が指摘したように、軽減することができる。必要なのは、現在のガソリンで走る車をすべて、ポリマーの新素材で作った軽量の、ガソリンと電気で走るハイブリッド車に切り替えることである。これらのハイブリッド車は、電力需要が通常少ない夜間に充電し、近距離なら電気だけで走行できる。素材が軽量の車が出回るのはまだ先の話になるが、プラグイン式のハイブリッド車そのものはすでに市販されている。さらに、軽量で効率のよいバッテリーが市販されれば、このタイプの車はいっそう魅力的なものになるだろう。

バイオ燃料はポータブル燃料のギャップを埋める助けになるかもしれないが、その一方で、バイオ燃料の必要性の大部分は、次のような変化の組み合わせで減らすことができる。すなわち、乗り物の効率を大幅に高めること、通勤のかなりの部分を路面電車やバスなどより効率的な公共交通システムに頼るようにすること、仕事や買い物に行くのに多くの人が長距離の移動をしなくて済む都市造りをすることである。同様に、貨物輸送（多くは遠くの国からの輸送）の必要性を減らすことと流通システムや配送システムの効率化によって、燃料需要をさらに減らせるだろう。これらの変化を組み合わせることによって、米国では、ガソリンなどの燃料のひとりあたりの需要を３分の２かそれ以上減らせる。

化石燃料のほかの利用法

化石燃料を用いるいくつかのタイプの先進的な電力システムにおいては、究極的には重大な欠点があるものの、効率を大幅に高めることもできる。これらのなかの代表は、「ガス化複合発電」（ＩＧＣＣ）システムである。これは、加熱作用と化学反応によって石炭を可燃性ガスの混合に変えるきわめて複雑な方法である。しかし、この複雑さによって、現在ほとんどの発電所で用いられている方法よりも、石炭のクリーンで効率的な利用が可能になる。とは言え、すべての化石燃料を一定のエネルギー生産量あたりで比較した場合、石炭の燃焼は、もっとも大量の大気汚染物質とCO_2を排出し、ＩＧＣＣ技術それ自体は、その相対的地位を変えるものではない。最近、ＩＧＣＣシステムは、CO_2の回収と貯留（ＣＣＳ）の技術――発電所で発生するCO_2を地下層の深い部分に隔離するといったような、実証にまだ欠ける技術――を組み合わせて推進されている。エネルギーの専門家は、ＣＣＳを利用する最良でもっとも安上がりな方法が、ＩＧＣＣシステムと組み合わせることだ――それもまた、石炭や（石油精製の副産物の「石油コークス」のような）炭素を含有したほかの燃料で動くのだが――と考えている。また現在、「ポリジェネレーション」技術への関心も高まりつつある。このポリジェネレーションでは、石炭を用いる同一の施設内で、電力、工業化学物質や液体燃料を（場合によっては産業用の熱や炭素捕捉さえも）生産する。

問題は、ＩＧＣＣの発電施設が従来の石炭の炉に比べ建設費が高くつき、ＣＣＳにもさらに多額の費用がかかり、しかも従来のプロセスに比べ、石炭のなかにある全エネルギーのうちかなりが無駄になるという点にある。それゆえＩＧＣＣ（ＣＣＳと組み合わせても、組み合わせなくても）は、電力会社にとってはそう魅力的ではなく、米国では近い将来に従来型の石炭火力発電所を１５０基建設するという大規模な計画が提案されている。これらの発電所をＩＧＣＣやほかの最新の石炭技術に変えることは、一歩前進したことにはなるかもしれないが、もっとよい動きは、効率的利用によってエネルギー効率を高めること（これによって環境汚染も減らせる）と、大規模な風力発電や太陽光発電にとりかかることで、新たな発電所の必要性を減らすことだろう。確かに、２００７年の地球高温化への人々の関心の高まりは、石炭火力発電所の計画の廃止や規模の縮小を導き、ほかの多くについても疑問が出されつつある。

　非効率的な石炭利用の発展よりもさらに望ましくないのは、油頁岩（オイルシェール）の開発である。カナダのアルバータ州では、露天掘りと熱処理で出る廃物によって環境破壊がすでに広い地域に起こりつつある。頁岩は多量の有機物質を含んでいるので、熱することで、石油と可燃ガスが得られる。頁岩から石油を抽出することのプロセス自体が大量のエネルギーを食い、それゆえ正味のエネルギー収量は著しく少なくなり、CO_2排出量が増えるだけである。にもかかわらず、頁岩の開発をさらに拡大する計画が進行中であり、供給逼迫と在来型石油の価格上昇がそれに拍車をかけている。

原子力

　核分裂原子炉の新たな配備を推進している一部のエネルギー専門家は、原子力発電所はCO_2を排出しないので、地球高温化への寄与は相対的にわずかで済むと主張している。核分裂は、重い原子核（ウラン、プルトニウム）が分裂して軽い核になることをいうが、その時に少量の物質の転換を通して大量のエネルギーが放出される。しかし、原子力にはいくつか大きな問題がある。第一に、発電所は、格納容器系の破損と放射能の大量放出につながる破滅的大事故をなんとしてでも防げるように計画され、建造されなければならない。１９７９年にスリーマイル島の原発で起きかけたような、そして１９８６年にチェルノブイリで起きたような事故は、ペンシルヴァニア州ほどの大きさの地域を永久に住めないものにしてしまう。

　しかし、原子力利用にこれまで批判的であった専門家の多くがいまは、そうした事故が起こりえないような発電所を造ることは可能だと信じている。もちろん、原子力発電所は、テロの攻撃にも安全であるように設計される必要があるが、これも実行可能であるように見える（電力会社はこれに投資するのを渋っているが）。もうひとつの大きな問題――一部の人たちは解決可能だと考えているが――は、数百トンもの高レベル放射性廃棄物を数万年の間隔離しておかなくてはならないという処分の問題である。解決策のひとつは、これらの廃棄物をセラミックで固めて地中深くに埋めることである。しかし、米国が埋設地として選んだネヴァダ州のユッカマウンテンには、その地震活動や重要な帯水層への漏れなど、いくつもの問題がある。さらに、現行の原発の廃棄物をネヴァダまで輸送するには、40もの州を通過しなければならない。それゆえ、大きなＮＩＭＢＹ（ニンビー）問題［好ましくないものをよそに設置するのはよいが自分の近くは絶対に嫌だという問題（ノット・イン・マイ・バックヤード）］が生じる。まえの原子力委員会とその業務を引き継いだ原子力規制委員会が無能で二枚舌だということがみなの知るところとなってしまったため、処分場やそこまで廃棄物を運ぶための輸送システムが「絶対安全」だと政府が言っても、米国国民はそれにはきわめて懐疑的である。

原子力発電所そのものは、稼働中はCO_2を排出しないが、ウランの採掘・精錬・濃縮・輸送のプロセスはそうではない。そのプロセスでは、環境にかなりの損害を与える。さらに、原子力発電所の建設には、ダムの建設と同様、厖大な量のコンクリートが使われるが、コンクリートの製造自体も、大量のCO_2を排出する。しかも、原子力発電所がおよそ40年から60年の寿命を終えたあとは、廃炉には多額の費用がかかり、放射能に汚染された施設や装置をどう廃棄処理するかという問題がある。

かつては、原子力に関係してもっとも深刻な問題として、その技術の知識が広まってしまうと、ならず者の国家や集団が核兵器を開発するチャンスを増やすことになると考えられたことがあった。しかし、このリスクを減らす有効な手段を積極的に求めるということはなかったため、核物質や核兵器の入手可能性は現在いたるところにあり、その結果悲しいことに、核兵器拡散の危険性は、かつてのように原子力に反対する強力な理由ではなくなってしまっている。

最後に、温室効果ガスを排出しないエネルギーシステムの急速な開発が強く求められている時代にあって、原子力発電所の建設には多額のお金がかかるだけでなく、計画段階から運転開始まで10年かそれ以上の年月もかかる。これらのことやこれらに結びついたリスクのゆえに、米国では、投資家たちは、多額の補助金がつくにもかかわらず、さらに多くの原子力発電所を建設するというチャンスに飛びつきはしない。中国とインドなどほかの国々では、多数の原子力発電所が計画され建設されつつあるが、米国の場合、経済的ハードルがそうした計画の多くに待ったをかけるだろう。

原子核どうしをつなげているのはエネルギーなので、核分裂炉の場合と似たような変換は、軽い原子核（もっとも一般的なのは水素）どうしを衝突させて融合させ、重い原子核を作り上げることによって起こすこともできる。このプロセスこそが、太陽で起こっているものであり、水素爆弾の爆発力を生み出している。こうした核融合はこれまで、在来型エネルギー資源として重要になる可能性が示唆されてきた。制御された融合を爆発させずに達成する方法はいくつもあるが、これまでのところそれをしようとした試みはどれも、取り出せるエネルギーよりも、取り出すまでのプロセスに多量のエネルギーを必要とした。核融合炉は長い目で見れば核分裂の発電よりも魅力的に見えるが、核融合による発電が実現する見込みは数十年先の話かもしれない。

一方で、原子力発電所よりも即座にかつ安く建設できる工業規模の風力発電施設やそのほかの再生可能な電力源が、米国のエネルギー市場の占有率において原子力を抜き去るのは、時間の問題である。ほかの多くの国々、とくにヨーロッパと日本では、風力発電と太陽光発電設備の設置が急速に進んでいる。より安く迅速に配備できるエネルギー源との競争は、最終的には核分裂による原子力を無用のものにするかもしれない。

未来に向けて

人類の「エネルギー問題」を一挙に解決する単一の方法、すなわちホルドレンの楽観的シナリオに私たちを導いてくれる魔法の弾丸などないのは、明らかである。効率を高めることは大きな寄与をする可能性があるが、加えて、再生可能エネルギー、CO_2隔離をともなった最新の石炭技術、そして改良型の核分裂や核融合などの併用が、役目をはたさなければならないだろう。エネルギー供給とそれに関係した環境問題の有効な解決策に向けて動くために必要なことは、効率性を中心に据えた迅速な取り組みだが、それには、入念な計画、研究、そして環境への有害な影響を最小限にする多数の供給技術の早急の実現がともなう。こうしたプログラムはまた、自然災害やテロによって電力供給や石油供給が突然止まってしまう可能性を減らすためにも不可欠である。一部の人々は、安く豊富なエネルギーこそが人類の抱える問題の多くを解決すると考えてきた。この目標は到達できそうもないし、豊富なエネルギーは世界のさまざまな病の万能薬ではないということは肝に銘ずべきである。風力発電によって生み出された水素で走るブルドーザーは、依然として熱帯雨林を消滅させ続けることができるのだ。

エネルギー問題には、ヒトの苦境における決定的に重要な多くの問題が凝集されている。私たちの文化の技術的次元の猛スピードの進化は、世界中に危険で持続不可能なエネルギー施設の配置をもたらしてきた。文化の社会的側面の変化の遅さは、この状況とその結果の認識を遅れさせてきた。増大する人口が抱える需要と必要性の文脈で化石燃料への依存を考えた場合、その結果は明白である。それらは、環境を浪費しつつある支配的な動物（そのもっとも明白な兆候は急速な気候変動の始まりである）に、そしてグローバルな政治の不安定さ（なかでも印象的なのは石油をめぐる戦争）に、容易に見てとることができる。

15章　自然資本を救う

「ちゃんと修理したければ、心すべきは、どんな部品も絶対に捨ててはならないということだ。」

アルド・レオポルド、１９５３[1]

現在の人類が直面している唯一もっとも重大な問題は、自然景観の変容と、生物多様性や生態系サービスの損失という、相互に関係はしているが、別々の問題の集合である。それらは、長い目で見れば、ヒトが支配的存在になったことによるほかの意図せざる結果、すなわち気候破壊と、少なくとも同じ程度に重大かもしれない。両方とも、考えられうる人間の未来においてて不可逆的な影響をもち、それぞれが他方の影響をさらに悪化させる可能性がある。保全生物学者は、この世界で少なくとも私たちの知る生き物と、それらが供給する重要なサービスとを保護するために活動している。この６５００万年で最悪の大量絶滅を回避しようとする彼らの活動が、この章の中心的な話題である。起こりうるかもしれないこの大量絶滅は、支配的動物である私たちが、数万年から数百万年にわたる進化の軌跡とほかの生物や環境との関係を、劇的かつ急激に変えたことによる結果である。

この問題をさらに難しくしているのは、気候破壊と生物多様性の喪失の間の相互作用である。土地利用の変化、とりわけ森林伐採とそれに関係した絶滅は、地球高温化に大きく寄与しており、そしてこの高温化が、重要な生態系サービスを提供する動植物や微生物の多くの種をすでに大きく脅かしつつある。したがって、ヒトが引き起こす温室効果ガス排出を減らすという課題と並んで、もうひとつの大きな課題は、地球上のほかの生き物と、ヒトの活動の拡大に直面してもそれらの生き物が機能する生態系とを守る方法を考え出すことである。

これは、いくつかの理由で難しい企てだ。まず第一に、多くの資源をその企てに充てなければならない。これは乏しい資源の再配分を意味し、政治的に厄介な問題をはらんでいる。たとえば、もしある動物種の個体数が激減し、飼育して繁殖させることが必要になった場合、繁殖を成功させるには、カリフォルニアコンドルがそうであったように、通常は数十年の時間がかかるし、もちろん継続的な資金援助と幾多の幸運も必要になる。カリフォルニアコンドルは、１９８７年に最後の数羽が捕獲され飼育された時点では絶滅しかかっていたが、その後長期にわたる、多額のお金をかけた、困難な人工繁殖と放鳥のプロジェクトが開始された。２００７年時点では３００羽弱の個体数がいるが、そのうち約150羽は飼育されているもので、残りは、140羽がカリフォルニアとアリゾナで放鳥された野生個体であり、さらにほかの数羽はメキシコのカリフォルニア半島で放鳥された野生個体である。カリフォルニアコンドルは、依然として自然界では、動物の死体を食べたり銃弾を飲み込んだりするため、とりわけ鉛中毒の危機にさらされている。この計画には、これまでおよそ4000万ドルの費用がかかっているが、生息地全体を保護するためには数十億ドルが必要なので、焼け石に水と言ってよい。保護すべき数百万の種と数十億の個体群——多くが同じ生息地を共有しているとしても——がいることを考えてみれば、どんな方略によるにしても、自然資本のこれらの構成要素の主要な部分を救うための財政的問題の規模がどれだけ大きいものかがわかるだろう。

第二に、多くの場合、生物多様性の減少を検出するのは、その原因を突き止めるよりもはるかに容易である。2006年と2007年、ミツバチのコロニーが米国とヨーロッパで消え始め（「蜂群崩壊症候群」）、おびただしい数のミツバチがいなくなった。巣箱の位置をたえず変えることがミツバチにストレスになった可能性や、ウイルスによる可能性、また両者が複合している可能性が囁かれているが、（いまこれを書いている時点では）ほんとうの原因はわかっていない。

なぜ生物多様性を維持するのが難しいかという第三の理由は、生物種はその生息地のなかで生き、その範囲内でなら生きてゆけるが、私たちはふつう、生息地を満足のゆくように回復するのに必要な詳細な生態学的情報をもっていないということである。さらに、復元はほとんどつねに、その損害を生じさせた（そして第一には、特定の生物種の個体数を激減させることになった）活動よりもはるかに難しく、はるかに大きなコストがかかる。加えて、気候変動が成功の見込みをさらに不確実なものにする（気候変動は、動く標的のようなもので、保全や復元を確実にするために必要な詳細についてはほとんど予測がつかない）。

最後に、なにを救うべきかという難しい問題がある。ある個体群、種、あるいは生態系は、どの程度必要不可欠な（あるいは使い捨てできる）のだろうか？　重要度が高いと判断される役割をもった種類の生物——たとえば、農業生産と生態系保全の両方に決定的な役割をはたすミツバチなどの花粉媒介動物——に焦点をあてた努力をすべきなのだろうか？　すべての生物が入り組んだ関係の網のなかにいて、「重要でなさそうに」見える生物種の絶滅が、絶滅のカスケードを招いて、ほかの「重要な」生物種も消え去ってしまうという可能性もある時に、どのようにすれば、その生物種の絶滅にともなう長期のコストを見積もることができるだろうか？　どうして、いまは重要ではないように見える種が、急激な気候変動のあとできわめて重要なものになることはないと断言できるのだろうか？

なぜ生物の多様性を守らなければならないのか？

こうした手ごわいいくつもの難問に取り組もうとするこれといった強い理由はなんだろうか？　私たちの生活を支える生態系の生き物を保護することについて、初期に行なわれた主要な主張は、基本的に審美的で倫理的なものだった。生き物が美しく、複雑で、限りなく興味深く、そして存在する権利があるという理由である。それらの美しさと内在的魅力は、エコツーリズム、バードウォッチング、ガーデニング、スクーバダイヴィング、野生生物の写真や絵といったものを通して経済的な利益も生み出す。植物が生成する化学物質に由来する薬や、漁場が近隣の人々にもたらす生活の糧など、ほかの価値もしばしばあげられてきた。しかし、半世紀にわたる経験が示しているように、これらの主張自体は、生物多様性の保護について十分な市民的・政治的支持を生み出すのには適していない。

しかし、すでに見たように、消え去りつつあるこれらの生物は、人類の自然資本――私たちに産物とサービスを安定的に供給してくれる生態系――のなかの決定的に重要な要素である。この見方は、自然資本の枯渇を早急に食い止めるための論拠を与える。そして審美的・倫理的（文化的）価値と、これまでも正しく評価されてきた自然のもつ供給・支持・調節というサービスを維持するための論拠も与える（10章）。

保全生物学者は、生物多様性の減少と生態系サービスの低下について語る時、生物種が失われつつあるということだけでなく、重要な個体群の喪失に言及する。個体群――同じ時に一定の地域内にいる同一種に属するすべての個体――の喪失は、種の喪失の数倍の速度で起こっている。これがきわめて重大だというのは、それらが生態系サービスを提供する個体群だからである。もしあなたがコロラド渓谷に家をもっているとしたら、その家が雪崩で消え去ってしまわないのは、上にコロラドトウヒの個体群があるからである。もしこれらが伐採されたら、たとえほかのコロラドトウヒの個体群が山脈の西側の多くの地域で生息しているとしても、あなたの家は直接の危機にさらされるだろう。これらのトウヒの森や、そこに住む鳥の個体群の自然の美しさは、あなたやその地域の自然愛好者に文化的サービス（美しさと余暇の楽しみ）も提供する。そしてその地域の川にいるサケの個体群は、すぐ近くのトウヒの木の下でバーベキューで食べる美味しい食事を提供する。

なぜひとつの種にいくつもの個体群があることが重要かは、思考実験をしてみれば、すぐ明らかになる。ありえないことだが、かりに、この地球上でそれぞれの種ごとに小さいが独立したひとつの個体群が恒久的に存続可能だとしてみよう。ということは当然ながら、種の多様性が失われることも、種の絶滅の危機もないことになる。しかしたちまちにして、文明は崩壊するだろうし、ヒトも生きてゆくことはできないだろう。というのは、残りの小さな個体群の作物や家畜や野生動物さえ――個々の種を滅ぼすことなくしては――収穫することができないからである。たとえ食糧として直接利用される生物種をみなこの実験から外したとしても、依然として災いは起こる。というのは、すべての作物はほかの生物――たとえば、土壌からの栄養分を植物へと受け渡す菌類、多くの植物種が繁殖のために必要とする花粉媒介者、作物を害虫から守ってくれる捕食者など――に依存しているからである。

もっと現実的な例をとりあげよう。たとえば、いまだ謎の蜂群崩壊症候群によって、ミツバチのすべてのコロニーが消滅してしまった結果、米国のどこのミツバチも死滅してしまったら、どうなるだろうか？　世界の種の多様性は減少しない。なぜなら、このミツバチはまだヨーロッパ、アフリカ、そしてほかの地域にもいるからである。しかし、アメリカの90種ほどの作物への受粉のサービスは激減し、その経済的損失は、作物の種類、損失の程度と農産物の価格を計算に入れると、1年に140億ドル以上にのぼると推定される[2]。

生物多様性を守るための戦略

保全の古典的アプローチは、これまで主として、絶滅のおそれのある生物種がどれか、あるいは生物種に富んでいるが人為的開発によって脅かされている地域はどこかを特定することであった。したがって、保全の努力の中心は、これらの「絶滅危惧種」のために保護地域を用意し、生物種に富んだ「ホットスポット」内にできるだけ多くの生息地域を保全するということにおかれている。二次的には、枯渇しつつある生物資源を獲ることを制限し（古典的な例としては、捕鯨の制限）、ほかの生物を脅かす農薬のような毒物の使用を制限するという重要な試みも行なわれてきた。

1973年のワシントン条約（絶滅のおそれのある野生動植物の種の国際取引に関する条約）のような国際条約の目的は、生物の乱獲を防ぐことにある。ワシントン条約は、絶滅危惧種の売買と国の間の移動を制限するための政府間の調整のしくみを作り上げた。この条約のおかげで、たとえば、ペット用に持ち出されようとした絶滅危惧種のオウムやヘビ、中国やそのほかの国々で珍重されている媚薬（そう信じられている）の原料となるサイの角（粉末にして売られている）などを、税関で食い止めるのに何度も成功している。確かに、中国は、乱獲された多様な動植物の巨大な市場をなしている。動物を漢方薬に使う巨大な中国市場に加えて、多くの国々（とくに東南アジア）は、絶滅危惧種を中国の市場や料理店用に多量に出荷している。それらが珍味とされているためである。残念なことに、人間の文化では、巨大なダイヤモンドのように、珍しいものほど価値あるものとみなされる。たとえば、富裕な中国人は、海のダイヤモンドとされる、サンゴ礁にいる絶滅危惧種のフエダイの口を好んで食する。保全のパラドックスは、その生物種が珍しいものであればあるほど、経済的な価値も高いことが多く、それゆえ規制の網をくぐって密輸すれば大儲けできることになる。1978年、密輸業者が、あるサボテンの（知られている2つの個体群のうちの）ひとつの個体群まるごとを15個のスーツケースに詰めて、ドイツへ持ち込もうとしたことがあった。この希少種のサボテンで、巨万の富が得られるはずであった。これは、極度に希少なものにつけられる高い金銭的価値の究極の例である。

貧困な国では、生物多様性を構成する多くの要素が脅威にさらされている。これは、人々が食事のなかで鍵となるタンパク質を彼らの狩る動物に依存しているからである。いくつかの国では、鉱山の採掘や木材の切り出しの労働者の食糧として、獲った「ブッシュミート」が商業化されており、動物の多くの個体群を脅かしつつある。ブッシュミートの狩猟は、霊長類絶滅――ヒトにもっとも近縁の大型類人猿、なかでもボノボは絶滅がもっとも危惧される――の大きな脅威になっている。これらの活動のほとんどは、残念ながらワシントン条約の適用範囲外にある。

世界のさまざまな地域で、毒物の脅威を減らす同様の取り組みがなされてきた。たとえば、米国では、ＤＤＴがワシやハヤブサなどの猛禽類の繁殖を妨げるということがわかって使用が禁止された。最近の例で言うと、インド、パキスタン、ネパールは、ウシにジクロフェナク――アスピリンやイブプロフェンのような非ステロイド系抗炎症剤（ＮＳＡＩＤ）の一種――を投与することを止めた。この有害な薬はウシが死んでからも体内に残り続けるため、ウシの死体を主要な食料源にしていたハゲワシの個体数が激減してしまった。インドでは、ハゲワシの分解サービスがなくなったことで、大きな問題が生じている。ウシの死肉を漁る野犬の数が増え、その結果狂犬病の発生件数も増え、またネズミの数も爆発的に増え、ネズミが媒介する病気も急増した。その結果、病気の蔓延を防ぐために、ウシの遺体の処理という問題を抱えることになった。それに人間の遺体の処理の問題もある。空を飛ぶ鳥に遺体を食べさせる民族宗教集団パールシーの場合は、その宗教が遺体を焼くことも土中に埋めることも禁じているので、困った事態に陥っている。

生物種の売買と農薬の有害な影響に焦点をあてたプログラムは重要ではあるが、生物多様性を守ろうという取り組みの大部分は、いまも「保護区」――とりわけ魅力的な個々の生物種か、並外れて多様な生物種のどちらかを保護するために、人間の活動が最小限にしか入らないようにされた区域――の設置である。保護区により多くの努力を注ぐことは、初期の時代の保全においてはきわめて目的にかなっていた。当時、この分野は研究が始まったばかりで、脅威についての科学的情報も、保全の方略もほとんどなく、明らかだったのは、ヒトの活動がほかの生き物に害をおよぼしているということだけだった。自然をヒトから切り離すことは、合理的な方略だった。そのおもな理由は、広い土地を隔離することが実際上可能だったからである。保護区アプローチは、島の生物地理学の平衡理論として知られる理論的枠組みによってさらに支持された。

島の生物地理学は、島における生物の分布についての研究分野であり、生物地理学全体のなかで真の理論的枠組みの最初のものが平衡理論であった。この理論は、2人の指導的生態学者、ロバート・マッカーサーとエドワード・O・ウィルソンによって1963年に提唱された。平衡理論は、新たに形成された島の上の生物コミュニティを記述しようとしたものだ。多くの重要な科学理論に言えることだが、この理論の基本的な考え方も、いまから見れば、シンプルに見える。その考え方は、その島への移住に成功した種の数は、その後そこで絶滅した種の数と釣り合っているというものだ。注意してほしいのは、ここで言う釣り合い（平衡）は種の数のことであって、種の特定の集合のことではない。平衡状態でも種の交替はある（島に新たに入ってきた生物種が個体群を形成し、それまでいた生物種の個体群が絶滅するといったように）。

平衡状態の種数は、大まかには、その島が本土からどれぐらい離れているか――移住する種がどの程度容易にその島に到達できるかに関係する――と、その島がどれぐらいの広さかによって決まる。島が小さければ小さいほど、種が絶滅する確率は高くなる。ほかの条件が等しい場合、小さな島は、大きな島に比べ、より少ない数の種しか養えない。インドネシアの火山島、クラカトア――この島は1883年に噴火ですべての動植物が死滅した――のデータについてこの理論をテストしてみると、それがよくあてはまっていた。この自然界の実験では、どのように島がふたたび島に住み着くかは、この理論の予測通りのパターンになった。島は、種の入れ替わりは続くが、種の数は変化しないという平衡状態（安定状態）に近づいた。新たに入ってくる種もあったが、絶滅する種もあって、うまくバランスがとれ、全体的な種の数は一定に保たれていた。ウィルソンと生態学者のダニエル・シンバーロフの野外実験では、フロリダ沿岸にあるマングローヴの小島を燻蒸消毒し、そのあとふたたび昆虫、クモやダニがどのように住み着くかが記録された。結果は、理論的予測とよく一致した。

この理論が海洋の島以外にも応用できることがわかり、さまざまな生物種が保護される保護「島」を設置することによって生物多様性が保持されるという考えとも合致したため、保全の点でのこの理論の重要性が明らかになった。たとえば、孤立した国立公園、淡水湖、そして乱された景観中の生息地の小区域のような、生息地のいわば「島」にどれぐらい多くの生物種が生き残れるかを推定するために、この理論が初期の保全生物学研究で使われた。そこでは、住めない「マトリックス」に囲まれた住める島という仮定が拡張されたが（クラカトアとマングローブの場合には、そのマトリックスは塩水からなっていた）、ほとんどのすぐれた理論がそうであるように、多少のこうした拡張はその有用性を壊すものではなかった。このようにして、熱帯の湿った森林という大きなひとつの「島」が、森林伐採によって小島の群島のようになってしまった時に絶滅すると予想される種の数の大まかな推定値を出すことが初めて可能になった。島の生物地理学の理論は、ダーウィンの理論のように、複雑なシステムの理解が理論的枠組みによっていかに前進するか、またそうした枠組みがいかに必要かを示している。

　米国では、生物種にもとづいた保全の方略が、１９７３年の絶滅危惧種保護法（ＥＳＡ）に採り入れられた。この法律は、絶滅危惧種の決定とリスト作成を公式のものにし、リストにあがった種をどのようにして保護すべきかを明示した。この法律の施行は、絶滅の危機にあった国鳥であるハクトウワシがその難を逃れるのを助けるなど、いくつかの顕著な成功をおさめた。絶滅の脅威や危機にさらされている生物の生息環境を保護するという必要性のもと、ＥＳＡは、生息地の大きな区画を（傘をさすように）守ってその生息地が提供する生態系サービスを維持するためにも使われ、効果をあげてきた。このような理由から、たとえばマダラフクロウのような生物は、「傘種（アンブレラ種）」と呼ばれることがある。

　これと似てはいるが、生息地を中心に考えるアプローチに、イギリスの生態学者ノーマン・マイヤーズによって始められたホットスポット・アプローチがある。このアプローチは、驚くほどたくさんの種がいる地域——固有種（その地域にしか生息していない種）の割合が高く、生息環境の破壊によって高いレベルの脅威にさらされている地域——に注目する。それは、ブラジルの大西洋岸に残る熱帯雨林——およそ4万種の植物を擁し、その40％は固有種である——のような生物多様性の中心に注目し、保護に取り組んでいる。もうひとつのホットスポットはカリフォルニアだ。カリフォルニア州は、ほかの州に比べ、固有種の植物が多く、チョウの種も豊富だが（全米の州のなかで第二位を誇る）、都市化と農業に由来する生息環境の破壊が急速に進んでいる地域だ。大部分の森林が破壊されているマダガスカルもホットスポットであり、ここだけに生息する、分類学上の科で言うと、10種類の植物、５種類の鳥類、５種類の霊長類がいる。植物学的には、南アフリカのウエスタンケープ地域も、とても魅力的なホットスポットだ。ここには、フィンボス（現地のことばで「細い葉の低木」を意味する）——針状の葉をもった多くの種類の潅木からなる植物相——がある。フィンボスとして、この地域に固有の12の科と１６０の属が自生し、熱帯雨林のどの地域よりも生物多様性に富んでいる。

　生物多様性を維持するための保護区‐島アプローチは、貴重な動植物種の分布や、あるいは全般的な生物多様性の豊かさに、そしてそれらの占める生息地の「島」を守る方策を見つけることに焦点をあてる。発展途上国における保護区の設置を資金的に支える興味深い方法のひとつ、自然保護債務スワップの先鞭をつけたのは、生態学者のトマス・ラヴジョイである。そのやり方はさまざまなものがあるが、基本はいたって単純だ。熱帯地方の多くの国は、生物多様性に富んでいるが、巨額の負債を抱えている。相手側の発展途上国の合意のもと、利害関係にある側（時にはほかの国の政府のこともある）が、公開市場において負債の一部を額面価格よりもわずかな額で買い取る。たとえれば、メキシコにいる破産した友人があなたの隣人から借りている１０００ドルの借用証書を買い取るために、あなたが２００ドルを支払うようなものである。その隣人は、全額が回収できないだろうとわかっているし、メキシコのお金を受け取りたくもないので、２００ドルで売るというわけである。自然保護債務スワップでは、お金は現地の通貨に換えられ、貧しい国は、合意したそこでの保護活動に資金を出すためにこの通貨（もとの負債と同じ額になることもある）を使う。つまり、あなたのメキシコ人の友人が１０００ドルの負債から楽になるのと引き換えに、鳥やほかの動物にとっての生息地を供給するために、家のまわりに２００ドルをかけて樹木を植えるということである。これは、三者みなが得をする関係である――貧しい国が借金を安上がりな方法で減らし、お金を貸している側の機関投資家は少なくとも貸金の一部を回収し、ほかの政府や組織も、ホットスポットの地域を救うといった望ましい保全の結果を得る。

保全生物学者のこれまでの主要な努力では、保護が必要な数多くの鍵となる区域を守るために、米国においては絶滅危惧種保護法、ほかの国においてはそれに類する法律や自然保護債務スワップといった道具が用いられてきた。これらやほかの道具は大規模な取り組みのなかで用いられているが、その多くは民間の基金に支えられた非政府組織（ＮＧＯ）によるものである。典型的な一例は、ユカタン半島のカラクムールの生態圏保護区である。ここは、ほとんど人間の手が入っていない１８０万エーカーの熱帯林が保護されている。木材の伐採やほかの種類の開発に脅かされながら、この貴重な自然資本の宝庫の存在は、メキシコ人とアメリカ人によるレインフォレスト２リーフ（Rainforest2Reef）という小さな組織の努力によっている[3]。

保護区と回廊

絶滅危惧種の保護と保護区の設置はこれまで重要な焦点だったが、それらだけでは、地球の広範囲の生物多様性を守るという仕事をなしとげることはできない。こうした認識に立って、保全生物学者は、生物多様性の維持とヒトの生活を支えるシステムの維持に向けたより包括的なアプローチに、それらを組み入れつつある。この新たなアプローチは、３つの認識の上に成り立っている。

第一は、生態系サービスの供給に個体群の多様性と地理的分布が決定的に重要だということである。これらのサービスは、ホットスポットや保護区のなかだけでなく、外でも重要であり、ホットスポット自体は、哺乳類や鳥のような特定の分類群の場合でさえ（それらの組み合わせの場合はそれ以上に）、境界線を引くのが難しい。たとえば、哺乳類にとってのホットスポットは、鳥類にとってのホットスポットと部分的にしか重なっていない。そして、種の多様性のレベルによって定義されるホットスポット（たとえばもっとも多くの種のいる地域）は、もっとも絶滅のおそれのある種を擁している地域――あるいは、ごく限られた分布をもつ種のいる地域――として定義されるホットスポットとかなり異なっている。このように、ホットスポットは、理論上は価値のある概念だが、実際に生物多様性を保護するという段になると、あまり助けにはならない。

　第二に、保護区は、保全の努力を成功させるのに決定的に重要ではあるが、それだけでは、種を維持するのにも、その保護区自体の種や個体群の多様性を維持するのにも、十分ではない。というのは、多くの保護区は、面積が狭いか、保護が難しい位置にあるか、境界が変わることがあるか、あるいはその３つすべてであるからである。それに、保護区であっても、その地方の人間集団がすでに占有していたり、侵入したりしていることも多い（それゆえ「ペイパー・パーク〔訳註　書類上の公園の意〕」と呼ばれることもある）。これはとりわけ熱帯の貧しい国々にあてはまるが、そこでは、増加する人口と消費（とりわけ食糧）の増大の必要性が、保護区内の動物の密猟や樹木の不法伐採に――生物多様性を守るという保護区の能力の破壊にも――つながっている。貧しい発展途上の地域は多くの場合、まさにその生存のために、保護区内の木材燃料、材木、動物やほかの資源を必要とする。発展途上国では、個人や集団にとっての必要性からではなく、収益をあげるために、ほとんど守られていない保護区をできるだけ利用したいという欲求も強い。たとえば、１９９６年、インドネシアのスラウェシ島で私たちがよく目にしたのは、保護区から不法に伐採したトウ（籐）を積んだトラックが輸出市場に向かう光景だった。

　特定の生物種と生態系を守るための保護区の限界についての第三の認識は、気候変動がいくつかの地域で引き起こす可能性のある破壊である。地質学的過去においては、気候条件が変化すると、多くの生物はたんに移動して、彼らにとって満足のゆく気候条件にあえば、そこにとどまった。このように、北アメリカの東部に生息していた樹木の多くの種は、最後の氷河期の終わりに氷河が後退するにつれて北へと移動した。しかし今日、移動の可能性が限定される種が多くなっている。それは、気候変動の速さという理由だけでなく、耕地、牧草地、植林地、そして大地の大部分をおおう道路、フェンス、市街地、造成中の宅地やそのほかの人工の建造物などが障壁になっているからでもある。多くの場合、生物は、彼らのために保護されている区域から「抜け出せず」、その個体群は、生き延びるのを可能にしていた気候条件の消失とともに、絶滅する。

これら人工的な障壁、生息地の断片化、そして加速する気候変動が課す問題のゆえに、現在は、生態学的な回廊——大きな保護区どうしをつなげる通路にあたる細い保護区——に大きな注目が集まりつつある。回廊は、小さな生息地では生き残ることができない生物を守るために、たくさんの断片的な土地をつなげて大きな面積の土地にする。しかし、変化する世界においておそらくより重要なことは、回廊によって、生物が気候の変化に対して急速に移動することを可能にする道を提供できるということである。とりわけ重要なのは、北と南をつなぐ回廊と、標高が低い地域とより涼しい高い地域をつなぐ回廊である。周到な研究によって、回廊はきわめて効果的であることが示されつつある。たとえば、生態学者、ニック・ハッダード、ジョシュア・テュークスベリー、ダグラス・リーヴィーらは、米国南東部で一連の大規模な実験を行ない、とびとびの生息地を回廊でつなげると、つなげなかった場合に比べて、より多くの土着の動植物種（そしてより多くの動物と植物の相互作用）が保護されることを示している。

回廊を作ることには、懸念もいくつか表明されている。たとえば、回廊は病気が広がるのを容易にするかもしれない（一例をあげるなら、タスマニアデヴィルとして知られる貪欲な肉食の有袋類は、配偶の際や餌の争奪時に相手を噛むことでがんを伝染させる）。また、現在ほとんどあらゆる地域で生物多様性を脅かしつつあるたくさんの侵入生物種が広がってゆくのを速めるかもしれない。回廊は明らかに、それまであった動物相にとっても問題を生み出す。たとえばオーストラリアでは、回廊が、周辺地域に生息するきわめて攻撃的な鳥、クロガオミツスイが、それのいないところで生き延びてきた絶滅危惧種の鳥たちの生息区域に入り込むことを可能にした。しかし、多くの研究は、侵入生物の急速な拡大を示していないし、回廊のありうるマイナスの効果が保全のプラスの効果を上回ることを示しているデータもほとんどない。同様に、状況しだいでは、侵入生物が——個体群が異なる侵入地で異なるようになってゆくことによって、そして在来種の生物に新たな淘汰圧をかけることによって——進化的多様化に寄与しうるという指摘もしておこう。しかし、これは、侵入生物がもたらす多様性の破壊を埋め合わせるものではありそうにない。回廊が、植物種が一方の生息地からもう一方の生息地への移動を可能にさせるという役目を適切にはたせないところでは、気候変動へのその植物種の対処を助けるため、ヒトの手で移動させる——すなわち、その植物種を一方の土地から他方の土地へと移植する——という方法が残されている。この方略については、現在論文などでホットな論争が続いている。移植実験が成功するかどうかは、その生物が最適の場所であるように思える場所に移された場合でさえ、予測が困難である。移植された植物種が有害な侵入植物になってしまう危険性もつねにある。

保護区の問題は、乾いた陸地に限られるわけではない。たとえば、ジェイン・ラブチェンコのような海洋保全生物学者は最近、海洋保護区――漁業と沖合の開発を締め出した区域――の設置によって莫大な利益が得られる可能性を強調している。試験的研究では、さほどの面積でない保護区でさえ、まわりの区域の魚や貝の個体群の生産を大きく高めることが示されている。保護区では、繁殖が増加し、しばしばそれに隣接する漁場が、その保護区から移動してきた生物で満たされることさえある。もしこうした保護区のネットワークを多産な海の地域に作ったなら、商業的に獲ることのできる海洋生物が急速に枯渇しつつある漁場の場合には、それらの生物を補給する助けになる。

海洋保護区は、譲渡可能個別割当方式（ＩＴＱ）のようなほかの管理方式を導入することによって補うことができる。これは、ニュージーランド、オーストラリア、カナダ、米国などで採用され、ある程度の成果をあげている。ある形式のＩＴＱ、たとえば制限された「総漁獲許容量」方式では、漁師は、自分たちの割り当て量――総漁獲許容量の範囲内での財産権のようなものだ――を売買できる。もし漁師のジョーが８トンのサケを獲る権利をもっていて、時間と装備の関係で４トンしか獲ることができない場合、ジョーは、残りの４トンの権利をほかの漁師に売ることができる。すなわち、魚を獲ることは、制限されると同時に、より効率的なものにもなりうる。というのは、ＩＴＱの所有者は（オープンアクセス資源の場合のように）ほかの船と競争するために高価な装備に過度に投資する必要がなくなるからである。漁業を規制する政府機関は、魚種資源の状態に応じて漁獲可能な総量を調整できる。

しかし、ＩＴＱには問題点がいくつかある。たとえば、権利の最初の割り当て基準の設定、虚偽の報告、密漁や「等級上げ」――価値の高い年齢や性の魚をとって、低い魚を捨てること――といった問題である。たとえば、かりに漁師には体長が30センチ以上の１００尾の魚を獲ることが許されているが、２００尾を獲ってしまったとしよう。彼は、そのうち体長の小さな１００尾を捨てるが、手で何度も触れたため、ほとんどは死んでしまうかもしれない。しかし、ＩＴＱはよい方向への第一歩であるように見える。とは言え、心に留めておかねばならないのは、漁獲量を管理するやり方はどれも、海岸湿地の破壊、海洋の酸性化と高温化、海洋汚染、トロール漁による海洋底の生息地の破壊といった、海洋の生産性へのほかの重要な脅威に取り組むものではないということである。

保護区と回廊を越えて

しかし、理論はたえず修正される。保護区アプローチ――それには、回廊の発展も含め、島の生物地理学が有益な背景を提供した――は、より大きな規模になると、大部分の生物多様性と生態系サービスを守るという課題にとっては不適切であることが明らかになった。多くの保全生物学者が目を向け始めているのは、保護区の外の土地だ。たとえば、コスタリカで研究を行なっているスタンフォード大学の生態学者、グレッチェン・デイリーは、この領域において革新的な考えを提案している。彼女は、熱帯「林」の鳥類の多くの種が、コスタリカの田園地帯——ここは40年前には森林が続いていた——にもいるということに気づいた。この観察から、彼女は「田園生物地理学」と呼ばれる分野を発展させた。保全生物学のこの下位分野は、生物多様性のどの要素が保護区の外で生き残れるか、ヒトに生態系サービスを提供するのを助ける上でそれらのうちどれがもっとも重要か、そしてすでに荒れている区域を生物多様性の重要な要素にとってより生息しやすいものにするにはどうすればよいかを見出すことを企図している。

つまり、こうした研究は、保護区だけでなく、人間の活動によってすでに大きく変えられた農業景観やそれ以外の区域も含まれるように、保全の焦点を拡大する。たとえば、コスタリカにおけるさまざまな種類の動植物に関するデイリーの研究は、農業がそれほど大規模化していなければ、農地がかなりの程度保全の役割をはたすことを示している。それらは、多くの種類の生物の個体群をサポートし、受粉、病害虫管理、土壌の保全といった重要な生態系サービスの維持を助ける。世界自然保護基金の保全科学の主任研究員、テイラー・リケッツが中心になって行なっている研究は、コーヒー農園に隣接する小さな森の区画を保護することが、コーヒー豆の大きさと質の向上を助ける役目をはたす花粉媒介者に生息地を提供することで、収穫されるコーヒー豆の価値を数万ドルも高めることを示した。研究は、状況しだいでは、経済的コストをほとんどあるいはまったくかけずに（逆に経済的収益があがる場合もある）、田園地帯の配置をほんの少し変えるだけで、その地帯の保全の価値を大幅に高めることができ、同時に農業の生産性と持続可能性も高めることができることを示し始めている。

デイリーは、ヒトの持続可能性を高める大きな可能性をもったほかの領域において先駆的な研究を行なってきた。なかでももっとも重要なのは、自然のサービス——自然の生態系が人間に提供する産物とサービス——という考え方を広めたことである。生態学と経済学を融合させた、自然保護におけるこの革命は、デイリーの研究とそれがよく知られるようになったことによるところが大きい。デイリーの１９９７年の著書『自然のサービス』は、科学的研究や自然保護活動にたずさわっていた多くの人々に生態系サービスの重要性を認識させ、生物多様性の保護とともに、生態系サービスの維持を自然保護の第二の目標にするのを助けたが、それと同時に、生物多様性の保護を、種の多様性から個体群の多様性の保全へと広げた。

デイリーらの考えでは、生態系サービスを維持するきわめて有望な方法は、保護の目標と経済的利益とが同じ方向を向くようにすることである。よく知られたアプローチは、都市の河川流域とその生物多様性を守るためにお金を使って、流域の土地所有者に保護対策を講じることへの報奨金を出すことである。この方略は、10章で紹介したニューヨーク市の場合のように、浄水施設を建設するよりもはるかに安価で済む。同様に、作物

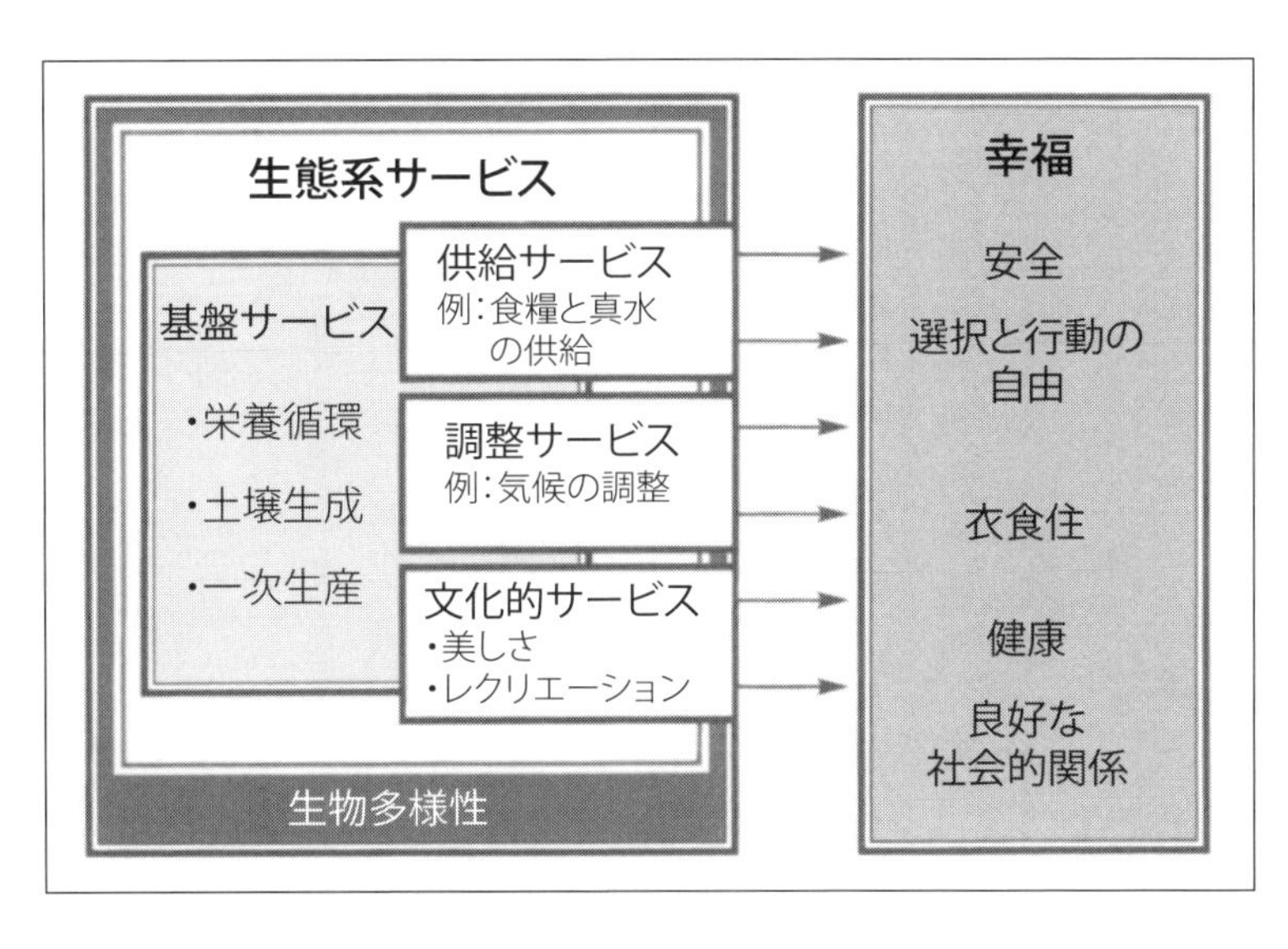

図15・1 生態系サービスと人間の幸福との関係。Millennium Ecosystem Assessment. 2005. *Ecosystems and Human Well-Being: Synthesis*. Island Press, Washington, DC, p. 50 より。

の病害虫の総合的管理を採用することで、経済的利益が保全と折り合える。2章で紹介したように、総合的病害虫管理（IPM）は、病害虫の天敵を利用し、単一作物を栽培するのではなく混作をし、病害虫の潜伏場所を壊し、そして（斧としてではなく外科用メスとして）農薬をたまに使用するという特徴をもつ。IPMは、生態系によりやさしいというだけでなく、とりわけ中・長期的に見ると、農薬の大量散布よりもはるかに費用対効果が高いことが多い。このような自然保護の再検討は、大学と環境NGO間の新たな大がかりな協力関係を生み出している。自然資本プロジェクトは、スタンフォード大学、自然管理委員会、世界自然保護基金、そして財界のメンバーが合意して開始されたが、望みは、最終的にほかの多くの機関やグループが参加することである。その目標は、経済的な力を保護に向けさせること、すなわち、これまで行なわれているような人工資本と人的資本の維持と同様に、自然資本の維持のために新たな科学的方法、新たな金融商品、企業や政府の新たな政策を考え出すことである。

自然資本プロジェクトの最初の取り組みは、モデルとなる4つの生態系に焦点を絞っている。その4つとは、中国の揚子江上流域、エチオピアからモザンビークへと延びる東アフリカ低山帯にあるタンザニアの東アーク山脈、ハワイ諸島（なかでも「ビッグ・アイランド」と呼ばれるハワイ島）、そしてカリフォルニアのシエラネヴァダ山脈である。いずれの場合も、取り組

みの中心は、土地利用の決定に生態系サービスの価値を組み入れるための方法を確立することにある。自然資本の要素とそれらがもたらすサービスを具体的に地図に書き込んでみることによって、人々や政策決定者にそれらの価値と保全の必要性をはっきり認識させる必要がある。必要な活動の財源確保のため、（生態系サービスの市場の開拓も含め）さまざまなアプローチが試みられるだろう。これらモデルのシステムとそれらに付属するシステムとは、自然資本や生態系サービスが、共同体の土地利用や投資決定の標準的特徴になりえるかどうか（もしくはどうすればなりえるか）を見るための試験台として使われるだろう。

生態系の復元

田園生物地理学と自然資本プロジェクトを補うアプローチとして、劣化した土地をある程度自然な生息地へと復元し、生物多様性を保護する場所として利用可能にするという試みがある。復元生態学の基本的な目標は、これまで集中的に利用されてきた区域をたんに生息しやすいものにするというのではなく、劣化の激しい、あるいは完全に破壊されてしまった生息地を回復することである。そのような回復の候補になるのは、露天掘りされたり、樹木がひどく伐採されたり、無計画に過剰耕作や過放牧されたりして、栄養枯渇や深刻な土壌浸食にさらされている地域である。

たとえば、コスタリカ北西部のグアナカステ州では、生態学者ダニエル・ジャンセンが、保全のために設けられた広い地域において、生物多様性を復元する先駆的な試みを行なっている。彼は、たとえば、その地域のオレンジジュース工場に、廃棄物として出る厖大な量のオレンジの皮の捨て場所として、保全地域の一部を使用することを認めた。オレンジの皮は、広範囲に撒かれると、自生植物種の復活を促進する格好の被覆肥料（マルチ）になった。もうひとつの重要なプロジェクトは、ブラジルの大西洋岸の熱帯雨林の一部――とりわけ河川や小川に沿って成長する森林――を復元する試みである。生物多様性の豊かなこの森は、かつてはブラジル南東部の40万平方マイルほどの広さがあったが、いまはとびとびにその７％が残るだけである。このプロジェクトの発端のひとつは、その地域の農民が必要とするかつては豊富だった地下水が森林伐採によって消滅してしまったことであった。計画は、入念に選ばれた雨林樹木の20億本ほどの苗木を植え、植林した森に別の生物多様性を再導入するというものである。それは、細心の注意を要する複雑な仕事であり、成功するかどうかは、時間が経ってみないとわからない。最初の訪問からちょうど20年後の２００７年末、私たちは大西洋側の熱帯雨林地域を再訪した。かつて森林が広がっていたところの多くは過放牧によって荒野に変わっていたが（図15・2）、イタティアイア国立公園の残っている高地の区画のうちのひとつでは、鳥相は変化していないように見えた。これは、大西洋側の熱帯雨林で標高が高いところには、アルド・レオポルドの言う「部品」の多くがまだ残っていて、復元のために使うことができることを示唆している。

おそらく、復元についてもっとも期待がもてる点は、専門家の助けをほとんどあるいはまったく借りずに、農民自身によってかなりの前進がなされるということである。たとえば、サハラ砂漠の境界にある乾燥した、絶望的なほど貧しいニジェールでは、多くの地域で、農民たち自身が砂漠化の流れを変えたように見える。彼らは、自分たちの農地から若木をとり去るのではなく、それらを守り育て、地域の緑化から利益を手に入れ始めた[4]。

図15・2　ブラジルの大西洋岸の熱帯雨林だった場所。かつては生物多様性に富んでいたが、いまは家畜が草を食む斜面と化している。写真は Rick Stanley 提供。

絶滅のおそれのある動物種の再導入や管理も、復元生態学のもうひとつの側面である。これは激しい議論になる。ウシを放牧しているイエローストーン国立公園やほかの地域に、オオカミの個体群を回復させる試みがなされた時も、そうであった。イエローストーンにオオカミがいなくなったことは、その地方の生態系に重大な（しかし最初はだれもそうだと気づかなかった）影響をおよぼしていた。オオカミがいなくなると、ヘラジカの数が一気に増え、ハヒロハコヤナギ、アスペンやヤナギの立ち木を駄目にしてしまった。ビーヴァーは、ロッジやダムを作る材料のアスペンも、食べるためのヤナギもないため、姿を消し、それとともに、ビーヴァーが作った湿地の生態系もすべて消え去った。10年前にオオカミを再導入したことによって、ビーヴァーが戻り、以前の生態系の力学が回復し始めた。この運動は最初は、この地方の牧場経営者（ウシが襲われることを恐れていた）やハンター（オオカミとの競合を恐れていた）には評判がよくなかったが、入念な管理が功を奏して、反対派は少なくなっていった。

オオカミの再導入が示しているように、ほとんどすべての復元の試みをめぐる問題は、科学的にも社会的にも経済的にも政治的にも、かなりの難題である。知的にもっとも難しい問題のひとつは、保全の目標がなにであるべきかを決めることである。たとえば、アメリカ人がイエローストーンの生態系をそっくりそのまま「復元」したいと思ったとしよう。目標は、イエローストーンを20世紀初めの状態に戻すことだろうか？　それとも、ヨーロッパ人がイエローストーンに初めて来た状態か？　あるいは、オオカミをイエローストーンに戻らせるだけで十分なのか？　そして目標がなにであるべきかという社会の決定とあいまって、復元生態学者は、それらの初期の状態がどのようなものだったかを、どのようにして決定するのだろうか？

明らかにこの問題では、科学的判断と価値判断が重なり合っている。私たち2人の答えは、近隣の人間の居住地への生態系サービスも最大限にするという配慮もしながら、実際上可能なかぎりの生物多様性をもった生息地へと復元するというものだ。どのような決定を下すかは、その時の状況しだいということにならざるをえない。このクリアすべき目標が低すぎると思う人もいるかもしれない。確かに、世界遺産であるイエローストーンのような地域の場合はとりわけ、そうかもしれない。

復元に向けてのもっとも大がかりな運動を率いてきたのは、集団生物学者で、保全生物学の領域を切り拓いたマイケル・ソウレと環境保護活動家のデイヴ・フォアマンである。彼らとその仲間は、大陸規模の回廊プロジェクトとも言える原野復元プロジェクトを立ち上げた。原野復元プロジェクトの目標は、北アメリカ西部の大部分を「野生に戻す」ことであり、オオカミ、クマやほかの大型動物が自由に移動できるように区域をつなげ、人々が価値をおく保養と野生のために未開発地域の生態系を維持するのを助けることである。原野復元プロジェクトの指導者たちは、「メガリンケイジ」と呼ぶものを作り上げることによって、それをなしとげようと考えている。そのためのひとつの方法は、高速道路によって生息地が大型の動物の生息できない小さな区域へと分断化されることのないように、高速道路をまたぐように野生動物用の橋や地下道（「エコダクト」）を作って、区域をつなげることである。区域の連結は、原野復元の鍵となる原則である――もちろん、これにも、生息地の小さな区画をつなぐ回廊の場合と同様の問題点と利点がある。

これらの問題とは別に、現在こうした連結がないことは、保全の取り組みにきわめて一般的な問題を生じさせている。たとえば、カリフォルニア州のサンディエゴ地域では、チャパラルの低木林の区画どうしが孤立しすぎているためコヨーテが生息できない区画では、コヨーテの生息する区画よりも鳥の数が少ない。その理由は、コヨーテが鳥の天敵であるキツネ、アライグマ、そしてとりわけネコを抑えるからである。このような場合には、オオカミやコヨーテのような動物を「キーストーン種」――その動物の個体数に比して、その地方のコミュニティや生態系に与えるその動物種の影響がきわめて大きい――とみなすことができる。このような理由から、大型のキーストーン種を支える条件を整えることは、原野復元運動の重要な要素である。

原野復元プロジェクトは、ほかのどんな保全アプローチよりも劇的で大規模な変化を提案する。米国西部では、必要とされるリンケイジを作るには、多くの場合、土地をこれまでとは違ったように管理する――保全のために私有地を使用できる制度を整備すること、保護区のために私有地の一部を買い取ることなど――必要がある。それゆえ、4WDやオフロードを乗り回すアウトドア愛好家、すべての国有地を樹木の伐採、放牧、採掘のために開放することに賛成する「賢い利用」者グループ、そして開発指向のほかの団体が、米国内の広大な生息地を再現することに猛反対してきたのも驚くにあたらない。皮肉なことに、これらの団体の一部は、一方では、ジョージ・W・ブッシュ政権によって急速に始められた西部全域の石油と天然ガスの探鉱と掘削に反対する環境保護論者を支援している。そうではあるが、原野復元プロジェクトは、ほかの国々では、多くの場合もっと歓迎されている。このようなプロジェクトが実際に花開くためには、大部分のアメリカ人に（もちろん世界の大部分の人々にも）人口増加、消費、自然資本を見る見方に、社会的な変化が起こる必要があるように思われる。

自然資本を守る

生物多様性と生態系サービスを守る上での究極的問題は、成功を難しくしている要因、すなわち人口の規模と増加、富裕層による過剰消費、環境に悪い技術の使用（たとえばSUV車による通勤）や社会政治的・経済的政策（自動車による移動を促進するような都市計画）にどう対処するかである。環境科学者によって多くの保全の原則がいかに発展させられようとも、それがこれらの決定的要因に有効かつ迅速に――そして問題の景観や漁場の多くに直接（場合によってはほとんど）依存する貧しい人々のニーズにも配慮しながら――適用されなければ、環境科学者の取り組みも実りのないもので終わってしまう。

生態経済学者は、その取り組みを受けて、生きている自然資本を守るという問題のいくつかについて、取り引きにもとづく解決策を見出してきた。それらの代表例は、まえに論じたような取り引き可能な漁獲量の割り当て、水が足りない農業地域での取り引き可能な水の割り当て、そして（13章で述べたような）汚染を減らすためのキャップ&トレード制――酸性雨を弱めることで、生物多様性を守ることに役立っている――である。

もちろん、取り引きにもとづく解決法があまり有効ではなく、直接的規制のほうがうまくゆくような領域はたくさんある。たとえば、ポリ塩化ビフェニル（PCB）のような、生態系を壊す合成化合物の排出を調整するのに取り引きを用いるのは、ふつうは非現実的である。そして排出される汚染物質の総量を制限する試みは、利用できる最善の制御技術を用いなければならないという規制上の要件によって助けられていることが多い。このことが意味しているのは、企業は、汚染の許容量を買い取るだけの財力があるかどうかにかかわらず、環境に大量の汚染物質を排出することができないということである。さらに、取り引きにもとづくシステムにも、通常は命令による規制の要素がある。たとえば、政府は、対象となる漁場の漁獲期間を直接制限することや、許容される漁獲の総量の設定（この総量の範囲内で割り当て量の売買が行なわれる）や取り引きのルール作りをすることによって、魚の資本ストックを保護する。同様に、キャップ&トレードの排出量調整方式の「キャップ」の部分は、排出する側に汚染の許容される自分たちの持ち分を変更する自由はあるにしても、政府の側が縮小する「キャップ」以内にすべての排出を収めなければならない。

生きている自然資本の価値とその自然資本が提供する生態系サービス、そしてそれらを保全する必要性についての理解の深まりが、２００５年のミレニアム生態系評価の報告書、『生態系と人類』をもたらした。報告書には次のように記されている。「ヒトはこれまでの人類の歴史にはなかったほど急速かつ大規模に生態系を変えてきた。それはおもに、食糧、水、木材、繊維、燃料の需要に応えるためであった。これが、地球上の生命の多様性に重大な、ほとんどは取り戻せないような損失を生じさせてきた」[5]。

これまでの章で述べてきたように、これらの変化は、未曾有のスケールで起こっている。世界の地表のほぼ4分の1がいまや作物、焼畑耕作、家畜の飼育や淡水での養殖にあてられており、１９４５年以降では、18世紀と19世紀を合わせたよりも多くの土地が耕作地になり、世界のサンゴ礁の40％ほどが破壊もしくは劣化させられてきた。今後の数十年で、哺乳類の23％、鳥類の12％、両生類の32％、針葉樹の25％が絶滅の危機にさらされると推定される。産業としての漁業が始まって以降、世界の漁業資源は90％減少している。

ミレニアム生態系評価に対しては、残念ながら、マスメディアからは、10年前の科学者集団からの警告よりも少し注目を集めたにすぎなかった。しかし生物多様性を守るという動きの欠如には、科学者にも責任の一端がある。保全生物学者は、自らの保守的な考えを乗り越える道を見つける必要があるし、生態学のようなより伝統的な（しかし鍵となる重要な）学問領域の研究者にも、同じことが言える。人々の注意が環境問題に向くようになって以来、生態学に対する一般市民の関心と支持は増してきている。しかし残念なことに、多くの生態学者は、学問的に瑣末な問題を――「好奇心に動かされての研究だ」という言い訳をしながら――追い続けており、「応用的」問題に関わりたがらない。

これは、科学が、ヒトの問題への直接の応用をともなわない「基礎」研究と明らかな応用をともなう「応用」研究に分けられるという、時代遅れの考え方の名残である。かつては、最良の科学は純粋であるべきだと考えられたことがあった。確かに、純粋な基礎研究における発見がのちの時代に実際的応用をもたらした例は、数え切れないほどある。その典型的な例は、原子物理学だろう（その応用のいくつかについては、評価が分かれるところだが）。

しかし、人口過剰、少数の富める者による過剰消費、生物多様性の喪失、地球高温化といった相互に関係し合う結果を分析し、次にそれらを回避あるいは緩和するという試みは、少なくとも、もっとも「純粋に」見える科学的問題を解くのと同じぐらいに基本的で挑戦的だ。

ミレニアム生態系評価の中心的執筆者の代表、ウォルター・リードは、こうした状況を次のように的確にまとめている。

要は……私たちが地球の自然資本を使い果たしつつあって、それが地球の自然のはたらきに重くのしかかり、その結果地球の生態系がもはや未来の世代を支えるだけの力を持ちえなくなるということである。……明らかに、一方で大部分の生態系サービスが劣化し続け、もう一方で生態系サービスの需要が増し続けるという二重の動きが続くことはありえない。……しかし、この評価が示しているのは、これからの50年間、なんらかのグローバルな環境崩壊ということよりも、特定の生態系サービスの多くの地域的・局地的崩壊の危険性があるということである。[6]

将来に対する期待について、リードは次のように続けている。「悪化した多くの生態系サービスをこれからの50年でもとに戻すことは不可能ではないが、しかしそのために必要とされる政策や営みの変化は相当なものになるはずで、現時点ではそれはまだ始まってもいない」[7]。

16章　統治――予期せざる結果に対処する

「息子よ、世界がいかにわずかな知恵で統治されているか、よく見るがよい」。

アクセル・グスタフソン・オクセンシェルナ
『スウェーディッシュ・ステイツマン』、１６４８〔1〕

狩猟採集民であった私たちの祖先は、自分たちの社会を維持するためにかなり単純で直接的な方法を用いてきた。自分の属する集団のやり方が気に食わなければ、そこから出て、別の集団を見つけて加わる（あるいは別の集団を作る）ことができたかもしれない。集団を乱す者は、多くの場合みなの合意によってたんに処刑された（イヌイットの間では、１９５０年代まで、そうすべきかどうかがまだ議論されていた）。そしてよりよく統治された社会――異なる考えもある程度受け入れ、罰の脅威も少ない社会――を見つけるために移動することは、過去数世紀にわたって南北アメリカへと移り住んだヨーロッパ人の主要な特徴だった。その後も同様に、北アメリカでは西海岸に向けての移住が起こったし、20世紀と21世紀にも、たくさんの亡命者が移住してきた。

しかし、人類の台頭と世界の支配は、目を見張るような、しかも広範囲におよぶものであり、今日の状況は昔に比べはるかに複雑なものになり、文明の問題は、個人に対処することや、よりよい統治の機会を求めて集団で移住することだけでは、解決できないものになっている。私たち人類に脅威を与えるもっとも深刻な環境リスクの多くは、気候変動や生物多様性の喪失から、地球の被毒や新たな病気の出現まで、すでに世界規模になっている。

アメリカ人は、土地を離れることでこれらの問題を回避することはできないし、バングラデシュの人々もそうである（もちろん、それらの問題の影響のしかたは両者では大きく異なるが）。これらの問題が与える脅威にもかかわらず――あるいは脅威のゆえに――、唯一の超大国、アメリカの国民のほとんどだれも、これらの問題の解決に向けて協力して活動してはいないし、ほかの地域でも、この方向に向いた協力がそうあるわけではない。どこの人々もほとんどそうだが、私たちは、グローバル化が統制のとれない経済的進路をとって進んでゆくにつれて、小集団の世界がしだいに消え去っているということをいまだに認識していない。好むと好まざるとにかかわらず、私たちは地球市民であって、地球の裏側で起こったことが、よくも悪くも私たちに影響をおよぼしうる。しかし、世界共同体のなかでグローバルな社会が生み出す経済的・社会的・政治的問題——それが生み出している深刻な環境問題については言うまでもなく——をあつかうための現実の計画はないし、そのための組織された能力もほとんどもっていない。そしてこの複雑なシステムを持続可能なものにする政策を立てるという問題は、まだ多くの政策決定者にも認識されていない[2]。つまり、支配的存在になったにもかかわらず、私たち自身が厄介の種になってしまっている。

状況はもっと難しくなっている。というのは、政府がとるべき行動をとる上で大きな障害になっているのは、グローバル化それ自体だからである。ただひとつの国だけの行動は通常は、海洋の漁場資源の枯渇のようなグローバルな問題にはほんの小さな効果しかもたないため、それぞれの国の政治家や国民が犠牲や制限を正当化しようとしても、そうするのは難しい。このような制限を一部の者だけがすると、経済学者が「ただ乗り」と呼ぶ問題が発生する。すなわち、正当な負担をせずに、ほかの人間や集団がすることから利益を得る者が出てくる。もしいくつかの国が漁獲量を抑えたとすると、抑えなかった場合に比べ、ただ乗り者にとっては（少なくとも短期的には）より多くの魚があることになる。もしただ乗り者が依然として、必要な制限——これによって、自然の再生、すなわち減りつつあった資源がみなの利益になるよう回復することが可能になる——を講じなかったら、乱獲が共有的資源である漁場を破壊してしまう。

なにが公平な負担かという異論の多い問題はしばしば、だれがなにをすべきかの議論に政党が時間を費やしているうちに、対応を遅れさせてしまう。米国が温室効果ガス排出量削減についての１９９７年の京都議定書を批准すべきかどうかをめぐる議論はそのよい例である。論争の要点は、過去にはそれほど多くの温室効果ガスを排出しなかったが、これからすぐに主要な排出国になるはずの汚染のひどい発展途上国に比べて、米国が自国の「公平な」負担分以上のものを払うかどうかであった。これらの発展途上国も合意文書に署名したということ、そしてそのもとで、京都議定書の２０１２年の失効のあとで予想される新たな計画に沿って、温室効果ガスの排出量の削減に取り組み始めたということは、明らかに、アメリカの国民にも、多くの国会議員にも理解されていなかった。

グローバル化

グローバル化とは正確にはどのようなことを言うのだろうか？　それは、国の垣根を超えて、経済・社会・情報・環境の統合が進むこととしてとらえることができる。経済学者は、グローバル化を数世紀前から起こったプロセスであり、第二次世界大戦後に加速し、とりわけ１９９０年と冷戦終結以降にその加速化が激しくなったと見る。

今日、国際的統合のプロセスは、人間社会の主要な経済的特徴を単一のグローバルなシステムにまとめあげ、何千年もの間続いてきた、経済の中心が州や国家にあった状態にとって代わりつつある。経済規模に対する貿易量は、1世紀前に比べてそれほど大きくなっているわけではないが、現在のグローバル化の特徴は、国境を越えて資本と情報とがほとんど瞬時に行き交うことにある。

こうした活動の多くは、巨大な多国籍企業によって——しばしば政府の監督の及ばないところで——行なわれている。たとえば、アメリカ人が車を購入する時、それはいくつかの国で製造された部品を使った日本製だし、冬にヨーロッパや北アメリカの人々が食べる新鮮な果実は、南半球で実ったものだし、コンピュータが壊れた件でアルゼンチンから電話をかけると、その電話はインドのバンガロールの技術部門に直接つながる。

これらの活動の大部分が消費者にとって利益になることは、明白である。しかしその結果は、労働者や農民の側に（多くは）予期せざる不利益をもたらすことがある。というのは、グローバル化は、資源、仕事、労働の国際的な移動も促し、多くの場合、輸入国の製品や農業生産物の価格の低下も引き起こすからである。さらに、グローバル化は、技術面で遅れている小さな文化が大きな支配的文化——アメリカ、ヨーロッパ、中国などの文化——に覆われるプロセスも加速させる。世界中どこに行っても、コーラが飲め、ほとんどのところでビッグマック、タコス、ギョーザが食べられる。中国から北アメリカに輸入された汚染されたペットフードや鉛入りの塗料の塗られたおもちゃによって、ネコが死に、子どもたちが脅かされている。そしてラテンアメリカの親たちは、子どもに米国のテレビ番組で覚えた名前をつけ、米国製のジーンズを世界中の人がはいている。

グローバル化の主要な要素のひとつは、インターネットに代表されるように、格段に高められたコミュニケーションであり、こうしたコミュニケーションなくしては、グローバルな貿易が成り立たない。しかし、情報と資金の移動の速さは、貿易に対する規制をきわめて困難にしている。他方では、どの社会も、世界から孤立したままでいることも、独裁者が外の世界や自分たちの政府について知りえることを制限することで国民を支配することも、（不可能ではないにしても）ますます難しくなっている。

一部の経済学者は、グローバル化を真によいものとみなしている。その理由は、国際市場が、それぞれの国が最善のことをするよう促すことによって、効率が高まり、それが世界総生産を伸ばすのを助けるからである。確かに、人口が数十億を越えて増大するのにともない、そして社会も工業化するのにともない、グローバルな貿易はますます必要になっている。それはたんに、きわめて大きな人口を（とりわけ高い生活水準で）支えるのに必要なすべての資源や農産物をもつような国がなくなってしまっているからである。米国はこれにもっとも近い国だったが、この数十年で、国外の重要な資源（なかでも石油）に急速に依存するようになった。

生態学者は一般に、経済のグローバル化をそれほどよいことだとは思っていない。というのは、ヒトによる支配が大陸、大気、海に対して深刻で広範囲の変化を与えるように、経済のグローバル化も環境問題のグローバル化を促進するからである。それゆえ、ある国のなかで行なわれている活動がいまや、世界の関心事になることも多い。たとえば、中国で建設中の石炭を燃料とする数百の発電所からの汚染は、地球温暖化を助長するだろうし、今度はそれが、ハリケーンを強大にしたり海面上昇を加速させたりすることによって、ニューオリンズ、フロリダや中央アメリカに住む人々に問題を生じさせるだろう。さらに、グローバル化は、世界中の食糧やほかの生産物の輸送をともなうため、輸送のエネルギーコストを大幅に増加させ、そしてもちろん、環境への温室効果ガスの排出を増やし、外来種の動植物の侵入を加速する。

1994年に、世界貿易機関（WTO）が、貿易協定を監視し、貿易ルールを強化し、紛争を解決するために設立された。しかし、このWTOは、貿易を侵害する国内法だけでなく、温室効果ガス排出を抑えたり、ほかの環境保全手段を提供したりする国内法にも優先する力をもち、環境問題の解決を妨げることがある。たとえば、自国内で厳しい燃費基準を採用しようという日本の企ては、WTO内において、これを高燃費車の輸入制限の動きとして見た米国の反対にあった。食糧を輸出する米国やほかのいくつかの豊かな国では農民に対して農業補助金を出していることも、WTOで問題にされてきた。

多くの社会科学者や見識あるほかの観察者も、グローバル化に冷ややかであるのは、それが世界中の貧しい人々にとって多くの問題を生み出すと考えているからである。WTOが富める国に農業補助金を減らさせることができていないのは、その典型例である。補助金は過剰生産と輸出品のダンピングを引き起こし、輸出穀物の価格が下がることが、発展途上国の貧しい農民が生産した食糧の価格を下げるという結果を招いている。

このようなつながりはすでに、数百万もの人々の日々の生活に影響をおよぼし始めている。一例はカシミアと喘息の関係である。カシミアセーターは、米国ではとても安く手に入るが、それは、中国から安価な製品が大量に入ってくるためである。中国経済の活況のひとつの要素は、多くのカシミア工場の建設と、それにともなう、その鍵となる天然資源を提供するヤギの群れの拡大であった。この資源は、ヤギの粗い「保護毛」の下に生えている特別な柔毛で、櫛ですいて集める必要があるが、これを紡ぐと驚くほど柔らかな毛糸になり、これからセーターができあがる。

しかし、カシミア産業のためのヤギの大群はいまや、モンゴルとの国境に近い、厳しく乾燥したアラシャン高原の草原地帯を砂漠に変えつつある。その結果、アメリカにまで届くほどの巨大な、埃をともなった巨大な砂塵嵐を生じさせている。ある時には、黄砂のせいで、コロラドでは視界が悪くなり、ニュースで取り上げられるまでになった。中国で発生したほかの汚染物質も、太平洋を越えてアメリカまで届き、その量は、米国が定めている吸って害が出る基準値を超えたこともある[3]。予想されるように、中国国内、そして隣の韓国や日本でも、黄砂の影響は深刻だ。カシミアと喘息の関係は、その起源をたどると、増加する中国の人口に資源を提供すべく、毛沢東がアラシャン高原を含む中国の西の辺境地帯へと移民を推し進め、そこを開拓させたことに始まる。毛沢東は、砂漠に隣接するこの地域の環境への予測しえた影響について十分考えることはなかったため、森林破壊と過放牧が、今日の大きくなりつつある災厄を招くことになった。

現代の指導的政治家もそうであるように、毛沢東も環境科学、とりわけ農業生態学に疎かった。農業、環境と文化がどのように絡み合っているかという理解をもっていれば、政治家も人々の伝統的な生活のしかた――この場合には、チンギス・ハンの時代からアラシャンでヒツジ、ヤギやラクダをうまく放牧してきた牧歌的な遊牧民――の行く末を案じることができたかもしれない。遊牧民は村に定住するよう強いられ、現在は、砂漠化しつつある地域――草の大部分が失われ、湖や川の干上がった地域――に居住している。

このように、カシミア産業は、中国の一部の人々に深刻な問題を、また国境をはるかに超えた地域にも有害な影響をもたらす一方で、中国のほかの人々には利益と、また世界的には安価なカシミアを豊富にもたらしている。カシミア産業の成長はよいことなのだろうか？　グローバル化の多くの問題と同様、これには明確な答えはない。グローバル化における経済的利益の実際の分布と仕事の動きの影響は、ある地域の人々にとってはよいものだが、別の地域の人々にとっては悪いという複雑な様相を呈する。しかし、全体的に見れば、もっとも富める国ともっとも貧しい国の利益格差はこの数十年で広がってきたし、いくつかの貧しい国、とくにサハラ以南のアフリカの国々は、貿易促進の国際通貨基金（ＩＭＦ）も認めるように、さらに貧困になっている[4]。

環境への影響もまた複雑である。中国と同様、ラテンアメリカでも、汚染――大気汚染、水質の悪化、有毒廃棄物など――は全般的に、開発とグローバル化にともなって増加しつつある。これらはおもに、政府の監視の失敗によって起こった。このような失敗は通常、貧しい国々における統治の問題、すなわち「組織能力」（福袋のようにいろんなものが入った用語だが）――経済政策のマネジメント、環境規制の制定と強制、法と秩序の維持、公共サービスの提供、強力な国際資本の侵入への抵抗――の欠如とみなされている。中国は、サハラ以南のアフリカやラテンアメリカの多くの国々よりも、組織能力が高いはずだが、問題の程度も大きい。

グローバル化しつつある世界において、最貧の国々は一般に、ほかの産業よりも、自然資源の採取と輸出や商品の大量生産に特化した産業において有利である。これらの産業の中身は、林業、鉱山業やある種の製造業であり、それらはどれも環境に深刻な破壊的結果をもたらす可能性がある。これらの産業が発展途上国に集中する場合、先進国は、貧しい国から資源の採取や加工の産物を買うことによって、その汚染と環境への損害を基本的に「外注」してきた。グローバル化は、過去数十年間で、たとえ貧富の差を増大させてきたにしても、発展途上国の多くにおいて経済的な生活水準を高めてきたというのもまた事実である。貧困生活（1日あたりの収入が2ドル以下と定義される）を送る人々の数は依然としてきわめて高いが、まえに見たように、最貧困層の割合は大きく減ってきており、一定レベルの裕福さに達している人々──「新消費者」──の数は、（とりわけアジアで）急速に増えつつある。「新消費者」がすぐに世界中の8億台の車のうち2億台以上を乗り回すようになること、そして彼らがすでに車の市場として急成長しつつあることは、今後の不吉な予兆を示している。

新消費者が西洋の生活スタイルにあこがれるという理由の一部は、アメリカのCNN、イギリスのITVやBBC、アラブのアルジャジーラ、あるいはインターネットといったグローバルな電子メディアの影響力に見ることができる。これらのメディアは、よくも悪くも、イデオロギーと願望の力を途方もなく大きくしてきたように見える。世界中に現実のままに配信される第一に消費ありきというアメリカの生活スタイルは、確実にそして意図的に、危険な消費を増大させるとともに、一方では、とりわけ信心深いイスラム教徒の宗教感情を傷つけてきた。そして確かに、流血の現場からのテレビニュースの映像が、米

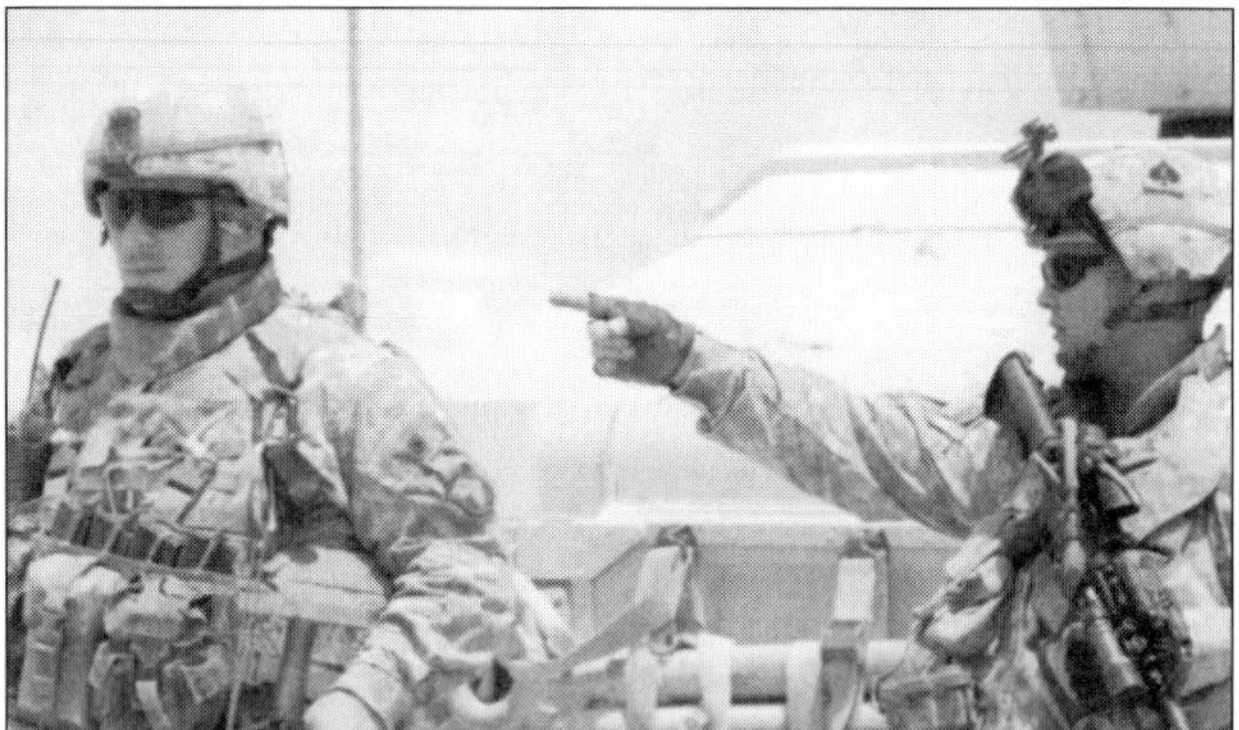

図16・1　イラクに駐留する米軍の戦闘部隊。その目的は、イラク国内に埋蔵されている石油を長期にわたって確保することにある。化石燃料の需要が増し、容易に見つかる供給源が少なくなりつつある時代にあって、資源戦争は頻発する可能性がある。写真は iStockphoto 提供。

国やほかの国々におけるヴェトナム戦争やイラク戦争への反対運動を刺激した。

人類は、その消費と人口の増加にともない、未曾有のスピードで資源を消費し、地球規模でその自然資本を破壊し続けている。これらの問題と、それらに関係する不平等の問題に取り組むために、なぜ、これまで世界ではこれほどわずかなことしか行なわれてこなかったのだろうか？　もちろん、その理由は山ほどあるが、なかでももっとも重要なのは、たんなる無知に加えて、距離と時間による割引き（遠くで起きている、あるいは遠い未来に起こるであろう出来事の結果を真剣に受け取らないこと）、時代遅れの制度や組織、（13章で紹介した「ウェッジ」アプローチの代わりに）問題を解決してくれる特効薬があるという信念、そして社会内の権力の不均衡な分布である。さらに、既成の考え方――なにがよく、正しく、重要かについての個人、集団、政府の役人に行き渡った強い文化的信念――は、頻繁に環境問題のありうる解決法と対立する。歴史の大部分において、そうした考え方の影響はおもにその地域かその大陸だけに限られていたが、現在は、とりわけ大国をガイドしている考え方の場合は、グローバルな影響力があり、その多くがほかの国でも採用されている。

統治の問題

環境問題への対処の妨げとなる障害のいくつかの側面について、現在も世界のなかで依然として強力な勢力である米国を例にとって、国や州の統治の問題に焦点をあてながら考えてみよう。米国政府が現代の状況に順応するのに失敗したことは、米国と世界が直面するもっとも深刻な問題に対処する上で米国を無力にするのに一役買った、と私たちは思っている。これらの問題のうちもっとも重要なものは、広い意味での環境問題である。残念ながら、米国政府の構造は、お金と権力をもった特別な利害関係者の影響を受けやすいようにできている。このような利害関係者が与える重大な脅威を認識して反応するのは、（情報通の市民だけでなく）行政機関や議会の指導者の責任である。これは、過去にも――たとえば、南北戦争以前に政治への参加を拡大したジャクソン民主主義運動、政治的に工業よりも農業に対する関心を高めた19世紀末のポピュリズム運動、第二次世界大戦前の大恐慌の際のフランクリン・ルーズヴェルトのニューディール政策においても――なされてきた。しかし、いまのところ、お金の堅固な力に対抗できるだけの力が現われる見込みはないように見える。

富裕な利害関係者は、米国政府を悩ませる問題において――とりわけ目先の利益を優先して環境問題を無視や軽視することにおいて──明らかに役割をはたしてきた。広く米国全体で見ると、近年、基本的には右翼の、お金をつぎ込んだキャンペーンが地球高温化についてのデマを広めてきた。それは、気候変動は起こっていないか、あるいは起こっているとしても、大局的には「自然」現象なので、深刻な問題ではないと主張することに成功した。この主張はメディアによって増幅され[5]、政治の領域の中心にまで及んでいるだけでなく、極左の、環境運動に詳しくないコメンテーターまでもがそれを鵜呑みにしてしまっており[6]、その影響は海外にも及んでいる。たとえば、州レベルでは、2006年、シェブロンをはじめとする石油会社は、9500万ドル以上を投入して誤報キャンペーンを支援し、石油生産高に対してカリフォルニアの州税（この税金は再生可能エネルギー計画を支援するために使われるはずだった）を課税する法案（法案87）を否決した。宣伝は、その法案がガソリン価格を上げ、外国への石油依存度を強めるだろうという、事実に反する主張を含んでいた。けれども、提案されている税は、実際には石油を産出しているほかのすべての州ですでに実施されているのと同様のものであった。

力のある石炭や石油関係者は、社会全体よりも自分たちの産業界に利益になるようエネルギー関連の法律を作るために、便宜の供与だけでなく、国会議員や大統領候補の選挙運動においても大きな役割をはたしてきた。これらの領域において（そしてほかの領域においても）なぜ政治家が産業界にてこ入れするかと言えば、第一には、彼ら（とりわけ選挙の頻度が多い下院議員）には巨額の選挙資金を調達する必要があるからである。

この20年間に、自動車メーカーと化石燃料産業は、化石燃料の使用量の削減の動き──乗用車や軽トラック（SUV車を含む）に対するCAFE（企業別平均燃費）のマイル基準の引き上げや、化石燃料に代わるエネルギー源の研究開発への資金の増額──を阻止するために巨額のドルを使った。1990年代は、米国の自動車業界によるこれらやほかのキャンペーンが功を奏したが、しかし最近になると、車を買う人々は、より効率的な国外メーカーの車へと転向し始め、デトロイトには財政支援が来なくなり出した。

世界や米国がいま直面している問題に対処する米国の能力を高めるために、統治のシステムをどのように改善すればよいだろうか？　ひとつの明らかな方法は、選挙からほとんどかすべての民間資金を排除することによって、自分たちの利益のために圧力をかけてくる人々の影響を国会議員が受けにくいようにすることである。選挙活動に使うお金を制限するには、合衆国憲法の改正が必要になるかもしれない。というのは、最高裁も述べているように、本質的に票の買収とみなされるものが政治的言論の自由の形式をとっており、それゆえ憲法上守られているからである。選挙資金制度改革を行なうこととインターネットを多用すること──テレビを通じた宣伝に比べお金はあまりかからない──によって、自由な政治的言論をお金から人々へとシフトさせることは可能かもしれない。企業の支援による気候変動の偽情報の宣伝活動の持続と成功が示してきたように、そうした変化を起こすのは難しいだろうが、結束した市民の支持があれば、対抗できる力をある程度は取り戻すことができるだろう。

環境問題に対処させたり法案を通したりするために、特定の計画を支持するよう民主的にすべての市民を納得させる必要はない。米国やほかの民主主義国では、政策の変更を生じさせるためには、それなりの数の「イシュー・パブリック」——公共政策における特定の問題に高い関心があり、それらについての自分たちの選択を支持する行為（献金する、陳情する、投票する、抗議するなど）を進んでとる人々のこと——を生み出す必要がある。米国の２００７年の代表的なイシュー・パブリックのリスト（複数の調査を合わせてある）を表16・1に示す。気候変動はリストではかなり上のほうにあるものの、悲しいことに、もっとも差し迫った環境問題（生物多様性の喪失、地球の被毒など）の多くは、いまのところ実質的な「パブリック」をもっていない。

表 16・1　米国のイシュー・パブリック

妊娠中絶	31%
政府の社会福祉政策	21%
地球温暖化	18%
銃規則	17%
国防費	16%
死刑	14%
女性の権利	12%
人種問題	10%
失業	9%

出典：全米選挙調査および一般的な社会調査。数値は1980年以降のいくつかの年からのもの（調査は定期的に行なわれているわけではない）。地球温暖化の数値は、2007年にスタンフォード大学、ABCニュース、『ワシントン・ポスト』が共同で実施した調査からのもの。

この表のデータの提供者、心理学者のジョン・クロスニクは、問題に取り組ませる上で鍵となる要素が、（１）その問題が存在し、（２）その問題に取り組まなければ、自分たちにとって悪いことになり、（３）その問題を引き起こしたのが確かに自分たちだが、（４）その問題を解決することは可能だ、と人々に確信させることだと考えている。２００７年の時点で、気候変動について、大部分のアメリカ人は、最初の３つの要素についてはすでによくわかっていた。しかし、4番目についてはまだ戸惑いがあった。これは驚くほどのことではない。というのは、温室効果ガスの排出量を大幅に減らすには、今後数十年にわたってたくさんの解決策が必要だからである。

人々の関心と科学者やＮＧＯの努力は、大企業のドルに対抗するだけの力を生み出しており、気候変動に対処する動きは、すでに州レベルや地域レベルで急速に始まっている。たとえば、これまでも環境保護にもっとも積極的に取り組んできたカリフォルニア州は、二酸化炭素（CO_2）排出を減らすための法案をいくつか制定してきた。そのひとつはパヴリー法である。これは、カリフォルニア州内の自動車や軽トラックのCO_2排出量を、２００９年を基準年として２０１６年までに30％削減することを求めている。２００７年末までには、ほかに12ほどの州がカリフォルニア州の基準を採用し、ほかに４つの州もこれに参加する模様だ。同様に、カリフォルニア州知事、アーノルド・シュワルツネッガーは、州に２０５０年までに排出量を１９９０年の80％レベルへの削減を達成することを求める行政命令にサインした。

連邦議会がいささか腰の引けた連邦ＣＡＦＥ基準法を可決したあと、10月に、米国環境保護庁（ＥＰＡ）は、そのより厳しい基準を実行したいというカリフォルニア州の請願書を却下した。カリフォルニアやほかの州は、いくつかの環境保護団体と一緒に、ただちにＥＰＡを提訴したが、敗訴したとしても、２００９年には新政権がカリフォルニア州のケースを支持するかもしれない。

州レベルの行動の同様の動きは、米国市長会議の気候変動防止の合意文書の採択であった。この会議では、米国の大小あわせて７００以上の市の市長が、米国が２０１２年までにCO_2の排出量を１９９０年のレベルから７％少ないところまで削減するという京都議定書の目標を守ることを誓い合った。米国の排出量は２００７年には１９９０年よりも16％ほど多いから、課題は容易とは言いがたい。しかし、市長たちの先導のもと、２００７年には、数十の郡政府が、排出量を減らすという類似の公約を掲げた。こうした行動がどれほど功を奏するのかは今後を待たねばならないが、しかし最初の重要な一歩ではある。それはまた、歴史的に何度も成功してきたプロセスも示している。すなわち、州政府や地方政府が革新的な法制定の実験室として機能するのである。しかしながら、最終的には、大きなスケールの効果的なアクションについて、すなわち排出削減についてだけでなく、農業改革から汚染の抑制、生きている自然資本の保護といったあらゆる種類の問題について、新たな必要性やアイデアに米国政府の耳を傾けさせなければならない。

国のレベルでは、この数十年で、米国政府における権力と影響力は、立法府から行政府へと移ってきた。すなわち、より民主主義的でない、もしくは専門的な言い方をするなら、より共和主義的（共和党という意味ではない）でない代議政治をとるようになっている。政府を構成する立法府、司法府、行政府が独立しているという権力分立のシステムは、合衆国憲法の起草者にとってはきわめて価値があり重要であったが、それが弱まってきているのだ。それによって、米国は、権力が少数者の手に集中する方向に向かっている。ユリウス・カエサルがルビコン川を渡り、ローマ帝国が共和制から帝政へと変わった時と同じようなことが起こっているのかもしれない[7]。寡頭政治、独裁、あるいは権力の集中したほかの政治形態のほうが、環境の危機に対処しやすいと主張する人もいるが、しかし、巨大な人口を抱える国家において集中した権力が公共の利益のためになにかをするというのは、口先でなにを言おうが、まずまれである。これは、ソヴィエト連邦の特徴であった市民の自由の欠如と環境の悪化を例に出すまでもないだろう。

米国がこうした権力の集中を回避し、そして環境問題のより多くのイシュー・パブリックの声がアメリカ社会に聞いてもらえるようにする手立てはあるのだろうか？　すべての国政選挙において抜本的な選挙資金制度改革を行なうためにどのようなメカニズムを考え出すにしても、議会本来の力を取り戻し、環境問題に関心を向けさせる上で、私たちが必要と考えるほかの重要な構造的・手続き的改革は、以下のようなものである。

- ・勝手な選挙区改定——特定の政党が有利になるように選挙区を定めること——を止めさせること。
- ・議会の活動をもっと公開するよう求めること。
- ・議会により強い権限を与えることによって、重要な環境保護の問題と再選されたいという各議員の思惑とを分離すること。
- ・科学研究と教育への連邦の支援を強めること。
- ・米国食品医薬品局と環境保護庁など、いくつかの機関の独立性を強めること。

議会は、憲法で委ねられている予算上の権限（やそのほかの権限）をすでにもっており、その気になりさえすれば、環境の持続可能性を達成するための行動計画を作成するといった、いくつかの重要な問題を実行するよう行政府にはたらきかけることができる。それには時間がかかることを考慮して、そして世界の安全保障を強化するために、議会はさしあたって、おそらくもっとも重大な環境問題——人類にとっても環境にとっても破滅的な核戦争の脅威——について、ロシアと協力し合うことを行政府に要請すべきである。必要なのは、両国の核ミサイルの数を減らすことと、両国の兵器を即時反撃態勢から外すことである。現在、すぐ発射できる数千もの実弾頭をもっていること——ひとつのエラーが文明の終わりを引き起こしかねない状況にいること——は、人類の支配を終わらせる、絶えざる、しかしまったく不必要な危険である。

企業と富

企業は、地球の環境悪化に大きな役割をはたしてきたし、その役割はさらに大きくなりつつある。規模の点で、国家そのものを超える企業も多い。世界のトップの経済の約半分は国家ではなく、企業である。ゼネラルモーターズは、利益の点ではニュージーランド、ハンガリー、アイルランドの3国を合わせたのとほぼ等しい。ロイヤル・ダッチ・シェルの収益は、ベネズエラのGDPよりも多いし、ウォルマート・ストアーズの収益は、インドネシアのそれよりも多い。主要企業の圧倒的多数は、本拠地を富める国に置き、そしてもちろん、自らの利益とみなすものを増やすために、さまざまなやり方で力を行使する。

個々の企業は「法的虚構」であり、企業を所有する株主とは別の法人である。所有者が変わっても、企業は存在し続けることがあるし、企業の活動における所有者の責任も限られている。企業は、個人に帰される多くの権利が与えられていたり、それらの権利を主張したりする。法律は、企業を多くの点で個人と同等のものとみなしている。企業は自分の財産をもち、借金をし、契約を結び、訴訟を起こしたり起こされたりする。法的に付与されたこれらの能力は、現代の世界に見られる高度な経済活動を形あるものにし、組織するのを助ける。

しかし時に、企業は、言論の自由のように市民に認められている権利も主張する。政治的に左寄りの人々の多くは、企業にそのような権利を認めるべきではないと考えている。一方、制限のない資本主義こそが世界がうまく機能するためにもっとも公平で最善の方法だという考えに与する人々は、言論の自由という法的権利が（気候変動についてわかっていることを企業の利益になるように歪曲するといったことも含め）、まったくもって好ましいことだと主張する。私たちふたりは、前者の立場をとり、巨大企業――その多くは数十もの国で活動している――は政治システムについては権利を制限されるべきだと考えている。とくに選挙法を改正することで、特定の候補者に企業のお金を注ぎ込むことで「投票する」ことを認めないようにすべきだし、議会の票を買ったり、官僚（政府当局者）に便宜（たとえば、社用ジェット機での旅行や高級リゾートへの宿泊）を供与したりすることに重い刑罰を課すべきである。

国際貿易協定への影響力もそうだが、環境などに関わる法制定や行政的規制の決定において、現代の企業が行使する力は伝説的なほど有名である。大部分の大企業は、一般には法を遵守している。これは予想されることである。というのは、米国のような国では、企業が集団としてロビー活動や法制定の資金的支援を通して、ある程度法律を作るからである。しかし、それらの企業は、先進諸国の外、貧しい国々で盛んに活動するようになるにつれて、税金、環境規制、雇用や公正取引の規制を逃れることができるようになり、本国では逃れられないような法的要件を免れることができるようになる。このように、企業は、本拠地は安全な状態にしておいて、同時に、本国でなら罰せられるはずの行為――外国では、合法か、あるいは罪に問われない行為――を外国でしている「個人」のようなものとなる。

企業は、どれだけ多くの倫理規定をもっていようが、実際に倫理意識をもつことはない。心の理論をもつこともないし、相手に対して共感する可能性もない。企業の第一の目標（そして経営者が言うように責任）は、利益を上げることである。しかし、企業には、社会的責任――株主に対するだけでなく、本国や他国の従業員に対する、そしてその企業が影響を与える社会や環境に対する責任――がある。

企業に責任を課すことや企業に法を順守させる方法は、法制化することが可能である。米国でこれまで可決されたなかでもっとも成功した倫理法規のひとつは、外国取引における贈賄行為を禁止する海外腐敗行為防止法（ＦＣＰＡ）である。その時の議員の多くは、もしＦＣＰＡが通ったら、それは米国企業に損害を与えるだろうと主張したが、しかし企業側は、贈収賄による競争から自分たちを守るその法律が通るほうを静かに支持した。議会はこの法案を通し、その後それを廃止させようという動きに対してそれを守った。ＦＣＰＡは、当初の期待を超えて、世界的な倫理基準のようなものになり、米国の多くの貿易相手国もしだいに同様の法律を採用しつつある。もちろん、法律が環境の利益と企業の利益を合致させるのには、規制を通してや、公平であろうとする動機づけ――企業は環境の点でよい市民であることで得をする（少なくとも損をしない）――を通してなど、多くのやり方がある。

大企業は、米国における所得格差を広げるのにも大きな役割をはたしている。１９６０年には、トップ１００の企業の取締役の平均収入は、平均的社員の30倍だったが、現在では１０００倍である。この途方もない格差はほぼ米国だけのものであり、ヨーロッパや日本の企業の役員でも、こんなに法外な報酬はもらっていない。最近の研究は、所得格差と環境悪化の間には、グローバルな関係があると指摘している[8]。原因はいまのところ不明だが、検討してみるだけの価値のある可能性のひとつは、富（と権力）を蓄積した人々は、環境悪化の直接的な有害な影響から自分たちを隔離することができるということである。もしそうなら、彼らは、大部分の国民のために環境をきれいにする方策を推し進めたりしそうにない（支援することすらしない）だろう。加えて、人々がそうした状態を是正したくても、富める者に極端に偏った富の分布は、それを難しくする。富める者は、自分たちの事業――それが環境を破壊するものであっても――の保護を政治的に買うことができるからである。最高裁判所判事だったルイス・ブランダイスは、かつて次のように言った。「数人の人間の手に集中する富か、民主主義か、どちらか一方をもつことはできるが、両方をもつことはできない」[9]。

割引率と未来への重みづけ

人が現在と比べて未来に付与する価値は、政府の無政策や企業や個人の決定に共通した特徴を説明する助けになる。持続可能性は、支配的動物の社会にとっても、未来のことを考えて現在の行動をとるという問題なので、私たちは次のように問う必要がある。すなわち、未来の世代の富（あるいは環境がもたらす幸福）を、現在の私たちの活動のなかでどのように考えればよいのだろうか？

私たちが未来をどう見ているかは、未来の世代を考慮してプロジェクトのコストと利益について決定を下そうとする経済学者にとっては、大きな関心事である。未来の予測は、私たちの生命を支えるシステムの安全性を心配する環境科学者にとって関心事以上のものだ。それは強迫観念に近い。２０３０年の人口は、新たな疫病や核戦争による大量死によって、いまよりははるかに少なくなってはいないだろうか？　２０５０年には作物の受粉をしてくれるだけの花粉媒介動物がいるだろうか？　南フロリダは、２１００年には海面下になっていないだろうか？　もっと一般的な言い方をすると、生態系サービスと生態系産物の提供に関与する生物の個体群が次から次へと消え去ったなら、なにが起こるだろうか？

ヒトやほかのある種の動物は、そして金融市場（あるいは少なくともそれに関わる人々）も、未来を割り引いて考える——いま起こることよりも後に起こるだろうことをあまり心配しない——傾向がある。たとえば、ほとんどの人は、いま集めた１０００ドルが、10年後に集めた１０００ドル（インフレの影響は調整してあるとして）よりも価値があるとみなすだろう。これは、個人の立場からは意味をなす。10年のうちに、交通事故に遭う（あるいは宝くじにあたる）かもしれないし、１０００ドル得る前に失業してしまうかもしれない。投資でもっとも重要なことは、現在の１０００ドルの投資が10年後には１７００ドルを生むかもしれないということだ。さらに、私たちの多くは気が長くない。たとえば、あなたはおそらくは来年のパーティ用よりも今夜のパーティ用に新しい服を買うだろう。この「お金の時間的価値」は、利子率を説明する際の助けになる。利子率は、貸し手のあなたにとって、約束されたお金が得られない可能性とその資金をしばらくの間使うことができないことを埋め合わせるものと仮定されている。ジャンク・ボンド（屑かご行き債券）が高い利子率を支払うのは、あなたがお金を失うリスクもそれだけ高いからであり、国債の利子率が低いのは、それだけ失うリスクも低いからである。

したがって、利子率は、貸し手（高利貸、質屋、銀行であれ、債券の購入者であれ）が未来の消費をどのように割り引いているか——貸し主が、自分のお金をいま使う代わりに、未来が不確実であるにもかかわらず、そのお金の使用をあきらめることを埋め合わせるために、どれだけ支払おうと思っているか——を示す物差しとして見ることができる。（利子率の形での）高い割引率は、不確実さと、感じられたリスクの大きさとを示している。ある意味で、それらは、未来に低い価値がおかれていることを示しており、未来が現在とはかなり異なるものとしてーたとえば、社会全体がいまよりはるかに豊かに（あるいは貧しく）なっている、科学技術が現在未解決の問題を解決してくれる、自分はその頃にはこの世にいないといったように——

考えられている。８００年前、ヨーロッパ人は、日常生活は移り変わってはいるが、世界は基本的には変わらないと考えていた。彼らは、自分の子どもたちの生きている間に完成しない大聖堂を建てるのに惜しみなく時間とお金を注ぎ込んだ。この点で、彼らは未来を割り引いてはいなかった。現在の貸し手が１００年後の支払いのためにいくらの利子率を提案するか想像してみよう。私たちはいま高い割引率の世界に暮らしていると言える。

伝統的に、経済学者は、（実際の個人や企業による）個々の割引きをプラスの値でなされるものと考える傾向がある。将来性のある投資に適用される割引率は、安全な利益を提供する投資にお金を出した時（たとえば、マネー・マーケット・アカウント〔訳註　米国の保険付き預金口座〕に資金を預けるなど）に得られる市場収益率である。投資を決める際には、投資家は、思案中の投資の利益率と、金融市場（あるいは銀行）にお金を預けていた場合に得られたであろう利益率とを比較する。これは数学的には、投資から予想される、利益の流れの割り引かれた価値が、投資家本人が投資を考えている最初の額を超えるかどうかを決定することに等しい。したがってたとえば、分水界に位置する森林の所有者は、そこをそのままにして森林を成長させ続けることにお金をかけることで得られる利益と、いま森を伐採してお金を安全な投資に向けることで得られる利益とを比較することになる。

森林を無傷のまま保つことには、外部性の利益がある。下流域の洪水を減らし、河川の浸食とシルト化を抑え、漁民の漁獲量や野生生物の生息地を維持し、大気中のCO_2を隔離し、未来の世代に対して気候変動を弱めるといった利益である。こうした森林の保全の外部性を無視することは、その土地所有者が森林からの社会的利益を過小評価し、（社会全体の観点から見ると）早まった森林伐採をすることにつながる。この例には２つの問題がある。ひとつは、（割引率ではなく）外部性を考慮しないことによる不当な割引きであり、もうひとつは、基準割引率（市場利子率）が未来の世代に十分な重みづけを与えていないことによる不当な割引きである。すなわち、市場利子率を構成する個々の割引率は、倫理的な観点からはあまりに大きすぎ、未来の世代に対する十分な配慮を怠っている。

哲学者と経済学者は、市場利子率と社会的割引率とを区別する。社会的割引率は、市場利子率には反映されない倫理的問題をはらんでいる。一般的に見て、市場利子率は社会的割引率より高い。このことは、これらの投資をする際には、その人は、一般的な倫理基準によって未来をあまりにも大きく割引き、未来の世代に少ない重みづけしかしていないということを意味する。市場利子率としてしばしば使われるのは、国債の利子率である。この率は、３％から５％の範囲にある。いまから１００年後の気候変動の１ドルに値する損失を避けるために、社会はどれだけの投資をすべきかを決めるために、４％という率が使われるとしてみよう。いまどれぐらいの投資をすべきだろうか？　その答えは3セント以下だ。それ以上の支払いが無駄であるのは、4％で3セントの投資が１００年で1ドル以上になるからである。分析にこのような高い割引率を用いることは、温室効果ガスの排出量を削減するために省エネタイプの小さな車へと移行するコストを負担するよりは、市内でもＳＵＶ車を乗り回し続けたほうが賢いというメッセージを伝える。これに対して、たとえば1％の社会的割引率なら、今後1世紀の間の損失に値する1ドルを避けるためには35セントほどを使う必要があるということになる。きわめて大きな違いだ。

民主主義国の政治家は、高い割引率を用いる傾向にある。というのは、彼らの在職期間はふつうは10年よりも短いからである。彼らは、次の選挙まで利益が明らかにならないようなこと――たとえば、大家族にならないようにする政策を採用するといったこと――はまずしない。したがって、政治家は、高い率で未来を値引きしていると言える。結局のところ、自分らのために子孫がなにをやってくれるか、というわけだ。

必要とされる行動を先延ばしにしようとする欲求はよく見られるが、そのなかで時に割引率の議論は思慮に欠けていることがある。たとえば、ビル・ゲイツは、いまは温室効果ガスの抑制に過度の投資をすべきではない、なぜなら、30年以内に、現在よりはるかにすぐれた技術を使えるようになって、だれもがいまよりはるかに豊かになって、その技術を買えるようになるから、と主張してきた。しかし、どうして、その技術に投資することなくして、それが発展するのだろうか？　技術による解決策はどの程度万能薬でありうるのだろうか？　帯水層への海水の浸入、農業の生産性の低下、発生しつつある伝染病といった高くつく問題をいまの時点で防ぐか、それとも後回しにするかの選択については、どうだろうか？

これに対して、低い社会的割引率は、いま支払って未来の世代に利益を与える行為を支持する。大気への温室効果ガスの排出量の削減や家族計画の支援のためのステップは一般にはこれに該当する。しかし、低い割引率は、環境に関しておしなべてよいというわけではない。それは、将来に向けての投資が環境のことをどれだけ意識しているかに依存する。

私たちの見解では、高い社会的割引率は、未来の富についての正当性を欠く仮定――卓越した経済学者ですらその仮定を採用していることがある――に部分的に由来する。もし未来の世代が今日の世代よりもはるかに豊かになっているなら、高い割引率は倫理的に意味をなす。すなわち、コストは容易に支払える者に回して、いま必要な者に配慮せよ。しかし、（よりありえそうに思えるが）未来の世代が現在よりも豊かでないとしたら、逆にはるかに貧しくなっているとしたら、どうだろう？　これらの状況では、低い割引率、あるいはマイナスの割引率でさえも、経済の視点からは倫理的に正当化される。というのは、いま私たちが支払うことで、明日により多くを支払わなければならない人々の重荷を軽減することになるからである。そのような行動を後押しする実効性のある社会的メカニズムが作れるかどうかはまだわからない。

　しかし、気候破壊の場合には、懸命に取り組むことが賢いように思える。第一に、地球高温化は莫大なコストをともなう可能性があり、その予想される損失から見ると、私たちがすでにこうむり始めた被害——たとえば、海岸線の浸水したインフラの取り替え、降水パターンの変化に対応するための上下水道や灌漑設備の再編成、洪水や旱魃のあとの食糧コストの増加、さまざまな生態系サービスの中断など——はまだ序の口にすぎない。これまで消費に向けられていた資源は、これらのコストに向けられる必要があり、それは生活水準の低下につながる。それでも、私たちはまだ幸運なのかもしれない。というのは、気候変動は、多くの地域に飢饉や疫病をまだ引き起こしてはいないし、水や食糧をめぐる悲劇的な戦争の引き金にもなっていないからである。このように、破壊的な気候変動という見通しそのものが、未来の世代がいまの私たちより暮らしが豊かになるという前提に重大な疑いを投げかける。そして環境のほかの多くの側面の見通しも、これと同様だ。

　経済学者のパーサ・ダスグプタは、マイナスの割引率というものがあまりに考えられていない（マイナスの割引率の使用は未来の世代を重大な結果から守るために社会が保険をかけているということを意味する）ことを好んで指摘する。このようなマイナスの値を推奨することは、（経済学の用語で言うところの）予防原則が適用されている一例である。すなわち、提案されている活動が大きなリスクを伴なうと科学者が言っている時、その活動によって重大な被害が生じないという強力な証拠がない場合には、その安全性を示す重責は、その活動を行なう側にある。

展望能力

　人類が直面しているジレンマの真の解決は、私たちの孫の世代が暮らす世界に実質的な焦点をおくことを要求する。おかしなことだが、米国政府はいま現在、制度化された展望能力をもっていない（これをもっていれば、少しずつ進行しつつある多元的な問題を見つけて、それらが手に負えなくなるまえになんらかの（武力による脅しを使う以外の）手を打つことが可能になるはずである）。

　これはつねにそうだったというわけではない。展望能力を高める試みは、１９７７年にジミー・カーター政権によって始められた。１９８０年、その報告書『大統領への報告書——２０００年の世界』は、環境問題諮問委員会（ＣＥＱ）と国務省によって共同で公表された。この調査は、２０００年には世界がどうなっているかを予測するために、米国の12の省庁——国勢調査局や環境保護庁（ＥＰＡ）から農務省、内務省、国防総省やエネルギー省まで（通常は互いに連絡をとり合うことは少ないか、あるいはまったくない）――の予測を合体させたものであった。報告書は、２０００年の世界が「現在よりも、人口が多く、より汚染され、生態学的にもより不安定な状態にあり、壊れやすい世界になっている」と予測した。全体的に見れば、これはおおむねその通りだったが、ある面で、いくつかの傾向はこの予測から大きく外れていた。重要な発見のうちのひとつは、さまざまな省庁の独立した仮定と予想が楽観的な結論を導くことが多かったのに対し、それらを合わせた予測は、それらすべての省庁の予想を満たすには資源――資本、エネルギー、水、土地――がはるかに足らないということであった。

その時の環境問題諮問委員会（ＣＥＱ）は、獲得しつつあった展望能力をさらに高めたいという強い意志を表明したが、カーター大統領が１９８０年に大統領選挙で敗北したあと、次に大統領になったロナルド・レーガンは、３巻の報告書の残部のすべてを廃棄させた。１９８０年以降、政府は、しだいにＣＥＱの役割を軽視するようになり、その時代にひじょうに貴重であった、議会に毎年提出される「環境基準年次報告書」を廃止し、展望能力を高めることにほとんど（あるいはまったく）関心を示さなくなった。ビル・クリントン大統領は、ＣＥＱを復活させることはしなかったが、持続的発展に関する大統領諮問委員会を設置した。この委員会は、外部のさまざまな分野の専門家に意見を求め、１９９７年まで統一見解に向けて作業を行なったものの、その後政治的理由から廃止になった。

米国の展望能力は、政府の指導者たち――とりわけジョージ・Ｗ・ブッシュとディック・チェイニーの時代――が科学者集団から貰えたはずの助言にほとんど注意を払わなかったことによって大きく損なわれた。２０００年から２００６年の間に、共和党が多数派を占める議会も、ブッシュ政権も、さまざまな問題についての政策決定の際の指針として科学的知見を受け入れることをしだいに拒否するようになった。それらは、幹細胞研究や薬物の安全性から、絶滅危惧種の保護、石油依存の問題や地球高温化にまで多岐にわたっていた。実際、ブッシュ政権は、連邦機関の科学者たちが議会や一般大衆の考えに合った見解を述べるのを阻止することが幾度となくあった。他方で、議会は、専門家の助言を求めることはあったものの、その助言が議会の意向に沿わなかった場合には、それを無視することも多かった。技術評価局の明快な報告は、偏りのない情報と分析を提供し、議員のみならず、多くの国民にとっても有益なものだったが、ブッシュ政権は数年前にこれを廃止した[10]。

米国やほかの国々においていかなる種類の民主主義を維持するのにも（そして市場が正常に機能するのにも）、国民はできるだけ多くの情報に接することができなければならない。透明性こそ、集団で暮らす私たちヒトという種が自らをうまく統治する上でもっとも重要なものかもしれない。ジェイムズ・マディソン大統領は１８２２年にいみじくも次のように述べている。「民衆の情報をもたぬ、あるいはそれを得る手段をもたぬ政府は、喜劇か悲劇の（あるいは悲喜劇の）序幕でしかない。知識は無知を永遠に支配する。自らを民主的に統治したいと思う者は、知識が与えてくれる力をもたねばならぬ」[11]。

展望能力は、国際的なレベルでも限界がある。この数千年における文化的進化は、ホモ・サピエンスを、環境の変化に翻弄される多くてせいぜい数百人規模の集団で生活する動物から、地球の生物圏を支配する数十億人のグローバルな共同体へと変えた。しかし、人間関係の問題においては文化的進化はゆっくりとした歩みであるため、真にグローバルな政体はと言えば、ひとつあるきりであり、しかもそれほど力をもっているわけではない。国連とそれに関係する国際機関は、世界規模の環境問題を直接あつかうだけの指揮権はもっていない。国連の環境をあつかう部門、国連環境計画（ＵＮＥＰ）は、１９７２年にケニアのナイロビに設立されたが、世界の中心とは言えない場所にあり、あまり効率的に機能しないことが予想された（そして現実にもほぼその通りになっている）。

しかし、国連は、環境、人口、開発、女性の権利について世界の意識を高め、定期的に開催される世界会議と出版物を通して、環境や社会の重要な問題に関心を向けさせることができる。たとえば、世界保健機関（ＷＨＯ）は、マラリア、インフルエンザの大流行、ＨＩＶ－エイズの脅威に対する意識を高めるという仕事を行なっている。もちろん、なかでも特筆すべきは、世界気象機関の呼びかけで始まった気候変動に関する政府間パネル（ＩＰＣＣ）の活動であり、これはノーベル平和賞を受賞した。ＩＰＣＣは、気候変動に対する人々の意識を高め、国際社会に、地球高温化に対してとにかく対処しなければならないという認識をもたらした。もうひとつは、２０００年に国連事務総長コフィ・アナンの求めで、ＵＮＥＰの協力のもとに実施されたミレニアム生態系評価である。これは、生物圏の状態についての大規模な評価であり、２００５年には世界の人々の注目を集めた。

資源をめぐる争い

これら国連が関与する活動において俎上に上がっている問題については、どうしても広く国際的な議論が必要である。それはもちろん、それらの問題がすでに世界のさまざまな地域に緊張を生じさせ始めているからである。人口が増え資源が逼迫する地球上で増えつつある国際問題は、おそらく資源をめぐる争いの激化だ。争いの第一の源として、多くの人が考えるのは石油であり、実際その通りだ。石油は、第一次と第二次世界大戦で重要な役割をはたし、石油資源の豊かな中東に保護国をもつことによる利益は、これまでイスラエルに対する米国の支援の重要な土台だった。石油は、ペルシア湾岸の国々が石油の輸出先の大部分の国々と外洋でつながる唯一の航路、ホルムズ海峡を通らなければならず、それが脅かされることが、米国のイラク侵攻の第一のほんとうの理由であり、その地域に恒常的な軍事拠点をおくというブッシュ政権の計画の理由でもあった。まえの連邦準備制度理事会議長で、共和党員のアラン・グリーンスパンは、２００７年に次のように述べている。「だれもが知っていること、すなわちイラク戦争がもっぱら石油をめぐるものであることを認めるのが政治的に不都合だということは、悲しいことだ」[12]。

世界が石油産出のピークを過ぎるにつれて（とりわけ効率化と石油に代わるエネルギー資源の開発がなされなければ）、そして発展途上国が大量に石油を使うようになるにつれて、当然ながら、埋蔵量の減りつつある石油をめぐる競争と緊張も激化することになる。資源に対する圧力が強くなりつつあることは、２００８年はじめに世界原油価格が１バレル１００ドル以上に跳ね上がったことで示された。これまであまり関心が向けられてこなかったのは、天然ガスの埋蔵量の枯渇も深刻になりつつあることである。とりわけ米国では、天然ガスの輸入量を増やす一方で、より多くの鉱床を見つけようとして西部の州のあちこちを掘削している。そう遠くない将来、天然ガス資源をめぐる国家間の争いは、石油の場合と同じような様相を呈することになるだろう。天然ガスの供給量の減少は、ほかのエネルギー資源の不足ともあいまって、社会的不安と燃料をめぐる戦争を増加させることが予測される[13]。

エネルギー需要だけが資源をめぐる争いの原因なのではない。中国、インド、ブラジル、インドネシアといった国々の急速な工業化にともなって、さまざまな工業用原料が争いの火種になるかもしれない。これまで、水は争いの大きな発火点となってきたが、今後もいままで以上に重要なものになることは間違いない。進行し続ける人口増加、農業の大規模化、工業の発展という3者の組み合わせによって、水の需要と必要性は（とりわけすでに水の供給が不足している地域では）大幅に増えることになる。イスラエルとヨルダンの間を流れるヨルダン川をめぐる争いがそうである。

世界の基準からすれば、ヨルダン川は小さく、その水量はナイル川の２％ほどしかない。しかし、この川は、イスラエルとヨルダン両方の人々にとって重要な資源である。米国による外交努力によって、１９５５年、水の共有について両国の技術者の間で合意が成立し、公式に条約を締結するばかりになっていた。しかし、政治が介入した。条約はイスラエルという国が存在する権利をもつことを意味し、アラブの政治家たちは、条約に調印することを望まなかったのである。イスラエル人がヨルダン川の水を海岸地域の都市とネゲヴ砂漠に引く計画を早急に進めるにつれて、当然ながら緊張は高まった。１９６０年、アラブ連盟は、ヨルダン川上流を堰き止める計画を立案した。この計画は、イスラエルの灌漑施設に流れ込む水の大半を実質的に取り戻すためのものだった。イスラエルは、これを重大な脅威とみなした。１９６４年にシリアが計画に着手すると、イスラエル軍とシリア軍との間に、空中戦を含む武力衝突が起こり、戦闘が激化していった。１９６７年４月、イスラエル空軍は、シリア内陸のダムの建設現場を爆撃した。エジプトは、シナイ半島にいた国連軍を追い出し、イスラエル軍とエジプト軍との間にあった緩衝地帯はなくなり、同年６月５日に戦争が勃発した。アラブ人とイスラエル人の間にはほかにも多くの問題があったが、水をめぐる争いがもっとも重要だったのは、アラブ人もイスラエル人もそれを重大な国家安全保障問題とみなしていたからである。

６日戦争と呼ばれることになったこの戦争でイスラエルが圧倒的勝利を収めたあと、イスラエルによるゴラン高原とヨルダン川西岸の占領は、ヨルダン川上流へのアラブの脅威を取り除き、ヨルダン川下流域と貴重な帯水層をイスラエルの管理下におけるようにしたが、水をめぐる緊張はそれで終わらなかった。事実、イスラエルがユダヤ人入植者に割り当てたヨルダン川西岸の水は、パレスチナ人に認められた水量の５倍から８倍だったので、緊張はさらに強まった。イスラエル、ヨルダンとシリアの間では、この問題はいまだ全面解決に至っていない。その一方で、これらの３つの国の国民とパレスチナ人を合わせた人口は増加の一途にあり、２０５０年には２００７年の２倍弱になり（３６９０万人から６４７０万人になる）、水の需要も大幅に増えると予想される。

水をめぐる深刻な争いの火種は、エジプトのナイル川、トルコ、イラクとシリアを流れるティグリス川とユーフラテス川、そしてともに人口増加の激しい核保有国パキスタンとインドが利用するインダス川など、世界中のあちこちの河川流域にある。確かに、水は、資源をめぐる争いの火種として、これまで石油がそうであった以上のものになるだろう。水はそれに代わるものがないので、地球の平均気温の上昇は、水の分布を変化させたり、水の処理施設の多くを使えないものにしたりして、緊張がさらに強められるかもしれない。気候変動はおそらくすでに降水パターンに影響を与えつつあり、多くの地域では巨大な水源である山の氷河を溶かしつつある。

水をめぐる戦争は、国家間だけで起こるわけではない。旱魃は、国内の暴力とも高い相関を示し、その影響はほかの国にもおよぶことがある。推定では、15億の人々がすでに深刻な水不足の状態にあり、急速な気候変動にともない、渇きに苦しむ人々の数が増加する可能性がある[14]。しかし、石油と同様、水のより効率的な利用については、数知れない可能性がある。石油と違うのは、再利用や再循環が可能という点である。

環境と国際的管理

温室効果ガスへの対処法や持続可能な漁業の管理から、大量破壊兵器の管理やテロに対する先制攻撃の正当性にいたるまで、資源をめぐる戦争へとエスカレートしてゆく可能性のある多くの問題は、すでに国際問題になっている。ハンナ・アーレントが「デスク殺人者」と呼ぶ人々――非戦闘民の命のことをほとんど気にとめることもなく、爆弾を落としたり巡航ミサイルを発射することによって、遠くにいる人々を殺戮しろと命じる人々――がとる行動についても議論がなされている[15]。国際紛争を処理し、人々の人権と健康を守り、一定レベルの国際法を維持するといったことも協議されている。これらはどれも、国連がする仕事である。

国連はそう大きな政治力はもってこなかったが、その数十の計画や機関は、世界中の人々を助ける役割をはたしてきた。いくつか例をあげてみよう。国連食糧農業機関（ＦＡＯ）とその関係機関は、食糧の増産と貧しい国々の飢餓に対する緊急援助に大きな役割をはたしてきた。国際原子力機関（ＩＡＥＡ）は、原子力発電所と核兵器製造開発を監視している（とは言え、核兵器の増強を阻むだけの力はもっていない）。国際司法裁判所は、国家間の紛争を解決し、とくに戦争犯罪人の裁判でよく知られる。国連児童基金（ＵＮＩＣＥＦ）は、発展途上国における地域社会のさまざまな計画を通して子どもの問題に取り組んでいる。

ここでとりわけ私たちの関心を引くのは、前述の国連環境計画（ＵＮＥＰ）である。この機関は、絶滅危惧種や有害物質の国際貿易といった重要な領域における国際協定を管理し、重要な環境問題を監視する。また、世界の多くの地域における多国間の環境浄化と環境規制も援助し、その後はそれを監督する。

加えて、１９９２年の国連環境開発会議（ＵＮＣＥＤ、地球サミットとしても知られる）とこの数十年に開催された同様の会議は、地球の自然システムとヒトの相互作用に対処するための土台を多く築いてきた。とくに、環境と開発に関するリオ宣言やアジェンダ21は、ＵＮＣＥＤで採択されたものである。１９９２年の国連気候変動枠組条約（ＵＮＦＣＣＣ）――米国国民にはほとんど知られていないが――は、構想と統率力の際立った例である。ＵＮＦＣＣＣを実行に移すことを意図した京都議定書の場合（米国は批准しなかった）とは違って、米国はこの気候条約を批准し、現在はそれによって法的に拘束されている。これらの壮大な取り決めは、多くの国々によって形の上では受け入れられてきており（なおざりにされている場合や、部分的にしか守られていない場合もあるにはあるが）、その目標の達成に向けてある程度は前進している。さらに、多数の国際環境条約がすでに効力をもっている。オゾン層を破壊する物質に関するモントリオール議定書（13章）のように、いくつかはうまくいっているが、ほかはそれほどではない。政府によって制定され施行される国内の環境法とは違って、環境条約の場合は、それを実施する世界政府というものが存在しない。基本的には、国連が友好的な説得を用いることができるだけであり、周囲の国々からの圧力が十分に強いものである必要がある。核物質と核兵器の管理をあつかう国際協定についても、ほぼ同様のことが言える（国連安全保障理事会は、世界の利益に反する行動をとっていると認められた国に対しては経済制裁をとることができるけれども）。

図16・2　国連総会の様子。世界は、すべての国を支えている（しかも国境を越える）環境の管理を拡大する方策を見つける必要がある。写真は UN Photo/Eric Kanalstein 提供。

明らかに、国連の設立時にあった必要性と究極的目標は、現在、これまで以上に強いものになっている。したがって、これらの条約すべてを実効力のあるものにすることがきわめて重要だが、問題はどのようにしてそれをするかである。最良の方略は、保全の財源を確保するために、参加国の利益と条約の目標とを合致させる道を見つけることであるように思われる。これが本質的に条約自体を強める。そのためには、条約はそこからの離脱が参加国にとって利益にならないように書かれ、参加国の合意する脅威と約束の両方が信用できるものにするような交渉が必要であり、また条約は参加国にとって公正なものと感じられなければならない。これらすべてをなしとげるのは難題だが、幸いにして、過去においては、とりわけ核兵器管理やいくつかの環境問題では成功を収めている。

国連は、１９９０年代の地球規模の問題への関心の高まりに応えて、そして環境、発展、人口についてのそれまでの合意にもとづいて、21世紀の最初の15年間のミレニアム開発目標の印象的なリストを作成した。

1　極度の貧困や飢餓を根絶すること
2　だれもが初等教育を受けられるようにすること
3　男女平等を進め、女性の地位向上をはかること
4　幼児死亡率を下げること
5　妊産婦の健康状態を改善すること

6　ＨＩＶ－エイズ、マラリア、その他の病気と戦うこと
7　発展のための地球規模の協力関係を築くこと
8　環境が持続可能であるようにすること

これらは確かに価値ある目標であり、理論的には達成可能かもしれないが、悲しいことに、その計画のための資金を欠いている。それは、少なからず、米国政府が国連に対する財政支援や、貧しい国々全体への重要な支援に乗り気でないことにもよっている。このように、進歩はせいぜい最小限であり、これらの目標が２０１５年までに達成される見込みはまずない。

これら壮大な目標を達成するには、人類にとっての優先事項を大きく変える必要があり、その姿勢を見せるだけでは十分ではない。ほとんどの人はこれらの目標に賛同するだろうが、それらの目標をなしとげるには、これまでをはるかに超える多額の資金と不断の努力を必要とする。さらに、環境の持続可能性を確実なものにするという第８の目標に真剣に取り組まないかぎり、ほかの目標が達成できたとしても、それは長続きしない。そこには循環的なジレンマがある。

私たちの見るところ、環境の持続可能性を達成するには、世界における平等問題の解決に向けた前進が不可欠である。貧しい者は、公平なあつかいがなされないかぎり、彼ら自身の状況では必要な行動をとることはできそうにないし、積極的に国際的な協力に取り組むこともありそうにもない。右に述べた８つの目標を達成すること、温室効果ガス排出を制限するためのジョン・ホルドレンの楽観的シナリオ（14章）を実現すること、貧富の格差を埋めること、これらはみな、暮らしてゆける惑星――したがって持続可能な文明――を維持しようという努力のなかで、重要な目標であるように見える。

これらの目標に向けた前進を評価する際には、適切な方向へのステップが小さくても、それを価値あるものとして認め、増幅してゆくことが重要である。多くの地域では、巨大なモノカルチャーと多量の農薬と化学肥料の投入がいまだに一般的であるものの、たとえば、総合的病害虫管理や生態学的に健全な農業は、実際にいくつかの地域で行なわれている。化学肥料と農薬、そして商業エネルギーを用いる工業的農業の生産性に匹敵するだけの別の方法を広く採用するにはまず、経済的観点から、工業的農業に関係した外部性（土壌劣化、被毒、生物多様性の喪失、作物の遺伝的多様性の喪失）を内部化する必要性がある（大規模農業が激しく反対することだが）。一方では、工業的農業の健康への影響に対する市民の関心は、とりわけ富める国では急速に高まりつつあり、それと並行して、「自然」食品の需要も増しつつある。これらは、期待できる最初のステップである。

同様に、ハイブリッド車は、これまでの自動車――ＳＵＶ車は言うまでもなく――ほど環境には有害ではないにしても、ハイブリッド車そのものが、巨大な車社会に結びついたさまざま

な問題への全般的な解決策になるわけではない。かりに数十年のうちに世界中の乗用車やトラックがすべてハイブリッドになったとしても、それは、車中心の社会から環境が受ける打撃に対して、重要ではあるがほんの小さな影響をおよぼすにすぎない。多くのほかの方策――たとえば、人間と貨物を効率的に運ぶために都市と輸送システムを設計し直すといった――も、将来的な環境悪化を避けるために欠かせない。郊外のスプロール化を避けることも、生産性の高い農地の維持（都市居住者はこれを過小に評価することが多い）と、生態系サービスを提供する自然のエリアの維持を助ける。

リサイクルすること自体も、重要性をもっている（とは言え、いまのところは、使い捨て社会の勢いを大きく削ぐところまでは行っていない）。個人は、それによって、環境保護に参加しているという意識をもつようになる。そしてもしそれが十分にかつ広く採用され、過剰包装を抑える運動によって支持されるなら、それは実質的な寄与をもたらすだろう。

バングラデシュのグラミン銀行が最初に始めた貧しい人々への「マイクロファイナンス（小口融資）」は数百万の人々を助けているが、それを必要としている人々はさらに数十億人いる。自然保護債務スワップも多くの自然の生態系を守り、それは近隣の人間集団の利益になる。このような無数のステップが、ゆっくりとだが、持続可能性に向けて人類が進むのを助けている。それらのステップには、鍵となる行動をとる多くの人々が関与しており、それが全体として現実の前進へとつながる。しかし多くの人々の見解では、何本かの重要な鉄橋がいまにも崩落する可能性があり、私たちはその前になんとか通過してしまえるような超特急列車を必要とする段階にいる。

国連のシステム全体は、緊急用の食糧の提供から世界の多くの地域の平和維持まで、多くの重要な問題をあつかう。しかし、既得権保有者は、政府の代表団への影響力を通して、自分たちのためになるように、あるいは対処を遅らせるように、しばしば決定を曲げさせる。彼らは、発展途上国への投資を管理する世界銀行でも幅をきかせている。エネルギーと環境の両方において、彼らの決定の多くは、伝統的経済と実業家の信念を反映したままであり、人類の苦境について環境の点でなすべきことを理解していない。

国連自体も欠点をもっている。すなわち、時代に合わない構造をもち（平和と安全を維持する役目をもつ機関である安全保障理事会はとくにそうだ）、広範囲にわたる諸機関の間の調整がほとんどなされず、そしてメンバーの国々から具体的で一貫した支援がほとんど得られていないといったように。現在の重要な勢力を反映するように安全保障理事会を編成し直すことは、決定的に重要なステップだ。おそらく、その再編成にあたっては、一定の期間で（たとえば20年ごとに）5カ国か6カ国の常任理事国を見直すようなしくみをもつようにすべきだろう。けれども、あいにくなことに、国連憲章の改正は、安全保障理事会のすべての常任理事国の承認が必要だ。

　第二次世界大戦以降、政治的失敗がもたらしうる影響は、どの人間にとってもはるかに大きくなりつつある。もし国連がインドとパキスタンの間の紛争や、あるいは米国と中国やロシアの間の紛争に介入するのに失敗して、核兵器が使用されたなら、数億人が亡くなり、文明は崩壊に向かうだろう。もし関係する国々が、大気に排出される温室効果ガスの量を減らすのに協力し合わなければ、その影響はすぐには現われないにしても、最終的には計り知れないほど大きなものになる。（非線形性とタイムラグという性質をもった）生態系がますます強まる攻撃にさらされるにつれて、過去は、未来についての信頼できる案内役でなくなりつつある。

　マサイやチベットの遊牧民、メキシコやナイジェリアや中国の村人、ニューギニアやアマゾンの森の住民、カリブ海やマダガスカルの漁民、パレスチナの医師、イスラエルの農民、そしてそのほかさまざまな人々を、なにをなすべきかという世界規模の議論に引き入れることの難しさと文化的リスクは、真の難題である。たとえ、富める国々が、環境悪化の深刻さを正しく認識し、それを食い止めようとし、議論を先導するのではなく民主的に進めようと決意したとしても、そうである。

　社会学者のライリー・ダンラップによれば、環境の質は貧しい人々にとって問題ではないという考えが広まっているが、これは誤りだという。多くの人々は、環境に対する関心が富める国に住む豊かな人々だからこそもてる一種の贅沢であって、（とりわけ発展途上国の）貧しい人々から見ればそうしたことはどうでもよいことだ、と考えている。しかし、ダンラップやほかの研究者が１９９０年代初めから富める国と貧しい国とで行なった調査は、こうした考えとは逆の結果を示している。違いは、富める者が景観や野生生物といった美的側面に多くの価値をおくのに対し、貧しい者は、文化的価値（たとえば聖なる埋葬地）や自分たちの生活の環境基盤を気にかける傾向にあるという点にある。とは言え、富める国でも、環境正義団体などは、近隣の貧しい国々における毒性危険物や深刻な汚染に対する懸念を強く訴えている。

　もちろん、世界中の人々が共有しているのは、環境への関心だけではない。ほかにも、共通の願い、公平感、そして未来への希望と未来の世代に対する期待がある。富める者と貧しい者とが共有する態度と価値を認識しておくことは、重要である。というのは、人類は、さまざまな経済状況にある多様な人々の間の対話をはかり、共同して統治システムを改善するのに努めること以外にとるべき道はないからである。

　では、どうすれば、人類がおかれている苦境を認識し、それを脱するために必要な地球規模のパラダイム転換が達成できるだろうか？　真の難題は、１９９２年の『世界の科学者は人類に警告する』と１９９３年の『世界科学アカデミー共同声明』で明示的にも暗示的にも奨励されている種類の行動と、実際に社会で行なわれていることの間のギャップを縮めることである。

数年前、私たちは、世界の国々が国連を介してミレニアム人間行動評価（ＭＡＨＢ）を開始すべきだという提案を行なった。こう名づけたのは、短期の評価と変化を必要とするのが人間の行動（お互いに対しての、そして私たちを支える地球に対しての行動）だということを強調するためである。そこで考えられているのは、ＭＡＨＢが、社会を人口、環境、資源、倫理と権力などの互いに結びついたすべての問題に社会が向き合うための基本的なしくみになりうるということであり、したがってＭＡＨＢが、意識的進化のための――巨大なグローバル文明のなかで生きようとする人間集団につきまとう問題に周到にみなで対処するための――重要な道具になるということであった。言いかえると、ＭＡＨＢは、私たちがみなこの小さな惑星の上で膝突き合わしているのだという認識――好ましからざる隣人から離れることができないという政治的な結果についてのロバート・カルネイロの制約という考え方の拡張にあたる――をあつかうための、倫理的方略を生み出そうとする[16]。

こうした試みは、とりわけ文明を環境的（そして経済的）災厄に向かわせる力がとても強そうに見える時には、きわめて非現実的に見える。しかし社会は、機が熟せば、あっという間に変化する。そのよい例は、この50年で米国では、公民権運動が引き金となって、そして思慮深い指導者に支えられて、人種問題が劇的に改善されたことである。世界規模での予想されざる急激な変化が起こりうるという最近の別の例は、ソヴィエト連邦の突然の崩壊と共産主義の後退である。気候変動についての世界の認識と関心の急激な高まりも、そうした例だ。この21世紀の初めこそ、私たち人類がお互いを、そして環境をあつかう方法をよりよいものにしながら、持続可能性を達成するために、国内でも、国際的にも、必要な政治的・社会的な変革にとりかかる絶好の機会なのである。

未来についての並外れた不確かさを前にして、人類に立ちはだかるおそらく最大の知的難問は、人間の営みの規模の問題、互いに結びついているグローバルな社会‐生物圏システムの複雑さ、物理的経済の成長の持続可能性、そして不平等な富の分布である。それは古典的な「成長の限界」の問題と言えるが、「不平等の許容限度」がつけ加わって、さらに複雑さが増している。

多くの生態学者と生態経済学者は、現在の行動をこのまま続けると、地球が人類を長期的に支えきれる能力の限界まで行ってしまうか、それを超えてしまうと確信している。しかし、大部分の一般市民、そして多くの経営陣、政府関係者、経済学者は、人口とひとりあたりの消費は際限なく伸び続けることが可能で、最終的にはすべての経済格差は成長そのものによって解消されうると信じているように見える。

はるか昔、大いなる飛躍は、技術の開花を加速させる土台を用意して、ホモ・サピエンスを生物学的に進化する動物から自らを変革する動物へと変えた。この変化はいまや、崩壊した古代文明の運命に似た軌道上に人類をおいてしまっているのかもしれない。過去のさまざまな革命——文化の革命、農業革命、文字革命、科学革命、産業革命、（そしておそらく）コンピュータと情報革命——は、それまでとはまったく違った立場に人類をおいてきた。私たちホモ・サピエンスは、長期にわたって支えてくれるはずの地球のもつ能力の限界を越えつつあり、そして許容される誤りの余地が劇的に狭まっているのに、強力な国々は依然としていまが19世紀（場合によっては紀元1世紀！）であるかのようにゲームを続けている。世論を形成する人々や社会の指導者たち、そしてもちろん私たちみなが続けてきた無知、悪行、愚行に対する罰は、驚くほど大きなものになりつつあり、いまやそれらの罰は、たんに地域や地方にとどまらずに、地球全体におよぶものになっているかもしれない。私たちは、世界を徹底的に変えてきたが、いまや自分たちのやり方を変えることができるかどうかが試されている。

エピローグ

「私たちは、行く手に広がる白い霧の向こうをまだ見ることができずにいるが、いまの私たちには羅針盤として使える知識がある。その知識が、驚きと危険と好機に満ちた未来を通る道を選ぶのを助けてくれるだろう。」

トマス・ホーマー＝ディクソン、２００６[1]

私たち（ポールとアン）は、この地球上に散らばる遠い昔に滅び去った文明の痕跡の多くを目のあたりにするという、現在も、そしてかつてもほとんどの人がなしえなかった幸運に恵まれてきた。ある日の夕暮れは、フランス、ローヌ河畔のヴィエンヌの町のローマ時代に建てられた野外劇場にいた。私たちは、現代の大都市の風景と同じように大勢の芝居好きの市民がこぞって列をなし、席につくところを思い描いていた。この劇場は、ユリウス・カエサルがガリア地方を征服してルビコン川を渡り、ローマの共和制の終焉が始まってから、１００年もしない時に建てられた。この時帝政へと移行して共和政治から専制政治へと変わったのに、見かけは共和制を維持することで、人々を欺いた。これは、私たちの時代についての不気味な予告編なのかもしれない。現代の名ばかりの共和国は、環境－資源の状況の悪化につれて、同じ道を歩むのだろうか？

私たちは、ティカルのマヤの都市の壮麗な舗装道路、広場や塔を見て回りながら、かつての文明が、（研究の示唆するところでは）部分的には気候変動が原因で崩壊する以前、街がその驚くべき人々であふれかえっていた時の様子を思い描こうとした。カンボジアのアンコール・ワットの廃墟を歩き回っていた時も、いまにもその角からかつてのクメール人が出てきそうな錯覚に襲われた。アンコールは、かつての国家、クメールの首都だったが、その後の8世紀の間、破壊や戦争、そして密林化を生き延びてきた。それが現代のクメールの人々の生活とあまりにもかけ離れていたため、最初に探検した西洋人たちは、クメールの人々にアンコールを設計し建設できるわけがないと思った。未来に狩猟採集生活を送る未来人は、高層ビル、鉄道や高速道路の遺跡がどうして造られたのかをあれこれ考え、それらを説明するために宗教を考え出すだろうか？（そういう小説もある。）あるいは将来、地球を訪れた宇宙人は、出会った狩猟採集民が、まさかそれらを建てた者たちの末裔であるはずがないと思うだろうか？

それぞれの遺跡は、今日の支配的動物の経歴に関して問いと答えを示唆している。アリゾナ州のキャニオン・デ・シェリーでは、気候変動はどの程度アナサジ族の運命を左右したのだろうか？　マチュ・ピチュの壮麗なインカの遺跡は、強大な帝国であっても、相手側の国家がもたらした病原菌によって滅んでしまうことがあるという運命を象徴している。グレート・ジンバブエ遺跡は、白い肌の人間からだけでなく、黒い肌の人間からも華麗な文明が発生したということを示している。ピラミッド、カルナック、カルタゴ、ペトラ、ペルセポリスは、私たちに、北アフリカと中東が必ずしも、生態学的に不毛の土地ではなかったし、農業の点で遅れていたわけでも、水が不足していたわけでも、そして人口過剰であったわけでもなかったということを思い起こさせる。しかし、これらの場所を訪れてみて印象に残るのは、文明が不滅ではないということであり、まえの章の終わりで示唆したように、次のような大きな疑問が生じる。すなわち、最初の真のグローバルな文明は、過去の地域文明のように崩壊することがありえるだろうか？

私たちの長い進化の物語は、私たちの意図とは別に、その行為によって転回点にさしかかっている。いま世界全体は、そのことに徐々に気づき始めているように見える。過去の環境によって形作られた、進化の産物である私たちは、その人口を増やすことによって、そして資源を使うことによって、さらに私たちの巨大な、しかもまだ増加しつつある人口を支えるために世界の環境を作り変えることによって、支配をなしとげた。この支配はいまや、私たちを支える地球規模のシステムの不安定化の進行を引き起こしつつある。

約5万年前の大躍進とアフリカからの現生人類の集団の拡散以来、人類の物語は、さらに急速に進むようになった文化的進化と、独特な文化と言語の増殖に特徴づけられてきた。それぞれの文化は、その文化を進化させる特定の環境状況と生計を立てるという問題とに独自のやり方で対処するようになった。気候と環境の変化とほかの文化からの侵略を受ける動物として、支配され支配する動物として、新たなテリトリーを探し求める動物として、ホモ・サピエンスはせわしなく動き、しだいに地球上の生息可能な土地のすべてを占有し、それを変化させ始めた。

過去千年ほどにわたって、いくつかの集団はまだ最後の遠方の、人間の居住していない地域を見つけ移住していたし、別の集団は、より大きな社会を築き始め、探検と征服を開始していた。どちらも、長距離輸送の技術的向上によって可能になった動きであった。過去百年ほどの間に、文化の分化プロセスは逆転し、ヨーロッパ起源の優勢な文化と（それよりは程度は少ないが）中国や日本起源の優勢な文化とが、世界中の多数の小さな部族文化を圧倒し、周縁的な地位に追いやった。数百もの伝統的文化や言語が消滅することで、人類にとってなにが失われているのかはわからない。それらは、それぞれが独自の世界観と環境の経験の歴史をもっていて、そのなかには、私たちのグローバルな文明が今日の状況に対処する上で資するものもあったかもしれない。

国際社会はいま、いくつものジレンマに直面しており、そのどれもが協調した取り組みを必要としている。1993年、『世界の科学者は人類に警告する』は、未来の世代にとって持続可能な世界の実現のために必要とされる優先事項の再編成についてきわめて明確であった。ほとんど時を同じくして世界中の科学アカデミーも同じような提言をしたが、それをひとことで言えば、人類が人口、資源、貧困、平等、環境といった問題に一刻も早く取り組まねばならないということであり、それらは本書で論じてきた問題でもある。

多くの場合、これらの課題に取り組むには科学技術に頼ることになるが、新しい技術はふつうは利益だけでなく、コストも生み出す。確かに、万能薬として技術を妄信する傾向は、科学をよく知らない人々——科学者によって提案された解決法はつねに不確かさを伴っていると考える訓練を受けていない人々——の間でもっとも強いように見える。技術の進歩は、大きくなりつつある私たちのジレンマの多くを解決する上で欠かせないものだが、壮大な技術的解決策の過去の主張——たとえば、原子力を用いた農工業コンビナートによってたくさんの人々に食糧を提供できるといった計画——の記録は、私たちを勇気づけてはくれない[2]。技術の進歩は、それだけでは私たちを救えない。それらが重要な問題——生活の質の問題や権力の分布の問題——をあつかうことはまずない。科学と技術は、最終的には地球上に120億の人々を生かし続けることはできるかもしれないが、その生活は、ニワトリ工場のようなものになるかもしれない[3]。これが望ましい目標なのだろうか?

このような未来を告げられると、大部分の人々は、それが目標ではないと言うだろう。しかし、ほかの可能な未来はさらに魅力的でない。すなわち、減り続ける資源をめぐって争いが増えてゆき、過剰開発、生態系サービスと生産力の低下、そして気候の変化の三者が合わさることによって、自然と農業のさまざまなシステムが崩壊してゆき、それにつれて、世界はますます住みにくくなってゆく。それと同様に、経済崩壊、飢餓、環境難民の移住もひどくなってゆくことが予想される。

さまざまな対症療法的技術よりも明らかに必要なのは、社会がおもに既存の技術を用いてこれらの問題に取り組む意志を生み出すように変化することである。鍵になるのは、世界中の少数の富める者たちが、実行可能な方向に私たちが行くことに協力してくれるかどうかである。持続可能な社会——環境と資源基盤の破壊による、あるいは進行中の極度の社会的変動による、あるいはその両方によってもたらされる崩壊に持ちこたえる社会——を築くためには、協力し合うことが必要だが、それにはまず、この数十年で悪化してきたグローバルな平等の問題に取り組まねばならない。

皮肉なことに、世界が直面している数多くの問題を生じさせるのを助けてきた2つの進歩——グローバルな貿易と現代的コミュニケーションの革命——は、これらの問題を解く鍵になるかもしれない。今日のほとんどの国の人々は、貿易と経済の巨大なネットワークのなかでほかの国の人々とつながっている。確かに、食糧や基本的資源の貿易は、重要な相互依存を促進している。ある国がそれまでの生活様式を維持しながらほかの国に依存せずに自給自足できるという考えは、米国のように国土が広く自然資本に富む国の場合でさえ、今日では神話でしかない。

　現代の富の不均衡は、人類の苦境を深刻なものにするが、これらの関係をより公平で、経済的に賢明なものにすることは、私たちを持続可能性の長い道へと導いてくれる可能性が高い。すでに紹介した一例は、ある土地で収穫された食糧はその土地で消費するような食糧システムにし、それによって国を越えた食糧の長距離輸送にかかるエネルギーを減らすことである。それと同時に、先進国が世界の食糧価格や農業補助金を調整することによって、発展途上地域における食糧の生産と消費の拡大を促すこともできる。

　中国の台頭、ヨーロッパの統合、そして少数の石油産出国が力をもちつつある（一方ではほかの国々がそれらの国々に急速に依存しつつある）ことにともなって、世界は、米国が唯一の超大国であったシステムから多極的なシステムへと移行しつつある。この変化は明らかに、少ない資源をめぐって競争が高まり紛争が起こるというリスクをはらんでいる。しかし、その変化は、国際協力と持続可能性に寄与する技術（とくに化石燃料に頼らない技術）の共有もしやすくする。

　同様に、そして世界貿易のネットワークに並行して、コミュニケーションは、世界規模のテレビ網からインターネットまで、グローバルな現象になっている。それらを促進しているのは、衛星と、共通語としての英語（それに次ぐものとしては中国語やアラビア語）である。10年ほど前まで、米国とイギリスは、衛星を介して伝えられるニュースとテレビによる情報発信を基本的に独占していた。しかし、中東（英語とアラビア語を使用）のアルジャジーラに始まり、最近ではロシア、中国とベネズエラからの放送も加わって、現在は半ダースほどの新たな放送がＢＢＣやＣＮＮといった放送と競い合っている。これらの放送の多くは、些末な内容や自己宣伝で満ちてはいるものの、重要な問題については必要な情報を伝えているように見える。同時にインターネットは、情報源としてテレビ、ラジオ、新聞にとって代わり始めている。インターネットでは誤情報やデマが広がりやすいものの、インターネットによって世界中の個人間でなされる直接のコミュニケーションの拡大はすでに国家や文化の壁を取り去りつつあり、それ以前には情報や知識を入手できなかった人々や集団にそれらを提供している。明らかに、気候変動に関する政府間パネル（ＩＰＣＣ）の憂慮すべき報告や気候変動についてのそのほかの研究は、さまざまな情報チャンネルを通じて、世界中の人々を地球環境に注目させる役目をはたし、それを守るために人類が協力して行動する必要があることを伝えてきた。

こうした情報チャンネルの一般性の増大は（それによって与えられる多様な見方も）、文化的進化を国際社会のいくつものジレンマの解決に導く未曾有の機会を提供する。この40年ほどの間に国連の一連の会議が人口、開発、女性問題、環境について示してきたように、問題はなにかについて、そしてある程度はそれらの問題にどう対処すべきかについて、国際社会の——国際的なレベルで活動し、その自覚をもつ人々の間の——合意ができつつある。

私たちの問題の多くについてどのような解決策がありうるかについては、多くのことが知られている。しかし、それらの解決策に関心を向けさせ、それらについて人々の議論を促そうとすると、そこにはしばしば教育的・経済的・行政的障壁や既得権が立ちはだかる。ここでもまた、グローバル化とグローバルなコミュニケーションの影響は、助けにも障害にもなりうる。

グローバル化しつつある人類文明は、自らの進化の可能性を意識的に試せるこの絶好の機会をとらえて、迫り来る地球規模の諸問題の解決に向けて協力し合うような社会を組織する新たな方法を試みなければならない。世界は早晩、カール・マルクス、ジョン・ステュアート・ミル、ヨーゼフ・シュンペーター、ジョン・メイナード・ケインズといった経済学者たちが考えた次のような問題に、新たな答えを懸命に見つけなければならなくなる。すなわち、社会はどのように進化すべきか、そして不足と平等という経済的問題が生物物理学的な定常状態——すなわち、経済が実質的にもはや成長しない状態——内で解決できるのか否か、そして解決できるとすれば、それはいつか。私たちは、いかに生きるかという実際的な目標を設定して、その目標を達成するためには私たち自身をどのように組織すべきかを決定する必要がある。そして人類は、とるステップがうまくゆくという保証はないとしても、それをするしかない。人口過剰、経済格差、環境の復元力の低下の結果に加えて、こうした重大な問題をあつかうことは、確かに容易なことではない。しかし、私たちが日々なにもせずに手をこまねいているだけでは、私たち自身とこの地球で私たちとともに生きる生き物たちにとってよりよき未来を作り上げるための道は、閉ざされることになる。支配的動物になることを可能にした私たちの特質をいまこそ、私たち自身と世界の生きとし生けるものにとって持続可能な未来を作り上げるために使わなければならない。

あとがき

『支配的動物』のハードカヴァー版が出てから1年、いろいろな変化があった。世界経済は危機的状況に陥った。米国には新たな政府が誕生した。新型インフルエンザの流行が世界を脅かした。環境問題、とりわけ気候変動に対する関心が新たな局面を迎え、米国国内でも国際的にもこの問題に対処しなければならないという機運が高まった。同時に、ヒトがいかにしてこの地球上で支配的動物になったのかについても、いくつかの新たな科学的発見があった

ヒトの進化については、もっとも興味深い見解が、霊長類学者のサラ・ブラファー・ハーディによって出されている。彼女は、ヒトの赤ちゃんが、長い乳幼児期——脳の成長と環境によるそのプログラミングのための時期——には自分ではどうもできないがゆえに、親のみならずほかのおとなを魅了するための特徴と社会的能力を進化させたと考えている。そうすることによって、赤ちゃんは、おとなからヒト特有の行動——私たちにもっとも近縁のチンパンジーとは大きく異なる行動——を引き出す。メスのチンパンジーは、時には子殺しに発展することもあるオスのチンパンジーやほかのメスの行動をおそれて、我が子をしっかり抱きしめて守る。これに対して、ヒトの母親たちは、まわりにいるほかの赤ちゃんを共有し合い、ほかのおとなが赤ちゃんと遊んだり、保護したり、子守りをしたりするのを許す。赤ちゃんや幼い子どもは、（みなではないにしても）ほとんどの社会において、男性と女性の両方を魅了するように見える。そして昔からの仮説によれば、閉経は、女性が自分の包括適応度（本書98頁参照）を高めるためのひとつの方法である。閉経は、自分が子を産んでその子らの世話をするには歳をとりすぎている女性に、祖母として孫の世話をするだけの余裕を与える。

ハーディが示唆しているように、これらの特性は、私たちを、共同で子育てをさせ、見知らぬ人と協力させ、より共感をもつようにさせ、（心理学者が「心の理論」と呼ぶものによって）他者の思考や行為の理解に焦点をおかせ、より一般的な言い方をするなら、警戒を解かせ、より迅速に繁殖をさせ、私たちのもっとも近縁の霊長類よりも進化的に成功させるのを可能にしている。こうしたハーディの考えは興味深いが、「ニワトリが先か卵が先か」という問題は残っている。すなわち、社会集団における共感や心の理論の発達は、共同の子育てをどの程度促進したのだろうか？　逆に、共同の子育ては、それらの社会集団の特質の発達にどの程度関係しているのだろうか？

科学者は、ゲノムのはたらき方も解明し続けてきており、DNAに保持されている情報がどのように発現するか——どのよ

うに「遺伝子」が環境との相互作用を通して制御（スイッチのオン・オフ）され、結果として私たちのような生き物を生み出すのか――について、より詳細な理解をもたらしてきた。ここで遺伝子をかぎ括弧に入れたのは、いまもたえずゲノムの複雑さが見出されつつあり、「遺伝子」を正確に定義することがほとんど不可能に近くなりつつあるからである。

最初に述べたように、本書のハードカヴァー版が出て数ヵ月のうちに、世界的な規模の経済「崩壊」やインフルエンザの世界的流行の始まりなど、重大な国際的出来事が起こった。第一の出来事についての基本的問題は、古い経済エンジン――少数の富める者に高消費の生活を提供するが、一方で人類の生命維持システムを容赦なく破壊する――を立て直すだけか、それとも国家が、消費主義の軌道を変えることによって引き起こされる消費の大幅な減少を利用し、その一方で飢餓と欠乏に苦しんでいる最貧の人々に援助の手を差し伸べるか、という問題である。

疫病学的環境については心配すべき点がいくつもある。H1N1インフルエンザの世界的流行がどの程度の規模になるかは、いまこれを書いている時点では予断を許さない。伝染病に対処する世界の能力は、近年かなりの向上を示しているが、悪条件が重なれば、新たな「ブタインフルエンザ」が、数千万人の死者を出した1918~19年のインフルエンザと同程度に重大なものになる可能性もある。なかでも、最終的にどのような結果になるかは、このインフルエンザ株にはどれぐらい多くの「波」があるか、そしてその毒性がどのように進化するかにかかっている。もしこの脅威を回避することができるなら、それは、新たに出現するパンデミック――インフルエンザも、それ以外のものも――によって引き起こされる大量死を避ける上で、人口過剰な世界がとるべき防御体制を強化するための目覚まし役もはたすだろう。

気候のはたらき方についても、この1年で多くのことがわかってきた。たとえば、地上の降水パターンは、気候破壊の結果としてこれから数世紀の間変化し続けるだろう。このことは、水に関係したインフラ――とりわけ、農業にとって欠かせないダム、用水路、運河――を再検討し、柔軟に対応できるようにデザインし直し、再構築する必要があるということを意味する。都市の上水道や下水道の劣化した導管を取りかえることは必要だが、それによって、大量の水を必要とする作物地帯の水の枯渇という問題が解決されるわけではないし、多くの場合、より効率的な灌漑システムへの大規模な転換も、この問題を解決しない。

地球上の水に関係するインフラを整備し続けることは、やりがいのある難題だが、一刻を争うほどの問題ではない。急を要するのは、人類の排出する温室効果ガスを減らすためにこの数十年のうちに地球のエネルギーのインフラ構造と輸送パターンを変えるという課題のほうである。問題が明確に把握されてから真剣な対策がとられるようになるまでに少なくとも20年の遅れがあったので、破滅的な結果を回避するために、対策には大幅なスピードアップが要求される。気候破壊の影響はすでに現われ始めている。

残されている不確実さはそうすぐには解決されないかもしれないが、本書のハードカヴァー版が出版されてから耳に入ってくるニュースはよいものではなかった。北極圏の夏季の浮氷の融解は、いくつかの気候モデルが予測したものより急速に進んでおり、正のフィードバックループ――すなわち、氷が溶ければ溶けるほど、地球は熱くなる――を強めつつある。同様に、強力な温室効果ガスである厖大な量のメタンは温かくなって、ツンドラ土から放出されつつある（もうひとつの危険な正のフィードバックだ）。極地の氷床の融解も加速しているように見えるので、これまで出されている海面上昇の予測値はかなり疑わしいものになる。ある最近の予測では、21世紀での海面の平均的上昇はおそらくは1メートルかそれ以上になるという。約1メートルの上昇の場合、世界では1億5000万の人々が直接的な影響をこうむることになる[1]。それは、低地の地域――とりわけ、それよりも少ない上昇でさえ影響の大きいバングラデシュのような国――では、とてつもない問題を引き起こすだろう。海面の急速な上昇は、水没した島や海岸地域からの大規模な環境難民の移動を確実に生じさせるだろう。

最近、「ブラックカーボン」（煤煙）が気候破壊のひとつの重要な要因である――地球温暖化の約20％（割合で言えばCO_2の半分に相当）を占める――ことが広く認識されるようになった。主要な原因は、発展途上国の家庭で使用されている効率の悪いストーブである（ほとんどの先進国は煤煙の排出を規制している）。粒子は、密な大気層――とりわけ入射光の大部分を受け取る熱帯地域――に集まるようになる。しかし、風が煤の粒子を遠くまで運び、たとえばヒマラヤ山脈のようなところの氷河や氷原の上に落ちる。そこでは、以前であれば氷や雪が太陽エネルギーを反射していたのに、いまはそれらの粒子が太陽エネルギーを吸収する。これが氷や雪の融解を速め、作物の生育期には、「ヒマラヤの給水塔」を水源とする河川――ヒマラヤやチベット高原の氷や雪から溶け出た水はインダス、ガンジス、メコン、黄河、揚子江といった大河に流れ込む――の流量を脅かす。生育可能気温の範囲の上限ぎりぎりかその近くで育てられているコムギとコメに依存する東アジアと南アジアのおよそ16億人の人々が、すでに気候破壊の脅威にさらされている。重要な河川の流量の減少にともなう主要作物の不作のリスクは、地域的な厄災や、場合によっては激しい紛争の原因のひとつになるように見える。

幸いにして、煤煙についての相対的によいニュースは、発展途上国の村人たちにより効率的で煙の出ないストーブを提供することによって、そう時間をかけずに、煤煙を抑制することが可能だということである。これはすでにある程度行なわれつつあるが、しようと思えば、大規模に、しかも安価に行なうことも可能である。これは、温室効果ガスの削減ということに加えて、非効率的なストーブを使わざるをえなかった人々にとっては健康被害を減らすことになる（本書202～203頁参照）。気候を守り、人々の健康を増進し、平等性を高めることは、もっとも有益なお金の使い方である。もうひとつの利点は、燃料用の木材のための森林や林地に対する圧力を減らすことができることである。もしストーブが木炭を生み出すよう計画されるならば、さらなる利益が得られるかもしれない。いくつかの研究が示すところでは、バイオ炭と呼ばれる木炭の一種を農地に利用すれば、土壌の肥沃さを高めることにとどまらず、かなりの量の炭素を隔離することができる。とは言え、バイオ炭が、アマゾンのアメリカ先住民が古くから成功してきたのと同じだけの効果を多種多様な土壌においてももつのかを見極めるには、さらなる研究が必要である[2]。

水の供給量の減少の可能性と主要な作物地域での気候の変化は、農業科学とそれを支える「基礎」科学への大規模な財政支援の必要性を強める。とりわけ、私たちの食にとって鍵となる分野、植物遺伝学はそうである。なかでも、国際農業研究協議グループ（CGIAR）の15の研究センターは、この数十年注目されずにきたが、現在その力が必要とされている。これらのセンターは、1960年代と70年代、人口増加による需要増加に対処するための食糧生産の「緑の革命」の拡大において大きな役割を担っていた。その役割がいまも重要なのは言うまでもない。

気候変動に関して唯一安全な政策は、エネルギー生産、農業、森林破壊に関係する温室効果ガス（二酸化炭素、メタン、一酸化二窒素、そして「ブラックカーボン」）をできるだけ大幅に、かつできるだけ早急に減らすことである。これはそう簡単にできることではなく、適切な生活水準を維持しながら（発展のもっとも遅れている国にあっては、生活水準を向上させながら）世界規模でなされなければならない。気候災害が起きる可能性を大幅に減らすためにこれらすべてのことをすることは、（最大限にするのではなくても）世界の多くの地域に第二次世界大戦時と同程度の規模の動員を数十年にわたってかけねばならない。このような動員——それにともなう社会的・経済的混乱も含め——は、どの国にもこれまでになかったような協力と政治的決断を強いるだろう。

賢明な決定のためには、少なくともだれもが、気候破壊にすぐにしっかりと対処することで得られる利益とそうしなかった場合の損失について情報をありのままに知らされるべきである。どの程度リスクを冒してよいかという決定は、科学的決定ではなく、社会的決定である。人類が分別をもって迅速に反応するだろうという兆しは、いまのところ、以前よりは有望である。しかし、温室効果ガス排出の制限の必要性は喧伝されてはいるものの、人類全体で見ると、環境への排出量は、減るどころか、年々増す一方である[3]。ＥＵの排出量は、この数年で減りはしたが、この改善は、ほかの国々の排出量の増加によって帳消しになった。２００８年と０９年には、二酸化炭素の排出量は、景気の低迷のせいで世界的に下がると予想されている。しかしおそらく、これは大きな動きのなかのほんの中休みにすぎない。真の逆転は、これまで考えられてきた以上に多大の努力を必要とするだろう。

　そうしたなか、米国は２００８年に、アフリカ系アメリカ人を大統領に選出した。新政府は、国内でも国際的にも環境問題に取り組むと誓った。２００９年の政権交代は、米国の政策をより持続可能な文明の方向へとシフトする機会となった。バラク・オバマの大統領就任演説の後すぐに、高く評価されている科学者が科学や環境政策に影響を与える重要な地位に指名され、科学的証拠を尊重する新時代の到来が告げられ、ブッシュ政権の政策――発展途上国への家族計画の援助を制限したり、保守派の言うとおりの環境規制を実行したりするといった――からの方向転換がなされた。

　もっとも重要なのは、新政府と米国議会の両方による気候変動へのアプローチの変化であった。ようやく議会は、電力会社や産業界の二酸化炭素の排出量の大幅な削減を始めるための重要法案を作成中である。一方で、米国の弱体化しつつある自動車メーカーの再編を強めるなかで、米国政府は、乗用車とＳＵＶ車についてのＣＡＦＥ（企業別平均燃費）の基準をしだいに厳しくしている。多くの民間企業がこの取り組みに加わっている。企業は電気自動車用の効率的な電池を開発しつつあり、風力発電や太陽光発電の発展を加速化しつつある。電力網も改良して最新のものにし、エネルギー効率が最大になるように建築基準の改正や古い建物のリフォームも行ないつつある。議会のエネルギー法案は企業によっても支持されている。排出量の削減のためにそれまで地域や州レベルで行なわれてきたあまたの活動が、いずれ近いうちに、国の活動のなかに組み入れられるだろう。

　大統領の座に就いたオバマは、急速に悪化する経済に直面し、米国の経済を立て直すためのひとつの方策が、劣化したインフラに大規模な資本投入を行なうことだということを認識した。加速しつつあるグローバルな変化、人口増加とエネルギー危機に直面して、このような形の資本投入と、米国の政策をほかの国々がどの程度まねるかが、今後決定的に重要になるだろう。米国のエネルギーシステムと輸送システムの再編に焦点をあてて経済の「新たな基盤」作りをすることによって、不況とインフラに取り組むというオバマの意思表明は、正しい方向への動きを示している。

　同時に、米国政府は、地球高温化に取り組むための次のステップ――京都議定書のフォローアップ――に関する進行中の（激しくなりつつあった）国際交渉の場に新たな協調精神をもって復帰した。米国は、気候問題への対処というグローバルな取り組みにおいて指導的な役割を担っているように見える。中国の温室効果ガスの排出量が米国を抜いた時、米国は、対策をとることを拒否する理由（あるいは言い訳）として中国を引き合いに出したが、いまや中国は着々と風力発電地帯と太陽光発電の開発を加速させてきており、石炭火力発電所の建設ラッシュの終結も示唆し始めている。しかし一方で、原子力の利用を増加させるべきだという世界的なキャンペーンも行なわれている（建設に要する時間、経済性、安全性、核兵器の拡散の点からすると怪しげな提案にしか見えないが）。

一方で、科学者は、人類の苦境をとらえる実りある方法を模索し続けており、そうした方法のひとつが、生物圏とヒトの社会経済政治システムの両方を「複雑適応系（CAS）」として考えることだということを見出しつつある。伝統的な分析に比してこのアプローチの大きな利点は、人類の苦境を要因ごとに見るのではなく、全体として見るという点である。複雑適応系は、相互作用し合う、多くの、似てはいるが多様な要素――経験から「学ぶ」ことのできる要素――からなるシステムである。このようなシステムは、「創発性」と「自己組織化」という2つの特徴をもつ。創発性とは、たとえば経済の見えざる手の結果やこれといった原因なしに起こる交通渋滞のように、単純な相互作用から予期せざる複雑なパターンが出現することを言い、自己組織化とは、鳥が群れをなして飛んだり、人々が政党を形成したりといったように、要素は法則に従うが、発生のパターンがあらかじめ決まっているわけではないようなものを言う。

過去100年以上にわたって、ヒトのCASは、規模が著しく大きくなってきたし、自然のCASとの相互作用の強さも大幅に増してきた。このことが意味するのは、ヒトのシステムに由来する創発的要素と生物圏の創発的要素とが相互作用する時には、人類は大きな驚きを目のあたりにするだろうということである。しかし、それらがいつ、どのように起こるかは予測がつかない。それはまた、現在の文明――そのなかの要素間にはさまざまのレベルでの相互作用がある――がグローバルな崩壊を経験する最初の文明かもしれないということも意味する。

以上のことは、支配のパラドックスを際立たせている。すなわち、この地球全体の基本的性質を変えるほどの能力を進化させてきた聡明な動物は、どうして、長期にわたって、自分たちの種にとって満足のゆく生息地としてこの地球を保つための方法を考え出そうとしてこなかったのだろうか？　おそらく私たちはいま、文化的に多様な規範と習慣をあつかうという問題を解くことによって、このパラドックスを解消することができる。それは、ミレニアム人間行動評価（MAHB）の目標のひとつである。その一部は、ヴァーチャルリアリティ――人間がコンピュータの生み出した環境と相互作用することを可能にする急速に発展しつつある技術――の増しつつある有効性によって実現できるかもしれない。ヴァーチャルリアリティは、「現実」世界とますます混ざり合いつつ（ヴァーチャルリアリティではすべてがリアルに感じられる)、一部の人々の生活のなかに入り込み始めている。オンラインのヴァーチャルな社会も形成されている。たとえばセカンドライフだ[4]。そこでは、自分たちの「アバター」たちを作ることができ、そのアバターたちは、この地球のほかのどこかにいる人々が作ったアバターと相互作用することができる。このような仮想世界は、適切に利用すれば、持続可能な方向に文化的進化を方向づけるための強力なツールになりうる。しかし、人々にあらゆること——温室効果ガス排出を制限する世界的な計画から、宗教間の緊張を和らげる方法の発見にいたるまで——に立ち向かうだけの知識や能力を身につけさせるためには、多大の思考と努力、そしてシムシティ(プレイヤーに仮想都市を計画させるゲーム)のようなコンピュータゲームの適切な拡張を必要とする。

グローバルな崩壊の可能性は明らかに、真の大問題を提起する。すなわち、世界を複雑適応系としてよく理解すること、MAHBに対す関心の増大を加速させること、そしてコンピュータが作るヴァーチャルな世界と相互作用することで高められた能力を活用することは、近い将来において、持続可能な文明の創出に向けて大きく前進する上で助けになるかもしれない。

2009年7月14日　コロラド州ゴシックにて

6年後

2009年に書いた「あとがき」では、グローバルな文明の崩壊の回避について言及したが、その後この問題は、科学者の間で盛んに論じられるようになった。確かに、過去にあったほぼすべての文明は、通常は人口規模が激減すると同時に社会・政治・経済的複雑さを失って、最終的には崩壊した。古代のエジプト文明や中国文明のように、さまざまな段階の崩壊から復活をはたしたものもあったが、イースター島の文明や古代マヤ文明のように、それ以外のほとんどの文明は崩壊したままもとに戻ることはなかった。これまでこれらの崩壊はどれもその地域だけに限られ、ほかの地域の社会や文明はその影響を受けることなく存続した。時には、ティグリス・ユーフラテス川流域でのように、新たな文明が続いて勃興することもあった。ほとんどではないにしても多くは、その直接的あるいは最大の原因が環境の乱開発にあった（Montgomery, 2012）。

しかし人類にとっては初めてのことだが、今日、そのグローバルな文明――程度の差はあれ、私たちはだれもがそのなかにいて、ますます相互につながりつつあるワールドワイドな高度技術社会――は、本書で論じてきた多岐にわたる環境問題によって崩壊の危機にさらされている。それらいくつかの問題の兆候は、明らかに悪化しつつある。たとえば、エボラ出血熱は、人口に関係した新たに出現する伝染病の脅威へと人々の関心を向けさせ、準備態勢の整っていないグローバル社会がどのようにそれらに対処すべきかを浮き彫りにしてきた。地球の急速な被毒（Cribb, 2014）や資源の急速な枯渇（Klare, 2012）――なかでも、多くの重要な農業地域で過度に利用されつつある地下水（Gleeson et al., 2012）――については、すぐれた総説が書かれている。

私たちの強調する人類の苦境のもとには、人口過剰、自然資源の過剰消費、環境に対して不必要な損害を与える技術の使用、人類全体の消費を支える社会・経済・政治的なしくみがある。現在の人類の人口規模がどれだけ地球の長期の環境収容力を超えているかは、エコロジカル・フットプリント分析によって（控えめながら）示されている（Global Footprint Network, 2012; Rees, 2013）。それが示すところでは、現在の70億を超える人口を扶養し続ける（すなわち、現在の技術と生活水準を含む、これまで通りの生活をする）ためには、もう半個分の地球が必要であり、もしそれだけの数の人々が米国国民と同じレベルで資源を消費しようとした場合には、さらに4個か5個の地球が必要である。2050年までにはさらに25億人が増えると予測されるが、それは、文明の生命維持システムにおよぼす人類の脅威を桁外れに大きなものにする。というのはどの地域の人々も、非線形的な反応をもつシステム――人ひとりが増えるごとに環境へのダメージの増加が加速する――に直面しているからである（Ehrlich & Holdren, 1971; Harte, 2007; Liu et al. 2003; Yu & Liu, 2007）。

　もちろん、人類が技術革新によって地球の環境収容力を劇的に伸ばすという主張もなされている（Rosner, 2004）。しかし広く認識されているように、技術は環境収容力を増やしも減らしもする。鋤は明らかに最初は環境収容力を高めたが、いまはそれを低めているように見える（Montgomery, 2012）。全体的には、将来的な見通しを慎重に分析してみると、科学技術が私たちを救う（Huesemann, 2012）とか、ＧＤＰは資源利用に依存しなくなる（Brown et al. 2011）とかいった主張は信じるに足りないものだということがわかる。

文明の崩壊の可能性

　互いに関係した一連の状況（Liu et al. 2007）が今世紀に世界の崩壊につながる可能性についてはどうだろうか？　過去の「崩壊」については多くの定義やたくさんの議論があるが、未来のグローバルな崩壊は慎重な定義を必要としない。「小規模な」核戦争のような出来事が引き金になっても、崩壊は起こりえる。生態系へのその影響が即座に文明を終わらせるかもしれないし（Toon et al. 2007）、あるいは飢饉、伝染病や資源不足が国内の中央管理の崩壊を引き起こし、交易の途絶や稀少な必要物資をめぐる争いも加わって、徐々に崩壊に至るかもしれない。どちらにしてみても、生き延びる人々がいても、また社会が次の社会に置き換わるとしても、本書の読者がよく知る世界も、大部分の人々の幸福も、消え去ってしまうだろう。

　このような崩壊が起こる可能性はどの程度あるのだろうか？　文明は、その人口を扶養できなければ、崩壊するしかない。世界のこれまでの成功と少なくとも未来の世代を扶養する将来的な力については、この半世紀の間にかなり激しい議論がなされてきた。最初の農業革命によって文明は可能になったが、この80年間で技術に依存したグローバルな食糧システムを作り上げてきたのは、工業的農業革命である。人類にとってもっとも大きな産業、すなわち農業というこのシステムは、奇跡的な食糧生産のみならず驚異的な環境破壊も生み出してきた。さらに現代の農業は、安定した気候、モノカルチャーの作物、工業製品として生産される肥料や農薬、大量の石油の使用、抗生物質入りの飼料、そして化石燃料による早く効率的な輸送に依存し、この依存が長く続く深刻な脆弱さも生み出してきた。

　これら食糧生産の奇跡にもかかわらず、現在、少なくとも20億の人々が飢えているか栄養不良である。ＦＡＯ（国連食糧農業機関）は、人口が２０５０年までに35％増加する（その後も増加し続ける）が、これだけの人口を扶養するには食糧を70％増産する必要があると見積もっている（Food and Agriculture Organization, 2009）。人類が十分な食糧を生産し分配できるという見込みについてはどうだろうか？　そうするには、次のような課題の多く（もしくはすべて）を解決しなければならない。その課題とは、気候破壊をできるだけ食い止めること、生態系サービスを維持するために農業用地拡大を制限すること、可能な場合には生産量を上げること、土壌の保全にいっそう力を注ぐこと、肥料、水やエネルギーの利用効率を高めること、菜食の傾向を強めること、（自動車の燃料用でなく）人間が食べるための食糧生産を増やすこと、食物廃棄を減らすこと、海洋環境の悪化を食い止めること、水産養殖を適切に管理すること、持続可能な農業と水産養殖に向けた研究への投資を大幅に増やすこと、そして平等性を高め、すべての人々への食糧供給を政策課題のトップにもってくることである（Ehrlich & Harte, 2015）。

おそらくさらに決定的なのは、作物の生産量を高める上で、気候破壊は乗り越えられない生物物理的障壁を課すということである。確かに、もし気候に関しては私たちに運がなく、主要作物の生産量が減少するにしても、作物の収穫が世界的に大打撃を受けるということはありそうもない。けれども、気温の上昇は、これまで基本作物の生産量の増加の傾向をすでに弱めているように見えるし、主要作物の栄養価が減るおそれもある。温室効果ガスの排出量を劇的に減らさないかぎり、人為的気候変動は農業を破壊する可能性がある（Ehrlich & Harte, 2015）。また、広範囲にわたる乱獲によって多くの海洋水産資源からの漁獲量が減少しているのに加え（Rowland, 2012）、海洋温暖化と酸性化は、栄養の点でもっとも弱い状況にいる人々の多く（とりわけ、養殖魚を買うだけの経済的余裕のない人々）へのタンパク質の供給も脅かしている（Lemonick, 2012）。

残念ながら、農業システムは、環境悪化の主要な原因すべてと複雑に関係している。農業自体が温室効果ガスの主要な排出源であり、それゆえ気候破壊の重要な原因であると同時に、その影響を直接受ける。農業由来の温室効果ガスの排出を止めても、気温や降水パターンの変化はすぐには止まらず、１０００年以上は続くだろう（Solomon et al., 2009）。暴風雨、旱魃、熱波と洪水は激しくなることが予想されるが、これらすべてがすでに現われ始めており、しかもどれもが農業生産を脅かしている。

土地は、農業に不可欠の、いくつもの脅威にさらされている資源である。土壌の劣化という深刻で広範囲におよぶ問題に加えて、海面の上昇（地球温暖化のもっとも明白な結果だ）は、浸水によって（たとえば1メートルの上昇はバングラデシュの国土の17・5％を水没させる（Sarwar, 2005））、頻繁に起こる高潮によって、あるいは灌漑用水に不可欠な沿岸帯水層の塩による汚染によって、重要な地域を生産不能なものにする。食糧システムにとってもうひとつの重要な問題は、主要な農地が市街化によって失われることである。人口増加と土地の争奪によって農地のひとりあたりの供給量が確実に減るにつれて（Klare, 2012; Kremen et al., 2012; McMichael, 2012）、この問題は顕在化しつつある（Seto et al., 2012）。

人口問題は、いまのところ不十分な対策しかとられていないが、今後強力な対策をとる上で決定的な重要性をもつ要因は、人口増加の軌道を人間的かつ合理的に変えるのにかかる時間である（Bradshaw & Brook, 2014）。第二次世界大戦時の動員などから明らかなように、消費パターンの多くは、適切な刺激があれば、ほんの1年で劇的に変化しうる（Ehrlich & Ehrlich, 2010）。食糧不足が深刻になれば、飢えの拡大につれて、急速な反応が起きる。食糧価格は高騰し、不足分を補うために、食事（たとえば1日の食事の回数や消費する肉の量）が一時的に変化する。しかし、長期にわたって、グローバルな食糧供給とそのより平等な分配を拡大することは、時間のかかる難しいプロセスである。たとえ大飢饉によって、長らく必要とされてきた食糧の生産と分配の改善に資本の投入が引き起こされたとしても、それを計画し、試行し、実施するには時間がかかる。

さらに農業は、生物多様性の喪失──したがって、人間のほかの営みや農業それ自体に提供される重要な生態系サービス（たとえば受粉、病害虫調節、土壌の肥沃度、安定した気候）も失われる──の主要な原因である。農業は、レイチェル・カーソンの時代から明らかにされてきたように（Carson, 1962）、世界規模の被毒の主要な源でもあり、微量とは言え、無数の毒に人間集団をさらしている。これらは、食糧生産にさらなる潜在的リスクを課す。

崩壊を回避するためになにをすべきか？

気候破壊が食糧生産におよぼす脅威に限って見ても、人類のエネルギー利用のシステム全体を早急に変える必要がある。温暖化は、地球の平均気温の上昇が摂氏5度──文明を崩壊させるレベル──以下に抑えなければならない（World Bank, 2012）。現在もっとも信頼できる推定値によると、世界はすでに地球の平均気温の2・4度の上昇に関与しているが、協調した急速な対策をとれずにいる（Schellnhuber, 2008）。この値は、10年前に気候科学者たちが「安全な」限界とした2度を上回っており、現在一部の分析家はひじょうに危険な状態とみなしているが（Anderson & Bows, 2011; Fischetti, 2011）、これは、上昇が1度に達する以前にその影響が現われていることから見て、信頼できる評価である。さらに現在のモデルは、炭素シンクの役目をはたす植物の生育を過大に見積もっているため、未来の気温上昇を過小評価し（Reich & Hobbie, 2012）、正のフィードバックを過小評価しているという証拠もある（Torn, 2006）。

数多くの複雑さは、熱死、熱帯病の広まりから海面上昇、作物の不作、猛烈な暴風雨にいたるまで、人為的気候破壊の脅威を正確に見積もることを難しいものにする。世界の崩壊を回避する上で鍵になるのは──したがって力と警戒を集中的に注ぐべきは──気候に関係した大規模な飢饉を回避することである。人類の農業システムは、長期にわたって比較的一定で穏やかな気候のもとで発展したものであり、とくに20世紀の条件に合ったシステムになっている。地球が急速に予測の難しい新たな気候レジームに移行しつつあることを考えると、これだけでも大きな不安材料である。必要なのは、この変化のプロセスを遅くすることである。これは、既存のエネルギー利用のインフラの多くを大きく変えること（Alexander, 2012）と、エネルギーシステムを格段に効率的なものにするよう私たちの行動を変えることを意味する。これは可能であり、実際に、それをするための合理的な計画が立てられ（Harte & Harte, 2008; Makhijani, 2007）、ある程度の進展がなされている。もちろん、中心的課題は、気候破壊の影響が最悪になるのを防ぐために２０５０年までに世界の化石燃料の使用を半分以下に減らすことだが、国際エネルギー機関が発行する『世界エネルギー展望』は、これをかなりの難題と見ている（International Energy Agency, 2011）。これはもうひとつのジレンマを浮き彫りにする。肥料や農薬の製造、農業機械の運転、（無駄の多い）灌漑、家畜管理、作物の乾燥、食糧貯蔵、輸送や配達など、化石燃料はいまや農業に不可欠なものになっている。したがって、化石燃料の使用を段階的に減らすには、これらの機能を維持したままで非化石燃料へと少なくとも部分的に転換してゆく必要があり、しかも食糧価格の高騰を引き起こすことなく、それをする必要がある。

残念ながら、世界の温室効果ガスの排出量を２０２０年までにピークに達するよう抑え、２０５０年までに現在の半分の量にまで減らすといった不可欠のステップ（Mann, 2009）は、経済的にも政治的にもきわめて難しい。化石燃料の企業は、埋蔵が確認されている地中の化石燃料の大部分に手をつけないままにしなければならず、したがってこの産業の多くの経済的価値が破壊されることになるだろう（McKibben, 2012）。一部企業の行動規範は、そうと知りながら、破滅的であっても活動を続けて利益をあげることを含んでいるので（たとえばProctor, 2011を参照）、米国においては、化石燃料の燃焼が大きな経済的利益をもたらすことから、偽情報のキャンペーン活動が大々的に行なわれ、気候破壊について人々を混乱させて（Klein, 2011; Oreskes & Conway, 2010）、この問題に対処する試みを妨害することに成功してきた（Eilperin, 2012）。残念なことに、私たちの社会では、環境危機をめぐるこれら多くの倫理的問題が議論されることはめったにない（Ehrlich, 2014）。

食糧問題の分析において繰り返し登場するテーマは、生産性が著しく低い農地における収穫量と潜在的収穫可能量との間の「ギャップ」を埋める必要性である（Foley, 2011; Foley et al., 2011; Godfray et al., 2010）。これは、あまり生産的でない非工業的生産方式の収穫量を工業的農業並みにまで増やすということを意味する。しかし、これら工業的な生産量がもはや持続できないほどに、気象条件が変化してしまう可能性もある（Lobell et al., 2011）。したがって、崩壊の可能性を減らすには、農業関連の遺伝学的・生態学的研究によりいっそう力を入れること（Ziska et al., 2012）と、環境にやさしいことが判明している技術を採用すること（Montgomery, 2012）――企業の目先の利益と社会的利益や長期の持続可能性の間の妥協点を見出す必要があるにしても――が必要になる。

エネルギーの利用を合理化するだけでは、農業生産を拡大するどころか、維持するにも十分ではないかもしれない。水に関係するインフラは、降水パターンがたえず変化し続ける環境において、作物に水をもたらすだけの柔軟性を備えるように設計し直す必要がある（Solomon et al., 2009）。これが決定的に重要なのは、今日灌漑されているのは農地の15％にすぎないが、それが穀類作物の生産量のおよそ40％を供給しているからである。現在天水栽培されている農業地帯は、今後灌漑の必要が出てくるかもしれないし、一方ほかの地域では灌漑が過剰になるだろうが、両者の状態はたえず変化し続けるだろう。これやほかのいくつかの理由で、グローバルな食糧システムには、これまで考えられたこともなかったような、新たな柔軟性をもたせる必要がある。

これらの課題をはるかに難しくしているひとつの要因は、これまで化石エネルギーを使ってこなかった巨大な国々がグローバルなシステムに参入したことである。西洋諸国や日本を豊かな地位に導いたのは豊富な化石エネルギーであったが、新たに参入したこれらの巨大な国々がいまや、西洋や日本のエネルギーの「成功」をさらに大きなスケールで繰り返そうとしている。インドでは――最近では巨大な停電が起き、３億人が影響を受けた――455の新たな石炭火力発電所が計画中である。世界では、1200以上の発電所――全体で140万メガワットの発電容量をもつ――が計画中であり（Friedman, 2012）、その大部分は、電力需要がうなぎのぼりに増加する中国のものだ。それによって引き起こされる温室効果ガスの急増は、インド人、中国人や増加しつつある世界中の中産階級の人々の食糧として多量の肉の生産が必要になることによって、家畜に振り向ける穀物の量が大幅に増加することと相互に関係し合う。

食糧以外の問題への対処

文明の存続へのもうひとつの脅威は、グローバルな被毒である。合成化学物質への曝露の有害な徴候から、一部の科学者は、人間集団へのその影響についてますます神経を尖らせつつある（Colborn et al., 1996; Cribb, 2014; Myers & Hessler, 2007; Vandenberg, 2012）。しかし、グローバルな脅威がはっきり姿を現わしたとしても、それを軽減するために計画された対策――気候破壊を弱めるためにしばしば提案される生態学的にも政治的にもリスクの高い「地球工学的」プロジェクト（Battersby, 2012; Barrett et al., 2014）に類するもの――が、舞台の袖で出番を待っているわけではない。

疫学的環境のいくつかの側面についても、ほぼ同様のことが言える。伝染病の拡大の可能性は、免疫力の弱まった社会における急速な人口増加、病原体保有動物との接触の増加、高速輸送、そして抗生物質の乱用によって高められている（Daily & Ehrlich, 1996）。ノーベル生理学医学賞受賞者のジョシュア・レーダーバーグは「人類の存続は既定路線の進化プログラムではない」（Wald, 2008, p.40）と述べて、伝染病に対する大きな懸念を表明していた。検討すべきいくつかの予防的ステップは、家畜の成長促進のための抗生物質の使用の禁止、緊急時のための重要なワクチンや薬剤（たとえばタミフル）の備蓄体制の確立、感染症監視体制の整備、緊急医療施設の拡大、検疫や隔離のための体制の整備、そしてもちろん、人間的なやり方で人口規模を抑えるのをできるだけ早急に始めることである。ますます明らかになってきたのは、安全保障が軍事面以外にもいくつもの次元をもつということであり（Ehrlich, 1991; Pirages & DeGeest, 2002）、環境の安全への侵害が世界文明の終焉を招く可能性がある。

しかし、人類が崩壊を回避できるかどうかについての不確かさは依然として、軍事的安全保障――とくに人類の苦境のいくつかの要素が核戦争の引き金となるかどうか――にかかっている。最近の研究は、地域規模の核戦争（もっとも懸念されるのはインドとパキスタンの間）でさえ、気象の影響が広範囲におよぶことにより、グローバルな崩壊につながる可能性があることを示している（Toon et al. 2007）。政治的・宗教的紛争を超えた争いの引き金に容易になりえるのは、国境を越える伝染病、食糧や農地を確保する必要性、そしてほかの資源――とりわけ農業用水と（世界がエネルギーに関して思慮分別をもつことがなければ）石油――をめぐる争いである。核兵器やほかの大量破壊兵器を廃絶する道を見つけることは、文明の課題のなかで喫緊のものとして位置づけられなければならない（Shultz et al. 2011）。核戦争こそ、もっとも直接かつ確実に崩壊に至るルートだからである（Ehrlich et al. 1983）。

崩壊の可能性について考える際にかならず考慮しなければならないのは、苦境の要素に結びついた社会的混乱である。おそらくリストの最上位にくるのは、環境難民の問題である（Myers, 1993）。最近の予測では、２０２０年には環境難民の数が５０００万人になる（Zelman, 2011）。この難民の数は、大規模な旱魃、洪水、飢饉や伝染病によってさらに膨らみうる。海面上昇が現在の「公式の」予測のように低ければ（多くの人々はそう考えているが）、海岸部の浸水は人間の移動を大規模に生じさせるだけだが、それが1メートルの上昇だとすると、1億人ほどの人々が直接の影響をこうむり、6メートルの上昇なら、4億人以上が移住を余儀なくされる（Rowley, 2007）。こうしたカタストロフィの影響を弱めるための計画立案機関を含んだ包括的な国際統治システムを進展させること（あるいは、いっそのこと、時代遅れの国家システムをなくしてしまうこと）が、崩壊の可能性を減らすためには必要である。

科学の役割

科学のコミュニティはこれまでも、人類に危険が差し迫っている時には、繰り返し警告を与えてきた（Borgstrom, 1965; Brown, 1954; Cloud, 1968; Dunlap & Catton, 1979; Ehrlich & Ehrlich, 1981; Georgescu-Rogen, 1974; Homer-Dixon, 1994; Lovejoy, 1994; Myers, 1979; National Academy of Sciences USA, 1993; Osborne, 1948; Union of Concwerned Scientists, 1993; Vogt, 1948）。人口増加のリスクと「成長の限界」についての初期の警告（Borgstrom, 1965; Boulding, 1966; Daly, 1968, 1973; Ehrlich, 1968; Meadows et al., 1972）は、最近の研究が示しているように、方向性としては正しかった（Ehrlich & Ehrlich, 2009; Hall & Day, 2009; Hall et al., 2008; Kiel et al., 2010; ただし Hayes, 2012 も参照のこと）。

警告はいまも続いている（Barnosky et al., 2010, 2012; Bradshaw et al., 2010; Burger et al., 2012; Gerken, 2012; Hall et al., 2008; Homer-Doxon, 2006; Millennium Ecosystem Assessment, 2005; Rockström, 2009）。しかし、人口増加は内生変数として――もちろん中心的要因としても（Turner, 2009a）――みなされるべきなのに、いまだに多くの科学者がそれを外生変数として扱う傾向がある。あまりに多くの研究が「どうすれば２０５０年までに96億人を扶養することが可能か」と問うているが、同時に「どうすれば人間的なやり方で出生率を下げて86億人という数まで減らせるか」と問う必要もある。私たち（ポールとアン）は、人類全体の消費を地球の環境収容力の範囲内に収めるために人類の営みの規模（人口規模も含む）を縮小することが根本的な解決策であることは明白だと思っているが（Ehrlich et al., 2012）、こうした見方は無視や拒否に遭っている。成長に取り憑かれた文化にあっては、それを考えることにさえ、大きな社会的・心理的障壁がある。これがとくにそうであるのは、「反啓蒙」――思想の自由、民主主義、政教分離や経験的証拠にもとづく考えや行為の啓蒙的価値を拒絶する宗教的正統主義に向かう急速に伸びつつある動き――があるからである。それは、地球温暖化の否定、生物多様性の喪失に対する無反応、コンドーム（エイズ予防のための）やほかの種類の避妊法に対する反対といった危険な動向に現われている（May, 2006）。（信仰にではなく）証拠にもとづいてリスク低減の方略を見つけ出す機会があるとするなら、それはいまをおいてない（Kennedy, 2005）。

崩壊の可能性を減らすために、科学者はどのようなことができるだろうか？　自然科学者も社会科学者も、エネルギーや水のインフラの必要な再構築を成し遂げるための最良の方法を見つけることに多くの力を注ぐべきである。合成化学物質の使用を評価・規制するよりよいやり方を考え出す必要もある（Cribb, 2014）。（石油化学製品の生産には石油生産量の５％しか用いられていないが）将来的には化石燃料の供給が減ってゆくにつれて、こうした問題も減ってゆくかもしれない。地球上に残っている生物多様性（とりわけ個体群の重要な多様性）の保護（Ceballos & Ehrlich, 2002; Hughes et al., 1997, 2000）は、自然科学者にとっても社会科学者にとっても――そして適切な教育を通して、一般の人々にとっても――中心的な話題にならなければならない（Blumstein & Saylan, 2011; Ehrlich, 2011）。科学者は、ヒトの疫学的環境をよくする必要性と、核兵器・化学兵器・生物兵器の管理と最終的廃絶の必要性に、人々の関心を向けさせ続けなければならない。なかでもまず、協力がどのように進化するかというメカニズムの理解に力を入れる必要がある（Levin, 2009）。というのは、崩壊を回避するためにはこれまでになかったレベルの国際協力が要求されるからである。

世界の科学者のコミュニティが結束し、これら2つの複雑適応系の結合（Levin, 1999）をあつかうようになり、持続可能性に向けた必要な行動を生み出すのを助けるのは、遅きに失しているだろうか？　もちろん、科学にもとづく多くの小規模な取り組み（地域的なものが多いが）はなされており、必要なのはそれらの規模の拡大である（Ehrlich et al., 2012）。たとえば、環境NGOやほかの組織が生物多様性の要素――したがって多くの場合は、生活に不可欠な生態系サービスの要素（Cardinale et al., 2012）――の破壊を食い止めるべく努力を続けており、ある程度成功を収めている。高まりつつある絶滅の危機に直面するなかで、彼らが保護に努めている地域は、地球の生物相と人類の生態系サービスを再生する上できわめて重要な中心になるかもしれない。それらのうちいくつかの積極的な取り組みはその規模を拡大しつつある。いまや中国では、自然資本と人間の幸福の両方を守るために計画された生態系機能保全地区は、国土の25％ほどになる（Liu et al., 2008）。自然資本プロジェクト（Daily et al., 2011）は、これらの地域をうまく管理するのを助けつつある。これはよいニュースと言えるが、私たちの見るところ、必要とされる取り組み――とりわけ、自分たちの研究の少なくとも一部を人類の苦境に振り向け、その成果が政策に反映するようはたらきかけること――に加わっている科学者はごく少数である。

急速な社会的・政治的変化の必要性

ごく最近まで、私たちの祖先は、長期の問題に遺伝的あるいは文化的に反応することができなかった。たとえ、地球の気候がアウストラロピテクスにとって（古代ローマ人にとってすらも）急速に変化していたにしても、それが遺伝的・文化的変化を引き起こすことはなく、それに対してはなす術（すべ）がなかった。遺伝的淘汰や文化的淘汰の力は、未来の世代を見越すことのできる脳や制度を生み出さなかったし、それを生み出す淘汰圧もなかった。逆に淘汰は、背景的環境の知覚を安定的に保つことによって急速な変化（たとえば近づいてくるヒョウ）にすぐ気づけるメカニズムのほうを選んだ（Ehrlich, 2000, pp.135-136）。しかしいまや、背景のなかのゆっくりとした変化こそが、もっとも致命的な脅威である。社会は、すぐ近くにいる敵を打ち負かすために、あるいはあわよくば相手よりも優勢に戦うために、力を結集し、犠牲を払い、変化を起こすという長い歴史をもっている。しかし、未来の世代にとって現実の災厄の脅威となる、少しずつ悪化しつつある条件に対処するために、社会が力を注ぎ、犠牲を払ったという証拠はあまりない。しかしこれこそが、崩壊を回避するために必要な種類の動員なのである。

崩壊を回避する上でおそらくもっとも大きな課題は、この旧来のモデルを壊して、環境劣化を引き起こしている大きな要因である人口‐消費に関して自分たちの行動を変えるよう、人々（とくに政治家と経済の専門家）を説得することである。もちろん、たんに人々に重大な問題についての科学的な基本的統一見解を伝えるだけでは、組織にも個人にも急速な行動の変化を引き起こすことはできない。このことは、喫煙問題（Proctor, 2011）、気候破壊やほかの環境問題（Oreskes & Conway, 2010）において如実に示されてきたし、現在は肥満の蔓延にも見てとることができる（James et al., 2001）。

これと同じことが生産と過剰消費にも言える。とりわけこの場合には、富裕層に、経済成長が続くという文化的執着が顕著に見られる（Jackson, 2009）。複利の数学が教えるように、先進工業国の経済が年3・5％の増加率でずっと増加し続けるわけがないと、ふつうなら思うはずである。ところが不幸なことに、「教育を受けた」はずの多くの人々が、自分の文化に埋没しているため、現実の世界では、短期（たかだか2、3世紀）に指数関数的増加があったとしても、その増加が未来までずっと続いてゆくわけではないということがわからない。

崩壊を回避するための方策の研究に焦点をあてることに加え、自然科学者には、社会科学者（とくに社会の動きの力学を研究している人々）との連携が必要である。こうした連携は、人類の苦境への決定的で直接的な行動を一般市民に強力に支持してもらうための方法を考え出すことを可能にする。残念ながら、人類がいまきわめて困った状況にあるという科学者の側の自覚はこれまでのところ、この危機的状況に関与する政治や経済の影響力に対抗するだけの一般市民の自覚や圧力をもたらしてこなかった。一方、企業に支配されたメディアのほうは、成果をあげてきた。たとえば、米国のメディアは、半世紀にわたって米国が内外に与える恐怖によって帝国としての立場を維持してきたということを人々に気づかせないようにしてきた。対策を要求する一般市民からの大きな圧力なくしては、軌道を迅速に変えることはできず、災厄を未然に防ぐことはほぼ不可能になるように思える。

しかし、そこで必要とされる圧力は、科学のコミュニティと市民社会に基礎をおく市民運動によって生み出されるかもしれない。その動きは、多重知能のなかの新たなひとつ、「展望能力」（Gardner, 2008）の発達を導くのを助け、この能力によって市場の提供できないような長期の分析や計画を提供できるかもしれない。展望能力は、システマティックに先のことを考えることにとどまらず、社会や経済の回復力の増大のような望まれる結果に向けて文化的変化もガイドしうる。このような市民運動の展開や展望能力の発達を助けることは、今日の科学者が直面している課題であり、崩壊を回避できる可能性を高めようとするなら、最先端の研究が即時に逐一報告される必要がある。

もし展望能力が備わっていたなら、いまよりもずっと多くの科学者や政策担当者（そして社会）が、たとえば、この人類の苦境に人口がどのような役割をはたしているかを理解し（Holdren, 1991）、人口増加を「規定の」のこととしてあつかうことを止め、人間的なやり方で90億人以下に人口増加を抑えて緩やかな減少に転じさせることによって得られる栄養的・健康的・社会的利益を考慮していたかもしれない。人口増加のモメンタムを考えると、これは、記念碑的と言えるほど大きな課題である。難題ではあるが、もし政府や企業がそれを支持するならば、そして女性に完全な権利と教育と機会が付与され、性的に活動的なすべての人々に現代的な避妊法と（避妊できなかった場合には最終手段として）妊娠中絶を提供するという政治的意思がグローバルに生み出されるならば、不可能ではない。これらのステップがどの程度出生率を減少させるかについてはさまざまな議論があるものの（Potts, 2009; Sedgh et al., 2007; Singh et al., 2010）、それらは、社会にとっても当事者にとってもよい結果をもたらすだろう（O'Neill et al., 2012）。

明らかに、とりわけ反啓蒙の動きが強まるなか、世界の一部の地域にはこうした政策を確立するには大きな文化的・制度的障壁がある。これまでのところ、ほんとうに女性が男性と平等な立場におかれている国はひとつもない。しかし、出生率の担い手が軽視されてはならない。というのは、過剰消費を抑えるだけなら、少なくとも理論的には比較的すぐに達成できるが、人口動態を変えることは容易にはできないからである。その困難さは、この問題にすぐに取り組まねばならず、あとになってからでは遅過ぎるということを意味する。人口増加が止まることによって必然的に人口の年齢構成が変化することは、（ヨーロッパの政府関係機関がよく口にする）出生率の低下傾向を嘆く理由にはならない（Ehrlich & Ehrlich, 2006）。これら過剰な消費をしている国々における人口規模の縮小は歓迎すべき傾向であり、人口の高齢化の問題は、合理的なプランを立てることで対処できる（Turner, 2009b）。

崩壊を食い止めるための早急な政策的変化は不可欠だけれども、それを実効性のあるものにするには、基本的な制度的変化も必要である。これはとりわけ教育システムにあてはまる。現在の教育システムは、ほとんどの人々に、世界がどのようなしくみになっているかを教えることに失敗しており、その結果環境問題については文化間で大きな認識の差を生じさせ続けている（Ehrlich & Ehrlich, 2010）。とりわけ学問的な取り組みが必要とされるのは、経済学者である。というのも、彼らは安定した経済システムを作り上げることによって崩壊を回避する――その過程では「サービス産業なら、成長は永遠に続けられる」

や「技術革新が私たちを救う」といった神話を打ち砕く必要がある――ための素地をセットすることに貢献できるからである（Daly, 1973; Jackson, 2009; Victor, 2008）。現在のグローバルな状況下での比較優位の重要性といった問題（Galbreith, 2008）、個人や集団の不合理な行動を的確に反映した新しいモデルの展開（Ariely, 2009）、経済学に規律のようにはびこる「自由」市場崇拝を弱めるという課題、そして情報を偏りのないものにする、持続可能な状態に向かって進む、平等性を高める（再分配を含む）といった課題はどれも、再検討が必要である。その再検討においては、生物物理的に制約された現実世界と人間の幸福とをあつかう上で、すぐれた経済学者が先導的役割をはたすことになるだろう（Arrow et al., 2004; Dasgupta, 2001, 2010）。

グローバルなレベルでは、文化的進化のなかでは近代国家の出現から見るとごく最近の段階で発展してきた、現在国々を結びつけている合意のゆるいネットワーク（Barrett, 2003, 2007）は、人類の苦境に取り組むにはまったく不十分である。グローバルな環境管理を強めること（Dietz et al., 2003）と、それに関連して機能不全の国家体制を避けるという問題（Acemoglu & Robinson, 2012）は、技術の文化的進化が現在の国際的なシステム（たとえば教育システム）を時代遅れのものにしてきたにもかかわらず（たとえば Robinscn, 2014）、人類が包括的に取り組むのを拒んできた課題である。世界規模の深刻な環境問題は、かつてなかったほどの国際協力がなければ、解決できないだろうし、崩壊も回避できないだろう（May, 2006）。私たちの文明がどれぐらい長く続くかはわからないが、国際組織の再編はいますぐに始める必要がある。それをしなければ、自然のほうが私たちの文明を再編することになるだろう。

同様に、グローバルな文化的変化は、人口規模と富裕者層による過剰消費の両方を減らすことを必要とする。どちらも文化規範に反するものであり、これまでも懸念されてきたように（Pirages & Ehrlich, 1972）、過剰消費の文化規範は、当然のことながら、発展途上国（とくにインドと中国）の増加する富裕者層に採用されている。貧困を脱する人々が大幅に増えることはとても喜ばしいことには違いないが、一方で懸念されるのは、それにともなって、環境的・社会的コストが致命的なほどに大きなものになるかもしれないということである（Klare, 2008; Watts, 2010）。産業革命が文明を崩壊への軌道にのせ、人口増加に拍車をかけ、そしてこの人口増加が過剰消費とともに環境の劣化に大きな役割をはたした（Holdren, 1991）。過剰な人口と豊かさの増大がその仕事をやり終える時が迫っているのかもしれない。

言うまでもなく、人類の苦境の解決のために文化的に多様な集団のより多くの人々に意識を集中してもらう上で（これにはグローバル化が大きな役割をはたす（Buchan et al., 2009））、経済的不平等と民族間の不平等への取り組みがきわめて重要なものになるだろう（Moghaddam, 2012）。発足したばかりの「人類と生物圏のためのミレニアム連携」（略称は「ＭＡＨＢ」、mahb.stanford.edu）は、「展望能力」を高めることに重点をおきながら、これらの課題に取り組んでいる。その中心的目標のひとつは、市民社会の力をコーディネイトして、その力を成長と平等というもっとも基本的な問題に向けることによって、持続可能性に向けた変化を加速させることにある。たんに一般市民に科学的事実を提示するだけではうまくゆかないことはわかりきっているので、その変化の必要性を確信させるための枠組みや説得術も必要になる。

社会は予想していなかった形で一変することがある（Ehrlich & Ehrlich, 2005, p.334）。その劇的な一例は、１９８９年のヨーロッパの共産主義体制の崩壊である（Meyer, 2009）。私たちがなすべきことは、表面的な部分をいじくりまわすことでも、直面する相互に関係した問題のそれぞれに対してうわべだけの、あるいは弱々しい態度で臨むことでもなく、強力な包括的アプローチをとることである。たとえば、気候変動に対処する上で、発展途上国は、ほかの国々に「追いつく」だけの発展をなしとげる一方で、（ほかのすべての国と同様）気候変動への対処を遅らしてはならない（そして遅らす必要もない）。実際のところ、旧来のモデルによる発展は非生産的であり、むしろ発展途上国には、新しいアプローチや技術を開発する大きなチャンスがある。どの国も、ほかの国が行動に出るのを待ってから対応を決めるというのを止めて、排出を抑制しエネルギー転換を急ぐために自分たちのできるあらゆることを――ほかの国がしていることにとらわれずに――進んでする必要がある。

気候やそのほかの多くのグローバルな環境問題については、グローバルな解決策よりは、多極的な解決策のほうがより容易に見つけられるかもしれない。複雑で多層のシステムのほうが、複雑で多層の問題をより適切にあつかうことができるし（Ostrom, 2009）、そのためにはさまざまなレベルでの制度改革が必要になる。科学者が文化的進化について理解していることは、文化をそのような方向に動かすことが（可能性は低いかもしれないが）できるということを示唆する（Barrett & Dannenberg, 2012; Cialdini, 2008）。解決がグローバルか多極的どちらでなされるにしても、国際交渉が必要になる。また、それらをあつかう既存の国際機関の機能を強化し、力関係を再構築する必要があり、そして新たな機関を設置する必要もある。

結び

グローバルな社会が今世紀に崩壊するのを回避することは可能だろうか？　私たちはそれが可能だと考える。現代社会は、長期の脅威に対処する能力をある程度もっている――少なくとも、脅威が明白であるか、あるいは注意がたえずその脅威に向いていれば（一例は核戦争のリスクだ）――ことを示してきた。人類はこの難題をなしとげるだけのものをもっているが、崩壊を回避できる見込みはそう高くないように見える。というのは、そうしたリスクが、大部分の人々には明白でなく、しかも迫り来る崩壊の明瞭な兆候（Tainter, 1988）はいたるところにあるからである。劇的方策をとる上での大きな心理的障壁は、コストと利益——前金としてコストを支払い、利益はおもに、未来の人々のものになる——を時間的にどう割り振るかである。しかし、多少悲観的な私たち（ポールとアン）が正しいのか、より楽観的なほかの識者（Hayes, 2012; Matthews & Boltz, 2012）が正しいのか、どちらにしても、人類自身の倫理的価値観によって立つかぎり、私たちは未来の世代の利益のために奮闘するしかないし、このグローバルな文明の崩壊を回避する可能性をいくらかでも高めるべく全力を傾注するしかない。

２０１５年2月26日　オーストラリアにて

謝辞

私たちの研究グループ、現在のスタンフォード大学保全生物学センター（ＣＣＢ）は40年以上にわたって、個別の問題をとりあげて、それらがどうしたら解決できるか――社会が資源をその解決に振り向けたらどうなるか――を考えるよりも、相互に関係し合う諸問題の「全体像」に焦点をあてることに力を注いできた。数多くのメンバーがこれらの問題について私たちと議論してくださった。その議論から私たちが受けた恩恵は計り知れない。

人類の状態の理解に取り組んでいる多くのすぐれた研究者の方々が、本書と同じテーマで書かれた私たちの著作（とくに『人間の本性』と『ニネヴェのように』）や、本書の原稿の一部あるいは全部を読んでくださり、私たちとの議論に時間を割いてくださった。以下にその方々の名前を記す。ジョン・オールマン（カリフォルニア工科大学生物学部）、ケネス・アローとローレンス・グールダー（スタンフォード大学経済学部）、スティーヴン・ベイシンジャー（カリフォルニア大学バークレー校環境科学・政策・経営学部）、デレク・ビッカートン（ハワイ大学ホノルル校言語学部）、キャロル・ボッグズ、ケイト・ブラウマン、ベリー・ブロージ、グレッチェン・デイリー、マーカス・フェルドマン、エリザベス・ハドリー、スーザン・マコーネル、ハロルド・ムーニー、ロバート・プリングル、デボラ・ロジャーズ、テリー・ルート、ジョアン・ラフガーデン、ロバート・サポルスキー、スティーヴン・シュナイダー、ウォード・ワットとチャールズ・ヤノフスキー（スタンフォード大学生物科学部）、マーガレット・Ｍ・ブレインホルト（米国農務省総務局）、ノーナ・キアリエロ（スタンフォード大学ジャスパーリッジ生物保護区、研究コーディネイター）、ダニー・カレンウォード（スタンフォード大学エネルギー・持続可能的開発プログラム）、リーザ・ダニエル（メリーランド大学経済学部）、ティモシー・ダニエル（ＮＥＲＡ社）、パーサ・ダスグプタ（ケンブリッジ大学経済学部）、ジャレド・ダイアモンド（カリフォルニア大学ロサンゼルス校地理学部）ウォルター・ファルコン、ドナルド・ケネディとロザモンド・ネイラー（スタンフォード大学ウッズ環境研究所）、シルヴィア・ファロン（天然資源保護協議会）、クリストファー・Ｂ・フィールド（カーネギー研究所地球生態部長）、カール・フォルク、カール＝ゲラン・メラー、タソス・クセパパデアスとアールト・デ・ゼーウ（ストックホルム、ベイエ生態経済学研究所）、ピーター・グラントとローズメアリー・グラント（プリンストン大学生態学・進化生物学部）。

コリー・Ｓ・グッドマン（カリフォルニア大学バークレー校分子細胞生物学部）、ジェフリー・ヒール（コロンビア大学経営学研究科)、トマス・ヘラー(スタンフォード大学法科大学院)、ジェシカ・ヘルマン(ノートルダム大学生物科学部)、アン・ホルドレン(カリフォルニア州モントレー、人類学者)、ジョン・P・ホルドレン(ハーヴァード大学ジョン・F・ケネディ政治学院、ウッズホール研究センター)、ジャン＝ジャック・ヒュブラン(パリ、CNRS・IRESCO)、デイヴィッド・イノウエ(メリーランド大学生物学部)、ニーナ・ジャブロンスキー(ペンシルヴァニア州立大学人類学部)、アレン・W・ジョンソン(カリフォルニア大学ロサンゼルス校人類学部)、レズリー・カウフマン(ボストン大学生物学部)、パトリック・カーチ(カリフォルニア大学バークレー校人類学部)、リチャード・クライン(スタンフォード大学人類学部)、ジョン・クロズニック(スタンフォード大学コミュニケーション・政治学部)、サイモン・A・レヴィン(プリンストン大学生態学・進化生物学部)、トマス・E・ラヴジョイ(ハインツセンター)、ジェニファー・B・H・マルティニー(カリフォルニア大学アーヴァイン校生態学・進化生物学部)、チャールズ・D・ミッチェナー(カンザス大学昆虫学部)、ロバート・オーンスタイン(人間科学研究所)、サリー・オットー(ブリティッシュ・コロンビア大学動物学部)、グラハム・パイク(オーストラリア・サウスウェールズ州、マッコリー大学)、テイラー・リケッツ(世界自然保護基金)、メリット・ルーレン(カリフォルニア州パロアルト、言語学者)、ジェイムズ・ザルツマン(デューク大学法科大学院)、カーク・スミス(カリフォルニア大学バークレー校環境健康科学部)、ロバート・R・ソーカル(ニューヨーク州立大学ストーニーブルック校生態学・進化学部)、マイケル・ソウレ(コロラド州パオニア)、ドナルド・サイモンズ(カリフォルニア大学サンタバーバラ校人類学部)、ティモシー・ワース(国連財団)、レン・ワース(ウィンズロー財団)、エドワード・ザッケリー(エド・ザッケリー調査隊)。本書は、これらの方々、そしてスウェーデン王立アカデミー・ベイエ生態経済学研究所のスタッフの方々――彼らとは17年にわたって議論をしてきたが、その過程で私たちは多くの問題について考えを変えることになった――に多くを負っている。また、シエラ・クラブの地球温暖化・エネルギー委員会のメンバーもそうである。彼らとのeメールでの議論によって、とくにこの数年で進展のあった問題について理解が深められた。

なかでも、スティーヴ・ベイシンガー、マーガレット・ブレインホルト、ベリー・ブロージ、ダニー・カレンウォード、ティム・ダニエル、リーザ・ダニエル、パーサ・ダスグプタ、マーク・フェルドマン、クリス・フィールド、ラリー・グールドナー、ジョン・ハート、ジョン・ホルドレン、デイヴ・イノウエ、リチャード・クライン、トム・ラヴジョイ、ハル・ムーニー、ロブ・プリングル、グラハム・パイク、ロバート・サポルスキー、カーク・スミス、ティム・ワース、レン・ワースとチャーリー・ヤノフスキーの諸氏には、本書の草稿の準備と執筆にあたりお世話になった。深く謝意を表する次第である。エド・ザッケリーは、インテリジェント・デザインに関係した神学的問題を明らかにする上で力を貸してくださった。彼からは、このややこしい問題だけでなく、フィールドワークについても助けていただいている。

本書の最終原稿、それ以前の原稿、あるいはその両方は、これらの方々の貴重な支援をいただいて完成した。これらの方々の見解、またその時に頂戴した示唆の多くは、本書に採り入れてある。しかし言うまでもなく、誤りがあるとすれば、その責任は全て私たちにある。本書が出版されてしまうと、もうジョナサン・コブと夜遅くまで議論できなくなることを残念がる必要はなくなった。というのも、彼はアイランド・プレスの優秀な編集者であるだけでなく、私たちの親しい友人となり、本の出版と関係のないところでも、会話を楽しむ間柄になったからだ。本書において、彼の貢献は計り知れない（記念碑に値すると言ったほうがいいかもしれない）。パット・ハリスには、まえに『人間の本性』と『ニネヴェのように』でもお世話になったが、今回もいつも通りの粘り強く卓越した手腕で本書の草稿を整理・編集してくださった。前著の時と同様、今回も彼女とのやりとりは大きな喜びだった。

大学の同僚であるリチャード・クラインは、定評あるテキスト『ヒューマン・キャリア（人類のたどった道）』の第三版に掲載されている図（本書の図3・3と4・1）の使用を許可してくださった。7章の3つの国の人口プロフィールの作成にあたっては、ワシントンDCにある人口問題研究所の人口統計の主席研究員のケルヴィン・ポラードの手を煩わした。人口問題研究所の数十年にわたるすぐれた研究と支援に感謝する次第である。ダリル・ホウェイは、彼女のみごとな始祖鳥の絵の転載を許可してくださり、またピーター・グラントとローズメアリー・グラントは、1章のダーウィンフィンチの写真の使用を許可してくださった。ジョン・ハートは、彼の地球高温化の実験を撮影したスコット・サレスカのすばらしい写真を提供してくださった（カラーで掲載できなくて残念だ）。リック・スタンレーは、ブラジルでの私たちの現地調査（有益な旅だった）の際に本書用に写真を撮ってくださった。ジュディ・ウォラーとジョン・ウォラーには、『人間の本性』の時と同様、卓越した腕で多くの図を仕上げていただいた。彼らと一緒に仕事をすることは、楽しくやりがいのあるものだった。

スタンフォード保全生物学センターのペギー・ヴァスディアスも、いつものように、本の出版につきまとうさまざまな雑事の処理を手伝ってくださった。ファルコナー生物学ライブラリーのジル・オットーとスタッフは、私たちに、配慮の行き届いたこの施設がすぐそばにあることが、50年来我が家のように暮らしてきた学部のもつ宝だということを再認識させてくださった。そしてパット・ブラウンとスティーヴ・マズレーもいつものごとくに、複写等の雑事を引き受けてくださり、それを完璧にしてくださった。今回も（病みつきになりそうだが）、環境問題に対する無知と環境破壊の押し寄せる波を押し返すべく奮闘し続けている非営利の出版社、アイランド・プレスから著書を出版することができてとても喜ばしい。

そして長年にわたって私たちの研究を支えてくださっている多くの方々、とくにピーター・ビング、ヘレン・ビング、ラリー・コンドン、スタンリー・ハーツスタイン、マリオン・ハーツスタイン、ウォルター・レーウェンスターン、カレン・レーウェンスターンとレン・ワースに感謝申し上げる。最後に、いまは亡き5人の親しかった同僚と友人、ロイ・ビルダーバック、ディック・ホルム、ルエッサー・マーツ、ジョン・モンゴメリー、そしてジョン・トマスに特別な謝意を表したい。彼らはみな世界をよりよい場所にするべく奮闘した。彼らの知的貢献と教訓、そして直接的な支援は、私たちにとってかけがえのないものであり続けている。

訳者あとがき

1968年、ポール・エーリックが書いた『人口爆弾』(宮川毅訳、河出書房新社)は世界的ベストセラーとなった。この本は、人口問題、とりわけそれがもたらす食糧危機について警鐘を鳴らす役目をはたした。その後もポールは、人類と地球環境の行く末を案じながら、論文、著書、講演活動を通じて、人口問題と環境問題への人々の注意を喚起し続けてきた。これまで発表してきた論文や一般向けの解説はその数900篇、著書は40冊を超える。本年6月に発表された論文では、生物種の消滅の速度が急激に加速しつつあることを示すデータに基づいて、人類が地球史上6番目となる生物の大絶滅を引き起こしつつあると論じ、大きな反響を呼んでいる。(Ceballos, G., Ehrlich, P. R., Barnosky, A. D., Garcia, A., Pringle, R. M., and Palmer, T. M. 2015. Accelerated modern human-induced species losses: Entering the six mass extinction. *Science Advances* 1: e1400253.)

『人口爆弾』はポールの単著だったが、その後彼の一般向けの著書の多くは、夫人のアンとの共著の形をとって書かれ、世界中の多くの人々に読まれてきた。邦訳書をあげるなら、『繁栄の終り』(鈴木主税訳、草思社、1975)、『絶滅のゆくえ――生物多様性と人類の危機』(戸田清・青木玲・原子和恵訳、新曜社、1992)、『人口が爆発する!――環境・資源・経済の視点から』(水谷美穂・若林敬子訳、新曜社、1994)などである。本書、*The Dominant Animal: Human Evolution and the Environment* (Island Press, 2008)は、それらに続くものであり、夫妻の50年以上におよぶ研究活動や思索の道筋が凝縮された形で詰まっている。

600万年ほど前の東アフリカ。私たちヒトの祖先は、チンパンジーの祖先から分岐し、森林に別れを告げ、サヴァンナでの生活をするようになった。チンパンジーとヒトを分け隔てる特徴や特性――二足直立歩行、体毛の喪失、大きな脳、器用な手と指、道具の製作と使用、火の使用、言語能力、「心の理論」、文化など――は、この600万年の間にヒトが、自分たちが身をおく環境に適応してゆく過程で、すなわち狩猟採集の生活を営むなかで得られたものである。

ヒトは、二足直立歩行によってすぐれた移動能力を身につけたおかげで、何度かアフリカを出ることになった。私たちホモ・サピエンスについて言えば、12万年ほど前以降に「出アフリカ」を波状的に行ない、ユーラシア大陸とオーストラリア大陸へと広がっていった。1万4000年前になると、アメリカ大陸に入り、それから1000年足らずのうちに大陸の南端に到達して、その版図をすべての大陸に広げた。このあとすぐに、氷河期は終わりを告げた。気候が温暖化すると、農耕・牧畜、その結果として定住生活が始まり、人口は増加の一途をたどることになった。とくに産業革命以降、人口は増えに増えた。この250年間で見ると、人口は10倍になった。ヒトの近縁種であるチンパンジーの現在の生息個体数が15万、ボノボが1万、ゴリラが20万だということを考えると、私たちヒトの72億がいかに驚異的な数かがわかる。生物学的に見れば、ヒトは繁栄を極め、いまこの地球に君臨している。エーリック夫妻が、ヒトを「支配的動物（dominant animal）」と呼ぶゆえんである。

「支配的動物」になる過程では、人間の数が多いことは、プラスの要因として作用した。社会のなかの労働力が増え、かつ分業体制を敷けるということだけでなく、人間の数が多ければ多いほど、新たな技術やアイデアは多く生まれ、それらが伝播・拡散してゆく可能性も格段に高められたからである。すなわち、「文化的進化」は急速かつ大規模に起こることが可能になった。逆に、人口の多さは、こうした文化的進化——すなわち、農業や工業技術の革新、生産物の輸送や流通、医療技術の革新と普及、そして文化や情報の強力な伝達手段としての言語——によって支えられてもいる。すなわち、人口と文化的進化は相即不離の関係にあり、人口の多さこそが、ヒトが「支配的動物」になることを可能にした。

しかし一方で、この人口の重みによって、環境にかかる負荷は極端に大きなものになった。生物種の減少や絶滅、自然資源の枯渇、環境汚染、土壌の被毒、オゾンホールの拡大、地球のアルベドの変化、温室効果ガスの排出と地球温暖化といったように、その結果は顕在化し、私たち人類そのものが「居間にいるゾウ」になってしまっている。（この"elephant in the room"という英語表現は言い得て妙だ。私たち人類が地球の環境収容力に収まりきらないほど巨大な存在になっているというだけでなく、巨大な問題は大きすぎて目に入らない、あるいは大問題であるため見て見ぬふりをするということも意味しているからだ。）

本書で述べられているのは、いまやこの地球上で「支配的動物」（あるいは「居間にいるゾウ」）となった私たち人類の、環境との関係での来し方・行く末である。人口増加が環境にかける負荷を著しく増大させるという主張は、夫妻のこれまでの著書と同様一貫しているが、本書で特徴的なのは、ヒトの心理学的側面——認識や能力の限界や可能性——についても触れながら、文化的進化について述べている点である。人類の行く手にある深刻な状況にどう立ち向かい、どう乗り越えるかは、人類自身の文化的進化——インフラ、経済や社会構造の変革のみならず、私たちのライフスタイル（消費主義）、価値観、社会規範や倫理観のドラスティックな変化——にかかっている、そう夫妻は考える。夫妻は、ペシミスティックな視点をとりつつも、そこに一縷の望みを見出している。それは、昨年刊行されたポールとマイケル・トバイアスの対談集の書名"*Hope on Earth: A Conversation*（University of Chicago Press, 2014）にも表われている。

　人類と地球環境の未来についてはさまざまな見方があり、当然ながら楽観論と悲観論が交錯する。生態学者の多くがそうであるように、エーリック夫妻は悲観論に与(くみ)している。楽観論のほうは、さまざまな難局があるにしても、技術革新や新たな資源の発見や利用、そして経済的発展によってそれらを乗り切ることができる（なぜならこれまでもそうであったから）という信念に依拠している。こうした対立を象徴しているのが、１９８０年、経済学者のジュリアン・サイモンとポールの間で交わされた賭けである。ポールは、人口増加によって資源の需要が増し、資源は稀少化するので、10年後の金属（任意に選んだ5種類）の価格が上昇するとした。一方、サイモンは、採掘技術の革新や自由市場などによって供給量が増え、価格は下がるとした。10年後、賭けに勝ったのはサイモンのほうだった。当時、この結果をもってして、悲観論に対する楽観論の勝利とみなす人も多かった。（確かに賭けそのものにはサイモンが勝利したが、現在から過去1世紀を振り返ってみると、軍配はポールのほうにあがるようである。Kiel, K., Matheson, V., and Golembiewski, K. 2010. Luck or skill? An examination of Ehrlich-Simon bet. *Ecological Economics*, 69: 1365-1367 を参照。）

　この賭けの経緯については最近、Paul Sabin, *The Bet: Paul Ehrlich, Julian Simon, and Our Gamble over Earth's Future* （Yale University Press, 2013）という本が出た。この２人の対立を、ポールの生い立ちに始まって彼の生き方や考え方がどのように形成されたのかにも、そしてアンとの馴れ初めなどについても言及しながら述べている。若い頃の写真も多く掲載されている。興味のある方には一読をお薦めしたい。

　なお、エーリック夫妻の立場を強力に擁護する最近の邦訳書に、アラン・ワイズマン『滅亡へのカウントダウン』（鬼澤忍訳、早川書房、２０１３）がある。夫妻には２つの章が割かれている。これも一読をお薦めしたい。他方の陣営では、サイモンの遺志を受け継いだビョルン・ロンボルグやマット・リドレーが楽観論を展開している。エーリック夫妻に対する攻撃も激しい（たとえば、リドレー『繁栄――明日を切り拓くための人類10万年史』柴田裕之・大田直子・鍛原多恵子訳、早川書房、２０１０を参照）。

　翻訳にあたっては、若干の修正、「あとがき」と「用語解説」が加えられた２００９年のペイパーバック版を用いた。ペイパーバック版から6年が経過しているため、夫妻には２０１５年時点でのあとがきを執筆していただいた。これを「あとがき」の後半に「6年後」として掲載した。

　日本での出版は、諸般の事情でだいぶ遅れてしまった。文中の統計値は、註を加えたり最新の値に変えたりすることも考えたが、文の内容に齟齬を来たす場合もあったため、原著のままにしてある。この6年で世界は、環境の点でも経済や政治の点でも新たな局面を迎えつつあるが、私たちがすでに未来の世界に足を踏み入れているものとしてお読みいただければと思う。

訳者がつまずいた英語表現については、畏友イーエン・メギール氏（新潟青陵大学准教授）の力をお借りした。新曜社の塩浦暲氏には長い間お待ちいただき、訳文にも目を通していただいた。お２人に感謝申し上げる。

２０１５年11月20日

鈴木光太郎

人名索引

た行

は行

ま行

ら行

わ行

事項索引

さ行

た行

な行

は行

ま行

や行

ら行

わ行

用語解説

アルファベット
CCS → 炭素回収貯留
CEQ → 環境問題諮問委員会
CFC → フロン
CITES → ワシントン条約
DDT 有機塩素系殺虫剤の一種。自然環境内では毒性が長期にわたって持続し、その分解産物は生物の体内に蓄積する。
DNA → デオキシリボ核酸
EPA → 環境保護庁
FAO → 国連食糧農業機関
HIV - エイズ（ヒト免疫不全ウイルス - 後天性免疫不全症候群） 世界中に広がっている、進行は遅いが、通常は死に至る病気。おもに性的接触を通して感染するが、出産や授乳で母子感染することもある。
IMF → 国際通貨基金
IPCC → 気候変動に関する政府間パネル
IPM → 総合的病害虫管理
I* = *PAT I（全体的影響）は、P（人口）× A（ひとりあたりの消費）× T（消費されるものを生み出す技術とそれに関係する社会経済・政治的システム）の値に等しい。
MAHB → ミレニアム人間行動評価
NPP → 純一次生産
PCB → ポリ塩化ビフェニル
RNA → リボ核酸
TFR → 合計特殊出生率
UNEP → 国連環境計画
UNFCCC → 国連気候変動枠組条約
WHO → 世界保健機関
WTO → 世界貿易機関

あ行
アシュール式技法 ヒトの初期の石器製造技術。約170万年前から25万年前まで続いた。
アミノ酸 タンパク質を構成する化学的基本単位。
アルベド 地球の反射率で、地球表面や雲全体あるいは一部の反射率のこと。
閾値効果 特定の要因の規模が一定の限界（閾値）を越えると、環境の状態が別の状態へと突然移行すること。
意識的進化 文化的進化の進路を意図的に変えること。
イシュー・パブリック 公共政策における特定の問題に強い関心を寄せ、それについて自分の好む政策を支持する行動をとる人々のこと。
一酸化二窒素（N_2O） 窒素酸化物のひとつで、強力な温室効果ガス。
遺伝子 遺伝の単位。生物のゲノム（おもにDNA）がどのように組織され、その発現がどのように調節されているかが詳しくわかってくるにつれて、物理的に遺伝子を定義するのが難しくなりつつある。
遺伝子型 その生物の遺伝子構成。
遺伝子プール ある個体群のすべての個体が保有する遺伝物質のすべて。
遺伝子 - 文化の共進化 たとえば文化が酪農を採用した結果ヒトの集団の遺伝的構成が変化するといったように、文化による変化と遺伝的構成の変化が相互に作用し合うこと。
遺伝情報 生物の遺伝物質（おもにDNA）にコードされている指令。
遺伝子流動 ほかの集団に移った個体（個人）がその集団の個体（個人）と交雑することによって、集団間で遺伝子の移動が起こること。
遺伝的進化 生物集団の遺伝的構成の変化。
遺伝的浮動 ある集団内の遺伝子プールにおけるランダムな変化。
遺伝的変異 個体群内の個体間の遺伝的差異。
遺伝率 一般には、特定の形質がどの程度遺伝的に決定されるかを示す尺度のこと。狭義には、ある形質の全分散に対して、互いに独立に作用する遺伝子にだけ帰すことのできる分散が占める割合。
インテリジェント・デザイン 生物がこれほど複雑なのは、進化の産物だからではなく、神によって「デザイン」されたからだとする宗教的教義。
エアロゾル 霧や煤煙など、大気中の固体あるいは液体の細かな粒子状の浮遊物。
永久凍土層 寒冷地帯の地表下さまざまな深さにある恒久的に凍りついている層。

栄養段階　食物連鎖のなかの各段階のこと。
エコロジカル・フットプリント　ある集団（あるいはひとりの人間）を支えるために資源を生み出し廃物を同化するのに必要とされる土地と水の生態系の全面積。
エタノール　エチルアルコールとも。糖が酵母によって発酵する時に生成され、ワインやほかのアルコール飲料に含まれる。さまざまな作物の糖から生成することが可能で、ポータブル燃料としても――ガソリンに代わるものとして、あるいはガソリンと混合させて――広く用いられる。
エッジ効果　隣接する生態系の周縁部（たとえば、森林と開墾された農地とが隣接する区域）で起こる微気候やほかの要因の変化。
エボラウイルス　重篤な出血をともなう致死率の高いエボラ出血熱の原因ウイルス。ほかの霊長類からヒトに感染することがある。
大いなる飛躍　およそ5万年前に起こった、技術や芸術の急激な進歩に特徴づけられる文化的革命。
オゾン（O_3）　3つの酸素原子からなる不安定な分子。成層圏において、紫外線B（UVB）から地球の生物を守るという重要な役割をはたしているが、低い高度では汚染物質としてはたらく。
オゾン層　太陽光のUVB成分の大部分を地球表面に到達しないようにしている大気上層のオゾンの豊富な層。
オープンアクセス資源　だれの所有でもない（だれも所有権を行使しない）自然資源。
オランダの誤謬　人口密度の高い地域（たとえばニューヨーク市とかオランダ）にはそれだけの数の人間が住めるのだから、それを支えるだけの資源もあると誤って考えてしまうこと。
オルドワン式技法　ヒトのもっとも初期の石器製作技術。250万年前から170万年前まで続いた。
温室効果ガス　温室効果に寄与する大気中の気体。水蒸気、二酸化炭素、一酸化二窒素、メタン、そのほか何種類かの人為的化学物質を指す。

か行

ガイア説　ジェイムズ・ラヴロックの興味深いが、誤っている説。地球を生物のように適応する進化的適応システム――そのなかの要素である生物が物理環境をたえずよくし続ける――と考える。
開発銀行　発展途上国の開発プロジェクトに融資を行なうための国際銀行。たとえば世界銀行。
外部性（環境コストの）　通常は、生産や消費の環境コストは市場価格には反映されていない（市場にとっての「外部性」）。スモッグは、ガソリンで走る自動車を使う場合のマイナスの環境的外部性である。外部性はプラスの場合もマイナスの場合もある。たとえば、あなたの家にペンキを塗ることは、隣の家の価値も高める（すなわち、プラスの外部性をもつ）。
海洋保護区　枯渇している漁業資源を回復させ、それによって近隣の漁場を維持するために設けられた、商業目的の漁業や沖合の開発ができない海洋の区域。
核分裂　ウラニウムやプルトニウムなどの重い原子核を分裂させて、軽い原子核にするプロセス。この分裂において、大量のエネルギーが放出される。
核融合　水素のような軽い原子の核どうしを衝突させて融合させ、より重い原子核にするプロセス。この融合において、大量のエネルギーが放出される。
化石燃料　化石化した有機体（生物）に由来する燃料。なかでも石炭、石油、天然ガスを指し、これらは、化学結合の形で長い期間にわたって貯蔵された状態の太陽エネルギーである。
家族計画　避妊薬や避妊用具などの方法を用いて子の数や出産時期を決定すること。
家族計画連盟　産む子どもの数と出産のタイミングの調節の援助をする米国の非政府組織。
鎌状赤血球貧血　異常な形のヘモグロビンによって引き起こされる遺伝性の貧血症。これと正常な形のヘモグロビンの両方をもつ人間の場合には、マラリアに対してかなりの耐性を示す。
環境収容力　ある環境において長期にわたって継続的に生息可能な集団の最大個体数。
環境保護庁（EPA）　環境の保護のために管理を行なう米国の機関。
環境ホルモン　ホルモンのように作用する化学物質。きわめて低い濃度でも作用することがある。
環境問題諮問委員会（CEQ）　米国の環境の状態の評価と監視を任務とする大統領府直属機関。
企業別平均燃費（CAFE）基準　乗用車やトラックの燃費効率基準。
気候変動に関する政府間パネル（IPCC）　気候破壊の結果についての評価と予測をするための、

国連の諸機関を通して各国の政府が後援する科学者のフォーラム。

擬似親族　「シスター」や「アンクル・サム」のように、遺伝的関係や婚姻関係はないが、親族のように表現される関係。

キーストーン種　その個体数に比して、生態系やコミュニティへの影響力がきわめて大きな生物種。

擬態　捕食者から身を隠すためや、身を隠して獲物を襲うために、ほかの生物や無生物のものに似るように進化すること。

規範　人間集団における行動の典型的パターンやルール。

キャップ＆トレード制　全体的な汚染を一定レベル以下に抑えるために、政府が、汚染物質を排出する企業や団体に一定数の許可を与え、一定期間内に一定量の汚染物質を排出することを許可するシステム。許可量よりも少なく排出した企業や団体は、排出許可量を守れない企業や団体に残りの許可量を売ることができる。

共進化　生態学的に緊密な関係にある生物（草食動物と草、捕食者と被食者、寄生者と宿主、協力者どうし、競合者どうし）の間の進化における相互作用。一方の種の進化的変化はしばしば他方の種の進化的変化を引き起こす。

共生生物　お互いの利益になるよう協力し合う異なる種の生物。

京都議定書　1997年から2012年までの間に温室効果ガスを削減し始めるための、1997年に採択された国際的議定書。米国は批准しなかった。

極相群落　ある区域内の動植物は、時間的に物理化学的な条件に変化がなければ、最終的にはある程度安定した動植物の集合体（極相群落）に行き着くと考えられていた。現在は、これも通常は一時的な状態であることがわかっている。

菌根　植物の根に寄生または共生している真菌類。

組み換え　生殖の際に起こる遺伝物質の入れ換え。

グローバル化　国を超えて、経済的、社会的、情報的、環境的な統合が強まるプロセス。

群集生態学　コミュニティ（生物群集）内の生物間の相互作用をあつかう学問分野。

ゲシュタルト法則　ヒトの脳が視覚や聴覚の情報を体制化する際の法則。

血縁淘汰　同じ遺伝子を共有する近親者を優遇することによる淘汰。たとえば、近親者たちを助けるといった利他行動は、助ける側の人間がそれで死んでしまったとしても、それによって近親者たちが大きな恩恵をこうむったなら、集団内でのその人間の遺伝子の割合を高めることができるかもしれない。

光化学スモッグ　自動車の排気ガス、工場や発電所などから排出される多数の化学物質と太陽光とが相互作用することによって引き起こされる可視の大気汚染。

公共財　その性質や豊富さゆえに、過剰に利用されることのない、そして特定の人間がその利用から排除されることのない資源。典型例は空気。

合計特殊出生率（TFR）　ある集団においてひとりの女性が生涯に産む子どもの平均数。

光合成　代謝活動を行なうために太陽光のエネルギーを捕捉するプロセス。

更新世大型動物相　約1万2000年前に終わりを迎えた更新世に生きていた（そのほとんどは絶滅してしまった）大型動物。

酵素　化学反応を速くする、あるいは（まれではあるが）遅くする物質。

国際通貨基金（IMF）　世界の金融協力を強化し、金融の安定を確実にし、国際貿易を促進し、高雇用と持続可能な経済成長を推進し、世界から貧困を減らすことを目的とする国際機関。その活動については、賞賛だけでなく、非難も多くある。

国連環境計画（UNEP）　環境保護のための国際的プログラム。

国連気候変動枠組条約（UNFCCC）　1992年に採択された温室効果ガス規制の国際条約。

国連食糧農業機関（FAO）　食糧や農水産物の生産・加工・流通の改善、飢餓の一掃などを目的とする国連機関。

心の理論　他者が心のなかでなにを考え、信じ、意図しているかを推測する能力。

個体群　ある地域内に同じ時にいるある生物種のすべての個体。

さ行

再生可能エネルギー　枯渇することなく使い続けることのできるエネルギー源（たとえば太陽光や風力）を指す。

細胞小器官（オルガネラ）　ミトコンドリアや葉緑体のように、細胞内で特別な機能をはたす小器官。

雑種　遺伝的に異なる（通常は異なる種どうしの）雌雄の交配によって生まれた子。

殺生物剤　特定の種類の生物にとって有毒な（致死的な）殺虫剤や抗生物質のような薬剤。

産業革命　18世紀後半にイギリスで、その後ほかの地域で始まる、手工具に代わる機械と動力の発展。これが大量生産を可能にした。

酸性雨　大気への窒素やイオウの化合物の排出によって引き起こされる、雨、雪や霧のなかの酸性の程度の増加（pHの値が小さくなる）。おもに化石燃料の燃焼によっており、これらが水と反応して硝酸や硫酸が生じる。

酸性化（海洋の）　人為的に排出された二酸化炭素は海に吸収され、海は酸性が強くなる。これによって、サンゴ、貝、甲殻類や多くの種類のプランクトンは、炭酸カルシウムから骨格や殻を作るのが困難になる。

紫外線（UV）　光のスペクトルのなかの人間には見えない短波長の光。紫外線A（UVA）は320～380ナノメートル、紫外線B（UVB）は280～320ナノメートルの範囲の波長の光を指す。

自然資本　農地や生態系など、社会が生態系産物や生態系サービスの形で「利益」を引き出す自然資源と、地下水や鉱床などの物理資源のこと。

自然増加率　出生率から死亡率を差し引いた値。

自然淘汰　生物集団においてさまざまな遺伝的資質をもった個体間で繁殖に差が生じること。この違いは偶然（遺伝的浮動）では説明できない。

自然保護債務スワップ　発展途上国の政府の債務を肩代わりし、その分をその国の自然保護活動の財源にあてること。

持続可能性　基本的に未来の世代が現在の人々と同程度の機会、生態系サービス、資源などを享受すべきだとする考え。多くの場合、理解はできるが、定義が明確でない目標を意味するものとして用いられている。というのは、なにが持続可能かは、未来の人口規模や技術といったものに依存するからである。

シナプス　神経細胞（ニューロン）の間にある間隙で、神経伝達物質によって神経インパルスがここを通って伝わる。

島の生物地理学　→　平衡理論

種　明確に異なる種類の生物。伝統的には、同じ地域に生息していても交配し合わない個体群は、違う種として定義される。

収斂進化　同じ環境内で類縁関係のない生物が同じような姿形や同じような行動をもつように進化すること（たとえばクジラと魚）。

種分化　個体群間の大きな違い——新たな種とみなされるほどの差異——を生み出すような集団の分化のプロセス。

純一次生産（NPP）　生態系において、光合成によって吸収された太陽エネルギーから、植物自体によって用いられるエネルギーを差し引いたもの。

馴化　変化しない刺激に気づかなくなること。

蒸散　植物の葉などの部分からの水蒸気の放出。これがその植物を冷却し、水と養分を根から吸い上げる。

消費者　ほかの（生きている、あるいは死んでいる）生物を食料にする動物。

植物プランクトン　水の流れに従って動く浮遊性の微小な水中植物。

食物網　食物連鎖の相互のつながりをネットワークとして示したもの。

食物連鎖　生物の食う者と食われる者のつながり。生産者から、消費者へとつながり、それはさらに分解者につながっている。

進化　生物が時間とともに遺伝的構成の変化を通して、あるいは一連の非遺伝的情報を通して変化すること（遺伝的進化、文化的進化も参照）。

進化心理学　遺伝子が日常的行動や性格を決定するという立場に立つ学問分野。

神経伝達物質　シナプスへと分泌され、ニューロン間の電気化学的な神経インパルスの伝達や抑制をする物質。

人口転換　高い出生率と死亡率の形態から低い出生率と死亡率の形態への移行。

人口動態　個体数（人口）の変化とある集団におけるそれらの変化を生み出す力の変化。

人口密度　単位面積あたりの人間の数。1平方マイル（あるいは1平方キロ）あたりの人間の数で表わされる。

人口モメンタム　急激な人口増加によって若年者層が増えた場合には、そのあとで出生率が低くなっても、人口増加が続くこと。

侵入生物　外来種の生物で、それまでいなかったコミュニティに入り込み、そのコミュニティを破壊する可能性のある生物のこと。繰り返し入り込んで拡散する種を指して使われることが多い。

針葉樹林帯　おもに北半球の北の地域（とくにカナダ北部、アラスカ、ヨーロッパ北部、シベリア）に生育する針葉樹の森。

スピロヘータ　細菌群の一種で、その一部はライム病や梅毒などの病気を引き起こす。

スモッグ　煙（スモーク）と霧（フォッグ）の合成語。大気汚染が原因の煙霧のこと。

生産者　光合成によって（まれだが、ほかの無機物からのこともある）エネルギーを獲得する生物のこと（植物、一部の藻類、一部の細菌など）。

生産年齢人口　統計的に、仕事に就いて子どもや高齢者を扶養できると考えられる15歳から65歳の人々。

生態学　生物と生息環境の間の相互作用をあつかう学問分野。

生態系　ある地域に生息する生物の集合体とそれらが作用をおよぼし合う物理化学的環境のこと。

生態系エンジニア　どの生物も自らの環境をある程度変えたり作ったりするが、それを顕著に行なう生物を生態系エンジニアと呼ぶ。たとえば、小川の流れを堰き止めるビーヴァーや、樹液を吸うために木の幹に穴をあけるシルスイキツツキ。

生態系サービス　居住可能な環境の維持に関わる、自然によって提供されるサービス。たとえば、真水の供給、洪水調節、気象緩和、土壌の肥沃さの維持、病害虫調節、廃物処理など。

生態系産物　自然が直接生み出し、ヒトによって利用されるもの。たとえば、樹木、野生動物、天然魚、薬など。

生態的回廊　2つかそれ以上の保護区域をつなげて、それらの間で植物や野生動物の移動が可能になるようにしたもの。

生物圏　上層大気圏から海底や地中深くまでにおよぶ、生命を包み込んでいる地球の「皮膜」。

生物多様性　地球上の、あるいは特定の地域内の生物の多様性。

生物地球化学的循環　炭素、窒素、イオウなどの元素が生物や大気中の物質、海洋や陸地を通って循環すること。

生物地理学　生物種の広範囲の空間分布とその原因を研究する学問分野。

生物濃縮　食物連鎖を上にのぼるにつれて、生物の体内の汚染物質の濃度が増加すること。

生物物理的環境　生物が相互作用するまわりの物理的・生物学的環境。

生物量（バイオマス）　ある空間に生息しているすべての生物の全重量。

制約　ロバート・カルネイロが、社会を地理的に一定範囲内に閉じ込める要因として提案した概念。地理的制約、資源の制約、社会的制約がある。

世界貿易機関（WTO）　貿易協定を監視し、貿易のルールを強化し、紛争を解決する目的で設立された国際機関で、これまでいくつもの理由（たとえば富める国の企業によって牛耳られているなど）から批判されてきている。

世界保健機関（WHO）　健康問題を担当する国連の機関。

赤外線　光のスペクトルのなかの人間には見えない長波長の光。地球に届く太陽エネルギーの一部は、赤外線の形で地球から再放射される。

絶滅　ある個体群や生物種のすべての個体がいなくなること。

遷移　撹乱された生態系が回復し、植物の一連の置換を経ながら、最終的に「極」相に至るプロセス。

選択交配　集団内での特定の性質をもつ個体の数を増やす目的で、その性質をもつ個体を用いて繁殖させること。

前頭皮質　行動の制御を司るヒトの脳の部分で、計画（プランニング）や性格の表出、行動の抑制といったような「高次」心的活動に関与する。

染色体　細胞核内に存在する、DNAが糸状につながったもので、遺伝情報を担う。

総合的病害虫管理（IPM）　病害虫の管理において農薬の使用を最小限にしてほかの手段を用いる農業技術。

相乗作用　2つ以上の要因が合わさって作用する結果、それぞれの要因単独の場合よりも効果が大きくなること。

た行

代替フロン　オゾンを破壊するフロンの禁止後、フロンに置き換えられた化学物質。

太陽光発電（PV）システム　太陽エネルギーを電力へと変換する技術。

太陽熱発電　太陽光を集光して水やほかの液体を温めて蒸気を発生させ、それによってタービンを回して発電する技術。

対立遺伝子　ある遺伝子のひとつの型。個人が2種類の異なる型の対立遺伝子をもつことがあ

るし、それらが集団内の個人間で異なることもある。

ただ乗り　自分では負担をせずに、他者の行為の恩恵に与ること。

炭水化物　光合成のプロセスにおいて植物によって炭素、水素、酸素から作られるエネルギーに富む分子（糖類やでんぷん）。

炭素回収貯留（CCS）　発電所で発生したCO_2を地下層の深部に隔離する現在開発中の技術。

断続平衡　長く停滞（平衡）状態が続いたあとに急激な変化が起こるという特徴をもつ進化パターン。

炭素税　大気中への二酸化炭素（とそれ以外の温室効果ガス）の排出にかけられた税金。キャップ&トレード制に比べ、原理的に単純だという利点をもつが、税金に対しては一般的に抵抗が強いため、キャップ&トレード制のほうが政治的には実現しやすい。どちらも、結果はよく似たものになる。

断片化（生息地の）　自然の生態系が人為的に変えられた土地（たとえば農地）に囲まれた区画として散在するようになること。

地域固有性　ある生物種が限られた地域のみに生息するような状況。

地球高温化　ヒトの活動に由来する気温上昇によって引き起こされる気候破壊。

窒素固定　生物には同化することのできない空気中の窒素（N_2）を、植物や一部の微生物が利用できる化合物へと変えること。

窒素酸化物　ふつうは一酸化窒素（NO）と二酸化窒素（NO_2）を指す――合わせてNOxと記される――が、窒素と酸素を含むほかの多くの化合物を指すこともある。

地熱発電　地球内部の熱を利用して蒸気を作り、それによってタービンを回して発電する方法。

地理的種分化　同一種の生物の集団どうしが地理的分離によって、異なる淘汰圧のもとで違うものになり、2つの新たな種とみなされるまでになるプロセス。

地理的変異　異なる場所に生息する同一種の個体群間の差異。

デオキシリボ核酸（DNA）　植物、動物や大部分の微生物の染色体内にある、遺伝情報を保有する二重らせん構造をした分子。

適応　本書では、特定の環境において生き残り繁殖する上で生物（あるいはそれに関わる形態や行動）をより適したものにする進化的変化のことを指している。個々の生物が環境の圧力に順応するという意味で使われる場合もある。

適応度（進化的）　次の世代への繁殖の相対的寄与を表わす尺度。

適応放散　ひとつの種の生物がさまざまなニッチに適応するように――通常は比較的短い地質時間（たとえば数百万年）で――進化してゆくこと。

デッドゾーン　海水が富栄養化している区域。

田園生物地理学　保全生物学の一分野。人間によって大きく損なわれた区域における生物多様性を守ることに焦点をあてる。

伝染病　急速に広がる感染性の病気。世界規模の伝染病はパンデミックと呼ばれる。

淘汰圧　環境は特定の遺伝子型の頻度を高めることによって遺伝的変化を引き起こす。こうした環境の影響力のことを淘汰圧という。

動物プランクトン　水の流れに逆らって浮遊する微小な水中動物。

突然変異　DNAにランダムに生じる変化。

鳥インフルエンザ　これまでアジアで数百万羽の鳥や数十人の人間が感染してきた新興のインフルエンザ。世界規模の深刻な伝染病（パンデミック）をもたらす株に進化する可能性もある。

トリソミー　染色体が対でなく3つの状態。第21染色体の場合には、ダウン症を引き起こす。

な行

二酸化イオウ（SO_2）　火力（とりわけ石炭）発電所から排出されるイオウ成分で、酸性雨の主要原因のひとつ。

ニッチ　生態的地位とも。生息地においてその生物が「占めている」地位のこと。たとえば、ライオンのニッチは、サヴァンナの生態系においては待ち伏せ型の肉食獣である。

乳糖分解酵素持続　乳を消化する能力がおとなの時期まで持続すること（とくに酪農を営む文化に顕著に見られる）。

ニューロン　神経細胞のこと。

燃料電池　反応物質がたえず補充される開放系での化学反応を用いた発電装置。

年齢構成（人口の）　各年齢区分における人口の割合。

農業革命　およそ1万年前に始まる人間集団における農業の発明と伝播。

は行

バイオスフィア２　巨大な温室のなかでミクロコスモスの生物圏を作るという、失敗に終わった実験。

バイオ燃料（バイオマス燃料）　植物由来の燃料で、直接薪として用いられることも、加工されてエタノール（原料はトウモロコシやサトウキビ）やディーゼル油（大豆油やヤシ油）として用いられることもある。

排出量取引制度　国や関係機関が汚染物質の排出者に許可量を設定し、その排出者がその量以下に排出量を減らすことができたなら、その未使用分をほかに売ることを可能にする制度。

パラダイム　集団の大部分の人々がもっている文化的見方や思考様式。科学における見方を指して用いることが多い。

パンデミック　→　伝染病

比較優位　経済学用語。貿易相手がもっともよく生産できるものに比して、自分たちがもっともよく生産できるものを生産すること。

微気候　小さな地域——通常は地面に近い場所や、閉鎖されている場所——の気候。近隣のほかの場所とは、不規則な地形やさらされる日射や風に違いがあるために、気候が異なることがある。

非線形性　原因に対して結果が不釣り合いなほど大きい——入力に対して出力が比例しない——ようなシステムの性質。たとえば、湖に養分が入り込むにつれて、その濃度も上がるが、ある臨界値を超えてしまうと、その湖は富栄養化の状態に移行する。

表現型　生物の姿形、構造と行動、すなわち観察可能な特徴。

病原体　病気を引き起こす生物やウイルス。

病原体媒介動物　病原体を保有し伝染させる動物（たとえばマラリアや西ナイルウイルスを媒介するカ）。

フィードバック　システムの出力が以降の出力を弱める（負のフィードバック）、あるいは強める（正のフィードバック）ようなメカニズム。

富栄養化　湖沼、河川、陸地に近い海域が、流れ込む養分（窒素やリン）によって肥沃化すること。これが藻類や植物の繁茂を引き起こし、その結果酸素が減少し、多くの場合水生動物が呼吸できずに死んでしまう。

復元生態学　土地が荒廃や劣化してしまった（たとえば過放牧、露天掘り、皆伐）のちに、それをもとに近い状態に復元することを目的とする生態学の一分野。

複雑適応系（CAS）　相互作用し合う、似てはいるが、さまざまな要素からなるシステムで、それぞれの要素は、経験を通して「学習」することができる。このようなシステムは、「創発性」（単純な相互作用から、思いがけない複雑なパターンが生じること——たとえば経済における見えざる手）と「自己組織化」（要素は法則に従うが、発展のパターンはまえもっては決まっていない——たとえば社会的動物の群れの隊列）という特徴をもつ。

ブッシュミート　人間の食糧のために獲られた野生動物。

プラグイン式ハイブリッド車　外部電源につないで充電できるバッテリーを備えた電気式ガソリンエンジンを搭載した自動車。

プラスミド　染色体内にはない、通常は小さなDNAの複製因子で、バクテリアなどの生物に見つかる。遺伝子組み換え実験においてツールとして利用されることがある。

プランＢ　性交後の避妊のための、女性ホルモンの入った薬剤。経口避妊薬。

フロン（クロロフルオロカーボン：CFC）　人工的に合成された化学物質で、長い間冷蔵庫やエアコンで使用されてきた。オゾン層を破壊するだけでなく、強力な温室効果ガスでもある。

文化　個人間で共有し交換し合い、次の世代へと受け渡され、時間とともに変わりうる、厖大な量の非遺伝的情報と、幾世代にもわたって持続する社会集団の集合的行動を指す。人間の場合には、文化的情報は、世代をさかのぼって伝えられることもある（たとえば、子どもが祖父にコンピュータの使い方を教えるとか）。

分解　有機物質の複雑な分子をより単純な無機物質に（多くは元素に）すること。

分解者　ほかの有機体の死体や排泄物を食べる有機体。

文化的進化　ある集団が有する非遺伝情報の変化（たとえば、人間の場合には歴史的な変化）。

分子遺伝学　分子レベルで遺伝物質とそれらの間の相互作用を研究する学問分野。

平衡理論（島の生物地理学の）　単一の島あるいは孤立したコミュニティにおける生物の移入と交替を記述する理論。

包括適応度　次世代への個人（個体）の遺伝的寄与の合計（自身の繁殖によるだけでなく、同

じ遺伝子の多くを共有する近親者の繁殖を助けることも含む)。

蜂群崩壊症候群　ミツバチの巣から働きバチが失踪するという謎の現象。

保護区　野生生物の保護のため、人間の影響が最小限になるようにしてある区域。

保全生物学　生物多様性の維持を理論と応用の両面からあつかう生物学の一分野。

ホットスポット　生息地の破壊の脅威にさらされている、生物種が多様で、固有種も多くいる地域。

ホミニン　チンパンジーと共通の祖先から分かれて以降のヒトの系統を指す。

ポリ塩化ビフェニル（PCB）　絶縁油やさまざまな工業プロセスで用いられる化合物で、毒性が強く、体内に蓄積する。

ま行

マールブルクウイルス　大量の内出血を引き起こすウイルスで、サルからヒトに感染することがある。

水循環　大気、海洋、地表、生物を通って循環する水の動き。

ミトコンドリア　すべての動植物の細胞内にあるエネルギー生成の役目を担う小器官。

緑の革命　1960〜70年代に発展途上国において収穫量が多く化学肥料の効きやすい穀物生産を導入したこと。

ミーム　複製可能な文化的単位として機能すると考えられるアイデア、行動、情報などのことで、遺伝子と似たはたらきをするとされる。

ミラーニューロン　自分自身の動作に反応するだけでなく、他者がする同じ動作にも反応する脳細胞。

ミレニアム生態系評価　世界の生態系の状態についての国際的な評価で、2005年に公表された。

ミレニアム人間行動評価（MAHB）　持続可能性に向けた文化的進化をガイドするために提案された、人間行動について議論と評価をするしくみ。

メタン（CH_4）　燃料（天然ガス）として用いられる無色無臭の可燃性ガス。湿地の有機物の分解や、家畜の胃腸内などからも発生する。強力な温室効果ガスである。

モノカルチャー　ひとつの植物種のうち単一の種類だけを栽培すること。たとえば、広大なトウモロコシ畑や単一種の林業地。

モントリオール議定書　1987年にモントリオールで採択された、オゾン層を守るためにフロンガスを禁止する国際協定。

や行

ヤンガードリアス期　最後の氷河期の終了時（1万2000年前頃）に北半球で起こった寒冷な期間で、1300年間続いた。名称は、この時期に南寄りの地域によく見られた北極圏の花の名前に因んでいる。

有機体　生物のこと。

有機物　生物由来の炭素を含む物質。

葉緑素　植物や微生物に含まれる、光合成を可能にする緑の化学物質。

葉緑体　植物や一部の藻類に存在する光合成を行なう細胞小器官。

ら行

ラムサール条約　湿地の保護を目的とする国際条約。

リボ核酸（RNA）　DNAと近縁の分子で、DNAの「指令」を用いてタンパク質の生成に関わるほか、いくつもの機能をはたす。

ロー対ウエイド最高裁判決　1973年に米国において妊娠中絶を合法と認めた最高裁判決。

わ行

ワシントン条約（CITES）　絶滅のおそれのある生物種やそれらを原料にした製品の取引きを制限するための国際条約。

割引率　あることの将来の価値を現在の価値に換算する際に用いられる利率のこと。将来の価値が不確実である（リスクが高い）ほど、割引率は高くなる。

註

プロローグ

1. Tillyard, E.M.W. 1941. *The Elizabethan World Picture*. Random House, New York, p. 26.（ティリヤード『エリザベス朝の世界像』磯田光一・玉泉八洲男・清水徹郎訳、筑摩書房、1992）

1章　ダーウィンの遺産とメンデルのメカニズム

1. Dobzhansky, T. 1973. Nothing in biology makes sense except in the light of evolution. *American Biology Teacher* 35 (March): 125-129.
2. Darwin, C. 1876/1958. *Autobiography*. Collins, London, pp.119-120.（ダーウィン『ダーウィン自伝』八杉龍一・江上生子訳、筑摩書房、2000）
3. 遺伝的に受け継がれる特性の自然淘汰には、遺伝子淘汰、個体淘汰、群淘汰、血縁淘汰などさまざまなレベルがあるが、現在もっとも基本的な概念は個体淘汰である。
4. どのようにしてDNAの指令がコピーされて、細胞から細胞へと移動し、親から子へと伝わるのかは、進化に欠かせない複雑なプロセスである。細胞が分裂して２つの娘細胞ができる時、どのようにして遺伝子はこの新しい細胞のなかに入るのだろうか？　この疑問は、(バクテリアやアメーバのように）新たな単一細胞の生物を生み出すプロセスにも、ひとつの受精卵が分割を開始してやがてヒナギク、イヌ、ヒトのような多細胞（ヒトの場合なら、数兆もの細胞）の生物になるプロセスにもあてはまる。

   なぜ、精子と卵子が合体する時、DNAの鎖の数（そしてそれらをもつ染色体の数）は２倍にならないのだろうか？　成長、修復や生殖のために新しい細胞を作るプロセスにおいて細胞が分裂する時には、複雑な化学的メカニズムによって、DNAの鎖が複製される。ほとんどの細胞分裂において、娘細胞は、親細胞がもつDNAのフルコピー――すなわち、染色体の２組の完全なセット（一方は母親から、もう一方は父親から）――を受け取る。

   配偶子（動物では卵子と精子）を生み出す特別な細胞株のなかでは、染色体数とDNAの量を半分にする分裂プロセスが起こる。このプロセスでは、それぞれの配偶子は、通常の細胞にある染色体の半分の数の染色体を獲得する。配偶子どうしが合体すると、両親の遺伝的寄与が合わさり、フルセットの染色体になって、接合子ができあがる。ヒトにおいては、接合子は、一連のライフサイクルのなかで個体が始まる段階だとも言える（もちろん卵子と精子を個体として定義することも可能だが)。

   この半数になるプロセスでは、DNA分子は、配偶子になる細胞のなかで、組み換えと呼ばれる複雑な混ぜ合わせの段階を経る。この組み換えによって、有性生殖をする生物の個体群の遺伝的変異は増大する（したがって遺伝的変異の貴重な貯蔵も増える)。組み換えによって生じる変異がなければ、自然淘汰には選ぶべき「材料」がほとんどないことになり、進化の速度はきわめてのろいものとなってしまうだろう。組み換えと配偶子どうしの結合が起こったあとは、接合子は分裂して娘細胞になり、これが何度も繰り返され、最終的にはこれらの細胞の集合が成熟して、次の世代の個体になる。

   どちらの種類の分裂のプロセスにおいても、DNAの複製が起こる。この複写（複製）プロセスは通常はきわめて正確である。時に科学者はDNAを「自己複製」分子と呼ぶことがあるが、DNAの入った壜を戸棚に入れたままにしておくと、それが自己増殖を繰り返して、爆発的に増えたりするわけではない。DNAのコピーは、複製マシンとこのマシンにエネルギーを供給する複雑なシステムの助けを借りなければできない。その意味では、このページがコピー機（これもエネルギーを必要とする）の助けを借りないと複写できないのと同じである。
5. Bridgham, J.T., Carroll, S.M., and Thornton, J.W. 2006. Evolution of hormone-receptor complexity by molecular exploitation, *Science* 312: 97-101.

6. Culotta, E., and Pennisi, E. 2005. Breakthrough of the year: Evolution in action. *Science* 310: 1878-1879.
7. Darwin, C. 2006. *From So Simple a Beginning: The Four Great Books of Charles Darwin. The Voyage of the Beagle. On the Origin of Species. The Descent of Man. The Expression of the Emotions in Man and Animals.* Edited and with introductions by Wilson, E.O., W.W. Norton, New York, pp. 489-490.（ダーウィン『種の起源（上・下）』渡辺政隆訳、光文社、2009）

2章　土手の雑踏

1. Freeman, S., and Herron, J.C. 2001. *Evolutionary Analysis.* Prentice Hall, Upper Saddle River, NJ, p. 403.
2. Thompson, J.N. 2005. *The Geographic Mosaic of Coevolution.* University of Chicago Press, Chicago, p. 6.
3. McMurtry, J.A., Huffaker, C.B., and van de Vrie, M. 1970. Ecology of tetranychid mites and their natural enemies: A review. I: Tetranychid enemies: Their biological characters and the impact of spray practices. *Hilgardia* 40: 331-390.
4. Burger, J., et al. 2007. Absence of the lactase-persistence-associated allele in early Neolithic Europeans. *Proceedings of National Academy of Sciences USA* 104: 3736-3741.

3章　はるか昔

1. Darwin, C. 2006. *From So Simple a Beginning: The Four Great Books of Charles Darwin. The Voyage of the Beagle. On the Origin of Species. The Descent of Man. The Expression of the Emotions in Man and Animals.* Edited and with introductions by Wilson, E.O., W.W. Norton, New York, p. 1239.（ダーウィン『人間の進化と性淘汰（1・2）』長谷川眞理子訳、文一総合出版、1999-2000）
2. http://emporium.turnpike.net/C/cs/evid1.htm.
3. この話題は科学者たちによって徹底的に調べられ、その結果が発表されている。その結論は以下の通り。噂のヒトの「足跡」は実際に歩いていた人々のものではなく、いくつもの方法で捏造されたものである。Godfrey, L.R., eds. 1985. The Paluxy River footprint mystery – solved. *Creation/Evolution* 5, no.1 (winter).
4. Darwin, *From So Simple a Beginning*, p. 889.（ダーウィン『人間の進化と性淘汰（1・2）』長谷川眞理子訳、文一総合出版、1999-2000）
5. Ibid., p. 890.
6. チンパンジーやゴリラは、ヒトと同様、ヒト科に属すが、ホミニンはチンパンジーやゴリラを含まない。

4章　遺伝子と文化

1. Venter, J.C. 2001. A dramatic map that will change the world, *London Daily Telegraph*, 14 February.
2. Tylor, E.B. 1871. *Primitive Culture: Researches into the Development of Mythology, Philosophy, Religion, Art, and Custom*. John Murray, London, p. 1.（タイラー『原始文化──神話・哲学・宗教・言語・芸能・風習に関する研究』比屋根安定訳、誠信書房、1962）
3. Linton, R. 1995. *The Tree of Culture*. Alfred A. Knopf, New York, p. 29.
4. ヒトの「心の理論」の能力についての概説は、Leslie, A.M. 1987. Pretense and representation: The origins of "theory of mind." *Psychological Review* 94: 412-426 を参照のこと。チンパンジーが「心の理論」をもっているかという問題については、Povinelli, D.J. and J. Vonk, J. 2003. Chimpanzee minds: Suspiciously human? *Trends in Cognitive Sciences* 7: 157-160 を参照のこと。
5. Ehrlich, P.R. 2000. *Human Natures: Genes, Culture, and the Human Prospect.* Island Press, Shearwater Books, Washington, DC, p. 110.

6. Gazzaniga, M.S. 2006. *The Ethical Brain: The Science of Our Moral Dilemmas*. Harper Perennial, New York, p. 99.（ガザニガ『脳のなかの倫理——脳倫理学序説』梶山あゆみ訳、紀伊國屋書店、2006）
7. Wade, N. 2001. Ideas and trends: The story of us; the other secrets of the genome. *New York Times*, 18 February.
8. Crabbe, J.C., Wahlsten, D., and Dudek, B.C. 1999. Genetics of mouse behavior: Interactions with laboratory environment. *Science* 284: 1670-1672.

5章　文化的進化——お互いをどのように関係づけるか

1. Furst, A. 2007. *The Foreign Correspondent*. Random House, New York, p. 94.
2. Leavitt, G.C. 1977. The frequency of warfare: An evolutionary perspective. *Sociological Inquiry* 47: 49-58.
3. Ehrenreich, B. 1997. *Blood Rites: Origins and History of the Passions of War*. Henry Holt, New York, p. 10.
4. たとえば、Ashworth, T. 1980. *Trench Warfare 1914-1918: The Live and Let Live System*. Pan Books, London; Grossman, D. 1995. *On Killing: The Psychological Cost of Learning to Kill in War and Society*. Little Brown, Boston.
5. 明らかに、科学——「そこに」世界が実在すると仮定せざるをえず、それがたえず環境に対してテストされる——は、その基本的な結論をきわめてゆっくりとしか変えず、検証に耐える側面を慎重に保ち続ける（たとえば、量子力学の革命があったのに、技術のほとんどではいまだに古典物理学が用いられている）。Lindley, D. 2007. *Uncertainty: Einstein, Bohr, and the Struggle for the Soul of Science*. Doubleday, New York.（リンドリー『そして世界に不確定性がもたらされた——ハイゼンベルクの物理学革命』阪本芳久訳、早川書房、2007）を参照のこと。この本は、量子力学の展開——ダーウィン以後の科学の文化的進化においておそらくもっとも大きな飛躍である——について読みやすく書かれている。極微や極大の世界をあつかう時に科学がいかに直観に反するものになるかを垣間見せてくれるはずである。これは、自然淘汰が、容易に観察できるスケールでものごとを関係づけるように人間の直観を形作ってきたことの結果なのかもしれない。もしあなたが量子力学の奇妙さについて読んでいるところなら、自由意志の概念のもつ意味についても考えてみるとよい。

6章　知覚、進化、信念

1. Rock, I. 1984. *Perception*. W. H. Freeman, New York, p. 3.
2. Edgerton, R.B. 1992. *Sick Societies: Challenging the Myth of Primitive Harmony*. Free Press, New York, p.1.
3. たとえば、Adolphs, R., et al. 2005. A mechanism for impaired fear recognition after amygdale damage. *Nature* 433: 68-72 を参照。
4. Ornstein, R., and Ehrlich, P. 1989. *New World/New Mind: Moving toward Conscious Evolution*. Doubleday, New York, p. 12.
5. Ryan, W. B. F., and Pitman, W.C. 1998. *Noah's Flood*. Simon and Schuster, New York. この問題には異論も多い。

7章　人口の増減

1. Coghlan, A. 2007. Pro-choice? Pro-life? No choice. *New Scientist*, 21 October.

8章　文化的進化の歴史

1. Gore, W.D.O. 1960. *Christian Science Monitor*, 25 October.
2. Baron de La Brède et de Montesquieu. 1952. *The Spirit of Laws*, bk. VI, chap.2. J. Nourse and P. Vailant, London (http://www.constitution.org/cm/sol_06.htm#002).

3. Porch, D. 2004. *The Path to Victory: The Mediterranean Theatre in World War II.* Farrar, Straus and Giroux, New York, p. 35.
4. Ibid., p. 24.
5. Barnett, C. 1983. *The Desert Generals*, 2nd ed. Cassell and Company, London, p. 103.
6. Schlesinger, A.M., Jr. 2007. Folly's antidote. *New York Times*, 1 January.

9章　生（と死）の循環

1. Schlesinger, W.H. 1997. *Biogeochemistry: An Analysis of Global Change.* Academic Press, San Francisco, p. 3.
2. 少数ながら、深海のマグマの火道や類似の状況において化学反応や放射からエネルギーを得ている生態系もある。
3. 実際には、温室効果は誤った呼び名である。温室の暖かさの大部分は、太陽によってもたらされた熱を風が運び去らないように、ガラスで風を遮ることによっているからである。

10章　ヒトによる地球の支配と生態系

1. Tansley, A. 1935. The use and abuse of vegetational concepts and terms. *Ecology* 16 (3): 284.
2. Beattie, A.J., and Ehrlich, P.R. 2001. *Wild Solutions: How Biodiversity Is Money in the Bank.* Yale University Press, New Haven, CT.
3. Millennium Ecosystem Assessment. 2005. *Ecosystems and Human Well-Being: Current State and Trends.* Island Press, Washington, DC, p. 6.
4. Union of Concerned Scientists. 1992. *World Scientists' Warming to Humanity.* Union of Concerned Scientists, Cambridge, MA.
5. National Academy of Sciences USA. 1993. *A Joint Statement by Fifty-eight of the World's Scientific Academies: Population Summit of the World's Scientific Academies.* National Academy Press, New Delhi, India.
6. たとえば、Vogt, W. 1948. *Road to Survival.* W. Sloane Associates, New York.（ヴォート『生き残る道』飯塚浩二・花村芳樹訳、トッパン、1950）

11章　消費とそのコスト

1. King, M.L. 1966. Excerpt of acceptance speech for the Planned Parenthood Federation of America's Margaret Sanger Award.
2. United Nations Environment Programme (UNEP). 2007. *GEO4: Environment for Development.* UNEP, Nairobi, Kenya.
3. この計算にもとづくと、過去150年にわたって、エネルギー消費の増加と不必要に非効率な（「誤った」）技術が環境におよぼした影響は、人口増加がはたした寄与分の半分弱程度になる（すなわち、20 ÷ 6.5 = 3.1であり、6.5のうちの3.1ということ）。
4. ここでは話を簡単にするために、社会資本――社会のさまざまな構成員間の関係を支配する制度やルール――を省いてある。
5. この購買力については、為替レートの違いを考慮に入れたひとりあたりの購買力平価（PPP）が用いられる。たとえば、ビッグマック1個が米国では5ドル、架空の国アノノスタンでは25ドラクマだとしよう。もし同一の比率が商品やサービス全般にあてはまるのなら、米国での年収10万ドルはアノノスタンでの50万ドラクマの購買力と同じだけの力をもつことになり、アノノスタン人は、年収200万ドルの米国人と同じだけ裕福であるためには、1000万ドラクマの収入がなければならない。
6. Vogt, W. 1948. *Road to Survival.* W. Sloane Associates, New York, p. 284.（ヴォート『生き残る道』飯塚浩二・花村芳樹訳、トッパン、1950）
7. あなたは、燃料をあなたにもたらしてくれる会社の私的費用は払うが、それを生み出し使用するのにかかる全体的（社会的）費用は支払わない。社会的費用が私的費用を超える（上回る）場

合に、マイナスの外部性が存在する。プラスの外部性もある。お隣が家のペンキを塗り直してきれいになったら、あなたの家の価値も上がる。あなたは、ペンキ代を出していないのに、プラスの外部性を受けとれる。
8. *New York Times*. 2007. Antibiotic runoff (editorial). 18 September.

12章　新たな責務

1. Steffen, W.A., et al. 2004. *Global Change and the Earth System: A Planet under Pressure*. Springer, Berlin, p.1.
2. Lovelock, J. 2007. Quoted in *Africa Geographic*. 15 (August): 112.
3. MSNBC News Services, U.N. 2006. Ocean "dead zones" increasing fast: Experts estimate 200 worldwide, up from 149 just two years ago. 23 October; Weiss, K.R. 2006. A primeval tide of toxins. *Los Angeles Times*, 30 July; Jackson, J. 2007. Personal communication. Sackler Symposium, National Academy of Sciences, Irvine, CA.
4. Cassman, K. 2007. Perspective: Climate change, biofuels, and global food security. *Environmental Research Letters* 2: 011002.
5. Vidal, J. 2007. Global food crisis looms as climate change and fuel shortages bite. *The Guardian*, 3 November.
6. たとえば、Orr, J.C., et al. 2005. Anthropogenic ocean acidification over the twenty-first century and its impact on calcifying organisms. *Nature* 437: 681-686.
7. Worm, B., et al. 2006. Impacts of biodiversity loss on ocean ecosystem services. *Science* 314: 787-790.
8. Black, R. 2006. "Only 50 years left" for sea fish. *BBC News*, 2 November.
9. Wackernagel, M., et al. 2002. Tracking the ecological overshoot of the human economy. *Proceedings of the National Academy of Sciences USA* 99: 9266-9271.
10. Rees, W.E. 2001. Ecological footprint, concept of. In Levin, S.A. ed. *Encyclopedia of Biodiversity*, vol. 2. Academic Press, San Diego, p. 230.
11. Stone, G.D. 2002. Fallacies in the genetic-modification wars, implications for developing countries, and anthropological perspectives. *Current Anthropology* 43: 611-630.

13章　地球の大気の変化

1. ホルドレンはこの時米国科学協会の会長だった。Human, K. 2006. Experts warming to climate tinkering. *Denver Post*, 15 September.
2. Farman, J. 2007. Unfinished business of ozone protection. *BBC News*, 17 September.
3. Intergovernmental Panel on Climate Change. 2007. *Climate Change 2007: The Physical Science Basis; Summary for Policymakers*. Contribution of Working Group 1 to the Fourth Assessment Report of the Intergovernmental Panel on Climate Change (IPCC Secretariat, Geneva, Switzerland, 5 February).
4. このことは、放射性炭素（炭素14、^{14}C）──上層大気でたえず作られ、地球の炭素循環のなかに組み入れられる──のほとんどすべてが、長い期間地球にあった石炭、石油や天然ガスでは、崩壊して非放射性炭素12になっているということを意味する。森林火災や死んだ動植物の腐敗のようなほかの発生源からの大気への炭素放出は、標準的な比率の2種類の炭素（^{14}Cと^{12}C）を含んでいる。したがって、化石燃料の燃焼からの人為的な排出は、大気中の^{14}Cに対する^{12}Cの比率の増加を測定して計算することができる。この場合に相関関係は因果関係を示していたが、これが「ほぼ確実」と言うためには、互いに独立した裏づけが必要であった。本文中でも述べたように、「ほぼ確実」が科学者のやれる最善であること──科学はなにかを「証明」しない──ということに注意。
5. Torn, M.S., and Harte, J. 2006. Missing feedbacks, asymmetric uncertainties, and the underestimation of future warming. *Geophysical Research Letters* 33: L10703.

6. Byrnes, M. 2007. Antarctic melting may be speeding up. Reuters, 23 March; Hansen, J.E. 2007. Scientific reticence and sea-level rise. *Environmental Research Letters* 2: 024002.
7. たとえば、Lobell, D.B., and Field, C.B. 2007. Global scale climate-crop yield relationships and the impacts of recent warming. *Environmental Research Letters* 2: 014002.
8. Byrnes, M. 2003. Scientists see Antarctic vortex as drought maker. Reuters, 23 September.
9. これによって、温室効果ガスの排出量をかなり抑えることができる。たとえば、Eshel, G., and Martin, P.A. 2006. Diet, energy, and global warming. *Earth Interactions* 10: 1-17 を参照。
10. Stern, N. 2006. *Stern Review: The Economics of Climate Change*. Her Majesty's Treasury, London, p.vi.
11. Popper, K. 1935/1968. *The Logic of Scientific Discovery*. Hutchinson, London.（ポパー『科学的発見の論理』大内義一・森博訳、恒星社厚生閣、1971-72）ポパーのもっとも有名な本。彼の基本的なロジックは次のようなものだ。あなたがすべてのハクチョウは白いという仮説をもっているとする。あなたがたくさんのハクチョウを調べてどれも白であることがわかったとしても、次に調べるハクチョウが黒のことがありえるため、いくら観察を重ねようが、その仮説を「証明」することは不可能である。しかし、たった1羽でも黒いハクチョウが見つかれば、すべてのハクチョウは白いという仮説（理論）が誤っている（すなわち、黒いハクチョウもいる）ことが証明（「反証」）される。ポパーの見解については盛んに議論されているが、その見解は科学への確率論的アプローチ（たとえば、仮説が反証されたとみなすには、どの程度ありそうもないものでなければならないか？）とは折り合わない。科学哲学は複雑で、異論の多い分野であり、「科学」の定義に見解の一致すらない（多くの場合「科学かそうでないかは一目瞭然」なのに）。
12. Vitousek, P.M., et al. 1997. Human domination of Earth's ecosystems. *Science* 277: 494-499.

14章　エネルギー――尽きかけているのか？

1. Homer-Dixon, T. 2006. *The Upside of Down: Catastrophe, Creativity, and the Renewal of Civilization*. Island Press, Shearwater Books, Washington, DC, p. 36.
2. 1テラワットは、エネルギーの流れの巨大な単位である。エネルギーの流れと量を通常はどう測るのかは知っておいたほうがよい。1テラワットは 10^9 キロワットである。1キロワット（1000ワット）は、仕事率――エネルギーの流れ、つまりエネルギーが使われる率、別の言い方をすると、時間あたりのエネルギー単位の動き――を測る際に用いられる単位である。専門的には、1キロワットは、1秒あたり1000ジュールである（1ジュールは1ポンドの重さのものを1.75インチ持ち上げるのに必要なエネルギーに相当する）。1キロワットは1.34馬力である。ここでややこしいのは、時間がすでに単位のなかに入っていることである（点灯した10個の100ワットの電球は、そのなかを流れる1キロワット（1秒あたり1000ジュール）の電力をもっている）。それらの電球は、1時間で1キロワット時を消費する。キロワット時は流れではなく、量である。人類が年間に使う16テラワット年のエネルギーは170億トンの石炭に等しいので、全世界ではひとりあたり年間に、170億トン÷66億人（2007年時点）＝2.6トンの石炭を消費している計算になる。

　1キロワットは、10個の電球を点灯させるのに必要な仕事率（エネルギーの流れ）として考えることができる。別の例を用いるなら、あなたの身体はおよそ100ワットの率でエネルギーを消費しているので、水泳のプールに10個の電球を入れて水を温めるのなら、あなたのような人間をプールに10人入れても同じである。1テラワットは、人類がいま使っているエネルギー全体の1/16ほどである。すなわち、人類は、16×10^{12} ワット（16兆ワット）を使っている。
3. これは時に「節約」と呼ばれることがあるが、なにかを犠牲にしているようにも聞こえるので、ここでは「効率性」を用いることにする。この2つは次のように区別できる。効率性は、少ないエネルギー使用で同じ結果を得ること――たとえば2台の乗用車が同じ排気量と性能をもっていても、すぐれたエンジンを搭載しているほうがリッターあたりより多く走ることができる――であり、一方、節約は、同じ車を少なく運転することで使用するエネルギーを減らすこと

をいう。とは言え、「節約」と「効率性」は、日常の使い方の多くがそうだが、ほぼ同じ意味で使われることが多い。

4. 2007年11月30日付のティルマン教授からの私信。「米国は1年で4200万トンの肉を生産し、そのうちウシは28%、ブタが23%、ニワトリが37%、魚が13%である。1キログラムの牛肉、豚肉、鶏肉、魚肉を作るために必要な乾燥穀物は、それぞれ約7、4、3、1.3キログラムなので、食卓におけるこれら4種類のタンパク源の比率を変えることは大きな影響をもつ。たとえば、米国での肉の消費を4200万トンのままにして、牛肉と豚肉の消費を半分に減らし、鶏肉と魚肉の比率を上げるとする。それによって飼料穀物の需要は減るが、その量は肥沃な農地1700万ヘクタール分に相等する。」

   「一年生の穀類作物の生産から自由になった土地には、少量の農薬で済む多様な種類の自生種の草原性の多年生植物を植えることができる。年間に収穫されるバイオマスは、米国のガソリン消費の10%におきかわるだけの量のバイオガソリンやバイオディーゼル燃料を生産するのに使うことができる。……多様性に富んだ自生種の多年生植物を植えることは、鳥類、哺乳類、昆虫やほかの生き物に恰好の生息地を与え、帯水層に上質の水を涵養し、浸食や洪水を減らし、土壌の肥沃度を回復させ、そしてほかの生態系サービスも提供する。」

15章　自然資本を救う

1. Leopold, A. 1953/1993. *Round River: From the Journals of Aldo Leopold*. Oxford University Press, New York, pp. 145-146.
2. Berenbaum, M. 2007. Losing their buzz. *New York Times*, 2 March.
3. http://www.rainforest2reef.org.
4. Polgreen, L. 2007. In Niger, trees and crops turn back the desert. *New York Times*, 11 February.
5. Millennium Ecosystem Assessment. 2005. *Ecosystems and Human Well-Being: Synthesis*. Island Press, Washington, DC, p. 1.
6. Millennium Ecosystem Assessment. 2005. *Living beyond Our Means: Natural Assets and Human Well-Being*. Island Press, Washington, DC, p. 5.
7. Millennium Ecosystem Assessment. *Ecosystems and Human Well-Being: Synthesis*, p. 2.

16章　統治──予期せざる結果に対処する

1. Oxenstierna, A.G. 1648. Letter to his offspring.
2. 専門用語を使うと、私たちは緊密に連結した複雑適応系のなかにいる。これについては、Levin, S. 1999. *Fragile Dominion*. Perseus Books, Reading, MA.（レヴィン『持続不可能性』重定南奈子・高須夫悟訳、文一総合出版、2003）を参照のこと。「複雑適応系（CAS）」の特徴は、それが個々のさまざまな構成要素の自己組織化の結果である（そしてその結果は地球規模になることがある）ということであり、これらの構成要素はそれぞれ独自の振舞い方をするが、局所的に相互作用し合ううちに創発的特性が生み出される。創発的特性は、個々の要素の振舞いにフィードバックされることもある。このようなシステムは、非線形性（たとえば正のフィードバックと閾値）という特徴を示すことが多く、これがシステムの振舞いの予測を不確実なものにする。レヴィンは、このようなシステムの特性について明解な議論を提供している。
3. Osnos, E. 2006. Your cheap sweater's real cost. *Chicago Tribune*, 16 December.
4. International Monetary Fund. 2000. Globalization: Threat or opportunity? An IMF brief, http://www.imf.org/external/np/exr/ib/2000/041200to.htm#III.
5. Begley, S. 2007. Global-warming deniers: A well-funded machine. *Newsweek*, 13 August.
6. たとえば、Cockburn, A. 2007. The greenhousers strike back and strike out. *The Nation*, 11 June.
7. アメリカ帝国の夢の国内での結果については、さまざまな議論がある。たとえば、以下の文献を参照。Johnson, C. 2007. *Nemesis: The Last Days of the American Republic*. Metropolitan Books,

New York ; Hedges, C. 2007. America in the time of empire, http://www.truthdig.com/report/item/20071126_america_in_the_time_of_empire/.
8. Mikkelson, G.M., Gonzalez, A., and Peterson, G.D. 2007. Economic inequality predicts biodiversity loss. *PLoS ONE* 2: e444.
9. Moyers, B., 2006. Restoring the public trust. 24 February, http://www.tompaine.com/articles/2006/02/24/restoring_the_public_trust.php に引用がある。
10. 皮肉にも、米国政府はある種の展望能力をもっており、しかもそれには環境の要素が含まれている。その能力をもっているのは、1972年に設置された国防高等研究計画局（DARPA）――国防総省の展望担当部門――であり、軍事的な展望に限られている。DARPAは、たとえば、貧しい国では都市部の貧困の窮状がひどくなり、未来のゲリラ戦のほとんどが熱帯雨林ではなく、（イラクでのように）都市のスラム街で繰り広げられるようになるだろうと結論している。
11. Madison, J. 1900-1910. Letter to W.T. Barry, 4 August 1822. In Hunt, G. ed. *The Writings of James Madison*, vol. 9. G.P. Putnam's Sons, New York, p. 103.
12. Greenspan, A. 2007. *The Age of Turbulence: Adventures in a New World*. Penguin, New York.（グリーンスパン『波乱の時代』山岡洋一・高遠裕子訳、日本経済新聞出版社、2007）
13. Seager, A. 2007. Steep decline in oil production brings risk of war and unrest, says new study. *The Guardian*, 22 October.
14. Leahy, S. 2007. Thirstier world likely to see more violence. Inter Press Service News Agency, 17 March.
15. Johnson, J. 2007. *Nemesis: The Last Days of the American Republic*. Metropolitan Books, New York, p. 21 を参照。「デスク殺人者」は、イラクの石油を支配するために数十万人の女性や子どもたちを死に追いやった米国の指導者たちにぴったりのことばだ。アーレントは、数百万人のユダヤ人を強制収容所に送って殺戮するのを指揮したアドルフ・アイヒマンのことを言うために最初にこのことばを用いた。
16. MAHBは、環境の点で持続可能で、社会的・経済的に平等なグローバル社会がどのようなものかを描き出そうとする。技術的な面では、MAHBは、災害の際に社会に回復力を与える要因の検討を推進できる。たとえば、停電が広がらないような電力網を整備する、抗ウイルス剤を備蓄し新たな伝染病の拡大を防ぐための検疫・隔離を計画する、社会が食糧や燃料を少なくとも一時的に自前でまかなえる能力を増大させるといったようなことである。このような問題について広範囲の議論が可能になるよう市民の関心を高める上で鍵になるのは、環境についての適切な教育の普遍的必要性である。人は、富全体の成長には生物物理的限界がないと信じているかぎり、富の制限の重要性には納得しそうもない。人を生殖や消費などの行動を変えるよう説得することは、社会が直面するほかの多くの問題と環境問題とが同程度の深刻さだと思っているかぎり、ほとんど不可能に近いように見える。MAHBは進行中の企てとも言えるので、すべての目標がすぐに達成される必要はない（どの目標に最初に取り組むべきかについては合意が必要だろうが）。私たちは、非合理的なところのある70億もの生き物が、持続可能なグローバル社会を組織できるかどうかを知る必要がある。しかし、人類にとって自然との衝突が近づきつつあるという科学的診断が正しいなら、試みるべきどんな選択肢があるだろう？

エピローグ

1. Homer-Dixon, T. 2006. *The Upside of Down: Catastrophe, Creativity, and the Renewal of Civilization*. Island Press, Shearwater Books, Washington, DC, p. 308. ホーマー＝ディクソンは、私たちの社会の下で形成されつつあるストレスを「地殻応力（テクトニック・ストレス）」と呼び、地震の断層に生じ、やがて地殻変動による地震によって解放される圧力にたとえている。とくに、人類が依存する複雑なシステムにいかに復元力をもたせるかについて述べた部分を参照のこと。
2. 食糧生産において「技術による解決策」でうまくうまくいかなかったもうひとつの例は、Pirie, N.W. 1966. Leaf protein as human food, *Science* 152: 1701-1705 を参照。
3. ニワトリ工場とは、鶏卵の生産システムのこと。このシステムでは、個々のニワトリは、ほか

のニワトリをつつけないように嘴を切られ、抗生物質を大量に投与され、生きるために最小限の空間しか与えられず、必要とするカルシウムがなくなるまで、産卵を維持するために変化に乏しい餌が与えられる。典型的には、5万羽から12万5000羽の怯えたニワトリが、数羽のニワトリごとに小さなステンレス製のケージにぎゅう詰めにされ、こうしたケージが暗い照明のなか列をなして並んでいる。産卵し続けて、最終的に潰瘍ができてぼろぼろになったニワトリは屠殺され、ミートパイやスープ、原材料の質まではわからない加工食品の材料として使われる。このアナロジーは同僚のグレッチェン・デイリーによる。

あとがき

1. 海面の上昇が1メートルの場合に直接的被害がどの程度になるかという見積もりは、http://maps.grida.no/go/graphic/population-area-and-economy-affcted-by-a-1-m-sea-level-rise-global-and-regional-estimates-based-on- を参照のこと。
2. Kleiner, K. 2009. The bright prospect of biochar. *Nature Reports Climage Change* (published online 21 May).
3. 温室効果ガスの増加のデータは、http://www.esrl.noaa.gov/gmd/aggi/ を参照のこと。
4. http://secondlife.com/ を参照のこと。

文献案内

本書全般

Daily, G. C. 1997. *Nature's Services: Societal Dependence on Natural Ecosystems.* Island Press, Washington, DC. ヒトと生態系の関係の新しい見方を述べた基本的な1冊。

Daly, H. E., and Farley, J. 2004. *Ecological Economics: Principles and Applications.* Island Press, Washington, DC.（デイリー＆ファーレイ『エコロジー経済学――原理と応用』佐藤正弘訳、NTT出版、2014）本書に登場したトピックスに関係した多くの問題が論じられている。

Darwin, C. 2006. *From So Simple a Beginnings: The Four Great Books of Charles Darwin. The Voyage of the Beagle. On the Origin of Species. The Descent of Man. The Expression of the Emotions in Man and Animals.* Edited and with introductions by Wilson, E.O., W. W. Norton, New York. ダーウィンの最重要の4つの著作が、現代を代表する進化生物学者エドワード・ウィルソンの手によって、一冊にまとめられている。

Dasgupta, P. 2007. *Economics: A Very Short Introduction.* Oxford University Press, Oxford.（ダスグプタ『経済学（〈1冊でわかる〉シリーズ)』植田和弘・山口臨太郎・中村裕子訳、岩波書店、2008）世界でもっともすぐれた経済学者のひとりによる簡潔にして信頼できる1冊。経済学的観点からヒトがどのように機能しているかについての最良のまとめ。信頼といったしばしば見過ごされている要因や割引率の意味もあつかっている。強く薦める。

Diamond, J. M. 1997. *Guns, Germs, and Steel: The Fates of Human Societies.* W. W. Norton, New York.（ダイアモンド『銃・病原菌・鉄――一万三〇〇〇年にわたる人類史の謎』倉骨彰訳、草思社、2000）文化のマクロ進化についての現代の古典。

Diamond, J. M. 2005. *Collapse: How Societies Choose to Fail or Succeed.* Viking, New York.（ダイアモンド『文明崩壊――滅亡と存亡の命運を分けるもの』楡井浩一訳、草思社、2005）過去のいくつかの社会崩壊についての詳解。とくに、イースター島の生態学的崩壊についての古典的な分析を参照のこと。

Ehrlich, P.R. 2000. *Human Natures: Genes, Cultures, and the Human Prospect.* Island Press, Shearwater Books, Washington, DC. 進化とヒトの進化に関して、本書よりも詳細に述べている。

Ehrlich, P.R., and Ehrlich, A.H. 2005. *One with Nineveh: Politics, Consumption, and the Human Future.* Repr. with new afterword. Island Press, Shearwater Books, Washington, DC. 人類の苦境の概観。

Ehrlich, P.R., Ehrlich, A.H., and Holdren, J.P. 1977. *Ecoscience: Population, Resources, Environment.* W. H. Freeman, San Francisco. 本としては古いが、人口と環境についての多くの問題が詳細に論じられている。

Ehrlich, P., and Feldman, M. 2007. Genes, environments, and behaviors. *Daedalus* 136 (Spring): 5-12. 本書の4章の一部はこの論文をもとにしている。

Futuyma, D.J. 2005. *Evolution.* Sinauer Associates, Sunderland, MA. 現代の進化理論についてのすぐれた教科書。

Godfrey-Smith, P. 2003. *Theory and Reality: An Introduction to the Philosophy of Science.* University of Chicago Press, Chicago. この分野における第一人者によるすぐれた簡潔な入門書。本書で簡単に紹介した「科学がどう機能するか」という問題をもっと深く知りたい場合には、この本がよい出発点になる。

Hall, C.A.S., and Day, J.W., Jr. 2009. Revisiting the limits to growth after peak oil. *American Scientist* 97: 230-237. 環境について1970年代にもたれていた懸念がその通りだったということを示している。

Homer-Dixon, T. 2006. *The Upside of Down: Catastrophe, Creativity, and the Renewal of*

Civilization. Island Press, Shearwater Books, Washington, DC. 環境問題において人口規模と人口増加が決定的な役割をはたすことを理解している政治科学者による概説。

Levin, S. 1999. *Fragile Dominion*. Perseus Books, Reading, MA.（レヴィン『持続不可能性』重定南奈子・高須夫悟訳、文一総合出版、2003）持続可能性という基本的な問題に保全の観点から迫る。生物圏をひとつの複雑適応系とみなして、そのシステムの特性についてわかりやすい議論を展開している。

Millennium Ecosystem Assessment. 2005. *Ecosystems and Human Well-being: Current State and Trends, Synthesis*. Island Press, Washington, DC. 生態系と生態系サービスについての包括的解説。ミレニアム生態系評価の一連の出版物については http://www.islandpress.org を参照。

Myers, N. 1979. *The Sinking Ark*. Pergamon Press, New York.（マイアース『沈みゆく箱舟――種の絶滅についての新しい考察』林雄次郎訳、岩波書店、1981）生物多様性の喪失についての先駆的著作。

National Academy of Sciences USA. 1993. A Joint Statement by Fifty-eight of the World's Scientific Academies: Population Summit of the World's Scientific Academies. National Academy Press, New Delhi, India. 世界的な科学者たちによって発表された、しかしメディアのとりあげない２つの重要な警鐘のうちのひとつ。Union of Concerned Scientists (1992) も参照のこと。

Raven, P.H., and Berg, L.R. 2008. *Environment*. 6th ed. John Wiley and Sons, Hoboken, NJ. 環境科学の教科書。生態系、生物地球化学的循環などについて自分の知識をチェックする際に有用。

Raven, P.H., Johnson, G.B., Losos, J.B., and Singer, S.R. 2010. *Biology*. 9th ed. McGraw-Hill, New York. 多くの遺伝学と進化に関する多くのトピックスを詳述したすぐれた最新の教科書。

Sapolsky, R. *Biology and Human Behavior: The Neurological Origins of Individuality*. 2nd ed. スタンフォード大学超人気授業、サポルスキー教授のビデオ講義録 (http://www.TEACH12.com)。

Steffen, W., Sanderson, A., Tyson, P.D., Jäger, J., et al. 2004. *Global Change and the Earth System: A Planet under Pressure*. Springer, Berlin. 地球科学の視点からのすぐれた概説。

Union of Concerned Scientists. 1992. *World Scientists' Warning to Humanity*. Union of Concerned Scientists, Cambridge, MA. 世界的な科学者たちによって発表された、しかしメディアのとりあげない2つの重要な警鐘のうちのひとつ。National Academy of Sciences USA (1993) も参照のこと。

プロローグ

Kareiva, P., Watts, S., McDonald, R., and Boucher, T. 2007. Domesticated nature: Shaping landscapes and ecosystems for human welfare. *Science* 316: 1866-1869. ヒトの支配についてのすぐれた分析。

Tillyard, E. M. W. 1941. *The Elizabethan World Picture*. Random House, New York. 存在の大いなる連鎖の詳細。（ティリヤード『エリザベス朝の世界像』磯田光一・玉泉八洲男・清水徹郎訳、筑摩書房、1992）

1章　ダーウィンの遺産とメンデルのメカニズム

Bradshaw, W.E., and Holzapfel, C.M. 2001. Genetic shift in photoperiodic response correlated with global warming. *Proceedings of the National Academy of Sciences USA* 98: 14509-14511. 食虫植物の捕虫袋で生活するカについての詳細。

Bridgham, J.T., Carroll, S.M., and Thornton, J.W. 2006. Evolution of hormone-receptor complexity by molecular exploitation. *Science* 312: 97-101.「インテリジェント・デザイン」（分子の複雑な相互作用が進化するのは不可能であり、それは神によって創出されたものだという主張）がまったくナンセンスであることを示す重要な論文。

Grant, P.R. 1999. *Ecology and Evolution of Darwin's Finches*. Repr. With new afterword. Princeton University Press, Princeton, NJ. ダーウィンフィンチ研究の概説。

Grant, P.R., and Grant, B.R. 2006. Evolution of character displacement in Darwin's finches. *Science* 313: 224-226. グラント夫妻の最近の研究の結果。

Lenski, R.E., Ofria, C., Pennock, R.T., and Adami, C. 2003. The evolutionary origin of complex features. *Nature* 423: 139-144. 突然変異と自然淘汰が、観察されるすべての新奇な進化を生み出すことができるという理論的証明。

Lenski, R.E., and Travisano, M. 1994. Dynamics of adaptation and diversification: A 10,000 generation experiment with bacterial populations. *Proceedings of the Natural Academy of Sciences USA* 91: 6808-6814. 長期の進化プロセスを研究するために微生物を用いるという、いまや古典となった例。

Losos, J.B., Schoener, T.W., Langerhans, R.B., and Spiller, D.A. 2006. Rapid temporal reversal in predator-driven natural selection. *Science* 314: 111. 自然界に見られる急速な自然淘汰の例。

Majerus, M.E.N. 1998. *Melanism: Evolution in Action*. Oxford University Press, Oxford. オオシモフリエダシャクの工業暗化の徹底的検討。

Pennisi, E. 2008. Deciphering the genetics of evolution. *Science* 321: 760-762. 遺伝学の理解がなぜ、どのように複雑になりつつあるかについて手がかりを与えてくれる。

Voight, B.F., Kudaravalli, S., Wen, X., and Pritchard, J.K. 2006. A map of recent positive selection in the human genome. *PLoS Biology* 4: e72. 人類はまだ進化しつつある。

2章　土手の雑踏

Becerra, J.X. 2003. Synchronous coadaptation in an ancient case of herbivory. *Proceedings of the National Academy of Sciences USA* 100: 12804-12807. 過去の共進化。

Berenbaum, M.R. 1983. Coumarins and caterpillars: A case for coevolution. *Evolution* 37: 163-169. この分野の第一人者によるチョウと植物の共進化の解説。

Coyne, J., and Orr, H. 2004. *Speciation*. Sinauer Associates, Sunderland, MA. 種分化についての最近の研究のすぐれた概説。

Ehrlich, P.R. 2005. Twenty-first century systematics and the human predicament. In *Biodiversity: Past, Present, and Future,* Vol. 56 (Suppl. I), *Proceedings of the California Academy of Sciences,* edited by N. G. Jablonski, 130-148. San Francisco, CA. 一般には受け入れられていない――広い分類上のコンセンサスに与しない――私たちの見解を述べている論文。とくに種についての問題を参照。

Ehrlich, P.R., and Hanski, I. eds. 2004. *On the Wings of Checkerspots: A Model System for Population Biology*. Oxford University Press, Oxford. いくつかの章で、植物と草食動物の共進化についての重要な問題をあつかっている。

Ehrlich, P.R., and Raven, P.H. 1969. Differentiation of populations. *Science* 65: 1228-1232. いまも多少異端視されている私たちの見解。

Mavarez, J., Salazar, C.A., Bermingham, E., Jiggins, C.D., and Linares, M. 2006. Speciation by hybridization in *Heliconius* butterflies. *Nature* 411: 302-305. ドクチョウの種分化の詳細。

Moran, N.A., Tran, P., and Gerardo, N.M. 2005. Symbiosis and insect diversification: An ancient symbiont of sap-feeding insects from the bacterial phylum *Bacteroidetes*. *Applied and Environmental Microbiology* 71: 8802-8810. 共生が細胞小器官（オルガネラ）に至る初期段階か？

Pennisi, E. 2007. Variable evolution. *Science* 316: 686-687. 共進化の研究における最近の展開。

Price, T. 2007. *Speciation in Birds*. Roberts and Company, Greenwood Village, CO. あなたが種分化に関心のあるバードウォッチャーなら、必読。そうでないなら、Coyne and Orr (2004) のほうが一般的。

Rice, L. B. 2001. Emergence of vancomycin-resistant enterococci. *Emerging Infectious Diseases* 7: 183-187.「最後の頼みの綱」の抗生物質に対する耐性の出現。

Rieseberg, L.H., and Burke, J.M. 2001. A genic view of species integration. *Journal of Evolutionary*

Biology 14: 883-886. Ehrlich and Raven(1969) が提起した「なにが種をひとつの単位にするのか」という問いに対するありうる答え。*Journal of Evolutionary Biology* のこの号は、種分化の理論についての現代の考えがどういうものかを教えてくれる。

Ritland, D.B., and Brower, L.P. 1991. The viceroy betterfly is not a Batesian mimic. *Nature* 350: 497-498. 科学の進展にともなって、古典的な例が見直しを迫られることがある。この場合も、美味なカバイロイチモンジは毒をもったオオカバマダラを擬態しているということが疑問視されている。というのは、少なくともいくつかの個体群のなかのカバイロイチモンジは不味いことがあり、逆にいくつかの個体群のなかのオオカバマダラは美味いことがあるからである。

Schwarzbach, A.E., and Rieseberg, L.H. 2002. Likely multiple origins of a diploid hybrid sunflower. *Molecular Ecology* 11: 1703-1715. 同じ種で同じ進化が複数回起こっている。

Singer, M. C. 2003. Spatial and temporal patterns of checkerspot butterfly-host plant association: The diverse roles of oviposition preference. In Boggs, C.L., Watt, W.B., and Ehrlich, P.R. eds. *Butterflies: Ecology and Evolution Taking Flight.* University of Chicago Press, Chicago, pp. 207-228. 植物と草食動物の複雑な関係の紹介。植物 - チョウの関係は、共進化のモデルシステムとしての役目もはたす。

Thompson, J.N. 2006. Mutualistic webs of species. *Science* 312: 372-373.

Zimmerman, E.C. 1970. Adaptive radiation in Hawaii with special reference to insects. *Biotropica* 2: 32-38. 限られた区域内の驚くべき多様化（急速に進む種分化）の例。

3章　はるか昔

Daeschler, E.B., Shubin, N.H., and Jenkins, F.A., Jr. 2006. A Devonian tetrapodlike fish and the evolution of the tetrapod body plan. *Nature* 440:757-763. 魚類から四足動物へと進化のミッシングリンクの化石、ティクターリクについて述べている。

Hazen, R.M. 2005. *Genesis: The Scientific Quest for Life's Origin.* Joseph Henry Press, Washington, DC. 生命の起源についての科学的研究のすぐれた概説。

Klein, R.G. 2009. *The Human Career: Human Biological and Cultual Origins.* 3rd ed. University of Chicago Press, Chicago. 人類の身体的進化についての第一級の解説。人類のたどってきた歴史を概観するために必要な詳細な研究が紹介されている。

Stringer, C.B., and Andrews, P. 2005. *Complete World of Human Evolution.* Thames and Hudson, London.（ストリンガー＆アンドリュース『人類進化大全 ── 進化の実像と発掘・分析のすべて』馬場悠男・道方しのぶ訳、悠書館、2012）一般向けのすぐれたテキスト。

Stringer, C., and Davies, W. 2001. Those elusive Neanderthals. *Nature* 413: 791-792.「ネアンデルタール人の運命」の複雑さの一端を知ることができる。

Thorpe, S.K.S., Holder, R.L., and Crompton, R.H. 2007. Origin of human bipedalism as an adaptation for locomotion on flexible branches. *Science* 316: 1328-1331. 直立姿勢の起源についての新説。

Wolpoff, M.H., Hawks, J., Senut, B., Pickford, M., and Ahern, J. 2006. An ape or *the* ape: Is the Toumaï cranium TM 266 a hominid? *PaleoAnthropology* 2006: 36-50. サヘラントロプスの化石についての議論 ── 初期のホミニンなのか、ホミニンと類人猿の共通祖先なのか？

4章　遺伝子と文化

Allman, J.M. 1999. *Evolving Brains.* Scientific American Library, New York.（オールマン『進化する脳』養老孟司訳、日経サイエンス、2001）脳の進化の解説。図や写真が豊富。

Berton, P. 1977. *The Dionne Years: A Thirties Melodrama.* W. W. Norton, New York. 遺伝的にまったく同一の子どもたちが、幼少期をほぼ同一の環境で過ごしても、どれぐらい異なる人生を歩むことがあるか。

Deutscher, G. 2005. *The Unfolding of Language: An Evolutionary Tour of Mankind's Greatest Invention.* Henry Holt, New York. 人類の言語の進化について書かれた良書。強く推薦する。

Edelman, G.M. 2006. The embodiment of mind. *Daedalus* 135 (Summer): 23-32. エーデルマンは、大脳皮質のシナプス数を1000兆と見積もっている。*Daedalus* 誌のこの号は、心身問題についてのいくつかの興味深い論文も収録している。

Ehrlich, P.R., and Feldman, M.W. 2003. Genes and cultures: What creates our behavioral phenome? *Current Anthropology* 44: 87-107. 遺伝子が行動にはたす役割についての詳細な議論。

Goren-Inbar, N., Alperson, N., Kislev, M.E., Simchoni, O., Melamed, Y., Ben-Nun, A., and Werker, E. 2004. Evidence of hominin control of fire at Gesher Benot Ya'aqov, Israel. *Science* 304: 725-727. 私たちの祖先がもっとも重要な道具のひとつ、火を用い始めた時についての最新報告。

Horner, V., Whiten, A., Flynn, E., and Waal, F.B.M. de 2006. Faithful replication of foraging techniques along cultural transmission chains by chimpanzees and children. *Proceedings of the National Academy of Sciences USA* 103: 13878-13883. 世代間の文化的伝達を証拠づける実験。

Humphrey, N.K. 1992. *A History of the Mind: Evolution and the Birth of Consciousness*. Chatto and Windus, London. 意識の進化についての興味深い考察。

Klein, R.G. 2009. *The Human Career: Human Biological and Cultural Oringins*. 3rd ed. University of Chicago Press, Chicago. 私たちの祖先の骨についてだけでなく、彼らが製作した石器類についても詳解している。

Povinelli, D.J., Nelson, K.E., and Boysen, S.T. 1992. Comprehension of role reversal in chimpanzees: Evidence of empathy? *Animal Behaviour* 43: 633-640. 心の理論についての初期の重要な研究。

Scarre, E. ed. 2005. *The Human Past: World Prehistory and the Development of Human Societies*. Thames and Hudson, London. とくに農業の起源についての最近の発見を参照。

Waal, F.B.M. de ed. 2001. *Tree of Origin: What Primate Behavior Can Tell Us about Human Social Evolution*. Harvard University Press, Cambridge, MA. ヒトの社会的進化を知る上で有益。

Watters, E. 2006. DNA is not destiny: The new science of epigenetics rewrites the rules of disease, heredity, and identity. *Discover* 22, no. 11 (November). エピジェネティックス――ＤＮＡ配列の変化を伴わない遺伝子発現の遺伝的変化――の研究についての簡潔な紹介記事。

Whiten, A., Horner, V., and Waal, F.B.M. de 2005. Conformity to cultural norms of tool use in chimpanzees. *Nature* 437: 737-740. チンパンジーにおける文化的進化の分岐を示す実験室実験の例。

Wrangham, R.W. 2009. *Cathing Fire: How Cooking Make Us Human*. Basic Books, New York.（ランガム『火の賜物――ヒトは料理で進化した』依田卓巳訳、NTT出版、2010）ヒトの進化において火を征服したことがきわめて重要な役割をはたしたという興味深い議論。

５章　文化的進化――お互いをどのように関係づけるか

Axelrod, R. 2006. *The Evolution of Cooperation*. Rev. ed. Basic Books, New York.（アクセルロッド『つきあい方の科学――バクテリアから国際関係まで』（旧版の訳）、松田裕之訳、ミネルヴァ書房、1998）ゲーム理論を用いて、どのように競争から協力が生じうるかを示した本。

Boyd, R., and Richerson, P.J. 2005. *The Origin and Evolution of Cultures*. Oxford University Press, Oxford. この領域における第一人者の２人による文化の起源と進化の解説。上級編。

Carneiro, R.L. 1988. The circumscription theory: Challenge and response. *American Behavioral Scientist* 31:497-511.「制約」説についての特集号に掲載されている一連の論文の最後のもの。この説は1970年にカルネイロによって提案された。この最後の論文は彼による回答。

Cavalli-Sforza, L.L., and Feldman, M.W. 1981. *Cultural Transmission and Evolution: A Quantitative Approach*. Princeton University Press, Princeton, NJ. 文化的伝達と進化について述べた本。どのように文化が変化するのかに科学的にアプローチしたい人にとっては一読の価値がある（かなり専門的な本だが）。

Diamond, J.M. 1991. *The Rise and Fall of the Third Chimpanzee*. Radius, London.（ダイアモンド

『人間はどこまでチンパンジーか？ ── 人類進化の栄光と翳り』長谷川眞理子・長谷川寿一訳、新曜社、1993）ダイアモンドの名著のなかの一冊。私たち人間どうしの扱いについては、ジェノサイドの章を参照。

Ehrlich, P.R., and Levin, S.A. 2005. The evolution of norms. *PLoS Biology* 3:943-948. 5章の規範についての議論はこの論文にもとづく。

Goodall, J. 1991. Unusual violence in the overthrow of an alpha male chimpanzee at Gombe. In Nishida, T., McGrew, W.C., Marler, P., Pickford, M., and Waal, F.B.M. de eds. *Topics in Primatology*, vol. 1 of *Human Origins*. University of Tokyo Press, Tokyo, pp.131-142.

Hawkes, K., O'Connel, F.J., Blurton Jones, N.G., Alvarez, H., and Charnov, E.L. 1998. Grandmothering, menopause, and the evolution of human life histories. *Proceedings of the National Academy of Science USA* 95:1336-1339.「祖母仮説」の詳解。

Hrdy, S.B. 2009 *Mothers and Others: The Evolutionary Origins of Mutual Understanding*. Belknap Press of Hardvard University Press, Cambridge, MA. 協力して子育てすることがどのようにヒトの進化と成功を形作ってきたかを述べた重要な著作。

Hua, C. 2001. *A Society without Fathers or Husbands*. Zone Books, New York. 現存する社会のなかで男女関係の視点からするともっとも珍しい社会について述べている。人間関係がいかに複雑かを劇的に示している1冊。

Johnson, A.W., and Earle, T. 1987. *The Evolution of Human Societies: From Foraging Group to Agrarian State*. Stanford University Press, Stanford, CA. 人間社会の複雑さの増大についての古典的著作。

Keeley, L.H. 1996. *War before Civilization: The Myth of the Peaceful Savage*. Oxford University Press, New York. 非工業化社会の戦争について知られていることを詳細に述べている。

Kelly, R.C. 2000. *Warless Societies and the Origin of War*. University of Michigan Press, Ann Arbor. 戦争と社会という問題の複雑さについてのきわめて興味深い議論。

Martin, D.L., and Feayer, D.W. eds. 1997. *Trouble Times: Violence and Warfare in the Past*. Gordon and Breach, Amsterdam. 有史以前の暴力についての考古学的証拠をめぐる興味深い議論。

Mithen, S. 2001. The evolution of imagination: An archaeological perspective. *SubStance* 2001: 28-54.

Rogers, D.S., and Ehrlich, P.R. 2008. Natural selection and cultural rates of change. *Proceedings of the National Academy of Sciences USA* 105: 3416-3420. ポリネシアのカヌーにおける構造的特徴と装飾的特徴の進化パターンを比較した研究。

Sapolsky, R.M. 2006. A natural history of peace. *Foreign Affairs* 85 (January-February): 104-120.

Sapolsky, R.M., and Share, L.J. 2004. A pacific culture among wild baboons: Its emergence and tradition. *PLoS Biology* 2: 0534-0541. 攻撃性の文化的進化。

Waal, F.B.M. de 1997. *Bonobo: The Forgotten Ape*. University of California Press, Berkeley.（ドゥ・ヴァール『ヒトに最も近い類人猿ボノボ』藤井留美訳、TBSブリタニカ、2000）ボノボと親しくなりたい人には最良の書。

6章　知覚、進化、信念

Barbujani, G. 2005. Human races: Classifying people vs. understanding diversity. *Current Genomics* 6: 215-226. 人種についての最近の遺伝子的証拠の総説。1953年のウィルソンとブラウンの先駆的論文の出版以降、生物学者はほぼ似たような結論に達している。

Boyer, P. 1994. *The Naturalness of Religious Ideas: A Cognitive Theory of Religion*. University of California Press, Berkeley. 宗教を説明することがいかに難しいかを述べた刺激的な本。

Dennett, D.C. 2006. *Breaking the Spell: Religion as a Natural Phenomenon*. Viking, New York.（デネット『解明される宗教 ── 進化論的アプローチ』阿部文彦訳、青土社、2010）科学主義という宗教のすばらしい1例。

Edgerton, R.B. 1992. *Sick Societies: Challenging the Myth of Primitive Harmony.* Free Press, New York. 文化に対して価値判断が可能かについての興味深い見解。

Gazzaniga, M.S. 2005. *The Ethical Brain.* Dana Press, New York.（ガザニガ『脳のなかの倫理――脳倫理学序説』梶山あゆみ訳、紀伊國屋書店、2006）精神病と宗教についてはこの本を参照のこと。

Gopnik, A., Sobel, D.M., Schulz, L.E., and Glymour, C. 2001. Causal learning mechanisms in very young children: Two-, three-, and four-years-olds infer causal relations from patterns of variation and covariation. *Developmental Psycology* 37: 620-629. 子どもは因果をどのようにとらえているか。

Jablonski, N., and Chaplin, G. 2002. Skin deep. *Scientific American* (October): 74-81.（ジャブロンスキー＆チャプリン「肌の色が多様になったわけ」、日経サイエンス１月号、52-60、2003）肌の色の進化的意味を論じている。

Jebens, H. ed. 2004. *Cargo, Cult, and Culture Critique.* University of Hawaii Press, Honolulu. カーゴ・カルト（積荷信仰）――積荷の到来によって自分たちが再興できるという運動で、本質的には誕生過程にある宗教――についての最新の研究。

Laqueur, W. ed. 2001. *The Holocaust Encyclopedia.* Yale University Press, New Haven, CT.（ラカー編『ホロコースト大事典』井上茂子ほか訳、柏書房、2003）ナチスのホロコーストについての標準的参考図書。既成の「他者」に対して人間がいかに非人間的になれるのかという例が（読むに堪える範囲で）ほぼ網羅されている。

Ornstein, R., and Ehrlich, P. 1989. *New World/New Mind: Moving toward Conscious Evolution.* Doubleday, New York. 知覚と環境問題について述べた本。

Rock, I. 1984. *Perception.* Scientific American Library, W.H. Freeman, New York. 知覚心理学について著名な実験心理学者の書いた標準的テキスト。図版多数。

Rosenberg, N.A., Pritchard, J.K., Weber, J.L., Cann, H.M., Kidd, K.K., Zhivotovsky, L.A., and Feldman, M.W. 2002. Genetic structure of human populations. *Science* 298: 2381-2385. ある人間の遺伝子を詳細に解析することによって、その人間の祖先が大陸のどこで生活していたかを示すことができる。ヒトゲノムの地理的変異の特徴について述べている。

Sacks, O. 1993. To see or not see. *New Yorker* (10 May): 1-21. 視力を取り戻した盲人の物語。

Sapolsky, R.M. 2005. *Monkeyluv: And Other Essays on Our Lives as Animals.* Scribner, New York.「文化的砂漠」の章を参照。砂漠の環境と雨林の環境は、文化が進化させる神の種類に影響する。

Sillitoe, P. 1998. *An Intoroduction to the Anthropology of Melanesia: Culture and Tradition.* Cambridge University Press, Cambridge. 文化的差異について視野を広げようとするなら、メラネシアにおける文化の大きな多様性に注目した上で、西洋文化との差異（たとえば、神の直接的操作、象徴的な交易のネットワーク）と類似性（たとえば、男性の性器の割礼、通過儀礼）に注目してみるとよい。

Stark, R. 1996. *The Rise of Christianity: A Sociologist Reconsiders History.* Princeton University Press, Princeton, NJ. キリスト教がローマ帝国において、「キリスト教的（人道的）」行動を推奨することによって、東洋のほかの神秘宗教にどのように勝ったのか。宗教の進化に興味をもつ人には必読。

Wilson, E.O., and Brown, W.L. 1953. The subspecies concept and its taxonomic application. *Systematic Zoology* 2: 97-111. 人種というものが生物学的に存在しないことについての古典的論文。

７章　人口の増減

Connelly, M. 2009. *Fatal Misconception: The Struggle to Control World Population.* Harvard University Press, Cambridge, MA. 人口調節についての詳細な文献紹介と、初期の動機や家族計画についての議論。

Daily, G.C., Ehrlich, A.H., and Ehrlich, P.R. 1994. Optimum human population size. *Population and*

Environment 15: 469-475. 人口の最適規模は大体どれぐらいか。

Daily, G.C., and Ehrlich, P.R. 1992. Population, sustainability, and Earth's carrying capacity. *BioScience* 42: 761-771. 地球がどれだけの人間を扶養できるかについての議論。

Donohue, J.J., and Levitt, S.D. 2001. The impact of legalized abortion on crime. *Quarterly Journal of Economics* 116: 379-420. 妊娠中絶の合法化が犯罪発生率の低下のおよそ50%を説明したという。

Ehrlich, P.R., and Ehrlich, A.H. 2006. Enough already. *New Scientist* 191: 46-50. 人口の高齢化「問題」の概観。

Population Reference Bureau. 2008. *2008 World Population Data Sheet*. Population Reference Bureau. Washington, DC. 人口統計についての価値ある情報源。毎年発表され、ウエッブでも閲覧できる。

United Nation. 2009. *World Population Prospects: The 2008 Revision*. United Nations, New York. ２年ごとに改訂される世界人口の総合統計。ウエッブで閲覧可能。

United Nations Population Fund (UNFPA). 2010. *State of World Population, 2010*. UNFPA, New York. 年次報告で、ウエッブでも閲覧可能。

8章　文化的進化の歴史

Atkinson, R. 2002. *An Army at Dawn: The War in North Africa, 1942-1943*. Henry Holt, New York. アメリカ軍側の準備不足が戦果に大きく影響することになったという文化のミクロ進化の影響を記している。

Barnett, C. 1983. *The Desert Generals*. 2nd ed. Cassell and Company, London. 軍隊におけるミクロ進化についてのもうひとつの解説。

Basalla, G. 1988. *The Evolution of Technology*. Cambridge University Press, Cambridge. 技術の進化についてのすぐれた革新的概観。本書中の議論の多くはこの本にもとづいている。

Braudel, F. 1993. *A History of Civilizations*. Penguin Books, New York. アナール学派のすぐれた研究成果の１例。（ブローデル『文明の文法――世界史講義（1・2）』松本雅弘訳、みすず書房、1995-1996）

Crosby, A. 1986. *Ecological Imperialism: The Biological Expansion of Europe, 900-1990*. Cambridge University Press, Cambridge.（クロスビー『ヨーロッパ帝国主義の謎――エコロジーから見た10～20世紀』佐々木昭夫訳、岩波書店、1998）ヨーロッパ人が世界の多くの地域を征服する上で、疫病や寄生虫、そのほかの生態学的要因がどのような役割をはたしたのか。

Fracchia, J., and Lewontin, R.C. 1999. Does culture evolve? *History and Theory* 38: 52-78. 生物の進化は文化的進化のモデルとしては不適切であることを説得力をもって示した刺激的な論文。著者たちは、歴史を文化的進化の物語として見るべきではないと主張している（この点については私たちとは見解が異なる)。一読の価値あり。

Jannetta, A. 2007. *The Vaccinators: Smallpox, Medical Knowledge, and the "Opening" of Japan*. Stanford University Press, Stanford, CA.（ジャネッタ『種痘伝来――日本の「開国」と知の国際ネットワーク』廣川和花・木曾明子訳、岩波書店、2013）人類にとってもっとも重大な病気、天然痘の克服の歴史の１例について述べたすぐれた１冊。文化的進化のテキストとしても使える。

Kay, J.H. 1997. *Asphalt Nation: How the Automobile Took Over America and How We Can Take It Back*. Crown, New York. 国内の政策として大間違いだったのかもしれないものについての分析。

McPherson, J.M. 2007. *This Mighty Scourge: Perspectives on the Civil War*. Oxford University Press, Oxford. 南北戦争についてのすぐれた解釈。１章は「戦争の原因としての奴隷制」の問題をあつかっている。

Tuchman, B.W. 1984. *The March of Folly: From Troy to Vietnam*. Alfred A. Knopf, New York.（タックマン『愚行の世界史――トロイアからベトナムまで』大社淑子訳、中央公論新社、2009）

4つの愚行――政府が識者の助言に従わずに誤った道を選んだがために起こった大失態――の興味深い例（と文化的執着）。

9章　生（と死）の循環

Baskin, Y. 2005. *Under Ground: How Creatures of Mud and Dirt Shape Our World*. Island Press, Shearwater Books, Washington, DC. 土中の見えざる世界についてのすばらしい1冊。

Chapin III, F.C., Mooney, H.A., and Matson, P.A. 2004. *Principles of Terrestrial Ecosystem Ecology*. Springer, Berlin. 信頼できる。記述も明快。

Cohen, J. E., and Tilman, D. 1996. Biosphere 2 and biodiversity: The lessons so far. *Science* 274: 1150-1151. 小さなスケールで地球を再現する試みについての紹介。

Ehrlich, P.R. 1991. Coevolution and its applicability to the Gaia hypothesis. In Schneider, S.H. and Boston, P.J. eds. *Scientists on Gaia*. MIT Press, Cambridge, MA, pp. 19-22.

Odling-Smee, F.J., Laland, K.N., and Feldman, M.W. 2003. *Niche Construction: The Neglected Process in Evolution*. Princeton University Press, Princeton, NJ. 進化におけるニッチ形成の概説。

Schneider, S.H. 1997. *Laboratory Earth: The Planetary Gamble We Can't Afford to Lose*. Basic Books, New York.（シュナイダー『地球温暖化で何が起こるか』田中正之訳、草思社、1998）信頼に足る1冊。

Vitousek, P. M., Aber, J.D., Howarth , R., Likens, G., Matson, P.A., Schlesinger, W., Schindler, D., and Tilman, D. 1997. *Human Alteration of the Nitrogen Cycle*. Ecological Society of America, Washington, DC. ヒトが窒素循環をどう変えているかについてのすぐれた解説。

10章　ヒトによる地球の支配と生態系

Beattie, A. J., and Ehrlich, P.R. 2001. *Wild Solutions: How Biodiversity Is Money in the Bank*. Yale University Press, New Haven, CT. 生態系が人類にもたらすさまざまな恩恵（とりわけ新たな産物）についての一般向けの解説。どう生態系がはたらくかについても簡潔に述べている。

Brauman, K.A., Daily, G.C., Duarte, T.K., and Mooney, H.A. 2007. The nature and value of ecosystem services: An overview highlighting hydrologic services. *Annual Review of Environment and Resource* 32: 67-98. とくに水に関係する生態系サービスについての最近のすぐれた概説。

Ehrlich, P. R., and Holdren, J. 1971. Impact of population growth. *Science* 171: 1212-1217. *I=PAT* 分析の基礎となった研究。

Ehrlich, P.R., and Mooney, H.A. 1983. Extinction, substitution, and ecosystem services. *BioScience* 33: 248-254. 生態系サービスの人為的維持の可能性を紹介しながら、その可能性がごく限られていることを示している。

Holdren, J.P., and Ehrlich, P.R. 1974. Human population and the global environment. *American Scientist* 62: 282-292. 生態系サービスについての基本的論文。

Jackson, J.B.C. 2008. Ecological extinction and evolution in the brave new ocean. *Proceedings of the National Academy of Sciences USA* 105: 11458-11465. 気の滅入るような報告だが、重要。

Odling-Smee, F. J., Laland, K.N., and Feldman, M.W. 2003. *Niche Construction: The Neglected Process in Evolution*. Princeton University Press, Princeton, NJ. ヒトだけでなく生物全般のニッチ形成という現象を包括的に論じている。

11章　消費とそのコスト

Colborn, T., Dumanoski, D., and Myers, J.P. 1996. *Our Stolen Future*. Dutton, New York.（コルボーン、ダマノスキ＆マイヤーズ『奪われし未来』長尾力訳、翔泳社、1997）環境ホルモンについての有名な1冊。

Daily, G.C., and Ehrlich, P.R. 1996. Impacts of development and global change on the

epidemiological environment. *Environment and Development Economics* 1: 309-344. 伝染病の脅威の増大についての詳細と文献。
Dauvergne, P. 2009. *The Shadows of Comsumption: Consequences for the Global Environment.* MIT Press, Cambridge, MA. *I=PAT* のなかの *A*（豊かさ）の要因をあつかった最近のすぐれた 1 冊。
Davis, M. 2001. *Late Victorian Holocausts: El Niño Famines and the Making of the Third World.* Verso, New York. 貧困が生み出される際の富める者の役割について述べている。
Gleick, P. 2008. *The World's Water 2008-2009.* Island Press, Washington, DC. 人類の水供給の状況について 2 年おきに出されている総合的報告。
Harte, J. 2007. Human population as a dynamic factor in environmental degradation. *Population and Environment* 28: 223-236. 人口増加の程度による影響の違いを詳述している。
Krueger, A.B. 2004. Inequality: Too much of good thing. In Heckman, J.J., and Krueger, A.B. eds. *Inequality in America: What Role for Human Capital Policies?* MIT Press, Cambridge, MA, pp.1-75.
Laurance, W.E., and Peres, C.A. eds. 2006. *Emerging Threats to Tropical Forests.* University of Chicago Press, Chicago. 地球上の生物多様性の最大の宝庫の喪失についての議論。
Liu, J., Daily, G., Ehrlich, P.R., and Luck, G. 2003. Effects of household dynamics on resource consumption and biodiversity. *Nature* 421: 530-533. 世帯規模と環境についての基本的論文。
Myers, J. P., and Hessler, W. 2007. Does the dose make the problem? Extensive results challenge a core assumption in toxicology. *Environmental Health News* 30 April 1-6.
Myers, J.P., Zoeller, R.T., and vom Saal, F.S. 2009. A clash of old and new scientific concepts in toxicity, with important implications for public health. *Environmental Health Perspectives* 117: 1652-1655. ある種類の環境ホルモンは多量よりも少量のほうが危険なことがあることを指摘している。
Myers, N., and Kent, J. 2004. *The New Consumers: The Influence of Affluence on the Environment.* Island Press, Washington, DC. 豊かさが環境に与える影響。
Smith, A. 1974 (1759). *The Theory of Moral Sentiments.* Clarendon Press, Oxford.（スミス『道徳感情論』高哲男訳、講談社、2013）彼の『国富論』に先立つ重要な著作。スミスは、いったん基本的な必需品が満たされたなら、あとは経済以外のことに目標を移すべきだということを明確に述べている。
Smith, K.R. 2006. Health impacts of household fuelwood use in developing countries. *Unasylva* 224, no.57: 1-4. 貧しい者が貧困ゆえにどのような健康被害をこうむっているかについての簡潔にして要を得た解説。

12 章　新たな責務

Bierregaard, R.O., Jr., Lovejoy, T.E., Kapos, V., Santos, A.A.D., and Hutchings, R.W. 1992. The biological dynamics of tropical rainforest fragments: A prospective comparison of fragments and continuous forest. *BioScience* 42: 859-866. 生態系臨界サイズプロジェクトとしても知られる森林断片の生態学的力学プロジェクトについての初期の記述。
Colborn, T., Dumanoski, D., and Myers, J.P. 1996. *Our Stolen Future.* Dutton, New York.（コルボーン、ダマノスキ＆マイヤーズ『奪われし未来』長尾力訳、翔泳社、1997）環境ホルモンについての有名な 1 冊。環境ホルモンは、たとえばヒトの精子の数を減らしつつあるだけでなく、ヒトの子どもやほかの生物の発生や発達を阻害しつつある可能性がある。
Ehrlich, P.R., Ehrlich, A.H., and Daily, G.C. 1995. *The Stork and the Plow: The Equity Answer to the Human Dilemma.* Putnam, New York. 食糧－人口のバランスと農業について詳述。
Flannery, T. 1994. *The Future Eaters: An Ecological History of the Australasian Lands and People.* Grove Press, New York. ヒトがオーストラリアとそこの大型有袋類をどのように征服したかについての詳細。

Kelly, B.C., Ikonomou, M.G., Blair, J.D., Morin, A.E., and Gobas, F.A. 2007. Food web-specific biomagnifications of persistent organic pollutants. *Science* 317: 236-238. 残留性有機汚染物質の蓄積の複雑さについての最新報告。より一般向け紹介は、*Science* の同じ号の pp. 182-183 を参照。

Laurance, W.F., et al. 2006. Rapid decay of tree-community composition in Amazonian forest fragments. *Proceedings of the Natural Academy of Sciences USA* 103: 19010-19014. 断片化の害について述べている。

Lobell, D.D., and Field, C.B. 2007. Global scale climate-crop yield relationships and the impacts of recent warming. *Environmental Research Letters* 2: 014002. 温暖化が続くと食糧供給にきわめて深刻な影響が出るという報告。

Loreau, M., Naeem, S., Inchausti, P., Bengtsson, J., Grime, J.P., Hector, A., Hooper, D.U., et al. 2001. Biodiversity and ecosystem functioning: Current knowledge and future challenges. *Science* 294: 804-808. 生物多様性と生態系の関係についてのすぐれた解説。

Pauly, D., Christensen, V., Dalsgaard, J., Froese, R., and Torres, F., Jr. 1998. Fishing down marine food webs. *Science* 279: 860-863. 漁業の行く末。

Pollan, M. 2006. *The Omnivore's Dilemma: A Natural History of Four Meals*. Penguin Books, New York.（ポーラン『雑食動物のジレンマ ── ある４つの食事の自然史』ラッセル秀子訳、東洋経済新報社、2009）工業的農業のマイナス面についての基本的な１冊。とくにお薦め。

Pringle, R. M. 2005. The origins of Nile perch in Lake Victoria. *BioScience* 55: 780-787. 侵入生物の誕生。

Sterner, T., Troell, M., Vincent, J., Aniyar, S., Barrett, S., Brock, W., Carpenter, S., et al. 2006. Quick fixes for the environment: Part of the solution or part of the problem? *Environment* 48: 19-27. 環境問題を解決するための戦略の概観。

Stuart, S., Chanson, J.S., Cox, N.A., Young, B.E., Rodrigues, A.S.L., Fishman,D.L., and Waller, R.W. 2004. Status and trends of amphibian declines and extinctions worldwide. *Science* 306: 1783-1786.

Tilman, D., Reich, P.B., Knops, J., Wedin, D., Mielke, T., and Lehman, C. 2001. Diversity and productivity in a long-term grassland experiment. *Science* 294: 843-845. 農業に関連した多様性と生産性についてのすぐれたフィールド実験の例。

Vitousek, P.M. 1994. Beyond global warming: Ecology and global change. *Ecology* 75: 1861-1876. 地球環境の変化についての先駆的なまとめ。依然として読む価値があり、引用文献も重要なものが並んでいる。

Vitousek, P.M., Ehrlich, P.R., Ehrlich, A.H., and Matson, P.A. 1986. Human appropriation of the products of photosynthesis. *BioScience* 36: 368-373. 光合成の産物を人類がどの程度使っているか ── それをどのように計算するのか、なぜその値が近似値なのかについても述べている。

Wackernagel, M., Schulz, N.B., Deumling, D., Linares, A.C., Jenkins, M., Kapos, V., Monfreda, C., et al. 2002. Tracking the ecological overshoot of the human economy. *Proceedings of the National Academy of Sciences USA* 99: 9266-9271. 人類のエコロジカル・フットプリント。

Worm, B., Barbier, E.B., Beaumont, N., Emmett, D.J., Folke, C., Halpern, B.S., Jackson, J.B.C., et al. 2006. Impact of biodiversity loss on ocean ecosystem services. *Science* 314: 787-790.

13章　地球の大気の変化

Ayres, J.G. 2006. *Air Pollution and Health*. Imperial College Press, London. 大気を下水のように使うことに関係する古くからの問題を概観した本。

Canadell, J.G., Le Quéré, C., Raupach, M.R., Field, C.B., Buitenhuis, E.T., Ciais, P., Conway, T.J., et al. 2007. Contributions to accelerating atmospheric CO_2 growth from economic activity, carbon intensity, and efficiency of natural sinks. *Proceeding of the National Academy of Sciences USA* 104: 18866-18870. 大気中の CO_2 の増加率が伸びていることを示した恐ろしい論文。

Dukes, J.S., Chiariello, N.R., Cleland, E.E., Moore, L.A., Shaw, M.R., Thayer, S., Tobeck, T., Moony, H.A., and Field, C.B. 2005. Responses of grassland production to single and multiple global environmental changes. *PLoS Biology* 3: 1829-1837. グローバルな大気の変化の影響を整理しようとした生物学的研究の代表的な例。

Ehrlich, P.R., Harte, J., Harwell, M.A., Raven, P.H., Sagan, C., Woodwell, G.M., et al. 1983. Long-term biological consequences of nuclear war. *Science* 222: 1293-1300.

Field, C.B., and Raupach, M.R. eds. 2004. *The Global Carbon Cycle: Integrating Humans, Climate, and the Natural World*. Island Press, Washington, DC. 炭素循環の現状。

Gelbspan, R. 1997. *The Heat Is On: The High Stakes Battle over Earth's Threatened Climate*. Addison-Wesley, Reading, MA. 地球高温化の政治学のすぐれた入門書。この重要な問題への対応を遅れさせるために、企業のお金をかけた工作がいかに功を奏したか。

Goulder, L. H., and Nadreau, B.M. 2002. International approaches to reducing greenhouse gases. In Schneider, S.H., Rosencranz, A., and Niles, J.O. eds. *Climate Change Policy*. Island Press, Washington, DC, pp.115-149. 著者のグールダーは、キャップ&トレード制や環境税の問題の第一人者。

Hames, R.S., Rosenberg, K.V., Lowe, J.D., Barker, S.E., and Dhondt, A.A. 2002. Adverse effects of acid rain on the distribution of the wood thrush *Hylocichla mustelina* in North America. *Proceedings of the National Academy of Sciences USA* 99: 11235-11240. なぜ酸性雨を注意して監視する必要があるのか。

Harte, J. 1988. *Consider a Spherical Cow: A Course in Environmental Problem Solving*. University Science Books, Sausalito, CA. 人類の苦境を解決するための量的アプローチへのすばらしい入門書。この本がよかったなら、2頭目のウシ（さらなる冒険を試みた同じ著者による2001年の著書）もいる。

Holdren, J.P. 2002. Beyond the Moscow Theory. Testimony before Foreign Relations Committee of the United State Senate, Hearings on Treaty on Strategic Offensive Reductions, 12 September.

Johnson, C. 2007. *Nemesis: The Last Days of the American Republic*. Metropolitan Books, New York. 宇宙空間の汚染について述べた6章を参照のこと。

Kintisch, E. 2007. Scientists say continued warming warrants closer look at drastic fixes. *Science* 318: 1054-1055. 温暖化を遅くする大規模で危険な実験についての検討。

Lobell, D.D., and Field, C.B. 2007. Global scale climate-crop yield relationships and the impacts of recent warming. *Environmental Research Letters* 2: 014002. 気候変動はすでに作物の生産量に悪影響をおよぼしている。

Pacala, S., and Socolow, R. 2004. Stabilization wedges: Solving the climate problem for the next fifty years with current technologies. *Science* 305: 968-972. 気候変動の破壊的な影響を弱めるという難問にポートフォリオの手法で迫った論文。

Parmesan, C. 2006. Ecological and evolutionary responses to recent climate change. *Annual Review of Ecology, Evolution, and Systematics* 37: 637-669. 気候変動によって引き起こされていると考えられる生物の分布の変化についての解説。

Root, T.L., MacMynowski, D.P., Mastandrea, M.D., and Schneider, S.S. 2005. Human-modified temperatures induce species changes: Joint attribution. *Proceedings of the National Academy of Sciences USA* 102: 7465-7469. ヒトの活動と分布の変化とを関係づける重要な論文。

Scheffer, M., and Carpenter, S.R. 2003. Catastrophic regime shifts in ecosystems: Linking theory to observation. *Trends in Ecology and Evolution* 18: 648-656. 人類の未来について生態学者を不安にさせる種類の現象についての概観。

Schneider, S.H. 2007. Climate Change. http//stephenschneider.stanford.edu/. グローバルな気候破壊についてのウエッブサイト。

Solomon, S., Plattner, G.-K., Knutti, R., and Friedlingstein, P. 2009. Irreversible climate change due

to carbon dioxide emissions. *Proceeding of the National Academy of Sciences USA* 106: 1704-1709. どのように人類が長期にわたる気候変動という問題を引き起こしつつあるかを示している。スーザン・ソロモンは偉大な気象科学者であり、オゾンホールの原因の解明に重要な役割をはたした。

Victor, D.G., and Cullenward, D. 2007. Making carbon markets work. *Scientific American* September: 70-77.（ビクター＆カレンウォード「排出権取引を生かす道」、日経サイエンス、3月号、62-71、2008）すぐれた詳細な分析。

Xu, J., Grumbine, R.E., Shrestha, A., Eriksson, M., Yang, X., Wang, Y., and Wilkes, A. 2009. The melting Himalayas: Cascading effects of climate change on water, biodiversity, and livelihoods. *Conservation Biology* 23: 520-530.「ヒマラヤの給水塔」の消滅についての最新の分析。

14章　エネルギー――尽きかけているのか？

Brown, L. R. 2006. Rescuing a planet under stress. *The Futurist* 40 (July-August). 風力発電の将来性についての楽観的かつ現実的な（そうであってほしいが）見方を述べている。

Casten, T. R. 1998. *Turning Off the Heat*. Prometheus, Amherst, NY. エネルギーシステムの分析とどのようにすればそのシステムをより効率的にできるか。

Fargione, J., Hill, H., Tilman, D., Polasky, S., and Hawthorne, P. 2008. Land clearing and the biofuel carbon debt. *Science* 319: 1235-1238. バイオ燃料で CO_2 の排出量が減らせるかどうかはそれをどう生産するかによると結論している。ブラジル、東南アジアと米国において熱帯雨林、泥炭地、サヴァンナや草原をバイオ燃料生産にあてると、化石燃料をバイオ燃料に替えた場合に年間で減る温室効果ガスの量の17倍から800倍の CO_2 を排出することになり、「カーボン・デット（炭素負債）」を作り出す。これに対して、廃棄バイオマス由来の、あるいは耕作放棄地で成長した多年生植物のようなバイオマス由来のバイオ燃料は、温室効果ガス排出の直接的かつ持続的な削減をもたらす。

Geller, H. 2003. *Energy Revolution: Policies for a Sustainable Future*. Island Press, Washington, DC.

Hill, J., Nelson, E., Tilman, D., Polasky, S., and Tiffany, D. 2006. Environmental, economic, and energetic costs and benefits of biodiesel and ethanol biofuels. *Proceedings of the National Academy of Sciences USA* 103: 11206-11210. バイオ燃料についての信頼できる文献。

Holdren, J. P. 1991. Population and the energy problem. *Population and Environment* 12: 231-255. 人口とエネルギー問題について簡潔で有名な論文。発表から年数が経っているため数値の修正が必要だが、ホルドレンのシナリオの基本がどういうものかがよくわかる。

Holdren, J.P. 2006. The energy innovation imperative: Addressing oil dependence, climate change, and other 21st century energy challenges. *Innovations: Technology/Governance/Globalization* Spring : 3-23. エネルギー－環境分析の第一人者によるすぐれた概説。

Victor, D.G., and Cullenward, D. 2007. Can we stop global warming? The only practical approach is to pursue technologies that burn coal more cleanly. *Boston Review* 32, no.1 (January-February). 石炭の現状についてのすぐれた要約。

15章　自然資本を救う

Aronson, J., Milton, S.J., and Blignaut, J.N. eds. 2007. *Restoring Natural Capital: Science, Business, and Practice*. Island Press, Washington, DC. 復元生態学についての最良の書。

Baskin, Y. 2002. *A Plague of Rats and Rubbervines: The Growing Threat of Species Invasions*. Island Press, Shearwater Books, Washington, DC. 侵入生物についてのすぐれた一般向け解説書。

Beissinger, S.R., and McCullough, D.R. eds. 2002. *Population Viability Analysis*. University of Chicago Press, Chicago. 絶滅のリスクをどう見積もり、どのようにすればそれを減らせるかについての、第一線の科学者の議論。

Boggs, C., Holdren, C., Kulahci, I., Bonebrake, T., Inouye, B., Fay, J., McMillan, A., et al. 2006. Delayed population explosion of an introduced butterfly. *Journal of Animal Ecology* 75: 466-475. 古典的な生物移植（移入）実験についての最近の論文。成功させるのがいかに難しいかがわかる。

Brosi, B.J., Daily, G.C., and Ehrlich, P.R. 2007. Bee community shifts with landscape context in a tropical countryside. *Ecological Applications* 17: 418-430. 地理的景観の悪化にともなう花粉媒介動物のコミュニティの変化についての研究。

Ceballos, G., and Ehrlich, P. 2006. Global mammal distributions, biodiversity hotspots, and conservation. *Proceedings of the National Academy of Sciences USA* 103:19374-19378. ホットスポットの性質の考察。

Courchamp, F., Angulo, E., Rivalan, P., Hall, R.J., Signoret, L., Bull, L., and Meinard, L. 2006. Rarity value and species extinction: The anthropogenic Allee effect. *PLoS Biology* 4: e415. アリー効果とは、個体群が小さくなるにつれて（配偶相手を見つけるのが難しくなることによって）、繁殖の成功の度合いが低くなる傾向をいう。

Daily, G.C., Ehrlich, P.R., and Sanchez-Azofeifa, A. 2001. Countryside biogeography: Utilization of human-dominated habitats by the avifauna of southern Costa Rica. *Ecological Applications* 11: 1-13.「森林性の鳥」が状況しだいでは農業的田園を利用できることを示した論文。

Daily, G.C., and Ellison, K. 2002. *The New Economy of Nature: The Quest to Make Conservation Profitable*. Island Press, Shearwater Books, Washington, DC.（デイリー＆エリソン『生態系サービスという挑戦 ── 市場を使って自然を守る』藤岡伸子・谷口義則・宗宮弘明訳、名古屋大学出版会、2010）経済的利益と保護の利益を合致させる新たな（うまくゆく）道を切り開いている。

Daly, H.E., and Farley, J. 2004. *Ecological Economics: Principles and Applications*. Island Press, Washington, DC.（デイリー＆ファーレイ『エコロジー経済学 ── 原理と応用』佐藤正弘訳、NTT出版、2014）とくに直接的規制と売買可能な許容量について述べた章を参照のこと。

Damschen, E.L., Haddad, N.M., Orrock, J.L., Tewksbury, J.J., and Levey, D.J. 2006. Corridors increase plant species richness at large scale. *Science* 313: 1284-1286. 回廊アプローチについて一連の論文を発表しているハッダードらの最近の論文。

Donlan, J.C., Berger, J., Bock, C.E., Bock, J.H., Burney, D.A., Estes, J.A., Foreman, D., et al. 2006. Pleistocene rewilding: An optimistic agenda for twenty-first century conservation. *American Naturalist* 168: 660-681. もっとも大がかりな「保護区」アプローチの概観。

Ehrlich, P.R., and Ehrlich, A.H. 1981 *Extinction: The Causes and Consequences of the Disappearance of Species*. Random House, New York.（エーリック＆エーリック『絶滅のゆくえ ── 生物の多様性と人類の危機』戸田清・青木玲・原子和恵訳、新曜社、1992）とくに生態系サービスについて述べた5章と、生物多様性を守る美的・倫理的理由について述べた6章を参照のこと。

Ehrlich, P.R., and Hanski, I. eds. 2004. *On the Wings of Checkerspots: A Model System for Population Biology*. Oxford University Press, Oxford. 単一のチョウの種の保護戦略を決定することでさえいかに難しいか。

Ehrlich, P.R., and Pringle, R.M. 2008. Where does biodiversity go from here? A grim business-as-usual forecast and a hopeful portfolio of partial solutions. *Proceedings of the National Academy of Sciences USA* 105: 11579-11586. 地球の生物学的豊かさの行く末を展望している。

Goble, D.D., Scott, J.M., and Davis, F.W. 2005. *Endangered Species Act at Thirty: Renewing the Conservation Promise*. Island Press, Washington, DC.

Hilty, J. A., Lidicker, W.Z., Jr., and Merenlender, A.M. 2006. *Corridor Ecology: The Science and Practice of Linking Landscapes for Biodiversity Conservation*. Island Press, Washington, DC. 生態的回廊についてのすぐれた概説。

Holl, K.D. 1996. The effect of coal surface mine reclamation on diurnal lepidopteran conservation.

Journal of Applied Ecology 33: 225-236. 生態系復元運動のひとつの具体例。

Hughes, J.B., Daily, G.C., and Ehrlich, P.R. 1997. Population diversity: Its extent and extinction. *Science* 278: 689-692. 個体群の重要性を考える上で鍵となる論文。

Janzen, D.H. 2000. Costa Rica's Area de Conservación Guanacaste: A long march to survival through non-damaging biodevelopment. *Biodiversity* 1: 7-20. 熱帯生物学の第一人者が著した生態系復元のサクセスストーリー。

Kareiva, P., and Marvier, M. 2003. Conserving biodiversity coldspots. *American Scientist* 91: 344-351. 環境保護へのホットスポット・アプローチを変える必要性を示した重要な論文。

Lindenmayer, D.B., and Hobbs, R.J. eds. 2007. *Managing and Designing Landscapes for Conservation*. Blackwell, London. 保全管理者はいかに複雑な問題に直面するか。

MacArthur, R.H., and Wilson, E.O. 1967. *The Theory of Island Biogeography*. Princeton University Press, Princeton, NJ. 島の生物地理学の理論的概要を述べた本。1963年に*Evolution*誌に掲載された彼らの先駆的な論文は「島の動物地理の平衡理論」という題であった。この本も論文も、どのように単純な数学的理論が導き出され、それが複雑な問題を理解する助けになるかを示している。

McLachlan, J.S., Hellmann, J.J., and Schwartz, M.W. 2007. A framework for debate of assisted migration in an era of climate change. *Conservation Biology* 21: 297-302. 生物の移植（移入）問題についての議論の概観。

Pimm, S.L., and Askins, R.A. 1995. Forest losses predict bird extinctions in eastern North America. *Proceedings of the National Academy of Siences USA* 92: 9343-9347. 現在は絶滅に関する文献は厖大にあるが、これは、絶滅のプロセスの予測可能性を示した先駆的研究である。

Quammen, D. 1997. *The Song of the Dodo: Island Biogeography in an Age of Extinctions.* Scribner, New York.（クォメン『ドードーの歌──美しい世界の島々からの警鐘』鈴木主税訳、河出書房新社、1997）一般向けに書かれた良書。

Ricketts, T.H. 2001. The matrix matters: Effective isolation in fragmented landscapes. *American Naturalist* 158: 87-99. なぜ純粋な島の生物地理学の理論がすでに生物の生息している島の場合にはうまくいかないかを説明している。

Ricketts, T.H., Daily, G.C., Ehrlich, P.R., and Michener, C.D. 2004. Economic value of tropical forest to coffee production. *Proceedings of the National Academy of Sciences USA* 101: 12579-12582. 農地が森のなかにあることがいかに農業の生産性を高めるか。

Roberts, C. 2007. *Unnatural History of the Sea.* Island Press, Shearwater Books, Washington, DC. 海の乱開発・乱獲の最新事情。

Sekercioglu, C.H., Loarie, S.R., Ruiz-Gutierrez, V., Oviedo Brenes, F., Daily, G.C., and Ehrlich, P.R. 2007. Persistence of forest birds in tropical countryside. *Conservation Biology* 21: 482-494. 混作の田園には保全の効果があることを示す論文。

Sodhi, N., Brook, B.W., and Bradshaw, C.J.A. 2007. *Tropical Conservation Biology*. Blackwell, Oxford. 喫緊の課題である熱帯地方の保全についてのすぐれた1冊。

Soulé, M.E. 1999. An unflinching vision: Networks of people for networks of wildlands. *Wildlands* 9:38-46. 野心的な復元生態学。

Sterner, T. 2003. *Policy Interests for Environmental and Natural Resource Management.* Resources for the Future, Washington, DC. 資源管理における政策的問題に経済学をどのように適用するかについてのすぐれた詳細な解説。

Vellend, M., Harmon, L.J., Lockwood, J.L., Mayfield, M.M., Hughes, A.R., Wares, J.P., and Sax, D.F. 2007. Effects of exotic species on evolutionary diversification. *Trends in Ecology and Evolution* 22: 481-488. 生物多様性への侵入生物のプラスの影響について論じている。

Whittaker, R.J., and Fernández-Palacios, J.M. 2007. *Island Biogeography: Ecology, Evolution, and Conservation*. 2nd ed. Oxford University Press, Oxford. 島の生物地理学のすぐれた最新の解説。

Wilcove, D.S. 1999. *The Condor's Shadow: The Loss and Recovery of Wildlife in America.* W.H.

Freeman, New York. 読みやすい概説。
Wuethrich, B. 2007. Reconstructing Brazil's Atlantic rainforest. *Science* 315: 1070-1072. 復元がいかに複雑なものになりうるかを示している。

16章　統治──予期せざる結果に対処する

Bacevich, A.J. 2008. *The Limits of Power: The End of American Exceptionalism*. Henry Holt, New York.（ベイセヴィッチ『アメリカ・力の限界』菅原秀訳、同友館、2009）アメリカの支配の終焉について論じている。

Barber, B.R. 1995. *Jihad vs. McWorld*. Ballantine Books, New York.（バーバー『ジハード対マックワールド──市民社会の夢は終わったのか』鈴木主税訳、三田出版会、1997）グローバリズムと地域主義についての刺激的な議論。

Barrett, S. 2003. *Environment and Statecraft: The Strategy of Environmental Treaty-Making*. Oxford University Press, New York. どうすれば条約をより効力のあるものにできるかを経済学とゲーム理論の観点から論じている。

Barrett, S. 2007. *Why Cooperate: The Incentive to Supply Global Public Goods*. Oxford University Press, Oxford. どうすれば温室効果ガス排出の規制と核拡散防止といった重要な問題に国際協力が達成できるかを示しているすぐれた本。

Dworkin, R. 2000. Free speech and the dimensions of democracy. In Rosenkrantz, E. J. ed. *If Buckley Fell: A First Amendment Blueprint for Regulating Money in Politics*. Century Foundation Press, New York, pp. 63-102.（選挙活動にかかるお金の額を制限することは違憲であるとした）バックリー対ヴァレオ最高裁判決の影響についてのすぐれた解説。

Ehrlich, P.R. 2006. Environmental science input to public policy. *Social Research* 73: 915-948. 政治システムへの環境科学の影響。

Gazzaniga, M.S. 2005. *The Ethical Brain*. Dana Press, New York.（ガザニガ『脳のなかの倫理──脳倫理学序説』梶山あゆみ訳、紀伊國屋書店、2006）今日の多くの厄介な倫理的な難問についての議論の余地のある見解。

Goulder, L.H., and Stavins, R.N. 2002. An eye on the future. *Nature* 419: 673-674. 未来の割引率の謎に迫った論文。

Jianguo, L., Dietz, T., Carpenter, S.R., Alberti, M., Folke, D., et al. 2007. Complexity of coupled human and natural systems. *Science* 317:1513-1516. 例を豊富に用いたすぐれた概説。

Johnson, C. 2007. *Nemesis: The Last Days of the American Republic*. Metropolitan Books, New York. アメリカ帝国についての刺激的な要約と詳細な文献。軍隊と政府が強大な力をもつようになるにつれて、米国は専制国家になる道を避けることができるのかどうかという問題も提起している。

Klare, M.T. 2001. *Resource Wars: The New Landscape of Global Conflict*. Metropolitan Books, New York.（クレア『世界資源戦争』斉藤裕一訳、廣済堂出版、2002）資源戦争についてのすぐれた解説書。本章の資源戦争についての記述の多くは、この本に負っている。

Klare, M.T. 2004. *Blood and Oil: The Dangers and Consequences of America's Growing Dependency on Imported Petroleum*. Metropolitan Books, New York.（クレア『血と油──アメリカの石油獲得戦争』柴田裕之訳、日本放送出版協会、2004）資源戦争のアナリストの見解。とくに2003年のイラク戦争についてのコメントを参照のこと。

Klein, N. 2007. *The Shock Doctrine: The Rise of Disaster Capitalism*. Henry Holt, New York.（クライン『ショック・ドクトリン──惨事便乗型資本主義の正体を暴く』幾島幸子・村上由見子訳、岩波書店、2011）世界を支配する自由市場主義はなにが間違っていたのかについての衝撃的分析。

Milanovic, B. 2005. *Worlds Apart: Measuring International and Global Inequity*. Princeton University Press, Princeton, NJ. グローバル化する世界における不平等問題へのすぐれた解説。

Mukherjee, V., and Gupta, G. 2006. Of guns and trees: Impact of terrorism on forest conservation.

Environment and Development Economics 11: 221-233.

Myers, N., and Kent, J. 2008. *The Citizen is Willing, but Society Won't Deliver: The Problem of Institutional Roadblocks*. International Institute for Sustainable Development, Winnipeg, Manitoba, Canada. 統治の問題を理解する上で重要な 1 冊。

Ostrom, E., Janssen, M.A., and Anderies, J.M. 2007. Going beyond panaceas. *Proceedings of the National Academy of Sciences USA* 104: 15176-15178. 社会－生態システムの制御という問題に単純な解決策を用いることに対する警告。

Perrow, C. 2007. *The Next Catastrophe: Reducing Our Vulnerabilities to Natural, Industrial, and Terrorist Disasters*. Princeton University Press, Princeton, NJ. どうすれば私たちの複雑な社会の回復力を高められるか。

Sassen, S. 2006. *Territory, Authority, Rights*. Princeton University Press, Princeton, NJ.（サッセン『領土・権威・諸権利――グローバリゼーション・スタディーズの現在』伊藤茂訳、明石書店、2011）グローバル化を論じる際にもっとも重要な要因になる人口－資源－環境問題についての興味深い分析。

Sunstein, C.R. 2007. *Republic.com 2.0*. Princeton University Press, Princeton, NJ. 政治へのインターネットの影響の可能性についての重要な分析。

Tainter, J.A. 1988. *The Collapse of Complex Societies*. Cambridge University Press, Cambridge. 社会の崩壊についての古典的著作。

エピローグ

Ehrlich, P.R., Wolff, G., Daily, G.C., Hughes, J., Baily, J.B., Dalton, S., and Goulder, S. 1999. Knowledge and the environment. *Ecological Economics* 30: 267-284.「情報革命」をめぐる問題に焦点をあてている。

Oak Ridge National Laboratory. 1968. *Nuclear Energy Centers, Industrial and Agro-industrial Complexes*. Summary Report, ORNL-4291. 40 年以上前の、すべての人々を扶養するための楽観的すぎた提言の例。現在も、飢えに苦しむ人々は 10 億人いる。

Ornstein, R., and Ehrlich, P. 1989. *New World/New Mind: Moving toward Conscious Evolution*. Doubleday, New York. 環境の緩慢な変化と、それをとらえるための私たちの知覚システムの文化的進化の必要性。

6 年後

Acemoglu, D., and Robinson, J. 2012. *Why Nations Fail: The Origins of Power, Prosperity, and Poverty*. Crown Business, New York.（アセモグル＆ロビンソン『国家はなぜ衰退するのか――権力・繁栄・貧困の起源』鬼澤忍訳、早川書房、2013）

Alexander, S. 2012. Degrowth, expensive oil, and the new economics of energy. *Real-world Economics Review*: 40-51 http://www.paecon.net/PAEReview/issue61/Alexander42_61.pdf.

Anderson, K., and Bows, A. 2011. Beyond 'dangerous' climate change: Emission scenarios for a new world. *Philosophical Transactions of the Royal Society of London A* 369: 20-44.

Ariely, D. 2009. *Predictably Irrational*, Revised and Expanded Edition. Harper Collins, New York.（アリエリー『予想どおりに不合理――行動経済学が明かす「あなたがそれを選ぶわけ」』熊谷淳子訳、早川書房、2013）

Arrow, K., et al. 2004. Are we consuming too much? *Journal of Economic Perspectives* 18: 147-172.

Barnosky, A.D., et al. 2010. Has the Earth's sixth mass extinction already arrived? *Nature* 471: 51-57.

Barnosky, A.D., et al. 2012. Approaching a state shift in Earth's biosphere. *Nature* 486: 52-58.

Barrett, S. 2003. *Environment and Statecraft: The Strategy of Environmental Treaty-Making*.

Oxford University Press, New York.
Barrett, S. 2007. *Why Cooperate: The Incentive to Supply Global Public Goods*. Oxford University Press, Oxford, UK.
Barrett, S., et al. 2014. Climate engineering reconsidered. *Nature Climate Change* 4: 527-529.
Barrett, S., and Dannenberg, A. 2012. Climate negotiations under scientific uncertainty. *Proceedings of the National Academy of Sciences USA* 109: 17372-17376.
Battersby, S. 2012. Cool it. *New Scientist* 2883: 31-35.
Blumstein, D.T., and Saylan, C. 2011. *The Failure of Environmental Education (And How We Can Fix It)*. University of California Press, Berkeley, CA.
Borgstrom, G. 1965. *The Hungry Planet*. Macmillan, New York.
Boulding, K.E. 1966. The economics of the coming Spaceship Earth. In Jarrett, H., ed. *Environmental Quality in a Growing Economy*. Johns Hopkin University Press, Baltimore, pp. 3-14.
Bradshaw, C.J.A., Giam, X., and Sodhi, N.S. 2010. Evaluating the relative environmental impact of countries. *PLoS ONE* 5 (5): e10440.
Bradshaw, C.J.A., and Brook, B.W. 2014. Human population reduction is not a quick fix for environmental problems. *Proceedings of the National Academy of Sciences USA* 111: 16610-16615.
Brown, H. 1954. *The Challenge of Man's Future: An Inquiry Concerning the Condition of Man During the Years That Lie Ahead*. Viking, New York.
Brown, J.H., et al. 2011. Energetic limits to economic growth. *BioScience* 61: 19-26.
Buchan, N.R., Grimalda, G., Wilson, R., Brewer, M., Fatase, E., and Foddy, M. 2009. Globalization and human cooperation. *Proceedings of the National Academy of Sciences USA* 106: 4138–4142.
Burger, J.R., Allen, C.D., Brown, J.H., et al. 2012. The macroecology of sustainability. *PLoS Biology* 10 (6): e1001345.
Cardinale, B.J., et al. 2012. Biodiversity loss and its impact on humanity. *Nature* 486: 59-67.
Carson, R. 1962. *Silent Spring*. Houghton Mifflin, Boston.（カーソン『沈黙の春（新装版）』青樹簗一訳、新潮社、2001）
Ceballos, G., and Ehrlich, P.R. 2002. Mammal population losses and the extinction crisis. *Science* 296: 904-907.
Cialdini, R.B. 2008. *Influence: Science and Practice*. Allyn & Bacon, Boston, MA.（チャルディーニ『なぜ、人は動かされるのか（影響力の武器 第３版）』社会行動研究会訳、誠信書房、2014）
Cloud, P. 1968. Realities of mineral distribution. *Texas Quarterly* 11: 103-126.
Colborn, T., Dumanoski, D., and Myers, J.P. 1996. *Our Stolen Future*. Dutton, New York.（コルボーン、ダマノスキ&マイヤーズ『奪われし未来』長尾力訳、翔泳社、1997）
Cribb, J. 2014. *Poisoned Planet: How Constant Exposure to Man-made Chemicals is Putting Your Life at Risk*. Allen and Unwin, Crows Nest, NSW, Australia.
Daily, G.C., and Ehrlich, P.R. 1996. Impacts of development and global change on the epidemiological environment. *Environment and Development Economics* 1: 309-344.
Daily, G.C., Kareiva, P.M., Polasky, S., Ricketts, T.H., and Tallis, H. 2011. Mainstreaming natural capital into decisions. In Kareiva, P.M., Tallis, H., Ricketts, T.H., Daily, G.C., and S. Polasky, eds. *Natural Capital: Theory and Practice of Mapping Ecosystem Services*. Oxford University Press, Oxford, UK, pp. 3-14.
Daly, H.E. 1968. On economics as a life science. *Journal of Political Economy* 76: 392-406.
Daly, H.E. ed. 1973. *Toward a Steady-State Economy*. W.H. Freeman and Co., San Francisco.
Dasgupta, P. 2001. *Human Well-being and the Natural Environment*. Oxford University Press, Oxford, UK.（ダスグプタ『サステイナビリティの経済学 ── 人間の福祉と自然環境』植田和弘訳、岩波書店、2007）

Dasgupta, P. 2010. Nature's role in sustaining economic development. *Philosophical Transactions of the Royal Society of London B* 365: 5-11.

Dietz, T., Ostrom, E., and Stern, P.C. 2003. The struggle to govern the commons. *Science* 302: 1902-1912.

Dunlap, R.E., and Catton, W.R. 1979. Environmental Sociology. *Annual Review of Sociology* 5: 243-273.

Ehrlich, P. 2014. Human impact: The ethics of *I=PAT*. *Ethics in Science and Environmental Politics* 14: 11-18.

Ehrlich, P.R. 1968. *The Population Bomb*. Ballantine Books, New York.（エーリック『人口爆弾』宮川毅訳、河出書房新社、1974）

Ehrlich, P.R. 1991. Population growth and environmental security. *The Georgia Review* 45: 223-232.

Ehrlich, P.R. 2000. *Human Natures: Genes, Cultures, and the Human Prospect*. Island Press, Washington, DC.

Ehrlich, P.R. 2011. A personal view: Environmental education—its content and delivery. *Journal of Environmental Studies and Sciences* 1: 6-13.

Ehrlich, P.R., and Holdren, J. 1971. Impact of population growth. *Science* 171: 1212-1217.

Ehrlich, P.R., and Ehrlich, A.H. 1981. *Extinction: The Causes and Consequences of the Disappearance of Species*. Random House, New York.（エーリック&エーリック『絶滅のゆくえ――生物の多様性と人類の危機』戸田清・青木玲・原子和恵訳、新曜社、1992）

Ehrlich, P.R., and Ehrlich, A.H. 2005. *One with Nineveh: Politics, Consumption, and the Human Future* (with new afterword). Island Press, Washington, DC.

Ehrlich, P.R., and Ehrlich, A.H. 2006. Enough already. *New Scientist* 191: 46-50.

Ehrlich, P.R., and Ehrlich, A.H. 2009. The Population Bomb revisited. *The Electronic Journal of Sustainable Development* 1(3): 63-71.

Ehrlich, P.R., and Ehrlich, A.H. 2010. The culture gap and its needed closures. *International Journal of Environmental Studies* 67: 481-492.

Ehrlich, P.R., and Ehrlich, A.H. 2013. Can a collapse of civilization be avoided? *Proceeding of the Royal Society B* 280: 20122845.

Ehrlich, P.R., and Harte, J. 2015. Food security requires a new agricultural revolution. *Proceedings of the National Academy of Sciences USA* in review.

Ehrlich, P.R., Kareiva, P.M., and Daily, G.C. 2012. Securing natural capital and expanding equity to rescale civilization. *Nature* 486: 68-73.

Ehrlich, P.R., Harte, J., Harwell, M.A., Raven, P.H., Sagan, C., Woodwell, G.M., et al. 1983. Long-term biological consequences of nuclear war. *Science* 222: 1293-1300.

Eilperin, J. 2012. Climate skeptic group works to reverse renewable energy mandates. *Washington Post* http://wapo.st/UToe9b: 24 November.

Fischetti, M. 2011. 2-Degree global warming limit called a "prescription for disaster". *Scientific American* http://blogs.scientificamerican.com/observations/2011/12/06/two-degree-global-warming-limit-is-called-a-prescription-for-disaster/.

Foley, J.A. 2011. Can we feed the world and sustain the planet? A five-step global plan could double food production by 2050 while greatly reducing environmental damage. *Scientific American* November: 60-65.（フォーリー「人口70億人時代の食糧戦略」、日経サイエンス、3月号、pp. 68-74、2012）

Foley, J.A., et al. 2011. Solutions for a cultivated planet. *Nature* 478: 332-342.

Food and Agriculture Organization (FAO). 2009. How to Feed the World in 2050. Rome, Italy http://www.fao.org/fileadmin/templates/wsfs/docs/expert_paper/How_to_Feed_the_World_in_2050.pdf.

Friedman, L. 2012. India has big plans for burning coal. *Scientific American* http://www.scientificamerican.com/article.cfm?id=india-has-big-plans-for-burning-coal.

Galbraith, J.K. 2008. *The Predator State: How Conservatives Abandonned the Free Market and Why Liberals Should To.* Free Press, New York.

Gardner, H. 2008. *Multiple Intelligences: New Horizons in Theory and Practice.* Basic Books, New York.

Georgescu-Roegen, N. 1974. *The Entropy Law and the Economic Process.* Harvard University Press, Cambridge, MA.（ジョージェスク＝レーゲン『エントロピー法則と経済過程』高橋正立・神里公訳、みすず書房、1993）

Gerken, J. 2012. Arctic ice melt, sea level rise may pose imminent threat to island nations, climate scientist says. *Huff Post Green* http://www.huffingtonpost.com/2012/10/05/arctic-ice-melt-sea-level-rise_n_1942666.html?utm_hp_ref=green&ncid=edlinkusaolp00000008.

Gleeson, T.T., Wada, Y.Y., Bierkens, M.F.P., and van Beek, L.P.H. 2012. Water balance of global aquifers revealed by groundwater footprint. *Nature* 488: 197-200.

Global Footprint Network. 2012. World Footprint: Do We Fit the Planet. http://www.footprintnetwork.org/en/index.php/gfn/page/world_footprint/.

Godfray, H.C.J., Beddington, J.R., Crute, I.R., Haddad, L., Lawrenc, D., et al. 2010. Food security: The challenge of feeding 9 billion people. *Science* 327: 812-818.

Hall, C.A.S., and Day, J.W. 2009. Revisiting the limits to growth after peak oil. *American Scientist* 97: 230-237.

Hall, C.A.S., Powers, R., and Schoenberg, W. 2008. Peak oil, EROI, investments and the economy in an uncertain future. In Pimentel, D., ed. *Biofuels, Solar and Wind as Renewable Energy Systems.* Springer, Berlin, pp. 109-132.

Harte, J. 2007. Human population as a dynamic factor in environmental degradation. *Population and Environment* 28: 223-236.

Harte, J., and Harte, M.E. 2008. Cool the earth, save the economy: Solving the climate crisis is easy (http://cooltheearth.us/).

Hayes, B. 2012. Computation and the human predicament. *American Scientist* 100: 186-191.

Holdren, J. 1991. Population and the energy problem. *Population and Environment* 12: 231-255.

Homer-Dixon, T. 1994. Environmental scarcities and violent conflict: Evidence from cases. *International Security* 19: 5-40.

Homer-Dixon, T. 2006. *The Upside of Down: Catastrophe, Creativity, and the Renewal of Civilization.* Island Press, Washington, DC.

Huesemann, M., and Huesemann, J. 2012. *Techno-Fix: Why Technology Won't Save Us or the Environment.* New Society Publishers, Gabriola Island, BC.

Hughes, J.B., Daily, G.C., and Ehrlich, P.R. 1997. Population diversity: Its extent and extinction. *Science* 278: 689-692.

Hughes, J.B., Daily, G.C., and Ehrlich, P.R. 2000. The loss of population diversity and why it matters. In Raven, P.H. ed. *Nature and Human Society.* National Academy Press, Washington, DC, pp.71-83.

International Energy Agency. 2011. *Key World Energy Statistics.* International Energy Agency, Paris.

Jackson, T. 2009. *Prosperity Without Growth: Economics for a Finite Planet.* Earthscan, London.（ジャクソン『成長なき繁栄 ── 地球生態系内での持続的繁栄のために』田沢恭子訳、一灯舎、2012）

James, P.T., Leach, R., Kalamara, E., and Shayeghi, M. 2001. Worldwide obesity epidemic. *Obesity Research* 9: Supplement 4.

Kennedy, D. 2005. Twilight for the Enlightenment? *Science* 308: 165.

Kiel, K., Matheson, V., and Golembiewski, K. 2010. Luck or skill? An examination of the Ehrlich–Simon bet. *Ecological Economics* 69: 1365–1367.

Klare, M.T. 2008. *Rising Powers, Shrinking Planet: The New Geopolitics of Energy*. Henry Holt and Company, New York.

Klare, M.T. 2012. *The Race for What's Left: The Global Scramble for the World's Last Resources*. Metropolitan Books, New York.

Klein, N. 2011. Capitalism vs. the climate. *The Nation* 293: 11-21.

Kremen, C., Iles, A., and Bacon, C. 2012. Diversified farming systems: an agroecological, systems-based alternative to modern industrial agriculture. *Ecology and Society* 17: 44.

Lemonick, M.D. 2012. Ocean acidification threatens food security, report. *Climate Central* http://www.climatecentral.org/news/ocean-acidification-threatens-food-security-in-developing-world-study-finds-15036.

Levin, S. 1999. *Fragile Dominion*. Perseus Books, Reading, MA.（レヴィン『持続不可能性――環境保全のための複雑系理論入門』重定南奈子・高須夫悟訳、文一総合出版、2003）

Levin, S.A. ed. 2009. *Games, Groups, and the Global Good*. Springer, London, UK.

Liu, J., Daily, G., Ehrlich, P.R., and Luck, G. 2003. Effects of household dynamics on resource consumption and biodiversity. *Nature* 421: 530-533.

Liu, J., Li, S., Ouyang, Z., Tam, C., and Chen, X. 2008. Ecological and socioeconomic effects of China's policies for ecosystem services. *Proceedings of the National Academy of Sciences USA* 105: 9489-9494.

Liu, J., et al. 2007. Complexity of coupled human and natural systems. *Science* 317: 1513-1516.

Lobell, D.B., Schlenker, W., and Costa-Roberts, J. 2011. Climate trends and global crop production since 1980. *Science* 333: 616-620.

Lovejoy, T.E. 1994. The quantification of biodiversity: An esoteric quest or a vital component of sustainable development? *Philosophical Transactions of the Royal Society of London B* 345: 81-87.

Makhijani, A. 2007. *Carbon-free and Nuclear-free: A Roadmap for U.S. Energy Policy*. IEER Press, Takoma Park, MD.

Mann, M.E. 2009. Defining dangerous anthropogenic interference. *Proceedings of the National Academy of Sciences USA* 106: 4065-4066.

Matthews, J.H., and Boltz, F. 2012. The shifting boundaries of sustainability science: Are we doomed yet? *PLoS Biology* 10: 1-4.

May, R.M. 2006. Threats to tomorrow's world. *Notes and Records of Royal Society* 60: 109-130.

McKibben, B. 2012. Global warming's terrifying new math. *Rolling Stone,* http://www.rollingstone.com/politics/news/global-warmings-terrifying-new-math-20120719: 1-11.

McMichael, P. 2012. The land grab and corporate food regime restructuring. *The Journal of Peasant Studies* 39: 681-701.

Meadows, D.H., Meadows, D.L., Randers, J., and Behrens III, W.W. 1972. *The Limits to Growth*. Universe Books, Washington, DC.（メドウズ、メドウズ、ランダース＆ベアランズ『成長の限界――ローマ・クラブ「人類の危機」レポート』大来佐武郎監訳、ダイヤモンド社、1972）

Meyer, M. 2009. *The Year that Changed the World: The Untold Story behind the Fall of the Berlin Wall*. Scribner, New York.（マイヤー『1989 世界を変えた年』早良哲夫訳、作品社、2010）

Millennium Ecosystem Assessment. 2005. *Ecosystems and Human Well-being: Synthesis*. Island Press, Washington, DC.（Millennium Ecosystem Assessment 編『生態系サービスと人類の将来――国連ミレニアムエコシステム評価』横浜国立大学 21 世紀 COE 翻訳委員会訳、オーム社、2007）

Moghaddam, F.M. 2012. The omnicultural imperative. *Culture & Psychology* 18: 304-330.

Montgomery, D.R. 2012. *Dirt: The Erosion of Civilizations*. University of California Press,

Berkeley, CA.（モントゴメリー『土の文明史――ローマ帝国、マヤ文明を滅ぼし、米国、中国を衰退させる土の話』片岡夏実訳、築地書館、2010）
Myers, N. 1979. *The Sinking Ark*. Pergamon Press, New York.（マイアース『沈みゆく箱舟――種の絶滅についての新しい考察』林雄次郎訳、岩波書店、1981）
Myers, N. 1993. Environmental refugees in a globally warmed world. *BioScience* 43: 752-761.
Myers, P., and Hessler, W. 2007. Does the dose make the poison?: Extensive results challenge a core assumption in toxicology. *Environmental Health News* http://www.environmentalhealthnews.org/sciencebackground/2007/2007-0415nmdrc.html: 1-6.
National Academy of Sciences USA. 1993. *A Joint Statement by Fifty-eight of the World's Scientific Academies*. Population Summit of the World's Scientific Academies. National Academy Press, New Delhi, India.
O'Neill, B.C., Liddle, B., Jiang, L., Smith, K.R., Pachauri, S., Dalton, M., and Fuchs, R. 2012. Demographic change and carbon dioxide emissions. *Lancet* 380: 157-164.
Oreskes, N., and Conway, E.M. 2010. *Merchants of Doubt: How a Handful of Scientists Obscured the Truth on Issues from Tobacco Smoke to Global Warming*. Bloomsbury Press, New York.（オレスケス&コンウェイ『世界を騙しつづける科学者たち』福岡洋一訳、楽工社、2011）
Osborne, F. 1948. *Our Plundered Planet*. Little, Brown and Company, Boston, MA.
Ostrom, E. 2009. A polycentric approach for coping with climate change. World Bank Policy Research Working Paper 5095.
Pirages, D., and Ehrlich, P.R. 1972. If all Chinese had wheels. *New York Times*, 16 March.
Pirages, D.C., and DeGeest, T.M. 2003. *Ecological Security: An Evolutionary Perspective on Globalization*. Rowman & Littlefield, Lanham, MD.
Potts, M. 2009. Where next? *Philosophical Transactions of the Royal Society of London B* 364: 3115-3124.
Proctor, R.N. 2011. *Golden Holocaust: Origins of the Cigarette Catastrophe and the Case for Abolition*. University of California Press, Berkeley, CA.
Rees, W.E. 2013. Ecological footprint, concept of. In Levin, S., ed. *Encyclopedia of Biodiversity*, 2nd edition. Academic Press, San Diego, CA.
Reich, P.B., and Hobbie, S.E. 2012. Decade-long soil nitrogen constraint on the CO_2 fertilization of plant biomass. *Nature Climate Change* 3: 278-282.
Robinson, W.I. 2014. *Global Capitalism and the Crisis of Humanity*. Cambridge University Press, New York.
Rockström, J.W., et al. 2009. Planetary boundaries: Exploring the safe operating space for humanity. *Ecology and Society* 14: 32 http://www.ecologyandsociety.org/vol14/iss32/art32/.
Rosner, L. 2004. *The Technological Fix: How People Use Technology to Create and Solve Problems*. Routledge, New York.
Rowland, D. 2012. World fish stocks declining faster than feared. *Financial Times* http://www.ft.com/cms/s/2/73d14032-088e-11e2-b37e-00144feabdc0.html#axzz28KxPEqPr.
Rowley, R.J. 2007. Risk of rising sea level to population and land area. *Eos* 88: 105-116.
Sarwar, M.G.M. 2005. Impacts of Sea Level Rise on the Coastal Zone of Bangladesh. http://static.weadapt.org/placemarks/files/225/golam_sarwar.pdf.
Schellnhuber, H.J. 2008. Global warming: stop worrying, start panicking. *Proceeding of the National Academy of Sciences, USA* 105: 14239-14240.
Sedgh, G., Hussain, R., Bankole, A., and Singh, S. 2007. Women with an unmet need for contraception in developing countries and their reasons for not using a method. Guttmacher Institute, New York. Report no. 37.
Seto, K., Güneralp, B., and Hutyra, L.R. 2012. Global forecasts of urban expansion to 2030 and direct impacts on biodiversity and carbon pools. *Proceedings of the National Academy of*

Sciences USA 109: 16083-16088.

Shultz, G.P., Perry, W.J., Kissinger,H.A., and Nunn, S. 2011. Deterrence in the age of nuclear proliferation: The doctrine of mutual assured destruction is obsolete in the post-Cold War era. *Wall Street Journal* http://online.wsj.com/article/SB10001424052748703300904576178760530169414.html: 11 March.

Singh, S., Sedgh, G., and Hussain, R. 2010. Unintended pregnancy: Worldwide levels, trends, and outcomes. *Studies in Family Planning* 41: 241-250.

Solomon, S., Plattner, G-K., Knutti, R., and Friedlingstein, P. 2009. Irreversible climate change due to carbon dioxide emissions. *Proceedings of the National Academy of Sciences USA* 106: 1704–1709.

Tainter, J.A. 1988. *The Collapse of Complex Societies*. Cambridge University Press, Cambridge, UK.

Toon, O., Robock, A., Turco, R.P., Bardeen, C., Oman, L., and Stenchikov, G. 2007. Consequences of regional-scale nuclear conflicts. *Science* 315: 1224-1225.

Torn, M.S., and Harte, J. 2006. Missing feedbacks, asymmetric uncertainties, and the underestimation of future warming. *Geophysical Research Letters* 33: L10703.

Turner, A. 2009a. Population priorities: The challenge of continued rapid population growh. *Philosophical Transactions of the Royal Society of London B* 364: 2977-2984.

Turner, A. 2009b. Population ageing: what should we worry about? *Philosophical Transactions of the Royal Society of London B* 364: 3009-3021.

Union of Concerned Scientists. 1993. *World Scientists' Warning to Humanity*. Union of Concerned Scientists, Cambridge, MA.

Vandenberg, L.N., et al. 2012. Hormones and endocrine-disrupting chemicals: Low-dose effects and nonmonotonic dose responses. *Endocrine Reviews* 33: 378-455.

Victor, P.A. 2008. *Managing without Growth*. Edward Elgar, Northampton, MA.

Vogt, W. 1948. *Road to Survival*. William Sloan, New York.（ヴォート『生き残る道』飯塚浩二・花村芳樹訳、トッパン、1950）

Wald, P. 2008. *Contagious: Cultures, Carriers, and the Outbreak Narrative*. Duke University Press, Durham, NC.

Watts, J. 2010. *When a Billion Chinese Jump*. Scribner, New York.

World Bank. 2012. *Turn Down the Heat: Why a 4℃ Warmer World Must be Avoided*. World Bank, Washington, DC.

Yu, E., and Liu, J. 2007. Environmental impacts of divorce. *Proceedings of the National Academy of Sciences USA* 104: 20629-20634.

Zelman, J. 2011. 50 Million environmental refugees by 2020, experts predict. *Huff Post Green* http://www.huffingtonpost.com/2011/02/22/environmental-refugees-50_n_826488.html.

Ziska, L.H., et al. 2012. Food security and climate change: On the potential to adapt global crop production by active selection to rising atmospheric carbon dioxide. *Proceeding of the Royal Society B* 279: 4097-4105.

著書紹介

ポール・R・エーリック（Paul R. Ehrlich）

スタンフォード大学生物科学部教授。同大学保全生物学研究センター所長。生態学、保全生物学、進化生物学の研究者として、昆虫の個体群の動態、植物と草食動物の共進化、地球環境への人口の爆発的増加の影響といったテーマに取り組んできた。論文や解説は900篇あまり、著書も40冊以上を数える。邦訳に『人口爆弾』（河出書房新社）、『繁栄の終り』（草思社）、『絶滅のゆくえ――生物の多様性と人類の危機』（新曜社）、『人口が爆発する！ ――環境・資源・経済の視点から』（新曜社）（後者3冊はアンとの共著）など。クラフォード賞（1990年）やブループラネット賞（1999年）をはじめ、多数の賞を受賞している。近著の対談集に、*Hope on Earth: A Conversation*（University of Chicago Press, 2014）。

アン・H・エーリック（Anne H. Ehrlich）

スタンフォード大学生物科学部、名誉シニアリサーチサイエンティスト。ポールとの共著多数。チョウやサンゴ礁の魚類の研究のほか、ポールとともに環境保護活動に取り組んでいる。近著の共著に、*The Annihilation of Nature: Human Extinction of Birds and Mammals*（Johns Hopkins University Press, 2015）。

訳者

鈴木光太郎（すずきこうたろう）

新潟大学人文学部教授。著書に『オオカミ少女はいなかった』（新曜社、ちくま文庫）、『ヒトの心はどう進化したのか』（ちくま新書）、訳書にベリング『ヒトはなぜ神を信じるのか』（化学同人）、テイラー『われらはチンパンジーにあらず――ヒト遺伝子の探求』（新曜社）などがある。

支配的動物
ヒトの進化と環境

初版第１刷発行　2016年１月25日

著　者　ポール・エーリック
　　　　アン・エーリック
訳　者　鈴木光太郎
発行者　塩浦　暲
発行所　株式会社　新曜社
101-0051　東京都千代田区神田神保町３－９
電話（03）3264－4973（代）・FAX（03）3239－2958
e-mail : info@shin-yo-sha.co.jp
URL : http://www.shin-yo-sha.co.jp
組　版　Katzen House
印　刷　新日本印刷
製　本　イマキ製本所

ISBN978-4-7885-1460-7 C1040